## Funktionen

| Zeichen | Bedeutung | Beispiel | Lesart |
|---|---|---|---|
| $f, g, \dots$ | Funktion | | |
| $f(x)$ | Funktionsterm | $f(x) = x^2 + 1$ | $f$ von $x$, $f$ an der Stelle $x$ |
| $f(2)$ | Funktionswert | $f(2) = 2^2 + 1 = 5$ | $f$ von 2, $f$ an der Stelle 2 |
| $D(f)$ | Definitionsmenge von $f$ | $D(f) = \mathbb{R}$ | $D$ von $f$ |
| $W(f)$ | Wertemenge von $f$ | $W(f) = \mathbb{R}_{\geq 1}$ | $W$ von $f$ |
| $f^*$ | Umkehrfunktion zur Funktion $f$ | | $f$ Stern |
| $f^*(x)$ | Term der Umkehrfunktion zu $f$ | $f^*(x) = \sqrt{x-1}$ | $f$ Stern von $x$ (an der Stelle $x$) |
| $f', f'', \dots$ | erste, zweite, … Ableitungsfunktion von $f$ | | $f$ Strich, $f$ zwei Strich, … |
| $f'(x)$, $f''(x), \dots$ | Funktionsterm der ersten, zweiten, … Ableitung von $f$ | $f'(x) = 2x$, $f''(x) = 2$ | $f$ Strich von $x$, $f$ zwei Strich von $x$, … |
| $f'(2)$ | Wert der ersten Ableitung | $f'(2) = 4$ | $f$ Strich an der Stelle 2 |

## Spezielle Funktionen

| Zeichen | Bedeutung |
|---|---|
| sin | Sinusfunktion |
| cos | Kosinusfunktion |
| tan | Tangensfunktion |
| cot | Kotangensfunktion |
| ln | natürliche Logarithmusfunktion |
| $\log_a$ | Logarithmusfunktion zur Basis $a$ |
| lg | Logarithmusfunktion zur Basis 10 |
| sgn | Signumfunktion |
| $\| \ \|$ | Betragsfunktion |
| [ ] | Gaußklammerfunktion |

## Statistische Maßzahlen

| Zeichen | Bedeutung |
|---|---|
| $h$ | relative Häufigkeit |
| $H$ | absolute Häufigkeit |
| $\bar{x}$ | (arithmetischer) Mittelwert |
| $\tilde{x}$ | Median |
| $SAQ$ | Summe der Abweichungs-Quadrate |
| $s^2$, ${s_x}^2$ | Varianz |
| $s$, $s_x$ | Standardabweichung |
| $s_{xy}$ | Kovarianz |
| $r_{xy}$ | Korrelationskoeffizient |

## Koordinatengeometrie

| Zeichen | Bedeutung |
|---|---|
| $x_1, x_2$ | Koordinaten in der Ebene |
| $A, B, P; P(x_1 \| x_2)$ | Punkte; Punkt $P$ mit den Koordinaten $x_1$ und $x_2$ |
| $g, h; g(A,B)$ | Geraden; Gerade $g$ durch die Punkte $A$ und $B$ |
| $s(A, B)$ | Strahl $s$ mit dem Anfangspunkt $A$ durch den Punkt $B$ |
| $\overline{AB}$ | Strecke zwischen den Punkten $A$ und $B$ |
| $a = \|\overline{AB}\|$ | Länge $a$ der Strecke $\overline{AB}$; Abstand der Punkte $A$ und $B$ |
| $a, b, c, \dots$ | Längen von Strecken, von Seiten, von Kanten |
| $\sphericalangle ASB$ | Winkel mit dem Scheitelpunkt $S$ und den Schenkeln $s(S, A)$ und $s(S, B)$ |
| $\alpha = \|\sphericalangle ASB\|$ | Maß $\alpha$ des Winkels $\sphericalangle ASB$ |
| $\alpha, \beta, \gamma, \dots$ | Winkelmaße |
| $K(M; r)$ | Kreis mit dem Mittelpunkt $M$ und dem Radius $r$ |
| $\parallel; \perp$ | parallel; senkrecht |
| $\sim; \cong$ | ähnlich; kongruent |

# Mathematik
## 11. Schuljahr

Herausgegeben von Prof. Dr. Thomas Jahnke
Oberstudiendirektor Hans Wuttke

Erarbeitet von Dr. Gisela Bielig-Schulz
Dr. Volker Dietzsch
Prof. Dr. Thomas Jahnke
Gabriele Lapport
Hans Wuttke
Ilse Wuttke

unter Mitarbeit der Verlagsredaktion
und Beratung von
Hans-Jürgen Elschenbroich

Cornelsen

Redaktion: Dr. Jürgen Wolff
Layout und Herstellung: Wolf-Dieter Stark

Technische Zeichnungen: Wolfgang Mattern, Bochum
Illustrationen: Detlev Schüler, Berlin
Satz: Universitätsdruckerei H. Stürtz AG, Würzburg

1. Auflage ✓€ Druck 4 3 2 1 Jahr 03 02 01 2000

Alle Drucke dieser Auflage können im Unterricht nebeneinander verwendet werden.



Druck: Universitätsdruckerei H. Stürtz AG, Würzburg

ISBN 3-464-57210-2

Bestellnummer 572102

gedruckt auf säurefreiem Papier, umweltschonend hergestellt aus chlorfrei gebleichten Faserstoffen

# Inhaltsverzeichnis

# Hinweise zur Arbeit mit diesem Buch

Dieses Buch für die Jahrgangsstufe 11 bietet – den Richtlinien folgend – eine Grundlage für eine erste Begegnung mit den drei mathematischen Kerngebieten der Sekundarstufe II: der *Analytischen Geometrie und Linearen Algebra*, der *Stochastik* und der *Analysis*. Es knüpft an die Inhalte der Sekundarstufe I an, setzt aber zugleich einen Neubeginn in der schulischen Mathematik und soll so auch neue Zugänge zu diesem Gebiet eröffnen.

Aufgrund dieses Einführungscharakters wird zunächst eine Auseinandersetzung mit den neuen Fragestellungen und Begriffen angestrebt, ehe „fertige" Definitionen und Sätze formuliert werden. Auch sprachlich soll zunächst Verständnis aufgebaut werden, bevor mathematische Termini benutzt und festgeschrieben werden. Andererseits werden in einzelnen – gelb unterlegten – Abschnitten auch das Anspruchsniveau und die Anforderungen deutlich, die in einem späteren Leistungskurs zu erwarten sind. Dies gilt insbesondere für das Kapitel 5 *Der Grenzwertbegriff*, das bei einer anderen Akzentuierung des Kurses auch übergangen werden kann.

AUFTRÄGE

Jeder Abschnitt beginnt mit mehreren **ARBEITSAUFTRÄGEN**, die den Lernenden die Möglichkeit bieten, sich in die jeweilige Thematik einzuarbeiten und dort selbst Erfahrungen zu sammeln. Die Aufträge sind so implizit auch ein Angebot zu einer offenen und produktiven Unterrichtsgestaltung. Es können jeweils nur ein Auftrag oder mehrere in Gruppen parallel oder nacheinander bearbeitet werden. Die Aufträge skizzieren dort, wo das möglich und sinnvoll ist, Anwendungssituationen. An anderen Stellen stehen eher innermathematische Fragestellungen im Vordergrund.

In jedem Abschnitt wird dann einer der Arbeitsaufträge sorgfältig ausgeführt. Dabei werden die wesentlichen Begriffe und Sätze entwickelt, die im Rahmen der betrachteten Anwendungssituation auch eine anschauliche, inhaltliche Bedeutung haben. Wo es notwendig ist, werden mathematische Sachverhalte anhand weiterer Beispiele erweitert und ergänzt. Bei der Bearbeitung der Aufträge wurde auf eine methodische Vielfalt geachtet und häufig werden verschiedene Lösungsalternativen angeboten und diskutiert. Im Abschnitt 5 des ersten Kapitels *Vorgehensweisen* werden dazu vorbereitend unterschiedliche Methoden exemplarisch thematisiert und charakterisiert.

ZUSAMMENFASSUNG

Auf die Bearbeitung eines Arbeitsauftrages folgt in jedem Abschnitt eine **ZUSAMMENFASSUNG**. Hier werden die wesentlichen mathematischen Erträge des Abschnittes und ihre Bedeutung herausgestellt. Der Lernende erhält dadurch eine Übersicht über die wesentlichen Ergebnisse und ihren Zusammenhang, wodurch auch ein Selbststudium oder eine Nacharbeit unterstützt und erleichtert wird. Auch hier zielen die Formulierungen, wie es bei einer Erstbehandlung angemessen ist, in erster Linie auf eine Festigung des Verständnisses und nicht auf mathematische Perfektion.

AUFGABEN

Jeder Abschnitt wird durch zahlreiche **AUFGABEN** abgeschlossen, die von einfachen technischen Aufgaben bis zu komplexen neuen Anwendungen reichen. Am Ende des Buches sind zahlreiche übergreifende Aufgaben zusammengestellt, die auch eine inhaltliche Verbindung der Thematik einzelner Abschnitte und Kapitel anbieten und als Anregungen für die Vorbereitung von und auf Klausuren dienen können.

An verschiedenen Stellen des Buches sollen historische Informationen, Arbeitsaufträge und Aufgaben die Genese und Geschichte mathematischer Begriffe und Sätze aufscheinen lassen.

Grundsätzlich kann der Mathematikunterricht mit diesem Buch unabhängig von der Verfügbarkeit von Personalcomputern und zugehöriger Software gestaltet werden. Diese Mittel können aber den Unterricht ergänzen und bereichern, z.B. zur Abkürzung von Rechnungen und zur grafischen Darstellung von deren Ergebnissen. Darüber hinaus können sie bei der Begriffsentwicklung und dem Erforschen und Entdecken von Zusammenhängen durch die Lernenden produktive und sinnvolle Werkzeuge sein.

# 1 Funktionen

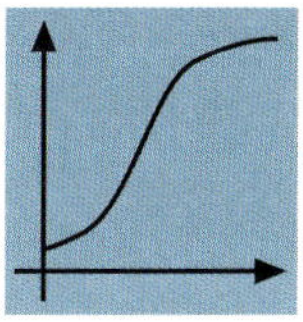

*In diesem Kapitel werden Sachverhalte und Vorgänge durch Tabellen, Schaubilder und Funktionen beschrieben und mathematisch erfasst.*

## 1.1 Tabellen, Graphen und Funktionen

AUFTRÄGE

**A1** **Körpermassenindex**

Ermitteln Sie den Körpermassenindex für unterschiedliche Personen. Stellen Sie eine Tabelle auf und veranschaulichen Sie Ihre Ergebnisse. Welche Funktionen spielen hier eine Rolle?

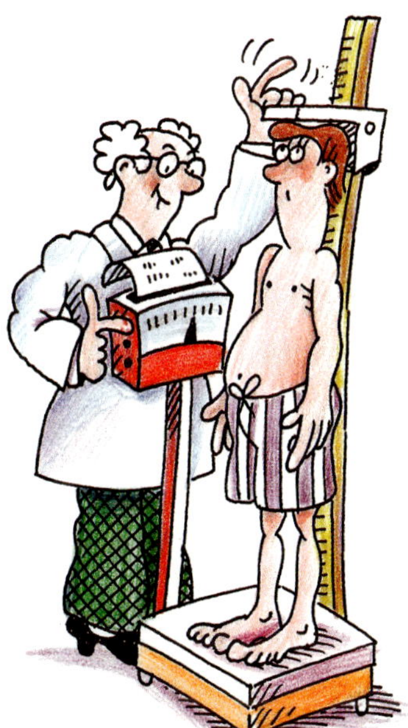

### Patienten-Information

**Sind Sie zu dick?** *Oder zu dünn?* Oder gerade richtig?

Die besten Aussichten auf Gesundheit und ein langes Leben hat derjenige, der nicht zu dick, aber auch nicht zu dünn ist. Am besten ist das Idealgewicht. Wenn Sie feststellen wollen, ob Sie das Idealgewicht Ihrer Altersgruppe haben, berechnen Sie Ihren persönlichen „Körpermassenindex":

1. **Wiegen Sie sich und notieren Sie Ihr Körpergewicht**
   zum Beispiel 74,3 kg
2. **Messen Sie Ihre Körpergröße**
   zum Beispiel 174 cm = 1,74 Meter
3. **Nehmen Sie Ihre Körpergröße mit sich selber mal**
   zum Beispiel 1,74 x 1,74 = 3,0276
4. **Teilen Sie Ihr Gewicht durch das Ergebnis von 3**
   zum Beispiel 74,3 : 3,0276 = 24,5

Dieser Wert ist Ihr persönlicher Körpermassenindex.

In der folgenden Tabelle können Sie nun ablesen, ob Sie das Ihrer Altersgruppe entsprechende Gewicht haben. Ältere Menschen können durchaus ein höheres Gewicht haben als jüngere.

| Alter | Körpermassenindex | | |
|---|---|---|---|
| | unter | zwischen | über |
| 19 bis 24 Jahre | 19 | 19 – 24 | 24 |
| 25 bis 34 Jahre | 20 | 20 – 25 | 25 |
| 35 bis 44 Jahre | 21 | 21 – 26 | 26 |
| 45 bis 54 Jahre | 22 | 22 – 27 | 27 |
| 55 bis 64 Jahre | 23 | 23 – 28 | 28 |
| über 64 Jahre | 24 | 24 – 29 | 29 |
| **Das bedeutet:** | **zu dünn** | **gerade richtig** | **zu dick** |

Wir sind Ihnen gerne bei der Berechnung Ihres persönlichen Körpermassenindex behilflich. Fragen Sie uns!

**A2** **Windchill-Formel**

# Gefühlte Temperatur: minus 10 Grad – Windchill-Formel für den Winter

Ziehen Sie sich warm an. Heute beträgt die Höchsttemperatur minus 3 Grad. Was das Kälteempfinden vergrößert, ist der Wind. Die Meteorologen sagen Windstärke 3 bis 4, in Spitzen 5 voraus. Das bedeutet, dass sich die Luft anfühlt, als herrschten weniger als minus 10 Grad. Schon gestern wurde im Wetterbericht des Inforadios auch die „gefühlte Temperatur" angegeben.
Bei abendlichen Temperaturen von minus 7 Grad und Windstärke 3 fühlt sich die Luft an, als hätten wir minus 15 bis minus 16 Grad.
Aus der nebenstehenden Windchill-Formel können Leserinnen und Leser im Winter die „gefühlte Temperatur" ermitteln.
Wenn sie die Windgeschwindigkeit und die Temperatur in die Formel einsetzen, erhalten sie die sogenannte Windchill-Temperatur. Das ist der Fachausdruck von US-Wissenschaftlern, die zu diesem Zweck eine Formel entwickelt haben, mit der die gefühlte Temperatur ausgerechnet wird.
Je schärfer der Wind weht, desto mehr Wärme wird dem Körper entzogen. Auch die Heizungsrechnung erhöht sich, weil der Wind den Häusern Wärme entzieht und mehr geheizt werden muss. Das kann sich finanziell erheblich bemerkbar machen.

Die Windchill-Formel:

$$Twc = 33 + (0{,}478 + 0{,}237 \cdot SQRT(V) - 0{,}0124 \cdot V) \cdot (T - 33)$$

$Twc$ ist die Windchill-Temperatur, $T$ die tatsächliche Temperatur, $V$ die Windgeschwindigkeit in km/h, $SQRT$ = Quadratwurzel.

Die Windchill-Formel ist wissenschaftlich sehr umstritten. Subjektiv gefühlte Temperaturen lassen sich nicht messen, wenden Kritiker ein. Sie weisen außerdem darauf hin, dass beim Einsetzen bestimmter Zahlen in die Formel kein sinnvolles Ergebnis erzielt wird und es sich damit nicht um eine gültige Formel handelt.
Die Kritiker haben grundsätzlich recht. Die Formel gibt nicht für alle Werte ein sinnvolles Ergebnis, aber für fast alle Werte, die in diesem Zusammenhang interessant sind. Insofern ist die Formel zwar nicht absolut gültig, aber hilfreich. Ähnliches gilt für das subjektive Empfinden. Jeder empfindet anders. Aber gleichzeitig kann jeder mit einer Temperaturangabe subjektiv etwas anfangen, kleidet sich entsprechend und richtet sich mental darauf ein. Auch hier kann die Windchill-Temperatur hilfreich sein.
(PNN 2.12.98)

Ermitteln Sie die „gefühlte Temperatur" für unterschiedliche Wettersituationen! Für welche Werte ergibt sich kein „sinnvolles Ergebnis"? Erstellen Sie eine Tabelle und veranschaulichen Sie die Resultate!

## A3 Download

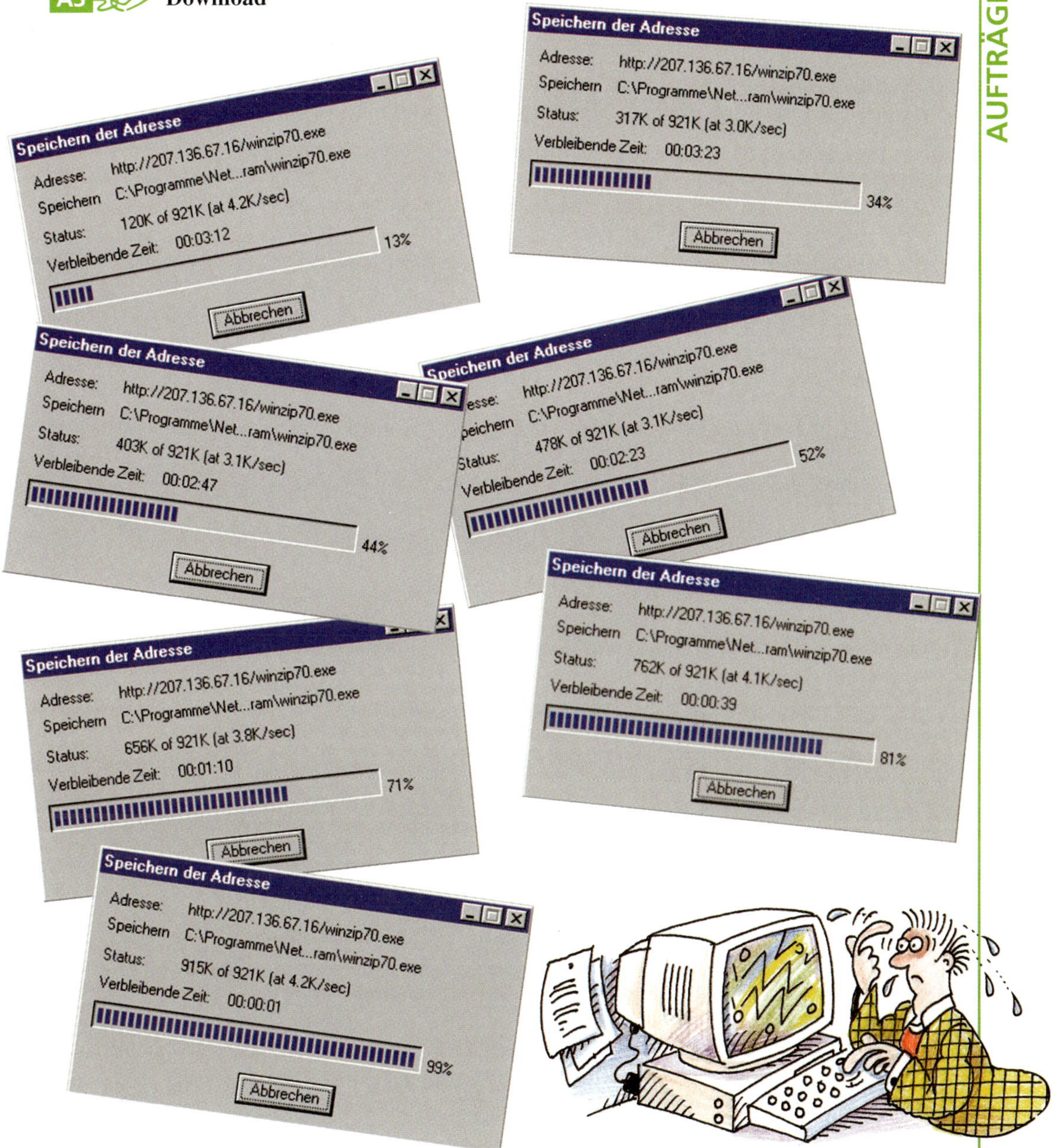


Bei einem Download (Herunterladen) wird eine Datei von einem Computer (Server), z. B. über das Internet, auf einen anderen Computer übertragen. Im obigen Bild ist ein solcher Vorgang zu sieben Zeitpunkten festgehalten.

Durch welche Funktionen wird die Datenübertragung hier beschrieben? Welcher Zusammenhang besteht zwischen diesen Funktionen? Skizzieren Sie mit Hilfe der Funktionen, wie das Download verlaufen sein könnte. Warum nimmt die verbleibende Zeit nicht immer ab?

# Tabellen und Graphen

Wir bearbeiten den Arbeitsauftrag **A1** zum Körpermassenindex (Seite 7).

Zunächst kann man für verschiedene Personen den Körpermassenindex *KMI* bestimmen.

**Beispiele:**

Für eine 20-jährige, 1,61 m große und 64,3 kg schwere Person ergibt sich:

$$KMI = \frac{64{,}3}{1{,}61^2} \approx 24{,}8.$$

Sie ist damit den *Patienteninformationen* zufolge „zu dick“; wäre sie 5 Jahre älter, dann wäre ihr Gewicht, korrekter ihre Masse, „gerade richtig“.

Für eine 1,87 m große und 66,8 kg schwere Person ergibt sich:

$$KMI = \frac{66{,}8}{1{,}87^2} \approx 19{,}1.$$

Je nachdem, wie alt sie ist, ist sie also „zu dünn“ oder „gerade richtig“. ■

Will man – etwa in einer Apotheke den Kundinnen und Kunden – schnell Auskunft über den Körpermassenindex *KMI* geben, kann man dazu eine Tabelle anlegen.

| | Körpergröße (in m) | | | | | | | |
|---|---|---|---|---|---|---|---|---|
| **Masse (in kg)** | **1,40** | **1,50** | **1,60** | **1,70** | **1,80** | **1,90** | **2,00** | **2,10** |
| **50** | 25,5 | 22,2 | 19,5 | 17,3 | 15,4 | 13,9 | 12,5 | 11,3 |
| **60** | 30,6 | 26,7 | 23,4 | 20,8 | 18,5 | 16,6 | 15,0 | 13,6 |
| **70** | 35,7 | 31,1 | 27,3 | 24,2 | 21,6 | 19,4 | 17,5 | 15,9 |
| **80** | 40,8 | 35,6 | 31,3 | 27,7 | 24,7 | 22,2 | 20,0 | 18,1 |
| **90** | 45,9 | 40,0 | 35,2 | 31,1 | 27,8 | 24,9 | 22,5 | 20,4 |
| **100** | 51,0 | 44,4 | 39,1 | 34,6 | 30,9 | 27,7 | 25,0 | 22,7 |
| **110** | 56,1 | 48,9 | 43,0 | 38,1 | 34,0 | 30,5 | 27,5 | 24,9 |

Eine solche Tabelle verschafft zwar einen schnellen Überblick, hat aber den Nachteil, dass man Zwischenwerte nur schätzen kann. Für eine 1,65 m große und 68 kg schwere Person kann man z. B. nicht ablesen, ob ihr Körpermassenindex größer oder kleiner als 25 ist.

Einen besseren Überblick erhält man, wenn man die Daten grafisch darstellt. Hierfür gibt es verschiedene Möglichkeiten. Man kann z. B. die Zeilen der Tabelle oder ihre Spalten jeweils in einem Diagramm darstellen (Bild 11/1 bzw. Bild 11/2) und die so erhaltenen Punkte durch eine glatte Kurve miteinander verbinden.

In Bild 11/1 kann man den Körpermassenindex zu den Körpergrößen von 1,40 m bis 2,10 m für 50 kg schwere Personen an der untersten Kurve ablesen, für 60 kg schwere Personen an der zweituntersten Kurve usf., für 110 kg schwere Personen schließlich an der obersten Kurve.

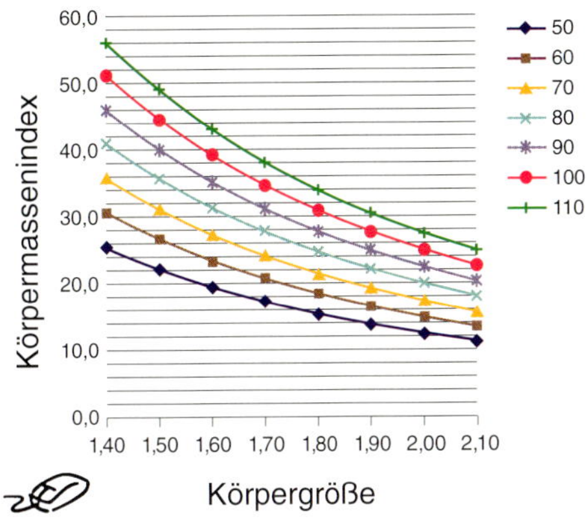


*Bild 11/1*

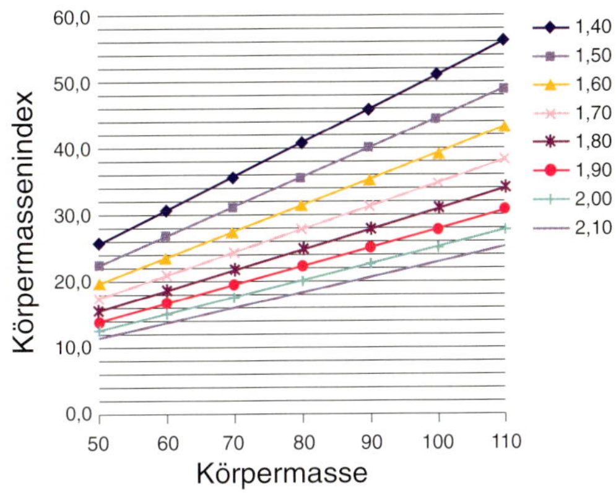


*Bild 11/2*

In Bild 11/2 kann man den Körpermassenindex zu Körpermassen von 50 kg bis 110 kg für 1,40 m große Personen an der obersten Linie ablesen, für 1,50 m große Personen an der zweitobersten Linie usf., und für 2,10 m große Personen schließlich an der untersten.

Warum erhält man für ein und denselben Sachverhalt so unterschiedliche Darstellungen?

Der Körpermassenindex *KMI* hängt von zwei Größen ab, nämlich der Masse $m$ und der Körpergröße $h$. Misst man die Masse $m$ in kg und die Körpergröße $h$ in m, so gilt:

$$KMI(m;h) = \frac{m}{h^2}.$$

Der Körpermassenindex ist also eine Funktion in zwei Variablen. Um eine solche Funktion darzustellen, benötigt man ein dreidimensionales Koordinatensystem mit einer Achse h für die Körpergröße, einer Achse m für die Körpermasse und einer Achse für die Funktionswerte von *KMI*.

Bild 11/3 zeigt den mit Hilfe eines Computerprogramms gezeichneten Graphen der Funktion *KMI*. Den Gitterlinien in Richtung der $h$-Achse entsprechen die Kurven in Bild 11/1, den Gitterlinien in Richtung der $m$-Achse die Geraden in Bild 11/2.

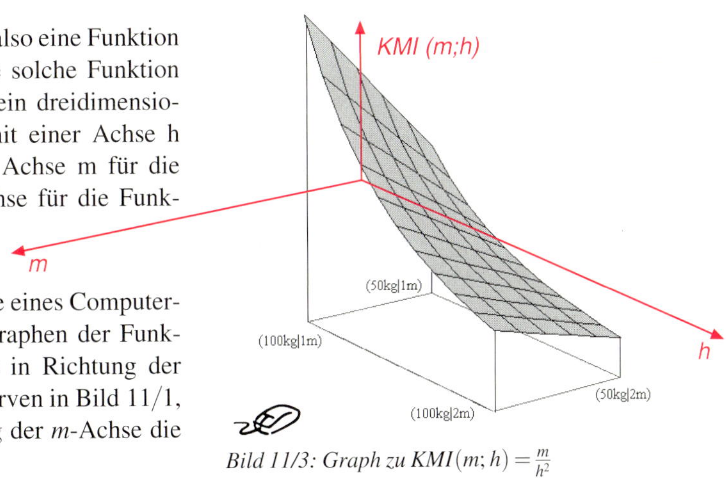


*Bild 11/3: Graph zu* $KMI(m;h) = \frac{m}{h^2}$

Hält man eine dieser beiden Variablen „fest", so erhält man eine Funktion in einer Variablen:
Für alle 1,70 m großen Personen gilt: $KMI(m; 1{,}70) = \frac{m}{1{,}70^2} \approx 0{,}35\,m$. Der Graph der Funktion $f$ zu $f(x) = 0{,}35\,x$ ist, wie man auch in Bild 11/2 sehen kann, eine Gerade (Bild 12/1).

Für alle 50 kg schweren Personen gilt: $KMI(50;h) = \frac{50}{h^2}$. Der Graph der Funktion $k$ zu $k(x) = \frac{50}{x^2}$ ist die unterste Kurve in Bild 11/1 (Bild 12/2).

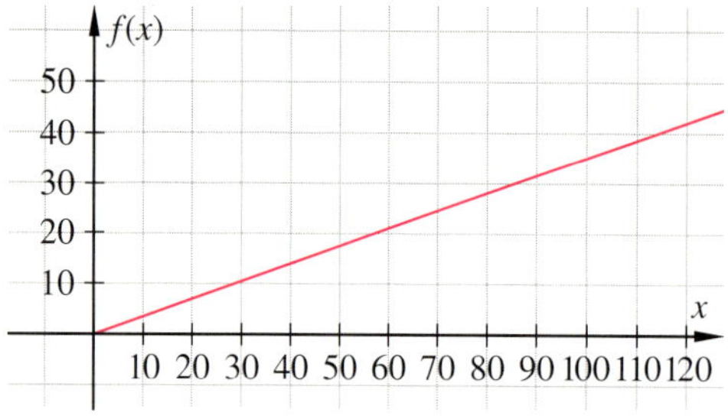


*Bild 12/1: Graph zu* $f(x) = 0{,}35\,x$

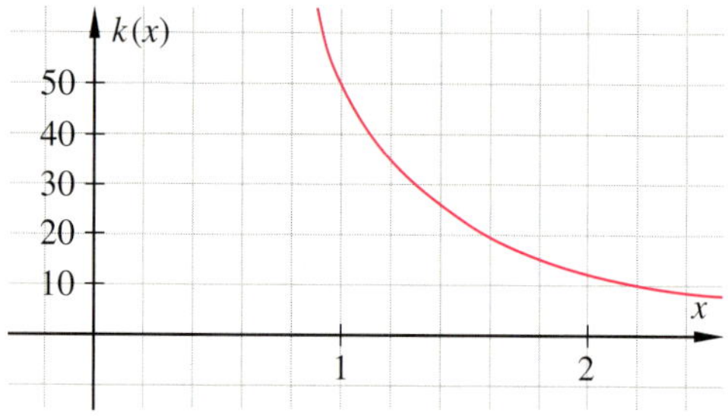


*Bild 12/2: Graph zu* $k(x) = \frac{50}{x^2}$

## Funktion und Umkehrfunktion

Welche Personen haben den gleichen Körpermassenindex, z. B. den Index 24?

Für deren Masse $m$ (in kg) und deren Körpergröße $h$ (in m) muss gelten:

$$\frac{m}{h^2} = 24.$$

Man kann diese Gleichung nach $m$ oder $h$ auflösen und erhält, wenn man beachtet, dass $m$ und $h$ stets positiv sind:

$$m = 24\,h^2 \quad \text{oder} \quad h = \sqrt{\tfrac{m}{24}}.$$

Die erste Gleichung beschreibt, wie man – bei einem Körpermassenindex von 24 – für die Körpergröße $h$ die zugehörige Masse $m$ ermitteln kann, die zweite, wie man umgekehrt – bei einem Körpermassenindex von 24 – für eine Masse $m$ die zugehörige Körpergröße $h$ ermitteln kann.

Auch diesen Zusammenhang können wir also – für einen Körpermassenindex von 24 – durch Funktionen $m$ und $h$ mit den Termen

$$m(h) = 24\,h^2 \quad bzw. \quad h(m) = \sqrt{\tfrac{m}{24}}$$

erfassen und mit Hilfe ihrer Graphen veranschaulichen (Bilder 12/3 und 12/4).

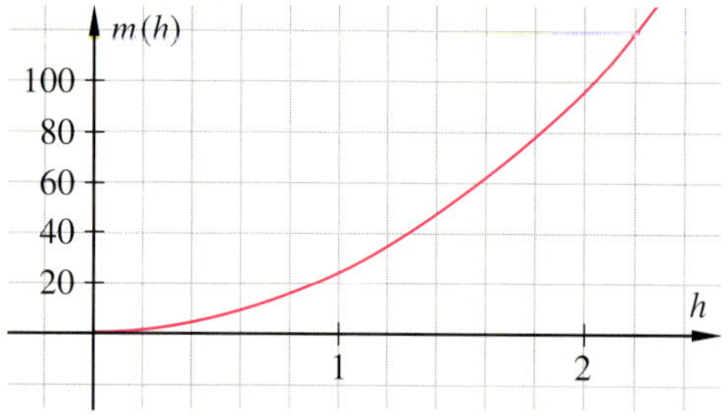


*Bild 12/3: Graph zu* $m(h) = 24\,h^2$

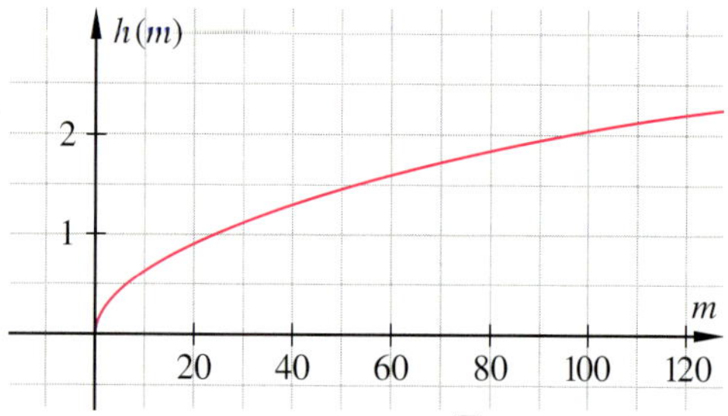


*Bild 12/4: Graph zu* $h(m) = \sqrt{\frac{m}{24}}$

Die Funktionen $m$ und $h$ beschreiben den gleichen Zusammenhang nur aus verschiedenen Richtungen. Gehört – bei einem Körpermassenindex 24 – z. B.

zur Körpergröße $h = 1{,}75$ [m] die Körpermasse $m(1{,}75) = 24 \cdot 1{,}75^2 = 73{,}5$ [kg],

so gehört umgekehrt – bei gleichem Körpermassenindex 24 –

zur Körpermasse $m = 73{,}5$ [kg] die Körpergröße $h(73{,}5) = \sqrt{\frac{73{,}5}{24}} = 1{,}75$ [m].

Die Funktion $h$ ist also die **Umkehrfunktion** zur Funktion $m$. Ebenso ist die Funktion $m$ die Umkehrfunktion zur Funktion $h$.

## Funktionen

Bei den Überlegungen zum Körpermassenindex traten verschiedene Funktionen auf, z. B.

die Funktion $f$ zu $f(x) = 0{,}35\,x$,

die Funktion $k$ zu $k(x) = \frac{50}{x^2}$,

die Funktion $m$ zu $m(h) = 24\,h^2$,

die Funktion $h$ zu $h(m) = \sqrt{\frac{m}{24}}$.

Eine Funktion ordnet jedem Element einer Menge $A$ genau ein Element einer Menge $B$ zu. In diesem Buch werden hauptsächlich **reelle Funktionen** in einer Variablen betrachtet, bei denen die Mengen $A$ und $B$ nur reelle Zahlen enthalten: $A \subseteq \mathbb{R}$; $B \subseteq \mathbb{R}$.

Die Ausdrück $0{,}35x$, $\frac{50}{x^2}$, $24h^2$ und $\sqrt{\frac{m}{24}}$ bezeichnet man als **Funktionsterme**.

Man kann eine Funktion $f$ auch durch eine **Funktionsgleichung**, z. B. $f(x) = 0{,}35x$, festlegen. Für jede Einsetzung in $x$ erhält man dann den zugehörigen **Funktionswert** $f(x) = y$. In unserem Beispiel erhält man für $x = 2$ den Funktionswert $y = 0{,}7$ und für $x = -1$ den Funktionswert $y = -0{,}35$.

Die Funktion $f$ zu $f(x) = 0{,}35\,x$ kann man für alle Einsetzungen in $x$ berechnen; ihre (maximale) **Definitionsmenge** enthält also alle reellen Zahlen. Interessiert man sich aus einem Sachzusammenhang heraus nur für ein bestimmtes Intervall, so kann man die Definitionsmenge auch entsprechend einschränken. Wir haben z. B. oben den Körpermassenindex nur für Personen mit einem Gewicht von 50 kg bis 110 kg betrachtet, also $D(f) = [50;\ 110]$ gewählt. Für den Körpermassenindex ergeben sich dann (Bild 11/2) Werte zwischen 17,5 und 38,5. Das Intervall $[17{,}5;\ 38{,}5]$ ist also die zugehörige **Wertemenge** $W(f) = [17{,}5;\ 38{,}5]$.

Ebenso haben wir den Körpermassenindex nur für 1,50 m bis 2,10 m große Personen betrachtet, also $D(k) = [1{,}5\,;\ 2{,}1]$ gewählt. Dies ist möglich, da die Funktion $k$ für alle Werte, die von null verschieden sind, berechnet werden kann. Für die Wertemenge $W(k)$ gilt dann (Bild 11/1): $W(k) = \left[\frac{50}{2{,}1^2};\ \frac{50}{1{,}5^2}\right] \approx [11{,}34\,;\ 22{,}22]$. Die maximale Definitionsmenge von $k$ ist die Menge der reellen Zahlen ohne die Null.

In die Funktion $h$ mit $h(m) = \sqrt{\frac{m}{24}}$ kann man für $m$ nur 0 und positive Zahlen einsetzen. Die maximale Definitionsmenge $D(h)$ ist also die Menge $\mathbb{R}_{\geq 0}$. Als Wertemenge $W(h)$ ergibt sich dann ebenfalls $\mathbb{R}_{\geq 0}$.

# Abschnittsweise definierte Funktionen

Die Funktionen, die im Zusammenhang mit dem Körpermassenindex auftraten, sind jeweils durch einen Term gegeben. Zur Beschreibung anderer Sachverhalte können auch Funktionen nützlich sein, die in verschiedenen Abschnitten durch unterschiedliche Terme gegeben sind. Der Zusammenhang zwischen dem Warenwert $x$ und den Versandkosten $V(x)$ eines Möbelhauses lässt sich durch folgende Funktion $V$ erfassen:

$$V(x) = \begin{cases} 50 & \text{für } 0 < x \leq 500 \\ \frac{x}{10} & \text{für } 500 < x \leq 1500 \\ 150 & \text{für } 1500 < x. \end{cases}$$

| **Versandkosten:** | **Warenwert:** |
|---|---|
| DM 50,– | bis DM 500,– |
| 10 % vom Warenwert | bis DM 1500,– |
| DM 150,– | ab DM 1500,– |

Die Versandkostenfunktion $V$ ist nur für Geldbeträge definiert, also für positive Zahlen mit höchstens zwei Dezimalen wie 171,99 oder 1820,5. Mathematisch ist sie jedoch einfacher zu handhaben und darzustellen, wenn man als Definitionsmenge $D(V)$ die Menge aller positiven reellen Zahlen wählt: $D(V) = \mathbb{R}_{>0}$.

Bild 14/1 zeigt den Graphen dieser Funktion.

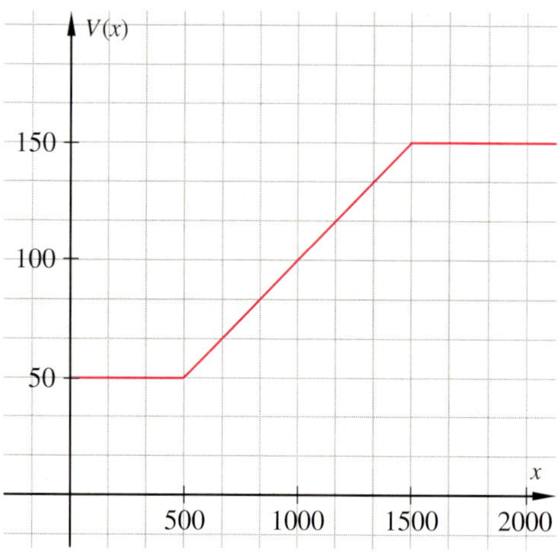


*Bild 14/1: Versandkostenfunktion*

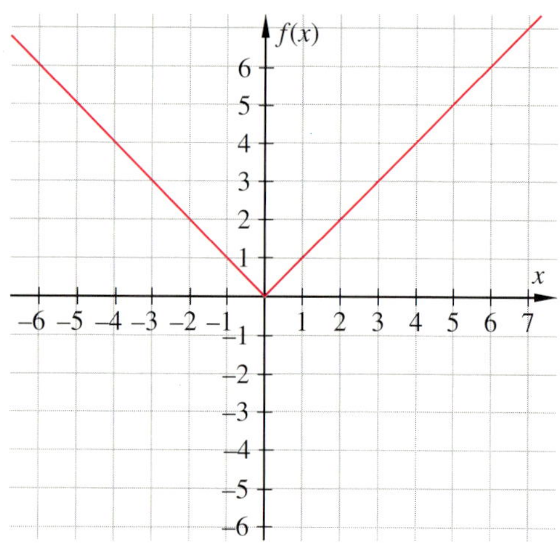


*Bild 14/2: Betragsfunktion $f(x) = |x|$*

Eine abschnittsweise definierte Funktion ist auch die Betragsfunktion $f$ mit

$$f(x) = |x| = \begin{cases} x & \text{für } x \geq 0 \\ -x & \text{für } x < 0. \end{cases}$$

Bild 14/2 zeigt den Graphen der Betragsfunktion.

## Wir fassen zusammen

ZUSAMMENFASSUNG

Viele Sachverhalte und Vorgänge lassen sich durch **Funktionen** erfassen und beschreiben. Eine Funktion ordnet jedem Element einer Menge $A$ genau ein Element einer Menge $B$ zu. In der Regel sind Funktionen durch einen Term oder abschnittsweise durch Terme gegeben.

In Sachproblemen interessiert man sich häufig nur für den Verlauf und die Eigenschaften einer Funktion in einem bestimmten Bereich, den man dann als die **Definitionsmenge** $D(f)$ der Funktion festlegt.

Wenn in diesem Buch zu einer Funktion keine Definitionsmenge angegeben ist, dann ist ihre maximale Definitionsmenge zu betrachten, das heißt die Menge aller Zahlen, für die der Funktionsterm berechnet werden kann.

Die Menge, die sich ergibt, wenn man alle Zahlen der Definitionsmenge $D(f)$ in die Funktion einsetzt, bezeichnet man als die zugehörige **Wertemenge** $W(f)$.

Eine Funktion $f$ ordnet jeder Zahl $x \in D(f)$ genau eine Zahl $f(x) \in W(f)$ zu. Werden verschiedenen Zahlen $x_1, x_2$ aus $D(f)$ stets verschiedene Zahlen $f(x_1), f(x_2)$ aus $W(f)$ zugeordnet, so nennt man die Funktion $f$ umkehrbar und bezeichnet die Funktion $f^*$, die jeder Zahl $f(x) \in W(f)$ die Zahl $x$ zuordnet, als **Umkehrfunktion** $f^*$ (Lies: „$f$ Stern".) zur Funktion $f$.

Wird bei einer Funktion $f$ zwei verschiedenen Zahlen $x_1 \neq x_2$ die gleiche Zahl zugeordnet, gilt also $f(x_1) = f(x_2)$, so ist die Funktion $f$ nicht umkehrbar; sie besitzt also keine Umkehrfunktion.

## Funktionen

AUFGABEN

**1** Bei einfachen Fotoapparaten muss man die Entfernung selbst einstellen, um ein scharfes Bild zu erhalten.

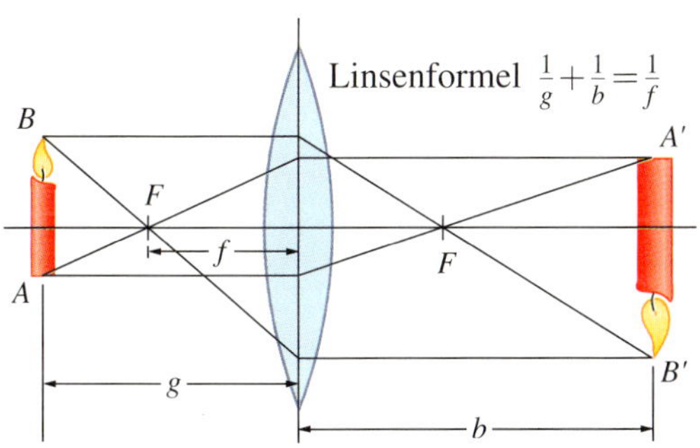

Der physikalische Grund dafür ist, dass man mit einer Linse nur dann ein scharfes Bild vom Gegenstand erhält, wenn die Gegenstandsweite $g$, die Bildweite $b$ und die Brennweite $f$ der Linse der so genannten „Linsenformel" genügen.

**a)** Durch welche Funktionen lässt sich der Zusammenhang von Gegenstandsweite, Bildweite und Brennweite beschreiben?
**b)** Welche Funktionen beschreiben diesen Zusammenhang für $f = 50\,mm$?
**c)** Welche Funktionen beschreiben diesen Zusammenhang für $b = 2\,m$?

AUFGABEN

### Definitions- und Wertemenge

**2** Bild 16/1 zeigt den Graphen einer Funktion $f$. Welche Wertemenge $W(f)$ ergibt sich, wenn man die Definitionsmenge $D(f)$ wie angegeben wählt?

**a)** $[-11; 16]$
**b)** $[-9; 15]$
**c)** $[-9; 6]$
**d)** $[6; 15]$
**e)** $[0; 6]$
**f)** $[-9; 0]$

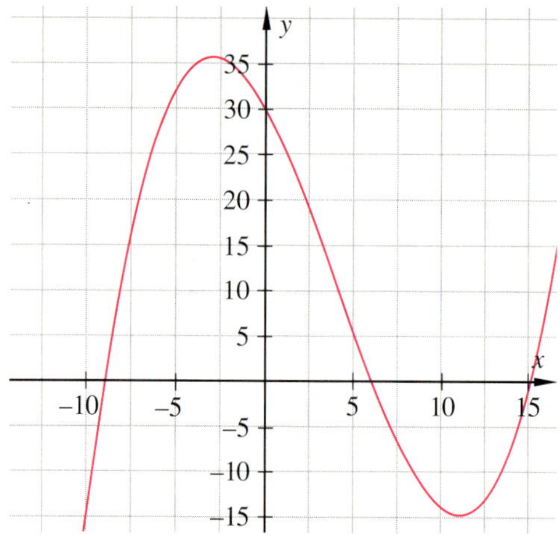


*Bild 16/1*

**3** Zeichnen Sie den Graphen der Funktion zu $f(x) = (x+3)^2 - 5$. Welche Wertemenge $W(f)$ ergibt sich, wenn man die Definitionsmenge $D(f)$ wie angegeben wählt?

**a)** $[-6; 0]$ **c)** $[-3; 0]$ **e)** $]-1; 1[$ **g)** $\mathbb{R}_{\leq 0}$ **i)** $\mathbb{N}$
**b)** $[-6; -3]$ **d)** $]-4; -1[$ **f)** $\mathbb{R}$ **h)** $\mathbb{R}_{\geq 0}$ **j)** $\mathbb{R}$

**4** Bestimmen Sie $W(f)$.

**a)** $f(x) = 1 - x$; $D(f) = [0; 1]$
**b)** $f(x) = 2x - 5$; $D(f) = [-3; 3]$
**c)** $f(x) = 2x - 5$; $D(f) = ]-1; 1[$
**d)** $f(x) = 1 - 2x$; $D(f) = ]0{,}5; 1{,}5[$
**e)** $f(x) = \frac{1}{x}$; $D(f) = [0{,}5; 2]$
**f)** $f(x) = \frac{1}{x}$; $D(f) = \mathbb{R}_{\geq 0}$
**g)** $f(x) = \sqrt{x}$; $D(f) = ]4; 9[$
**h)** $f(x) = \sqrt{1-x}$; $D(f) = [-3; 1]$

**5** Bild 16/2 zeigt den graphischen Fahrplan für eine Omnibuslinie.

**a)** Erläutern Sie diesen Fahrplan.
**b)** Geben Sie den Fahrplan in Tabellenform wieder (Abfahrtszeit: 12.00 Uhr)
**c)** Ermitteln Sie eine abschnittsweise definierte Funktion zu dem Graphen in Bild 16/2.
**d)** Beschreibt diese Funktion die tatsächliche Fahrt eines Busses dieser Linie?

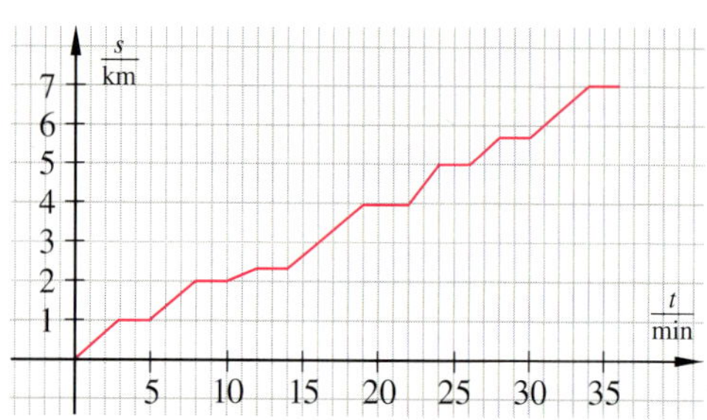


*Bild 16/2*

**6** Zeichnen Sie mit einem Computerprogramm den Graphen der angegebenen Funktion in zwei Variablen.

**a)** $x^2 + y^2$ **b)** $x^2 - y^2$ **c)** $x\ y$ **d)** $x \cdot y^2$ **e)** $\frac{x}{y}$ **f)** $\frac{1}{x \cdot y}$

**7** § 32 a des deutschen Einkommenssteuergesetzes (Stand 01.01.97) lautet:

**Einkommenssteuertarif**

(1) Die tarifliche Einkommenssteuer bemisst sich nach dem zu versteuernden Einkommen. Sie beträgt jeweils in Deutsche Mark für zu versteuernde Einkommen

1. bis 12 095 Deutsche Mark (Grundfreibetrag): 0;
2. von 12 096 Deutsche Mark bis 55 727 Deutsche Mark: $(86{,}63 \cdot y + 2590) \cdot y$;
3. von 55 728 Deutsche Mark bis 120 041 Deutsche Mark: $(151{,}91 \cdot z + 3346) \cdot z + 12\,949$;
4. von 120 042 Deutsche Mark an: $0{,}53 \cdot x - 22\,842$.

„y" ist ein Zehntausendstel des 12 042 Deutsche Mark übersteigenden Teils des abgerundeten zu versteuernden Einkommens. „z" ist ein Zehntausendstel des 55674 Deutsche Mark übersteigenden Teils des abgerundeten zu versteuernden Einkommens. „x" ist das abgerundete zu versteuernde Einkommen.

(2) Das zu versteuernde Einkommen ist auf den nächsten durch 54 ohne Rest teilbaren vollen Deutsche-Mark-Betrag abzurunden, wenn es nicht bereits durch 54 ohne Rest teilbar ist.

**a)** Berechnen Sie, wieviel Steuer danach bei einem Einkommen von DM 10 000, DM 20 000, DM 30 000, DM 40 000, DM 50 000, DM 100 000, DM 150 000 und DM 200 000 zu zahlen ist.

**b)** Wie viel Prozent Steuern sind bei diesen Einkommen jeweils zu zahlen (Steuersatz)?

**c)** Definieren Sie abschnittsweise eine Funktion $S$, mit der sich näherungsweise die zu zahlende Steuer aus dem Einkommen berechnen lässt.

**d)** Zeichnen Sie den Graphen der Funktion $S$ mit Hilfe eines Computerprogramms.

## Funktion und Umkehrfunktion

**8** Die Werte der folgenden Tabelle beschreiben den Zusammenhang zwischen der Bremsspur eines Autos bei trockener Fahrbahn und der Geschwindigkeit, mit der das Auto mindestens gefahren ist.

| Länge der sichtbaren Spur in m | 5 | 9 | 14 | 20 | 27 | 35 | 45 | 55 |
|---|---|---|---|---|---|---|---|---|
| gefahrene Mindestgeschwindigkeit in $\frac{\text{km}}{\text{h}}$ | 30 | 40 | 50 | 60 | 70 | 80 | 90 | 100 |

**a)** Bestimmen Sie eine Funktion, mit der sich aus der Länge der Bremsspur näherungsweise die gefahrene Mindestgeschwindigkeit berechnen lässt, und eine zweite Funktion, mit der sich aus der gefahrenen Geschwindigkeit näherungsweise die Länge der Bremsspur berechnen lässt.

**b)** Legen Sie zu beiden Funktionen jeweils eine Wertetabelle an! Welcher Zusammenhang besteht zwischen diesen Tabellen?

**c)** Zeichnen Sie die Graphen der Funktionen in das gleiche Koordinatensystem. Welcher geometrischer Zusammenhang besteht zwischen ihnen?

**9** Nach dem Fallgesetz kann man mit der Gleichung $y = 4{,}9 \cdot t^2$ zu jeder Fallzeit $t$ [in Sekunden] die Falltiefe $y$ [in Metern] näherungsweise bestimmen. Mit welcher Gleichung kann man umgekehrt zu jeder Falltiefe die Fallzeit ermitteln? Erläutern Sie Ihr Ergebnis an mehreren Beispielen und legen Sie eine Tabelle an.

AUFGABEN

**10** Bestimmen Sie jeweils Funktionen, mit denen man die gegebenen Einheiten ineinander umrechnen kann.

**a)** Zentimeter und Inch
**b)** PS und kW
**c)** Pound und Kilogramm
**d)** Mile und km
**e)** Gallone und Liter
**f)** Grad Fahrenheit, Grad Celsius und Kelvin

**11** Untersuchen Sie, ob die Funktion $f$ umkehrbar ist, und bestimmen Sie gegebenenfalls den Term der Umkehrfunktion $f^*$.

**a)** $f(x) = 2x + 1$; $D(f) = \mathbb{R}$
**b)** $f(x) = \frac{x}{3} - 2$; $D(f) = \mathbb{R}$
**c)** $f(x) = 1 - x$; $D(f) = \mathbb{R}$
**d)** $f(x) = \frac{x-3}{5}$; $D(f) = \mathbb{R}$
**e)** $f(x) = \frac{1}{x}$; $D(f) = \mathbb{R} \setminus \{0\}$
**f)** $f(x) = \frac{x}{1-x}$; $D(f) = \mathbb{R} \setminus \{1\}$
**g)** $f(x) = x^2$; $D(f) = \mathbb{R}$
**h)** $f(x) = x^2$; $D(f) = \mathbb{R}_{\geq 0}$
**i)** $f(x) = \sqrt{x}$; $D(f) = \mathbb{R}_{\geq 0}$
**j)** $f(x) = \sqrt{4 - x^2}$; $D(f) = [0; 2]$

## Versuche

In den Aufgaben 12 und 13 werden einfache Versuche beschrieben. Führen Sie diese sorgfältig durch. Achten Sie bei den Messungen auf möglichst genaue Werte. Tragen Sie die gemessenen Werte in ein Koordinatensystem ein. Versuchen Sie eine einfache Funktion zu finden, mit der sich der Vorgang erfassen lässt.

**12** Füllen Sie eine Plastikflasche mit Wasser. Stechen Sie in die Flasche knapp über dem Boden ein Loch und lassen Sie das Wasser in einen Messbecher auslaufen. Lesen Sie in gleichen Zeitabständen am Messbecher die ausgelaufene Wassermenge ab (Bild 18/1).

*Bild 18/1*

*Bild 18/2*

**13** Legen Sie ein durchsichtiges Lineal mit Zentimeter- und Millimetereinteilung auf einen Tisch, beschweren Sie ein Ende mit einem Geldstück und schieben Sie das Lineal rechtwinklig mit dem nicht beschwerten Ende so lange über die Tischkante, bis es zu Boden kippt (Bild 18/2). Lesen Sie dabei die überhängende Länge des Lineals ab, wenn es gerade kippt. Wiederholen Sie den Versuch und beschweren Sie dabei das Linealende mit 2 (3; 4 usw.) Geldstücken.

# 1.2 Grafiken und Graphen

**A1** **Fahrgastzahlen**

Halten Sie die Verluste der Fahrgastzahlen des Münchener Verkehrsverbundes (MVV) in den Jahren nach 1993 auch für beachtlich?

Schreiben Sie einen Leserbrief an M. Mainka von der Süddeutschen Zeitung!

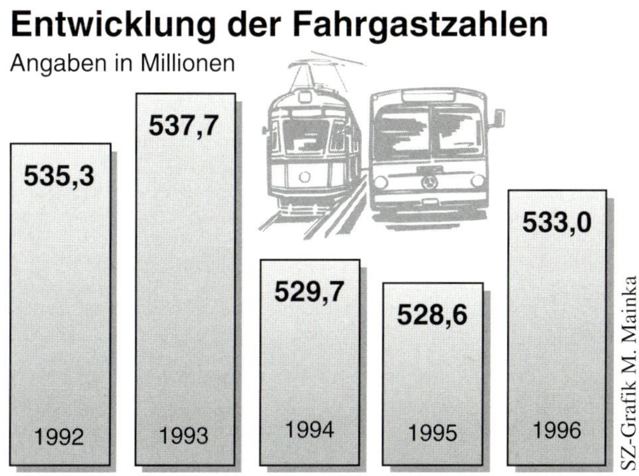


Mal mehr mal weniger Fahrgäste: Der MVV musste in den letzten Jahren beachtliche Verluste hinnehmen, doch es geht wieder aufwärts.

**A2** **Treibhauseffekt**

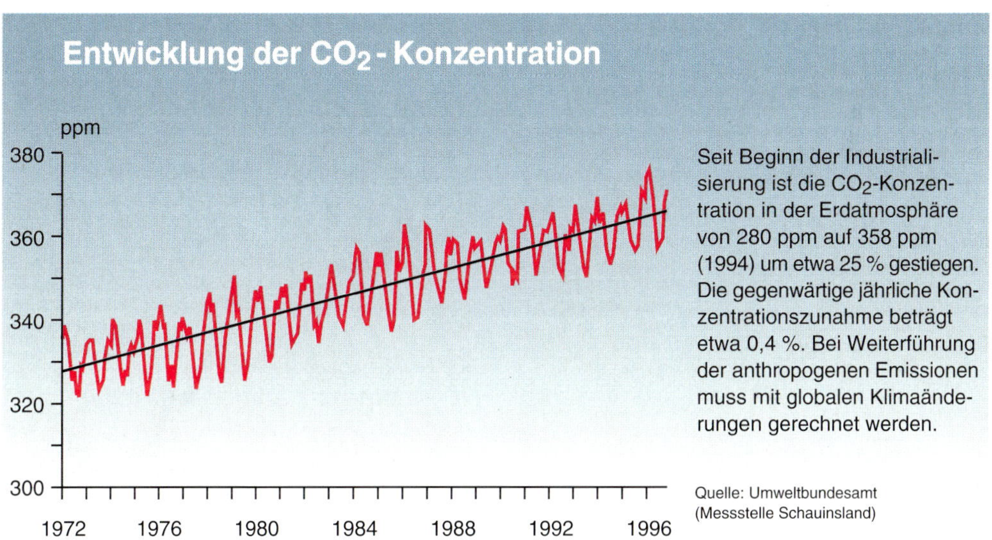


Die Grafik zeigt die Zunahme der $CO_2$-Konzentration in der Erdatmosphäre. Wie könnte man diese Entwicklung dramatischer oder weniger dramatisch erscheinen lassen?

Fertigen Sie entsprechende Grafiken an!

AUFTRÄGE

## A3 DAX

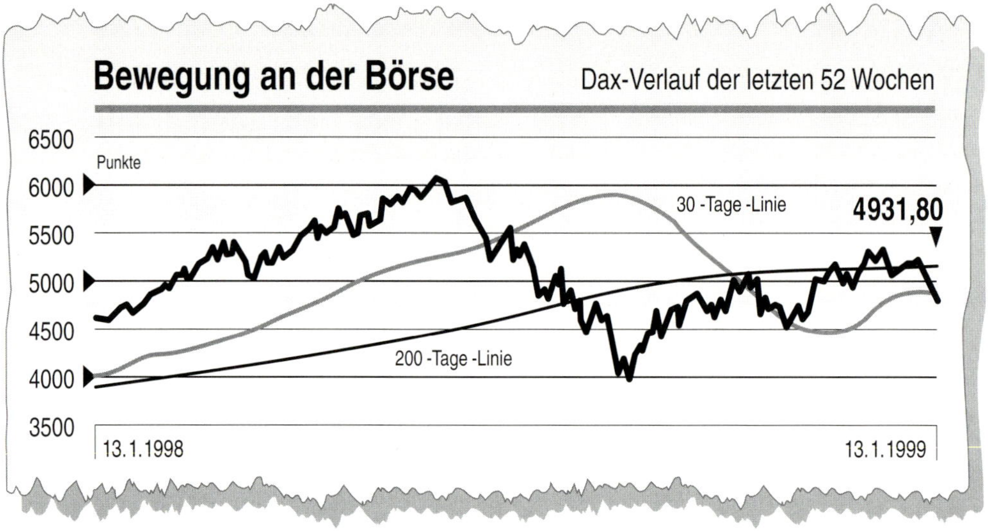


*Bild 20/1*

Die Grafiken, die am gleichen Tag (14.01.1999) in verschiedenen Tageszeitungen abgedruckt waren, zeigen den Verlauf des Deutschen Aktienindex (DAX). Warum erscheint der Verlauf des DAX so unterschiedlich? Die zusätzlichen eingetragenen Kurven zeigen den Mittelwert des DAX an den jeweils 200 (bzw. 30, bzw. 38) letzten Börsentagen. Welche Informationen kann man den verschiedenen Kurven entnehmen?

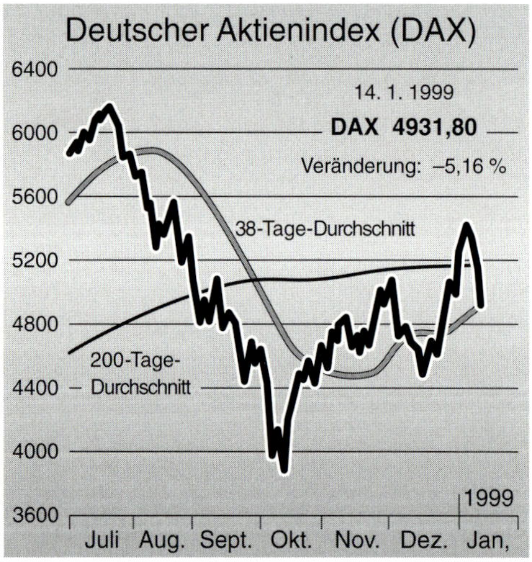


*Bild 20/2*

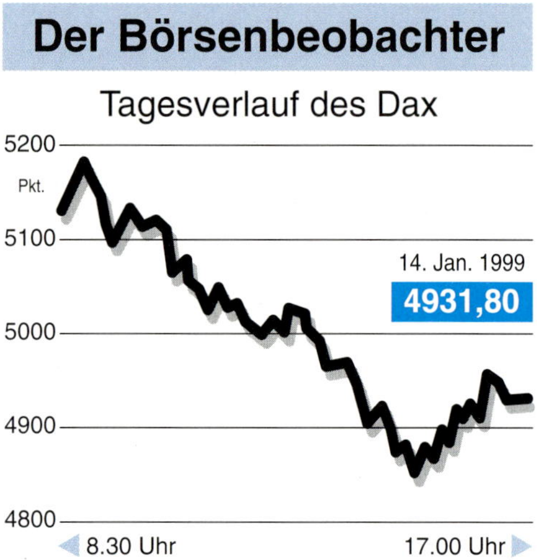


*Bild 20/3*

# Intervalle und Einheiten

Wir behandeln den Arbeitsauftrag zum Deutschen Aktienindex (DAX) **A3**.

An jedem Börsentag wird aus den Aktienkursen von 30 wichtigen Unternehmen der Deutsche Aktienindex (DAX) errechnet.

Bis zum Juni 1999 wurden dafür die Ergebnisse des Parketthandels in der Börse herangezogen, danach die Ergebnisse des Computerhandels. Seitdem spricht man von XETRA-DAX. Der DAX gibt also Auskunft über den Aktienhandel an dem jeweiligen Tag. Stellt man ihn in einer Grafik dar, so sind auf der horizontalen Zeitachse und der dazu vertikalen Achse der DAX-Punkte zunächst geeignete Intervalle und Einheiten zu wählen.

Die erste Grafik (Bild 20/1) zeigt den Verlauf des DAX für ein Jahr, die zweite (Bild 20/2) für ein halbes Jahr und die dritte (Bild 20/3) für einen Tag. In der ersten wurde für die DAX-Punkte das Intervall $[3700; 6300]$ gewählt, in der zweiten $[3500; 6500]$ und in der dritten $[4800; 5200]$.

In der ersten und zweiten Grafik sind die Zeiteinheiten ähnlich groß gewählt. In der ersten entsprechen aber etwa 500 DAX-Punkte einem Zentimeter, in der zweiten etwa 1000 DAX-Punkte einem Zentimeter. Dadurch erscheint die Entwicklung in der Halbjahresdarstellung wesentlich dramatischer als in der Jahresdarstellung, obwohl sie für das 2. Halbjahr 1998 auf den gleichen Daten beruht. Ein direkter Vergleich ist also nur möglich, wenn in zwei Grafiken die gleichen Intervalle und Einheiten gewählt sind. Dies gilt grundsätzlich auch für die Darstellung von Funktionen in einem Koordinatensystem. Wenn es der beschriebene Sachverhalt oder die Funktion zulässt, wählt man die Einheiten auf den beiden Koordinatenachsen gleich groß. Man spricht dann von einen kartesischen Koordinatensystem.

Bild 21/1 zeigt die Funktionen zu $f(x) = x$, $f(x) = x^3$ und $f(x) = x^2 - 3$ in einem kartesischen Koordinatensystem, Bild 21/2 die gleichen Funktionen in einem nicht kartesischen Koordinatensystem, bei dem die Einheiten in der Definitionsmenge – also auf der $x$-Achse – doppelt so groß gewählt wurden, wie die in der Wertemenge – also auf der $y$-Achse. In Bild 21/2 erscheinen die Graphen der gleichen Funktionen deutlich flacher als in Bild 21/1.

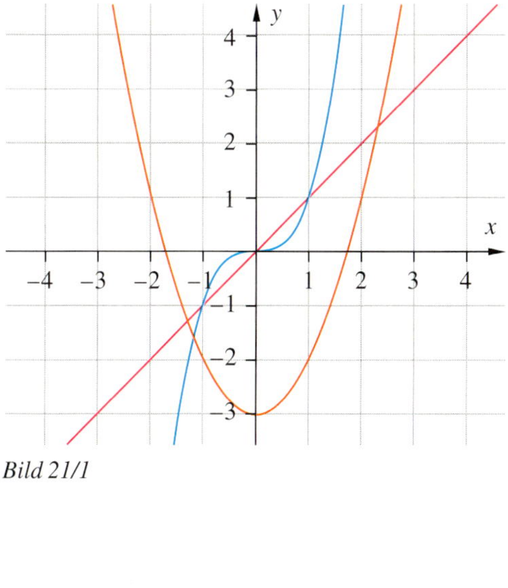


*Bild 21/1*

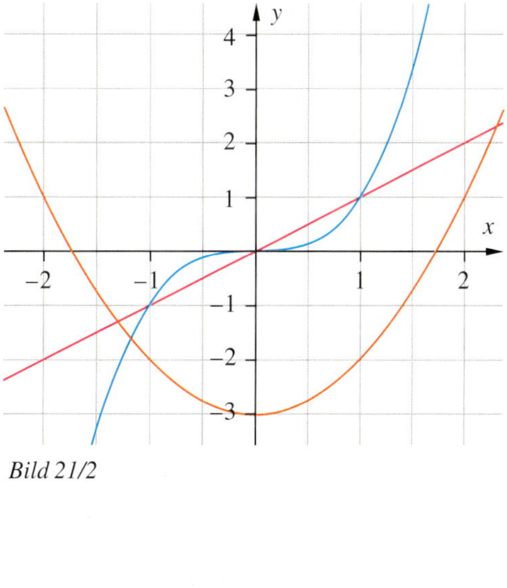


*Bild 21/2*

## Zwischenwerte

Bei der ersten und zweiten DAX-Grafik ist für jeden Tag der Schlusskurs eingetragen. Dies vereinfacht die Darstellung, da der DAX – siehe die dritte Grafik – sich während eines Tages ändert. Zudem sind die Punkte zu diesen Tagesschlusskursen miteinander durch eine Kurve verbunden.

Bild 22/1 zeigt eine Darstellung des DAX, bei der diese beiden Schritte nicht durchgeführt sind. Ob es sinnvoll ist, die Punkte in einer Grafik miteinander zu verbinden, hängt von dem Sachverhalt oder Vorgang ab, der beschrieben oder erfasst werden soll, und von der Fragestellung, unter der man ihn betrachtet.

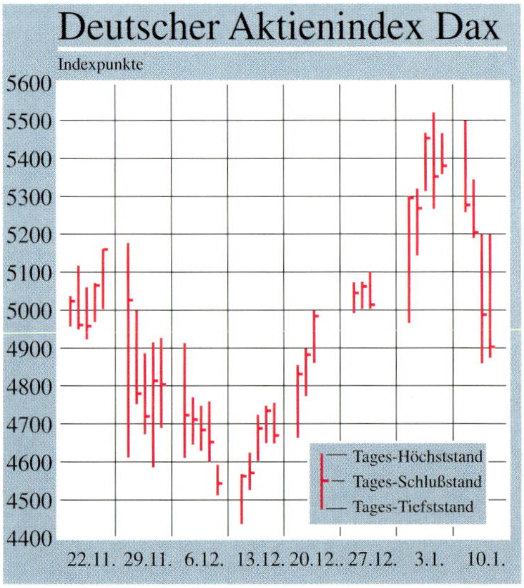


*Bild 22/1*

Für eine mathematische Untersuchung erweist sich die Verbindung der Punkte häufig als nützlich. Sie wirft aber zugleich neue Fragen auf:

- Wie verbindet man die Punkte, eher durch Geradenstücke oder eher durch eine möglichst glatte Kurve?
- Wie bestimmt man einen Funktionsterm oder abschnittsweise Funktionsterme für eine solche Kurve?
- Erfasst eine so bestimmte Funktion den betrachteten Vorgang tatsächlich angemessen?

In den Naturwissenschaften hat man oft Anhaltspunkte, welche Funktionstypen aufgrund der Charakteristik des Vorganges in Frage kommen. Auf anderen Gebieten versucht man, einen möglichst einfachen Funktionstyp zu finden, der die Werte möglichst gut erfasst.

Bei der Wahl des Funktionstyps stellt sich auch die Frage, ob der zu erfassende Vorgang kontinuierlich verläuft, also sinnvoll durch einen zusammenhängenden Funktionsgraphen beschrieben werden kann.

Erfasst man z. B. das Briefporto (in DM) in Abhängigkeit vom Gewicht $x$ des Briefes (in g) – bei der Einhaltung der Höchstmaße – durch eine Funktion $f$, so erhält man nach dem Preisstand vom Januar 1999:

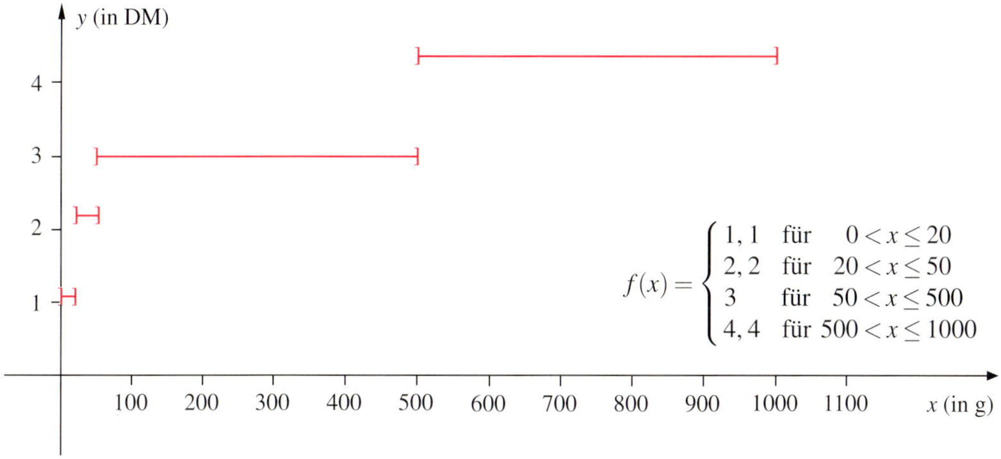


*Bild 23/1: Briefporto-Funktion*

Bild 23/1 zeigt den zugehörigen Funktionsgraphen; er ist an den Stellen 20, 50 und 500 nicht zusammenhängend, er hat dort Sprungstellen. Anschaulich erscheint es unmittelbar klar, was es bedeutet, dass ein Funktionsgraph zusammenhängend ist. In der Jahrtausende alten Geschichte der Mathematik hat es aber bis ins 18. Jahrhundert gedauert, bis man diesen Zusammenhang auch allgemein und unabhängig von der Anschauung beschreiben konnte. Seither nennt man Funktionen mit zusammenhängenden Graphen **stetig**. Unstetig sind also z. B. Funktionen, deren Graph eine oder mehrere Sprungstellen hat wie der Graph der Briefportofunktion an den Stellen 20, 50 und 500.

## Wir fassen zusammen

Will man einen Sachverhalt oder Vorgang durch eine Funktion erfassen, können mehrere Schritte erforderlich sein.

- Welche Werte sind zu wählen?
- Ist es sinnvoll, die Punkte zu diesen Werten miteinander zu verbinden?
- Welche Funktionen kommen dafür infrage?

Bei der Darstellung von Funktionen in einem Koordinatensystem sind die Einheiten auf der $x$-Achse und der $y$-Achse geeignet zu wählen. Je nach Wahl dieser Einheiten können sich ganz unterschiedliche Eindrücke der gleichen Daten ergeben. Sind die Einheiten auf den beiden Achsen gleich groß und stehen die Achsen senkrecht aufeinander, spricht man von einem kartesischen Koordinatensystem.

Funktionen, deren Graph zusammenhängt, bezeichnet man als stetig.

AUFGABEN

**1** Veranschaulichen Sie den Gezeitenkalender (siehe Tabelle) graphisch. Welche Informationen lassen sich Ihrer Grafik entnehmen?

Husum-Gezeitenkalender

*Hw: Hochwasser (Flut), Nw: Niedrigwasser (Ebbe)*

Ebbe und Flut im Dezember 1998

| Tag | Hw 1 | Hw 2 | Nw 1 | Nw 2 |
|---|---|---|---|---|
| 01 Di | 11:16 | 23:57 | 05:10 | 18:04 |
| 02 Mi | | 12:17 | 06:22 | 19:05 |
| 03 Do | 00:55 | 13:13 | 07:27 | 19:59 |
| 04 Fr | 01:46 | 14:05 | 08:23 | 20:45 |
| 05 Sa | 02:30 | 14:52 | 09:12 | 21:28 |
| 06 So | 03:14 | 15:40 | 10:00 | 22:13 |
| 07 Mo | 04:00 | 16:29 | 10:48 | 22:56 |
| 08 Di | 04:45 | 17:14 | 11:33 | 23:32 |
| 09 Mi | 05:28 | 17:57 | | 12:10 |
| 10 Do | 06:11 | 18:43 | 00:07 | 12:46 |
| 11 Fr | 06:59 | 19:36 | 00:46 | 13:27 |
| 12 Sa | 07:53 | 20:35 | 01:34 | 14:18 |
| 13 So | 08:57 | 21:41 | 02:33 | 15:21 |
| 14 Mo | 10:06 | 22:46 | 03:43 | 16:31 |
| 15 Di | 11:12 | 23:43 | 04:54 | 17:35 |
| 16 Mi | | 12:07 | 05:57 | 18:30 |

| Tag | Hw 1 | Hw 2 | Nw 1 | Nw 2 |
|---|---|---|---|---|
| 17 Do | 00:29 | 12:54 | 06:53 | 19:18 |
| 18 Fr | 01:13 | 13:35 | 07:45 | 20:01 |
| 19 Sa | 01:53 | 14:12 | 08:29 | 20:38 |
| 20 So | 02:29 | 14:48 | 09:06 | 21:15 |
| 21 Mo | 03:04 | 15:25 | 09:43 | 21:51 |
| 22 Di | 03:40 | 16:01 | 10:19 | 22:25 |
| 23 Mi | 04:13 | 16:36 | 10:53 | 22:57 |
| 24 Do | 04:48 | 17:17 | 11:29 | 23:34 |
| 25 Fr | 05:30 | 18:01 | | 12:11 |
| 26 Sa | 06:20 | 18:52 | 00:18 | 12:57 |
| 27 So | 07:14 | 19:50 | 01:07 | 13:50 |
| 28 Mo | 08:16 | 20:57 | 02:04 | 14:55 |
| 29 Di | 09:29 | 22:11 | 03:14 | 16:11 |
| 30 Mi | 10:43 | 23:24 | 04:35 | 17:27 |
| 31 Do | 11:53 | | 05:56 | 18:37 |

**2** Nehmen Sie Stellung zu der Grafik in Bild 24/1.

## Der Anteil glücklicher Menschen nimmt nicht zu

**Anteil der Befragten von 1954 bis 1998 in Prozent ***

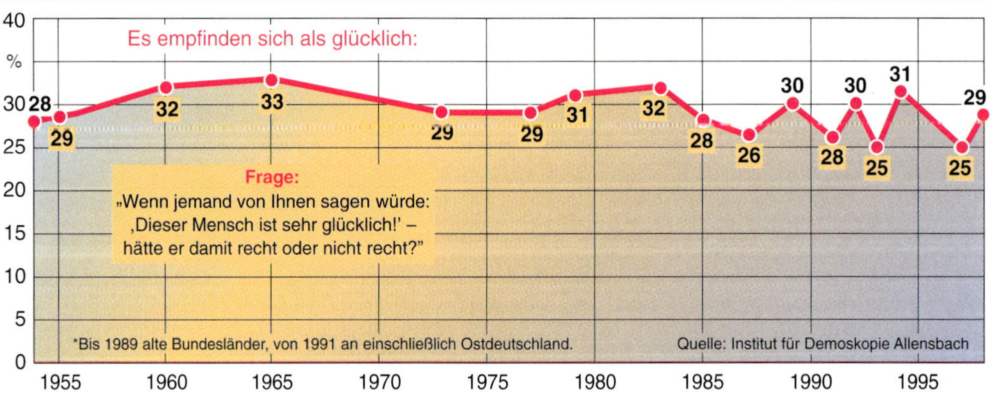


*Bild 24/1*

**3** In der folgenden Tabelle sind die Unfallzahlen im Kraftfahrzeugverkehr in Deutschland für 1950 bis 1998 angegeben.

**a)** Bereiten Sie diese Zahlen graphisch auf.

**b)** Beschreiben Sie jeweils die Entwicklung des Kfz-Bestandes und der Zahlen der Getöteten und Verletzten.

**c)** Welche Zusammenhänge sehen Sie?

**d)** Wählen Sie Zeitabschnitte aus und dramatisieren oder verharmlosen Sie die Entwicklung in diesen Jahren durch eine entsprechende Grafik.

*Unfallzahlen in Deutschland*

| Jahr | Kfz-Bestand | Getötete | Verletzte |
|---|---|---|---|
| 1950 | 2,40 Mio | 7 408 | 170 000 |
| 1951 | 2,97 Mio | 8 890 | 227 000 |
| 1952 | 3,83 Mio | 8 904 | 259 000 |
| 1953 | 4,75 Mio | 12 631 | 332 000 |
| 1954 | 5,82 Mio | 13 374 | 354 000 |
| 1955 | 6,93 Mio | 14 041 | 393 000 |
| 1956 | 8,08 Mio | 14 811 | 410 000 |
| 1957 | 8,99 Mio | 14 878 | 415 000 |
| 1958 | 9,77 Mio | 13 891 | 412 000 |
| 1959 | 10,56 Mio | 15 654 | 464 000 |
| 1960 | 11,64 Mio | 16 477 | 502 000 |
| 1961 | 12,55 Mio | 16 805 | 505 000 |
| 1962 | 13,41 Mio | 16 216 | 481 000 |
| 1963 | 13,93 Mio | 16 282 | 479 000 |
| 1964 | 14,68 Mio | 18 194 | 498 000 |
| 1965 | 15,54 Mio | 17 483 | 487 000 |
| 1966 | 16,55 Mio | 18 596 | 510 000 |
| 1967 | 17,25 Mio | 18 926 | 515 000 |
| 1968 | 18,01 Mio | 18 589 | 521 000 |
| 1969 | 19,15 Mio | 18 693 | 522 000 |
| 1970 | 20,97 Mio | 21 332 | 578 000 |
| 1971 | 22,39 Mio | 20 794 | 564 000 |
| 1972 | 23,69 Mio | 20 859 | 577 000 |
| 1973 | 25,01 Mio | 18 424 | 535 000 |
| 1974 | 25,74 Mio | 16 665 | 493 000 |
| 1975 | 26,71 Mio | 17 011 | 505 000 |
| 1976 | 28,11 Mio | 17 144 | 531 000 |
| 1977 | 29,57 Mio | 17 397 | 558 000 |
| 1978 | 31,15 Mio | 17 303 | 556 000 |
| 1979 | 32,76 Mio | 15 558 | 530 000 |
| 1980 | 33,84 Mio | 15 050 | 541 000 |
| 1981 | 34,49 Mio | 13 635 | 516 000 |
| 1982 | 35,13 Mio | 13 450 | 508 000 |
| 1983 | 35,80 Mio | 13 553 | 530 000 |
| 1984 | 36,58 Mio | 12 041 | 507 000 |
| 1985 | 37,37 Mio | 10 070 | 461 000 |
| 1986 | 38,48 Mio | 10 620 | 482 000 |
| 1987 | 39,51 Mio | 9 498 | 462 000 |
| 1988 | 40,59 Mio | 9 862 | 488 000 |
| 1989 | 41,67 Mio | 9 779 | 490 000 |
| 1990 | 43,60 Mio | 11 046 | 511 000 |
| 1991 | 44,30 Mio | 11 300 | 506 000 |
| 1992 | 45,00 Mio | 10 631 | 513 000 |
| 1993 | 45,80 Mio | 9 949 | 506 000 |
| 1994 | 46,80 Mio | 9 814 | 516 000 |
| 1995 | 47,70 Mio | 9 454 | 512 000 |
| 1996 | 48,30 Mio | 8 758 | 502 000 |
| 1997 | 49,00 Mio | 8 511 | 509 000 |
| 1998 | 49,60 Mio | 7 900 | 495 000 |

Quelle: Statistisches Bundesamt, Verband der Automobilindustrie und Kraftfahrt-Bundesamt

**4** Schneiden Sie aus Zeitungen Grafiken aus und untersuchen Sie jeweils, ob die zugrunde liegenden Daten richtig und sinnvoll veranschaulicht sind.

AUFGABEN

**5** Bild 26/1 zeigt das Porto nach dem Preisstand vom 01.01.1999 für die Versendung von Infopost und Katalogen unterschiedlicher Maße durch die Deutsche Post AG.

**a)** Stellen Sie die Portofunktionen auf, die dem Gewicht einer Sendung ihr Porto zuordnen.
**b)** Legen Sie sinnvoll die Definitionsmengen fest. Welche Wertemengen ergeben sich?
**c)** Zeichnen Sie die Graphen der Portofunktionen.
**d)** Sind diese Graphen zusammenhängend?

| | |
|---|---|
| *Infopost-Kompakt/Kataloge* | |
| **bis 20 g** | **0,58 DM** |
| **über 20 g bis 50 g** | **0,59 DM bis 0,79 DM** |
| Entgeltberechnung nach der Formel:<br>(Gewicht in ganzen *g* – 20) × 0,688 Pf + 58 Pf | |
| *Infopost-Groß/Kataloge* | |
| **bis 20 g** | **0,70 DM** |
| **über 20 g bis 100 g** | **0,71 DM bis 1,25 DM** |
| Entgeltberechnung nach der Formel:<br>(Gewicht in ganzen *g* – 20) × 0,688 Pf + 70 Pf | |
| **über 100 g bis 1000 g** | **1,25 DM bis 2,05 DM** |
| Entgeltberechnung nach der Formel:<br>(Gewicht in ganzen *g* – 100) × 0,089 Pf + 125 Pf | |
| *Infopost-Maxi/Kataloge* | |
| **bis 20 g** | **1,42 DM** |
| **über 20 g bis 100 g** | **1,43 DM bis 1,97 DM** |
| Entgeltberechnung nach der Formel:<br>(Gewicht in ganzen *g* – 20) × 0,688 Pf + 142 Pf | |
| **über 100 g bis 1000 g** | **1,97 DM bis 2,77 DM** |
| Entgeltberechnung nach der Formel:<br>(Gewicht in ganzen *g* – 100) × 0,089 Pf +197 Pf | |

*Bild 26/1: Infopost-Katalog*

**6** **a)** Zeichnen Sie die Funktion zu $f(x) = (x^2 - 4)(x^2 - 1)$ mit einem Computerprogramm. Zeichnen Sie die Funktionen zu $g(x) = f(x+3)$ und $h(x) = f(x-2)$ in das gleiche Bild.
**b)** Welcher Zusammenhang besteht zwischen den Graphen von $f$, $g$ und $h$?
**c)** Wie kann man aus einer Wertetabelle für $f$ Wertetabellen für $g$ und $h$ gewinnen?
**d)** Beschreiben Sie den Zusammenhang der Graphen zu $f(x)$ und $f(x+a)$ für $a \in \mathbb{R}_{>0}$ und für $a \in \mathbb{R}_{<0}$.

**7** **a)** Zeichnen Sie die Funktion zu $f(x) = x^3 - 3x^2 - 13x + 15$ mit einem Computerprogramm. Zeichnen Sie die Funktionen zu $g(x) = f(2x)$ und $h(x) = f\left(\frac{x}{2}\right)$ in das gleiche Bild.
**b)** Welcher Zusammenhang besteht zwischen den Graphen von $f$, $g$ und $h$?
**c)** Wie kann man aus einer Wertetabelle für $f$ Wertetabellen für $g$ und $h$ gewinnen?
**d)** Beschreiben Sie den Zusammenhang der Graphen zu $f(x)$ und $a\,f(x)$ mit $a \in \mathbb{R}_{>0}$.
**e)** Untersuchen Sie ebenso den Zusammenhang der Graphen zu $f(x)$ und $a\,f(x)$ mit $a \subset \mathbb{R}_{>0}$.

# 1.3 Eigenschaften von Funktionen

**A1** **Tauernloipe**

Das Bild 27/1 zeigt das Höhenprofil der Tauernloipe. Beschreiben Sie für jemanden, der nicht dieses Bild vor Augen hat, den Höhenverlauf der Loipe!

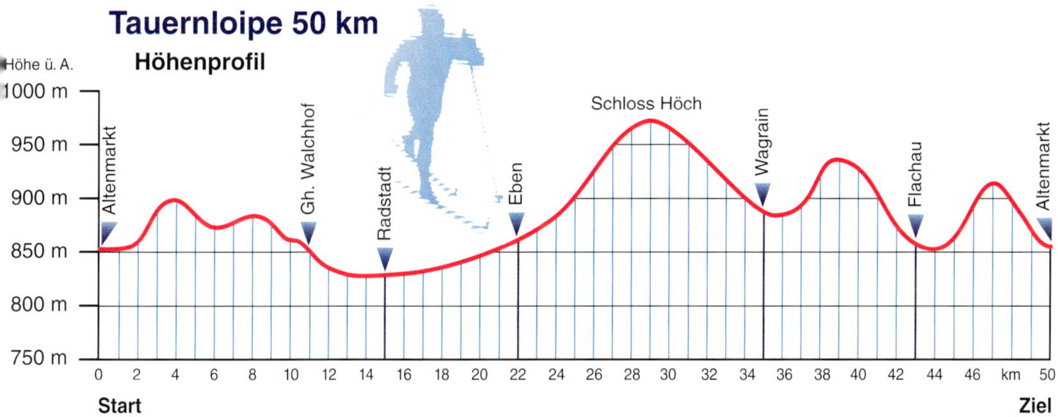


*Bild 27/1*

**A2** **Sonnenaufgang**

Entnehmen Sie einem Taschenkalender die wöchentlichen Zeiten für den Sonnenaufgang im laufenden Jahr, stellen Sie sie in einem Koordinatensystem dar und beschreiben Sie ihren Verlauf.

**A3** **Fahrtenschreiber**

Nach gesetzlichen Vorgaben werden die Fahrten von Bussen und Lastkraftwagen durch Fahrtenschreiber protokolliert. Dabei werden u. a. die Lenkzeit, die zurückgelegte Strecke und die gefahrene Geschwindigkeit aufgezeichnet.

Wie könnte die Aufzeichnung der Geschwindigkeit der folgenden Autofahrt aussehen? Welche Zusatzvoraussetzungen machen Sie dabei über die Autofahrt?

Frau Meyer startet um 7.20 Uhr ihren Pkw, um zu ihrer 15 km entfernten Arbeitsstelle zu fahren. Zunächst durchfährt sie eine 30-km-Zone, biegt dann in eine Hauptstraße ein, die an der dritten Ampel in eine Schnellstraße mündet. Nach 10 Kilometern verlässt Frau Meyer die Schnellstraße, durchfährt ein Industriegebiet und erreicht etwa um 7.50 Uhr den Parkplatz ihrer Firma.

AUFTRÄGE

# Beschreibung eines funktionalen Zusammenhangs

Wir behandeln den Arbeitsauftrag **A1** zum Höhenprofil der Tauernloipe.

Das Höhenprofil der Tauernloipe kann man jemandem, der es nicht vor Augen hat, z. B. einem Fremden am Telefon, mit folgenden Worten beschreiben:

Die Loipe beginnt in Altenmarkt in einer Höhe von 850 m flach und steigt dann von km 1,5 bis km 3,5 auf 900 m an. Dann kommt eine erste Abfahrt bis km 6 herunter auf 875 m, der ein leichter Anstieg bis km 8 auf 880 m folgt. Nun geht es bergab bis km 14 auf 830 m, wobei diese Abfahrt bei dem Gasthaus Walchhof durch ein Plateau unterbrochen wird. Bei km 15 – der tiefsten Stelle der Loipe – beginnt ein 15 km langer Anstieg um insgesamt 140 m bis zu ihrer höchsten Stelle bei Schloss Höch in 970 m Höhe. Dieser Anstieg wird immer steiler; auf den ersten 8 Kilometern bis zum Ort Eben steigt die Loipe nur um 30 Höhenmeter, auf den 7 Kilometern von Eben bis zum Schloss Höch aber um 110 Höhenmeter. Dort beginnt eine 7 Kilometer lange Abfahrt bis km 36 kurz nach Wagrain auf 880 m Höhe. Nun sind bis Altenmarkt noch zwei Anstiege zu überwinden, die durch Abfahrten entlohnt werden. Der erste bis km 39 auf eine Höhe von 940 m, dem eine 5 Kilometer lange Abfahrt auf 850 m folgt, der zweite bis km 47 auf eine Höhe von 920 m. Von hier aus fährt man die letzen drei Kilometer wieder ab nach Altenmarkt.

### Das Höhenprofil der Loipe als Funktion

Man kann das Höhenprofil der Tauernloipe als Graph einer Funktion $H$ auffassen, die jedem Loipen-Ort, der – horizontal gemessen – $x$ Kilometer vom Start entfernt ist, seine Höhe $H(x)$ in Metern über dem Meeresspiegel zuordnet, für die also z. B. gilt:

$$H(0) = 850; \quad H(25) = 900 \quad \text{und} \quad H(31) = 950.$$

Der Definitionsbereich dieser Funktion $H$ ist das Intervall $[0; 50]$, der Wertebereich das Intervall $[830; 970]$. Mit Hilfe dieser Funktion kann man nun leicht die Anstiege und Abfahrten charakterisieren.

### Monotonie

Zwischen Kilometer 14 und Kilometer 29 steigt die Loipe an, es gilt dort: Liegt ein Loipenort $x_1$ vor einem anderen $x_2$, dann hat er eine geringere Höhe, es ist $H(x_1)$ keiner als $H(x_2)$:

Für alle $x_1, x_2 \in [14; 29]$ gilt also

$$x_1 < x_2 \quad \Rightarrow \quad H(x_1) < H(x_2).$$

Man sagt, die Funktion $H$ ist auf dem Intervall $[14; 29]$ **streng monoton steigend**. Auf den Abfahrten ist die Funktion dagegen **streng monoton fallend**, d. h. die Höhe nimmt dort mit wachsender horizontaler Entfernung $x$ vom Start ab. Zum Beispiel gilt auf der Abfahrt nach Schloss Höch, also auf dem Intervall $[29; 35]$:



$$x_1 < x_2 \quad \Rightarrow \quad H(x_1) > H(x_2).$$

Die Abfahrt von Kilometer 8 bis Kilometer 14 führt bei Kilometer 10 über ein ebenes Plateau. Die Höhe nimmt hier also nicht ab, sondern sie bleibt konstant. Insgesamt können wir aber über diese Abfahrt sagen:
Für alle $x_1, x_2 \in [8; 14]$ gilt

$$x_1 < x_2 \quad \Rightarrow \quad H(x_1) \geq H(x_2).$$

Die Funktion ist auf dem Intervall [8; 14] **monoton fallend**, aber nicht streng monoton fallend.

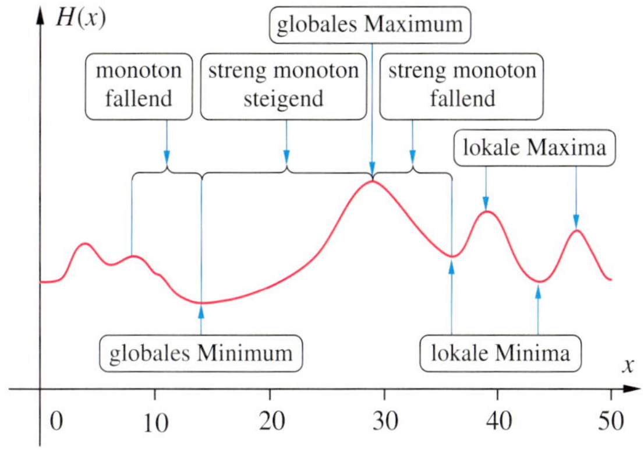

*Bild 29/1*

## Minima und Maxima einer Funktion

Die Tauernloipe hat bei km 14 ihren tiefsten Punkt, wir bezeichnen ihn als **absoluten Tiefpunkt** der Funktion $H$ oder als ihr **globales Minimum**. Es gilt für alle $x \in D(H)$

$$H(x) \geq H(14).$$

Ihren höchsten Punkt erreicht die Loipe in Schloss Höch bei km 29. Die Funktion $H$ hat dort ihr **globales Maximum**. Es gilt für alle $x \in D(H)$

$$H(x) \leq H(29).$$

Die Funktion $H$ hat noch weitere Maxima, sogenannte lokale Maxima, z. B. an den Stellen $x = 8$, $x = 39$, $x = 47$ und bei $x \approx 4$.

Allerdings handelt es sich hier nicht um die höchsten Stellen der Loipe, sondern nur um ihre höchsten Stellen hinsichtlich einer Umgebung. Z. B. ist das **lokale Maximum** bei $x = 39$, der größte Wert der Funktion $H$ zwischen $x = 37$ und $x = 43$. Man nennt ein solches Intervall, das eine Stelle $x$ umgibt, **Umgebung von $x$**. Um auszuschließen, dass die Stelle $x$ ein Randpunkt des Intervalls ist, wählt man als Umgebungen offene Intervalle. Für die Stelle $x = 39$ lassen sich verschiedene Umgebungen $U(39)$ angeben, z. B.

$$U_1(39) = ]37; 43[; \quad U_2(39) = ]38; 40[; \quad U_3(39) = ]30; 50[.$$

Nun können wir präziser formulieren:
Die Funktion $H$ hat an der Stelle $x = 39$ ein lokales Maximum, weil es eine Umgebnung $U(39)$ gibt, beispielsweise $U_1(39) = ]38; 40[$, so daß für alle $x \in U_1(39)$ gilt

$$H(x) \leq H(39).$$

Natürlich gilt diese Ungleichung nicht für jede Umgebung $U(39)$, beispielsweise nicht für $U_3(39) = ]30; 50[$; aber weil es – wenigstens – eine Umgebung gibt, auf der die Ungleichung gilt, hat $H$ an der Stelle $x = 39$ ein lokales Maximum.

Auf die gleiche Weise legt man den Begriff **lokales Minimum** fest. Die Funktion $H$ hat z. B. an den Stellen $x = 6$, $x = 36$ und $x = 44$ lokale Minima.

## Wir fassen zusammen

### Definition 1.1 Umgebung

Ein offenes Intervall, das eine Zahl $a$ enthält, bezeichnet man als Umgebung $U(a)$ dieser Zahl. ■

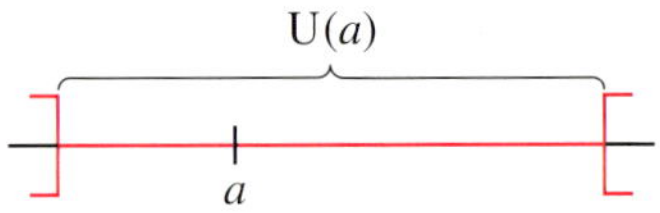


*Bild 30/1: Umgebung*

### Definition 1.2 Monotone Funktion

Eine Funktion $f$ heißt auf einer Menge $M \subseteq D(f)$

| | |
|---|---|
| monoton steigend | monoton fallend |

genau dann, wenn für alle $x_1, x_2 \in M$ gilt:

| | |
|---|---|
| $x_1 < x_2 \;\Rightarrow\; f(x_1) \leq f(x_2)$ | $x_1 < x_2 \;\Rightarrow\; f(x_1) \geq f(x_2)$. |

Gilt sogar

| | |
|---|---|
| $x_1 < x_2 \;\Rightarrow\; f(x_1) < f(x_2)$ | $x_1 < x_2 \;\Rightarrow\; f(x_1) > f(x_2)$, |

so heißt $f$ auf der Menge $M$

| | |
|---|---|
| streng monoton steigend | streng monoton fallend. ■ |

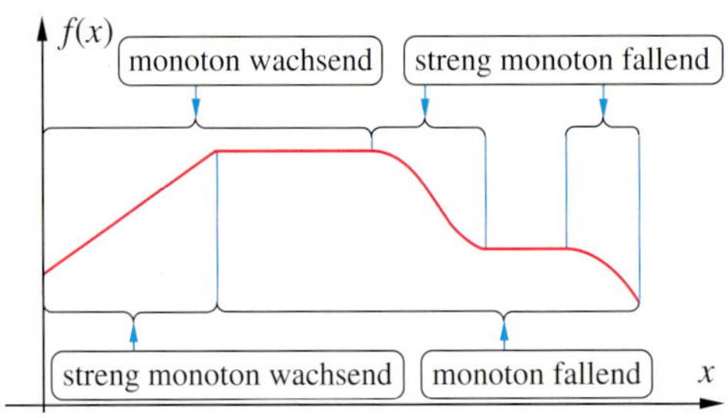


*Bild 30/2: Monotoniebereiche*

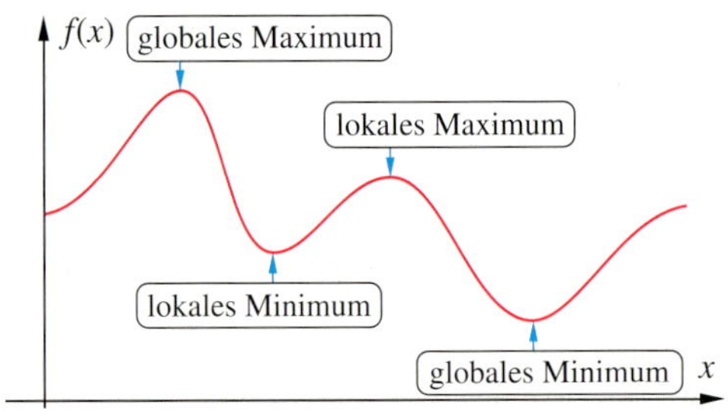


*Bild 30/3: Minima und Maxima*

### Definition 1.3 Maximum, Minimum

Eine Funktion $f$ hat an einer Stelle $a \in D(f)$ ein

| | |
|---|---|
| globales Maximum | globales Minimum |

genau dann, wenn für alle $x \in D(f)$ gilt:

| | |
|---|---|
| $f(x) \leq f(a)$ | $f(x) \geq f(a)$. |

Eine Funktion $f$ hat an einer Stelle $a \in D(f)$ ein

| | |
|---|---|
| lokales Maximum | lokales Minimum |

genau dann, wenn es eine Umgebung $U(a)$ mit $U(a) \subseteq D(f)$ gibt, sodass für alle $x \in U(a)$ gilt:

| | |
|---|---|
| $f(x) \leq f(a)$ | $f(x) \geq f(a)$. ■ |

**1** Die Entfernung zwischen Erde und Mond beträgt 384 000 km. Ein Körper, der sich zwischen der Erde und dem Mond befindet, wird von der Erdmasse und der Mondmasse angezogen. In Bild ist die auf einen Körper von der Masse 1 kg wirkende Gesamtkraft entlang der Verbindungslinie der beiden Himmelskörper dargestellt.

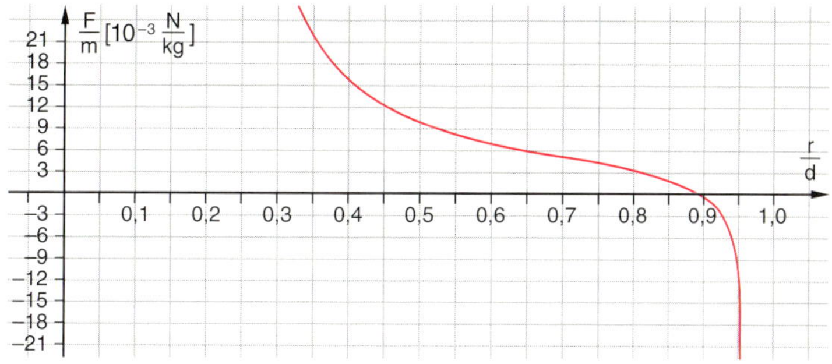


*Bild 31/1*

**a)** Was sagt der Graph in Bild über diese Gesamtkraft aus?

**b)** Eine Rakete soll von der Erde starten und auf dem Mond landen. Was sagt der Graph über die verschiedenen Flugabschnitte aus?

**2** Bild 31/2 zeigt den Autorennkurs von Silverstone in England. Zeichnen Sie den Graphen einer Weg-Geschwindigkeitsfunktion *V* für einen Rennwagen, der diesen Kurs durchfährt. Auf welchen Intervallen ist die Funktion *V* monoton steigend bzw. fallend? Wo nimmt sie ihre lokalen bzw. globalen Minima und Maxima an?

*Bild 31/2: Rennkurs Silverstone*

AUFGABEN

**3** Auf welchen Intervallen ist die Funktion in Bild 32/1 (32/2, 32/3, 32/4) monoton steigend bzw. fallend? An welchen Stellen hat sie ihre absoluten Maxima und Minima, an welchen ihre lokalen Maxima und Minima?

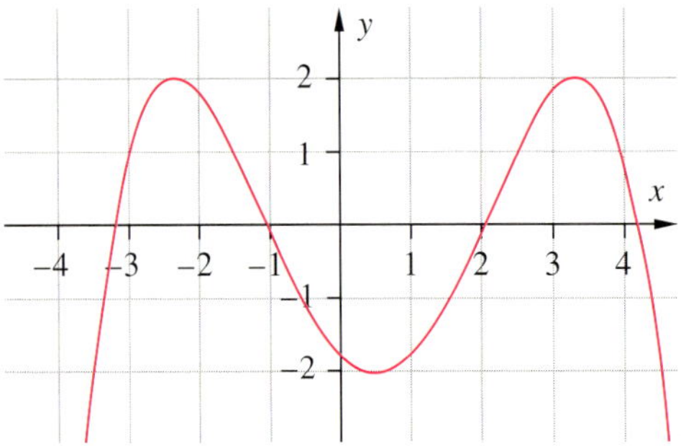


*Bild 32/1*

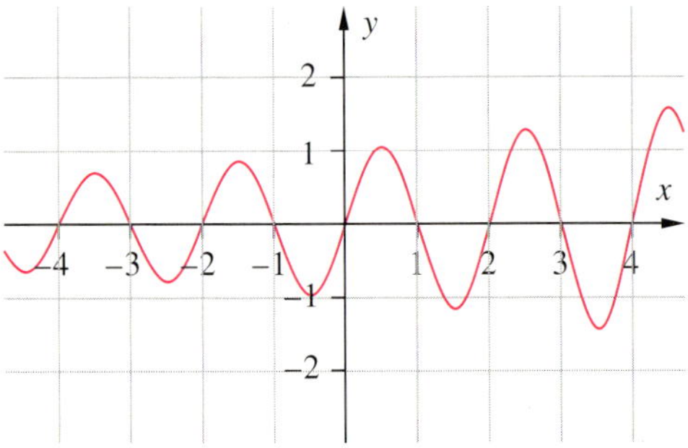


*Bild 32/2*

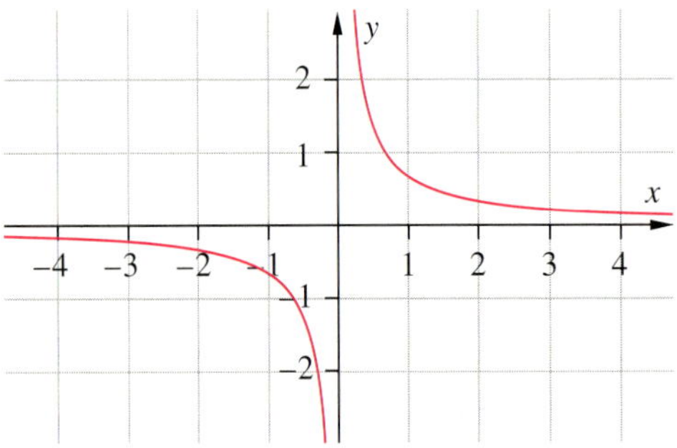


*Bild 32/3*

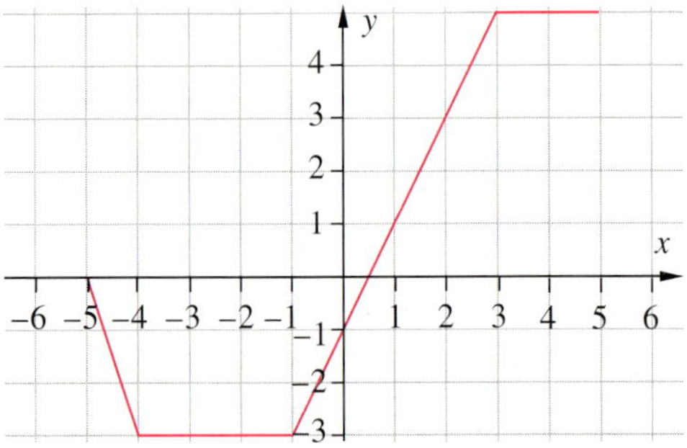


*Bild 32/4*

**4** Zeichnen Sie die Funktion $f$. Wo ist $f$ monoton steigend beziehungsweise fallend? Wo liegen die lokalen beziehungsweise die globalen Extrema von $f$?

**a)** $f(x) = 4 - x^2$; $D(f) = [-3; 3]$

**b)** $f(x) = |x - 3|$; $D(f) = [-1; 5]$

**c)** $f(x) = (x - 2)^3$ $D(f) = [-1; 3]$

**d)** $f(x) = x(4 - x)$; $D(f) = [-1; 5]$

**e)** $f(x) = \frac{1}{x}$; $D(f) = [-3; 3] \setminus \{0\}$

**f)** $f(x) = \sqrt{|x|}$; $D(f) = [-4; 4]$

**5** Begründen Sie, dass streng monotone Funktionen stets auch umkehrbar sind. Gilt das auch umgekehrt?

**6** Untersuchen Sie, welche Eigenschaften die Umkehrfunktion $f^*$ einer streng monoton steigenden (fallenden) Funktion $f$ hat. Begründen Sie Ihr Ergebnis mit Hilfe der Graphen und mit Hilfe der Wertetabellen von $f$ und $f^*$.

**7** Untersuchen Sie, welche Eigenschaften die Funktionen zu $g(x) = -f(x)$ und zu $h(x) = f(x) \cdot f(x)$ haben, wenn die Funktion zu $f(x)$ monoton ist.

# 1.4 Ganzrationale Funktionen

## A1 Eine Kostenfunktion

In den Wirtschaftswissenschaften versucht man, wirtschaftliche Vorgänge mit Hilfe von mathematischen Modellen zu erfassen. Für Kostenfunktionen $K$ werden dabei häufig ganzrationale Funktionen dritten Grades wie im nachstehenden Beispiel benutzt.

**Beispiel:** Die Kostenfunktion $K$ für Herstellung und Vertrieb von $x$ Einheiten einer Ware ist gegeben durch

$$K(x) = 0{,}01\,x^3 - x^2 + 50\,x + 720.$$

Skizzieren Sie den Graphen dieser Funktion! In welchem Bereich kann sie sinnvoll Herstellungs- und Vertriebskosten einer Ware beschreiben?
Durch welche Funktion lässt sich der Gewinn $G$ berechnen, wenn eine Wareneinheit zu 53 Geldeinheiten verkauft wird?

## A2 Anhalteweg

Viele Auffahrunfälle kommen dadurch zustande, dass die Autofahrer die Länge des Anhalteweges unterschätzen. Der Anhalteweg setzt sich aus dem in der sogenannten Schrecksekunde zurückgelegten Weg und dem Bremsweg zusammen.

*Bild 33/1: Reaktionsweg + Bremsweg = Anhalteweg*

Es ist sinnvoll, für den Zeitraum vom Bemerken eines Hindernisses durch den Fahrer bis zum Ansprechen der Bremsen wenigstens eine Sekunde anzusetzen. Der Bremsweg eines Pkw lässt sich bei gut funktionierenden Bremsen und trockener Straße durch folgende Faustregel abschätzen: Fährt der Pkw mit einer Geschwindigkeit von $v\,\frac{\text{km}}{\text{h}}$, dann beträgt der Bremsweg $\left(\frac{v}{10}\right)^2$ Meter.

Stellen Sie eine Funktion auf, mit der sich der Anhalteweg aus der gefahrenen Geschwindigkeit berechnen lässt! Zeichnen Sie ihren Graphen.

Was ist „schlimmer", zu langsam zu reagieren oder zu schnell zu fahren?

AUFTRÄGE

AUFTRÄGE

**A3** **Funktionsplotter**

Zeichnen Sie mit einem Funktionsplotter Funktionen mit einem Term der Form

$$f(x) = ax^3 + bx^2 + cx + d \quad \text{mit } a, b, c, d \in \mathbb{R}.$$

Variieren Sie $a$, $b$, $c$ und $d$. Wie wirkt sich dies jeweils auf den Funktionsgraphen aus?

Für welche Werte von $a$, $b$, $c$ und $d$ ist der Funktionsgraph punktsymmetrisch, für welche Werte achsensymmetrisch zur $y$-Achse?

## Kosten- und Gewinnfunktionen

Wir bearbeiten den Auftrag **A1**.

Bild 34/1 zeigt den Graphen der Funktion $K$ zu $K(x) = 0{,}01\,x^3 - x^2 + 50\,x + 720$ auf dem Intervall $[-10; 130]$. Offensichtlich hat die Funktion $K$ für $x < 0$ keine inhaltliche Bedeutung. Aus $K(0) = 720$ ergibt sich, dass bei der Produktion der betrachteten Ware fixe Kosten in Höhe von 720 Geldeinheiten anfallen, die nicht von der Produktionsmenge abhängen. Für $x > 0$ steigt der Graph von $K$ zuerst steil an, wird dann aber zunehmend flacher. Man spricht in den Wirtschaftswissenschaften von einer **unterproportionalen** oder **degressiven** Zunahme. Die Kosten steigen hier verglichen mit der Produktionsmenge langsam, dabei wirken sich z. B. die Vorteile der Maschinenauslastung aus. Etwa ab $x = 35$ steigt der Graph wieder stärker an. Diese **überproportionale** oder **progressive** Zunahme der Kosten bei einer „zu großen" Produktion kann z. B. durch die Einstellung neuer Arbeitskräfte oder den Einsatz neuer Maschinen verursacht sein. Die Produktionskosten werden nur bis etwa $x = 100$ von der Funktion $K$ sinnvoll beschrieben. Für größere $x$-Werte werden die Kosten in Wirklichkeit nicht so stark wie die Funktion $K$ ansteigen.

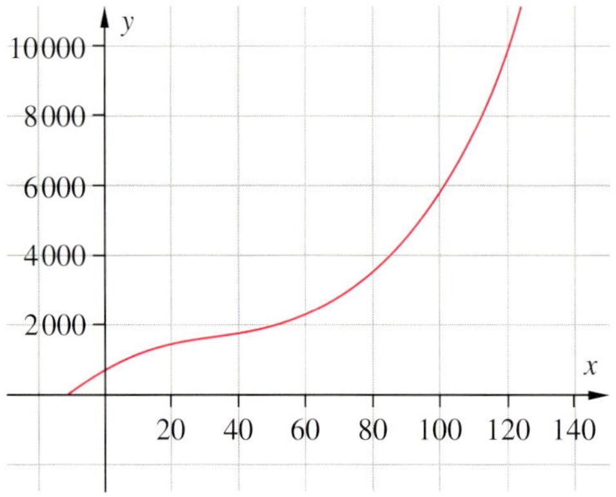


*Bild 34/1: Graph der Kostenfunktion $K(x)$*

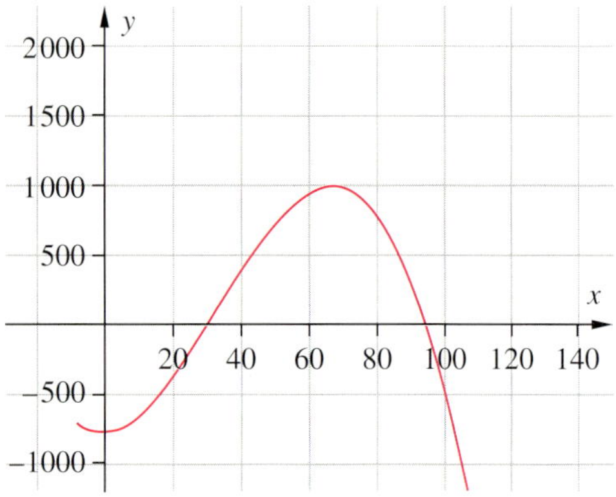


*Bild 34/2: Graph der Gewinnfunktion $G(x)$*

Wird eine Einheit der Ware für 53 Geldeinheiten verkauft, so kann man den Erlös $E$ für $x$ Wareneinheiten durch die Funktion zu $E(x) = 53\,x$ erfassen und den Gewinn $G$ durch die Funktion zu

$$\begin{aligned} G(x) &= E(x) - K(x) \\ &= 53x - (0{,}01\,x^3 - x^2 + 50\,x + 720) \\ &= -0{,}01\,x^3 + x^2 + 3\,x - 720. \end{aligned}$$

Funktionen wie die betrachtete Kostenfunktion $K$ und die Gewinnfunktion $G$ bezeichnet man als **ganzrationale Funktionen dritten Grades**, weil die höchste Potenz, in der hier die Variable $x$ auftritt, drei ist.

Bild 34/2 zeigt den Graphen der Gewinnfunktion $G$ über dem Intervall $[0; 120]$. Man sieht, dass der Gewinn bei einer zu kleinen oder zu großen Produktion negativ, also ein Verlust ist. Um die Gewinnzone zu bestimmen, ermittelt man zunächst die Stellen, an denen $G(x) = 0$ gilt, d. h. die **Nullstellen** von $G$.

## Nullstellen – numerisch

Ein erstes Verfahren, Nullstellen zu bestimmen, ist, sie systematisch schrittweise zu suchen. Wie man in Bild 34/2 sieht, ist die Funktion $G$ an der Stelle 80 positiv und an der Stelle 100 negativ; es gilt $G(80) = 800$ und $G(100) = -420$. Ist der Graph von $G$ zusammenhängend, ist die Funktion $G$ also stetig, so muss sie auf dem Intervall $[80; 100]$ eine Nullstelle haben.

Nun berechnet man $G$ an der Intervallmitte: $G(90) = 360$. Wegen $G(80) = 800$, $G(90) = 360$ und $G(100) = -420$ hat die Funktion $G$ auf dem Intervall $[90; 100]$ eine Nullstelle.

Nun berechnet man $G$ an der Mitte dieses Intervalls: $G(95) = 16,25$. Wegen $G(90) = 360$; $G(95) = 16,25$ und $G(100) = -420$ hat die Funktion $G$ in dem Intervall $[95; 100]$ eine Nullstelle.

Man halbiert nun dieses Intervall und setzt das Verfahren entsprechend fort, wobei man das nächste Intervall jeweils so auswählt, dass die untersuchte Funktion an den Intervallenden unterschiedliche Vorzeichen hat. In dieser Weise „schachtelt" man eine Nullstelle so gut ein, wie das für praktische Zwecke erforderlich ist. Bei der Gewinnfunktion $G$ erhält man mit diesem **Halbierungsverfahren** die Intervalle: $[80; 100]$; $[90; 100]$; $[95; 100]$; $[95; 97,5]$; $[95; 96,25]$; $[95; 95,625]$; $[95; 95,3125]$; $[95,15625; 95,3125]$.

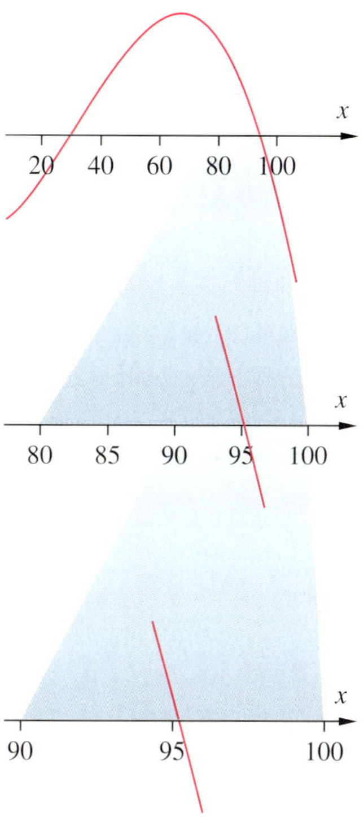

*Bild 35/1: Halbierungsverfahren „in Aktion"*

Die Funktion $G$ hat also zwischen 95,15 und 95,32 eine Nullstelle. Da das Halbierungsverfahren auf der Berechnung der Funktionswerte an zahlreichen Stellen beruht, spricht man von einem **numerischen Verfahren**. Es eignet sich insbesondere auch für den Einsatz von programmierbaren Taschenrechnern und Computern. Voraussetzung ist, dass

- die untersuchte Funktion einen zusammenhängenden Graphen hat, also stetig ist,
- die untersuchte Funktion gut berechenbar ist,
- man ein Ausgangsintervall findet, an dessen Enden die Funktionswerte verschiedene Vorzeichen haben.

# Nullstellen – algebraisch

Man kann versuchen, die Nullstellen einer ganzrationalen Funktion algebraisch zu bestimmen, indem man allgemeinere Überlegungen zu ihrem Term anstellt. Ist ein Funktionsterm als Produkt gegeben, z. B.

$$f(x) = (x-a)(x-b) \quad \text{oder} \quad g(x) = (x-a)(x-b)(x-c),$$

so kann man alle Nullstellen der Funktion unmittelbar ablesen. Da ein Produkt genau dann Null ist, wenn wenigstens einer seiner Faktoren Null ist, gilt:

$$\begin{aligned} f(x) = 0 \quad &\Leftrightarrow \quad x-a=0 \quad \vee \quad x-b=0 \\ &\Leftrightarrow \quad x=a \quad \vee \quad x=b, \\ g(x) = 0 \quad &\Leftrightarrow \quad x=a \quad \vee \quad x=b \quad \vee \quad x=c. \end{aligned}$$

Durch Ausmultiplizieren sieht man, dass $f$ eine ganzrationale Funktion zweiten Grades ist:

$$f(x) = (x-a)(x-b) = x^2 - (a+b)\,x + ab.$$

Die Funktion $g$ ist eine ganzrationale Funktion dritten Grades:

$$g(x) = (x-a)(x-b)(x-c) = x^3 - (a+b+c)\,x^2 + (ab+ac+bc)\,x - abc.$$

Man sieht an diesen Beispielen auch, dass der letzte Summand des ausmultiplizierten Funktionsterms, das absolute Glied $ab$ bzw. $-abc$ die Nullstellen der Funktion $f$ bzw. $g$ als Faktoren enthält. Hat eine ganzrationale Funktion also ganzzahlige Nullstellen, so sind diese Teiler des absoluten Gliedes. Man kann sie daher durch Probieren ermitteln.

**Beispiel**

Hat die ganzrationale Funktion $f$ zu

$$f(x) = x^3 + 2x^2 - 5x - 6$$

ganzzahlige Nullstellen, dann kommen hiefür nur Teiler von 6 in Betracht, also 1, $-1$, 2, $-2$, 3, $-3$, 6 und $-6$.

Durch Einsetzen erhält man:

$$\begin{aligned} &f(1) = -8; \quad f(-1) = 0; \quad f(2) = 0; \quad f(-2) = 4; \\ &f(3) = 24; \quad f(-3) = 0; \quad f(6) = 252 \quad \text{und} \quad f(-6) = -120. \end{aligned}$$

Die ganzzahligen Nullstellen der Funktion $f$ liegen also bei

$$x = -1; \quad x = 2 \quad \text{und} \quad x = -3.$$

Kennt man die Nullstellen $x = -1$, $x = 2$ und $x = -3$ einer ganzrationalen Funktion dritten Grades, dann kann man andererseits ihren Term $f(x)$ als Produkt schreiben:

$$f(x) = (x+1)(x-2)(x+3) = (x^2 - x - 2)(x+3) = x^3 + 2x^2 - 5x - 6,$$

wobei allerdings andere Funktionen, wie z. B. die zu $2f(x)$ oder $-0{,}5f(x)$ die gleichen Nullstellen haben. Die Terme $x+1$, $x-2$ und $x+3$ nennt man die *Linearfaktoren* von $f(x)$.

Man sieht an diesen Beispielen:

- Die Aufgaben, die Nullstellen einer ganzrationalen Funktion $f$ zu bestimmen und den Term von $f$ als Produkt von Linearfaktoren zu schreiben, sind eng miteinander verwandt.
- Jedem Linearfaktor des Produktes entspricht eine Nullstelle, jeder Nullstelle ein Linearfaktor.
- Der Grad der ganzrationalen Funktion, der sich beim Ausmultiplizieren der Linearfaktoren ergibt, ist gleich der Anzahl dieser Faktoren.
- Eine ganzrationale Funktion kann nicht mehr Nullstellen haben als ihr Grad angibt.

Eine ganzrationale Funktion kann aber weniger Nullstellen haben als ihr Grad angibt. Zum Beispiel hat die Funktion $f$ zu

$$f(x) = x^2 + 1 \quad \text{wegen} \quad x^2 + 1 > 0$$

keine Nullstelle, obwohl sie den Grad 2 hat. Nach unseren Überlegungen lässt sie sich daher auch nicht in Linearfaktoren zerlegen.

Diesen „Mangel“ kann man dadurch beheben, dass man die Definitionsmenge der ganzrationalen Funktionen von der Menge der reellen Zahlen $\mathbb{R}$ zu der Menge der komplexen Zahlen $\mathbb{C}$ erweitert. Erst in dieser Zahlenmenge hat eine ganzrationale Funktion genau so viele Nullstellen wie ihr Grad angibt.

## Polynomdivision

Für die oben betrachtete Funktion $f$ haben wir verschiedene Terme erhalten, z. B.

$$\begin{aligned} f(x) &= (x^2 - x - 2)(x + 3) \\ &= x^3 + 2x^2 - 5x - 6. \end{aligned}$$

Das bedeutet, dass diese Terme gleichwertig sind, also für alle $x \in \mathbb{R}$ gilt:

$$(x^2 - x - 2) \cdot (x + 3) = x^3 + 2x^2 - 5x - 6.$$

Diese Gleichung können wir auch so deuten, dass das Polynom $x^3 + 2x^2 - 5x - 6$ durch den Linearfaktor $x + 3$ teilbar ist. Diese Division kann man wie eine schriftliche Division von Zahlen durchführen.

$$\begin{aligned} &(x^3 + 2x^2 - 5x - 6) : (x + 3) = x^2 - x - 2 \\ &\underline{-(x^3 + 3x^2)} \\ &\qquad -x^2 - 5x \\ &\quad \underline{-(-x^2 - 3x)} \\ &\qquad\qquad -2x - 6 \\ &\qquad\quad \underline{-(-2x - 6)} \\ &\qquad\qquad\qquad 0 \end{aligned}$$

Dieses Beispiel belegt: Hat eine ganzrationale Funktion $f$ die Nullstelle $a$, gilt also $f(a) = 0$, so lässt sich $f(x)$ durch $x - a$ teilen; d. h., es gibt dann eine ganzrationale Funktion $f_1$, sodass für alle $x \in R$ gilt:

$$f(x) = (x - a) \cdot f_1(x).$$

Wir verzichten hier auf einen Beweis dieses allgemein gültigen Sachverhaltes.

Zur Bestimmung weiterer Nullstellen von $f$ untersucht man dann $f_1$ auf Nullstellen.

**Beispiel**

Die oben betrachtete Gewinnfunktion $G$ zu

$$G(x) = -0{,}01x^3 + x^2 + 3x - 720$$

hat die gleichen Nullstellen wie die Funktion $L$ zu

$$L(x) = 100 \cdot G(x) = -x^3 + 100x^2 + 300x - 72\,000.$$

Hat $L$ ganzzahlige Nullstellen, dann sind dies Teiler der Zahl 72 000. Durch Probieren findet man, dass $L(30) = 0$ gilt. $L(x)$ ist also durch den Linearfaktor $x - 30$ teilbar.

$$\begin{array}{l}
(-x^3 + 100x^2 + 300x - 72\,000) : (x - 30) = -x^2 + 70x + 2400 \\
\underline{-(-x^3 + 30x^2)} \\
\qquad\qquad 70x^2 + 300x \\
\qquad\quad \underline{-(70x^2 - 2100x)} \\
\qquad\qquad\qquad 2400x - 72\,000 \\
\qquad\qquad\quad \underline{-(2400x - 72\,000)} \\
\qquad\qquad\qquad\qquad\qquad 0
\end{array}$$

Nun kann man die Nullstellen der Funktion zu $-x^2 + 70x + 2400$ bestimmen; die quadratische Gleichung

$$-x^2 + 70x + 2400 = 0$$

hat die Lösungen

$$x = 35 + \sqrt{3625} \approx 95{,}208$$

und

$$x = 35 - \sqrt{3625} \approx -25{,}208.$$

Damit sind alle drei Nullstellen der Funktion $L$ und damit auch der Funktion $G$ bestimmt. Die Gewinnfunktion $G$ hat Nullstellen bei $x = 30$, $x \approx 95{,}208$ und $x \approx -25{,}208$.

Die Nullstelle bei $x \approx 95{,}208$ hatten wir bereits mit dem numerischen Halbierungsverfahren eingeschachtelt, die Nullstelle bei $x \approx -27{,}208$ hat keine inhaltliche Bedeutung, da die Gewinnfunktion $G$ nur für $x \geq 0$ definiert ist. Zwischen den Nullstellen $x = 30$ und $x \approx 95{,}208$ ist $G$ positiv, in diesem Bereich wird also ein Gewinn erzielt. ■

# Zur Bestimmung von ganzrationalen Funktionen

In Anwendungssituationen steht man häufig vor dem Problem, zu $n$ Wertepaaren $(x_i \mid y_i)$ einen „passenden“ Funktionsterm zu finden, sodass jeweils $f(x_i) = y_i$ gilt.

**Beispiel**

Es soll eine ganzrationale Funktion $f$ bestimmt werden, die den Zusammenhang der Werte aus der nebenstehenden Tabelle erfasst, für die also $f(1) = 2, f(4) = 5, f(6) = 3$ und $f(9) = 6$ gilt.

| $x$ | 1 | 4 | 6 | 9 |
|---|---|---|---|---|
| $y$ | 2 | 5 | 3 | 6 |

Man kann dieses Problem lösen, indem man $f$ als Summe von vier ganzrationalen Funktionen $f_1, f_2, f_3$ und $f_4$ bestimmt, von denen jede an genau einer **Stützstelle** den geforderten Wert hat und an allen anderen Stützstellen den Wert null.

Für $f_1$ zu $f_1(x) = 2 \cdot \frac{x-4}{1-4} \cdot \frac{x-6}{1-6} \cdot \frac{x-9}{1-9}$ gilt: $f_1(1) = 2$ und $f_1(4) = f_1(6) = f_1(9) = 0$.

Für $f_2$ zu $f_2(x) = 5 \cdot \frac{x-1}{4-1} \cdot \frac{x-6}{4-6} \cdot \frac{x-9}{4-9}$ gilt: $f_2(4) = 5$ und $f_2(1) = f_2(6) = f_2(9) = 0$.

Für $f_3$ zu $f_3(x) = 3 \cdot \frac{x-1}{6-1} \cdot \frac{x-4}{6-4} \cdot \frac{x-9}{6-9}$ gilt: $f_3(6) = 3$ und $f_3(1) = f_3(4) = f_3(9) = 0$.

Für $f_4$ zu $f_4(x) = 6 \cdot \frac{x-1}{9-1} \cdot \frac{x-4}{9-4} \cdot \frac{x-6}{9-6}$ gilt: $f_4(9) = 6$ und $f_4(1) = f_4(4) = f_4(6) = 0$.

Damit erhält man für die Funktion $f$:

$$f(x) = f_1(x) + f_2(x) + f_3(x) + f_4(x)$$

$$= 2 \cdot \frac{x-4}{-3} \cdot \frac{x-6}{-5} \cdot \frac{x-9}{-8} + 5 \cdot \frac{x-1}{3} \cdot \frac{x-6}{-2} \cdot \frac{x-9}{-5} + 3 \cdot \frac{x-1}{5} \cdot \frac{x-4}{2} \cdot \frac{x-9}{-3} + 6 \cdot \frac{x-1}{8} \cdot \frac{x-4}{5} \cdot \frac{x-6}{3}$$

$$= -\frac{(x-4)(x-6)(x-9)}{60} + \frac{(x-1)(x-6)(x-9)}{6} - \frac{(x-1)(x-4)(x-9)}{10} + \frac{(x-1)(x-4)(x-6)}{20}$$

$$= \frac{1}{10}x^3 - \frac{3}{2}x^2 + \frac{32}{5}x - 3.$$

Bei derartigen Umformungen – insbesondere, wenn weitere Stützstellen gegeben sind – ist ein Rechner mit einem Computeralgebrasystem (CAS) hilfreich.

Die Funktionen $f_1, f_2, f_3$ und $f_4$ sind ganzrationale Funktionen dritten Grades, da sie jeweils drei Nullstellen haben. Damit ist auch $f$ als Summe dieser vier Funktionen eine ganzrationale Funktion dritten Grades.

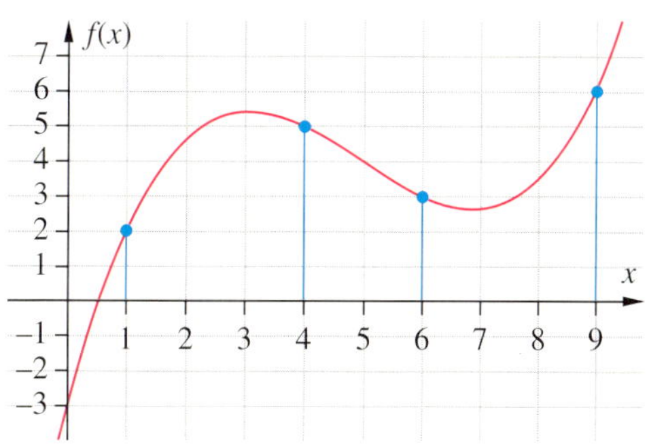


*Bild 39/1: Graph von f*

Diese Feststellung kann man auch zum Ausgangspunkt der Bestimmung einer Funktion $f$ machen, die die Werte der oben genannten Tabelle erfasst.

Es soll also gelten

$$f(x) = ax^3 + bx^2 + cx + d$$

und $f(1) = 2$, $f(4) = 5$, $f(6) = 3$ und $f(9) = 6$. Daraus ergeben sich folgende Gleichungen:

$$a \cdot 1^3 + b \cdot 1^2 + c \cdot 1 + d = 2,$$

$$a \cdot 4^3 + b \cdot 4^2 + c \cdot 4 + d = 5,$$

$$a \cdot 6^3 + b \cdot 6^2 + c \cdot 6 + d = 3,$$

$$a \cdot 9^3 + b \cdot 9^2 + c \cdot 9 + d = 6.$$

Löst man dieses Gleichungssystem (vergleiche Kapitel 3), erhält man $a = \frac{1}{10}$; $b = -\frac{3}{2}$; $c = \frac{32}{5}$ und $d = -3$, also wie oben:

$$f(x) = \tfrac{1}{10}x^3 - \tfrac{3}{2}x^2 + \tfrac{32}{5}x - 3.$$

ZUSAMMENFASSUNG

## Wir fassen zusammen

Eine Funktion $f$ mit

$$f(x) = a_n x^n + a_{n-1} x^{n-1} + \cdots + a_1 x + a_0$$

mit $n \in \mathbb{N}$, $a_k \in \mathbb{R}$ und $a_n \neq 0$ heißt **ganzrationale** Funktion.

Die Zahl $n$ nennt man den **Grad**, die Zahlen $a_k$ die **Koeffizienten** und $a_0$ das **Absolutglied** der ganzrationalen Funktionen. Ihren Term bezeichnet man auch als Polynom vom Grad $n$.

Die maximale **Definitionsmenge** jeder ganzrationalen Funktion ist die Menge $\mathbb{R}$.

Die Nullstellen einer ganzrationalen Funktion kann man numerisch mit dem **Halbierungsverfahren** bestimmen. Hat eine ganzrationale Funktion $f$ nur ganzzahlige Koeffizienten $a_i$, so sind ihre ganzzahligen Nullstellen Teiler des Absolutgliedes $a_0$. Jeder Nullstelle $a$ einer ganzrationalen Funktion $f$ entspricht ein Linearfaktor $x - a$, der $f(x)$ teilt.

Eine ganzrationale Funktion $f$, die an den **Stützstellen** $x_1, x_2, \ldots, x_n$ die Werte $y_1, y_2, \ldots, y_n$ annimmt, kann man schrittweise bestimmen, indem man $n$ ganzrationale Funktionen $f_i$ bestimmt mit $f_i(x_i) = y_i$ und $f_i(x_j) = 0$ für $i \neq j$. Die Funktion $f = f_1 + f_2 + \cdots + f_n$ hat dann an den Stützstellen die vorgegebenen Werte $y_1, y_2, \ldots, y_n$.

**1** Zeichnen Sie die Potenzfunktionen zu $f(x)=x^4$, $g(x)=x^5$ und $h(x)=x^6$ über dem Intervall $[-1{,}2;\ 1{,}2]$. Ermitteln Sie dazu die Funktionswerte mit Hilfe eines Taschenrechners. Beschreiben Sie die Eigenschaften von $f$, $g$ und $h$.

## Nullstellen

**2** Ermitteln Sie den Term einer ganzrationalen Funktion $f$ möglichst geringen Grades, die folgende Nullstellen besitzt.

**a)** $-7;\ 1$
**b)** $\frac{1}{2};\ 2$
**c)** $-\frac{1}{2};\ 0$
**d)** $-1;\ 0;\ 1$
**e)** $-0{,}1;\ 0{,}3;\ 1{,}7$
**f)** $-\sqrt{2};\ \sqrt{2};\ 3$
**g)** $-4;\ 0;\ 1;\ 2$
**h)** $-5;\ -4;\ -3;\ 1;\ 2$
**i)** $-2\pi;\ -\pi;\ 0;\ \pi;\ 2\pi$

**3** Bestimmen Sie mit dem Halbierungsverfahren die Nullstellen der Funktion $f$.

**a)** $f(x)=x^2+x+1$
**b)** $f(x)=-x^2+10x+20$
**c)** $f(x)=x^3+3x^2-x-2$
**d)** $f(x)=x^3+3x^3-x+1$
**e)** $f(x)=x^4-5x^2+4$
**f)** $f(x)=x^4+4x^3+x^2-5x$
**g)** $f(x)=x^5-x^4+10$
**h)** $f(x)=x^4+x^3+x^2+x+1$

**4** Bestimmen Sie die Nullstellen von $f$ und schreiben Sie $f(x)$ als Produkt von Linearfaktoren.

**a)** $f(x)=x^2-x-6$
**b)** $f(x)=-x^2+6x-7$
**c)** $f(x)=x^3+x^2-6x$
**d)** $f(x)=x^3+x^2-10x+8$
**e)** $f(x)=x^4-4x^3-13x^2+4x+12$
**f)** $f(x)=x^5-3x^3+2x$

**5** Ermitteln Sie algebraisch die Nullstellen der Funktion $f$.

**a)** $f(x)=x^3+3x^2-13x-15$
**b)** $f(x)=-x^3-2x^2-10x+24$
**c)** $f(x)=x^4-7x^3-5x^2+111x-180$
**d)** $f(x)=x^4-4x^3-21x^2-64x+80$
**e)** $f(x)=x^5-x^4-5x^3+3x^2+6x$
**f)** $f(x)=x^5-8x^4-50x^2-x+42$

**6** Bestimmen Sie die Nullstellen der Funktion $f$ zu $f(x)=x^4-10x+35x^2+50x+a$ für $a=23;\ 24;\ 25$ und 26. Erläutern Sie Ihre Ergebnisse.

**7** **Wir schenken Ihnen ein Auto zum Abitur!**

**Sie sparen zu Beginn der 8. Klasse 1000 €**
**zu Beginn der 9. Klasse 1200 €**
**zu Beginn der 10. Klasse 1400 €**
**zu Beginn der 11. Klasse 1600 €**
**zu Beginn der 12. Klasse 1800 €**
**und wir schenken Ihnen zwei Jahre darauf ein Auto im Wert von 10 000 € zum Abitur.**

ANZEIGE

Oder sollte man sein Geld doch besser zu einem festen Zinssatz bei einer Bank anlegen?

**8** Ermitteln Sie die Nullstellen der Funktion $f$.

**a)** $f(x)=x^3+x^2+x+1$

**b)** $f(x)=-x^3-x^2+x+1$

**c)** $f(x)=x^3-x^2-x+1$

**d)** $f(x)=x^3-x^2-x-1$

**e)** $f(x)=x^3+x^2-x-1$

**f)** $f(x)=x^3+x^2+x-1$

## Bestimmung von ganzrationalen Funktionen

**9** Bestimmen Sie eine ganzrationale Funktion $f$, die die angegebenen Werte annimmt.

**a)** $f(1)=1;\ f(2)=2$

**b)** $f(1)=1;\ f(2)=2;\ f(3)=0$

**c)** $f(0)=0;\ f(1)=1;\ f(2)=2;\ f(3)=0$

**d)** $f(-1)=-2;\ f(0)=0;\ f(1)=1;\ f(2)=2;\ f(3)=0$

**10** Bestimmen Sie eine ganzrationale Funktion $f$, die die angegebenen Werte annimmt.

**a)** $f(1)=-2;\ f(2)=4;\ f(3)=6$

**b)** $f(1)=-2;\ f(2)=4;\ f(3)=-6$

**c)** $f(1)=2;\ f(2)=4;\ f(3)=-6$

**d)** $f(1)=2;\ f(2)=4;\ f(3)=6$

**11** Bestimmen Sie eine ganzrationale Funktion $f$, die die angegebenen Werte annimmt.

**a)** $f(0)=0;\ f(1)=1;\ f(2)=0$

**b)** $f(0)=0;\ f(1)=1;\ f(2)=0;\ f(3)=1$

**c)** $f(0)=0;\ f(1)=1;\ f(2)=0;\ f(3)=1;\ f(4)=0$

**d)** $f(0)=0;\ f(1)=1;\ f(2)=0;\ f(3)=1;\ f(4)=0;\ f(5)=1$

**12** Bei der Kalkulation der Herstellungskosten einer Ware ergaben sich die folgende Werte.

| Menge $x$ (in Tausend) | 0 | 1 | 2 | 3 | 4 | 5 | 6 |
|---|---|---|---|---|---|---|---|
| Fixkosten $f(x)$ (in €) | 500 | 500 | 500 | 500 | 500 | 500 | 500 |
| Variable Kosten $v(x)$ (in €) | 0 | 600 | 1100 | 1500 | 2100 | 3100 | 4500 |
| Gesamtkosten $k(x)$ (in €) | 500 | 1100 | 1600 | 2000 | 2600 | 3600 | 5000 |

Die variablen Kosten und die Gesamtkosten sollen jeweils durch eine ganzrationale Funktion dritten Grades möglichst gut erfasst werden. Wie kann man vorgehen? Bestimmen Sie mögliche Funktionsterme.

**13** Beim senkrechten Wurf nach oben gilt für die in der Zeit $t$ erreichte Höhe $h(t)$:

$$h(t)=-5t^2+v_0t+h_0.$$

Dabei bezeichnet $v_0$ die Abwurfgeschwindigkeit und $h_0$ die Abwurfhöhe.

**a)** Zeichnen Sie den Graphen der Funktion $h$ für $v_0=15\frac{\text{m}}{\text{s}^2}$ und $h_0=2\,\text{m}$ ($v_0=10\frac{\text{m}}{\text{s}^2}$ und $h_0=1\,\text{m}$).

**b)** Drücken Sie allgemein die Koordinaten des Scheitelpunktes durch $v_0$ und $h_0$ aus.

**c)** Welche physikalische Bedeutung hat der Scheitelpunkt?

# 1.5 Vorgehensweisen

Bearbeiten Sie **einen** der folgenden Aufträge, indem Sie probieren, rechnen oder allgemeine Überlegungen anstellen. Untersuchen Sie unterschiedliche Lösungsansätze und Vorgehensweisen. Führen diese zu den gleichen Resultaten? Notieren Sie Ihr Vorgehen und begründen Sie Ihre Ergebnisse.

AUFTRÄGE

### A1 Flächengrößtes Rechteck

Bestimmen Sie unter allen Rechtecken mit dem Umfang von 40 cm das mit der größten Fläche!

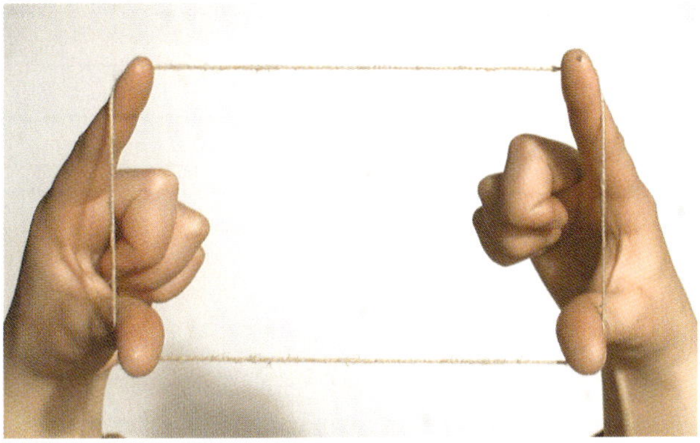

*Bild 43/1: Aufgespanntes Rechteck*

### A2 Weidezaun

An einem Pferdestall soll ein 300 $m^2$ großes Weidestück eingezäunt werden. Ermitteln Sie mehrere Möglichkeiten $a$ und $b$ zu wählen. Wie sind $a$ und $b$ zu wählen, damit der Zaun möglichst kurz wird?

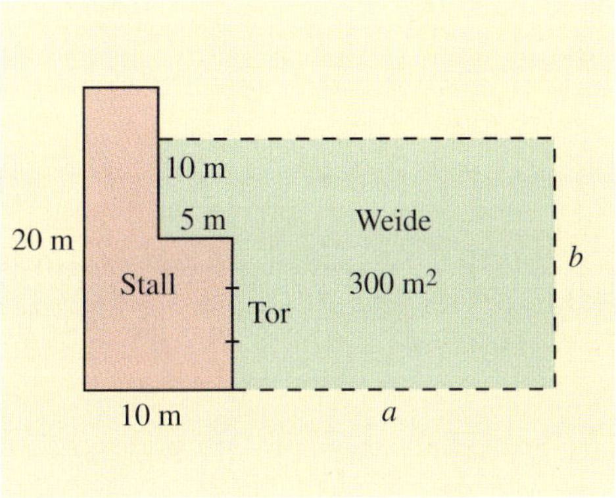


*Bild 43/2: Weide*

## A3 Zerlegung einer Zahl in drei Summanden

Die Zahl 100 lässt sich auf unterschiedliche Weise als Summe von drei Zahlen schreiben, z. B. $100 = 10 + 20 + 70$ oder $100 = 5 + 35 + 60$. Wie muss man die Zahl 100 in drei Summanden zerlegen $(100 = a + b + c)$, damit das Produkt $a \cdot b \cdot c$ möglichst groß wird?

| Zerlegung in drei Summanden | Produkt der Summanden |
|---|---|
| 100 = 10 + 20 + 70 | 10 · 20 · 70 = 14 000 |
| 100 = 5 + 35 + 60 | 5 · 35 · 60 = 10 500 |
| 100 = 10 + 30 + 60 | 10 · 30 · 60 = 18 000 |
| | |
| | |
| | |

*Bild 44/1: Unterschiedliche Zerlegung der Zahl 100 in drei Summanden*

## A4 Optimale Schachtel

Aus einem quadratischen Blatt Papier soll eine möglichst geräumige, oben offene Schachtel gebaut werden.

Um aus dem Blatt eine Schachtel der Höhe $h$ zu basteln, faltet man an den Quadratseiten Streifen der Breite $h$ um, schneidet diese vier Streifen wie im Bild gezeigt ein, klappt die Streifen nach oben und benutzt die überragenden Streifenreste als Klebefalze an den Ecken.

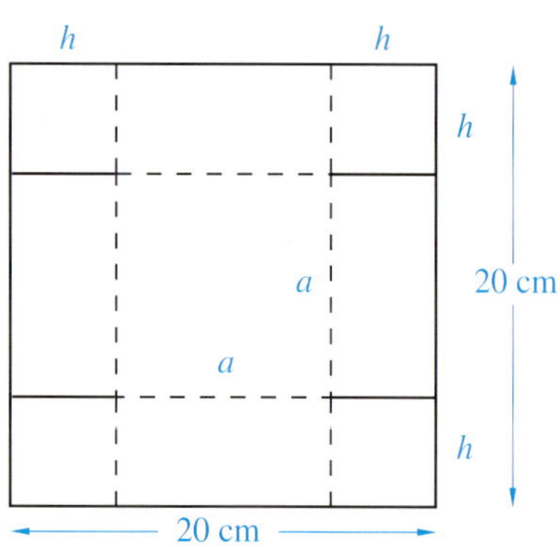


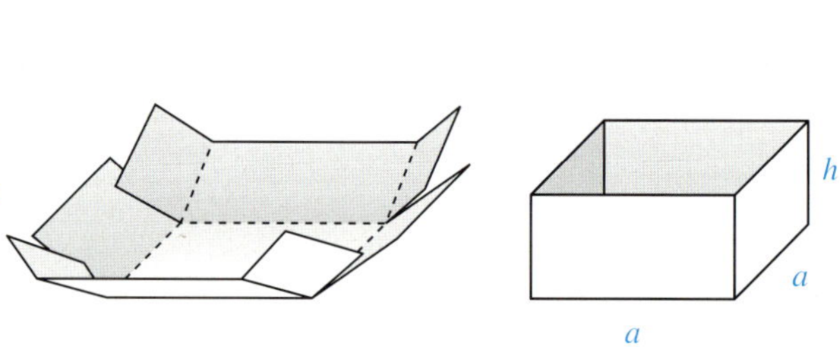


*Bild 44/2: Bauplan*

Lösen Sie das Optimierungsproblem, indem Sie die Höhe $h$ und die Grundkantenlänge $a$ der optimalen Schachtel ermitteln!

Im Folgenden wird der Auftrag **A4** auf unterschiedliche Art bearbeitet.

# Experimentelles Vorgehen

Schon wenn man zwei oder drei Schachteln gebaut hat, stellt man fest, dass diese unterschiedliche Volumina haben:

Bei der Schachtel mit $h = 1$ cm ist die Grundfläche 18 cm $\times$ 18 cm groß. Damit gilt für ihr Volumen $V = 1\,\text{cm} \times 18\,\text{cm} \times 18\,\text{cm} = 324\,\text{cm}^3$.

Bei der Schachtel mit einer Höhe $h = 2$ cm ist die Grundfläche 16 cm $\times$ 16 cm groß. Damit gilt für ihr Volumen $V = 2\,\text{cm} \times 16\,\text{cm} \times 16\,\text{cm} = 512\,\text{cm}^3$.

Wählt man $h = 3$ cm, so erhält man für das Volumen $V = 3\,\text{cm} \times 14\,\text{cm} \times 14\,\text{cm} = 588\,\text{cm}^3$.

Wir stellen diese Ergebnisse in einer Tabelle zusammen und berechnen die Volumina weiterer Schachteln. Offensichtlich muss $h$ kleiner als 10 cm sein.

| Höhe | Grundfläche | Volumen |
|---|---|---|
| 1 cm | 18 cm × 18 cm | 1 cm × 18 cm × 18 cm = 324 cm³ |
| 2 cm | 16 cm × 16 cm | 2 cm × 16 cm × 16 cm = 512 cm³ |
| 3 cm | 14 cm × 14 cm | 3 cm × 14 cm × 14 cm = 588 cm³ |
| 4 cm | 12 cm × 12 cm | 4 cm × 12 cm × 12 cm = 576 cm³ |
| 5 cm | 10 cm × 10 cm | 5 cm × 10 cm × 10 cm = 500 cm³ |
| 6 cm | 8 cm × 8 cm | 6 cm × 8 cm × 8 cm = 384 cm³ |
| 7 cm | 6 cm × 6 cm | 7 cm × 6 cm × 6 cm = 252 cm³ |
| 8 cm | 4 cm × 4 cm | 8 cm × 4 cm × 4 cm = 128 cm³ |
| 9 cm | 2 cm × 2 cm | 9 cm × 2 cm × 2 cm = 36 cm³ |

Soll die Schachtel eine ganzzahlige Höhe $h$ haben, dann ist $h = 3$ cm zu wählen. Die Schachtel hat dann das Volumen $V = 588\,\text{cm}^3$. Für $h = 3{,}5$ cm erhält man aber das Volumen $V = 3{,}5\,\text{cm} \times 13\,\text{cm} \times 13\,\text{cm} = 591{,}5\,\text{cm}^3$, also eine noch geräumigere Schachtel.

Mit einem Taschenrechner oder einem Tabellenkalkulationsprogramm kann man die Höhe einer optimalen Schachtel noch genauer ermitteln, indem man zunächst zwischen den beiden Höhen $h = 3$ cm und $h = 3{,}5$ cm nach einer Höhe sucht, die auf ein noch größeres Volumen $V$ führt, etwa durch die Berechnung der Volumina zu $h = 3{,}1$ cm; $h = 3{,}2$ cm; $h = 3{,}3$ cm und $h = 3{,}4$ cm, und dann entsprechend Höhen zwischen 3,30 cm und 3,40 cm betrachtet.

| **$h$ in cm** | **$V$ in cm³** |
|---|---|
| 3,0 | 588,00 |
| 3,1 | 590,36 |
| 3,2 | 591,87 |
| 3,3 | 592,55 |
| 3,4 | 592,42 |
| 3,5 | 591,50 |

Man erhält auf diese Weise eine optimale Schachtel für $h = 3{,}33$ cm mit dem gerundeten Volumen $V = 592{,}59\,\text{cm}^3$. Die Genauigkeit bis auf Zehntelmillimeter reicht sicherlich aus.

Das Vorgehen legt zwar nahe, dass für $h \approx 3{,}33$ cm die geräumigste Schachtel entsteht, aber wir haben nur die Volumina für Schachteln mit einer Höhe zwischen 3 cm und 4 cm berechnet.

Es ist zwar sehr unwahrscheinlich, aber vielleicht könnten sich dennoch bei der Berechnung der Volumina für $h = 4{,}7$ cm oder für $h = 5{,}8$ cm noch größere Zahlen ergeben.

## Graphisches Vorgehen

Es ist daher sinnvoll, sich eine Übersicht über die Volumina zu allen Höhen $h$ zwischen 0 cm und 10 cm zu verschaffen. Bei einer Höhe $h$ (in cm) beträgt die Grundfläche der Schachtel $(20 - 2h)(20 - 2h)$. Damit gilt für das Volumen $V$ der Schachtel:

$$V = h(20 - 2h)(20 - 2h) = h(20 - 2h)^2.$$

Man kann also das Volumen $V$ (in $cm^3$) als Funktion der Höhe $h$ (in cm) auffassen:

$$V(h) = h\,(20 - 2h)^2.$$

Um einen Überblick über diese Funktion $V$ zu erhalten, liegt es nahe, den Graphen zu zeichnen.

Steht dazu ein Computerprogramm oder ein graphikfähiger Taschenrechner zur Verfügung, so kann man sich den Graphen unmittelbar darstellen lassen.

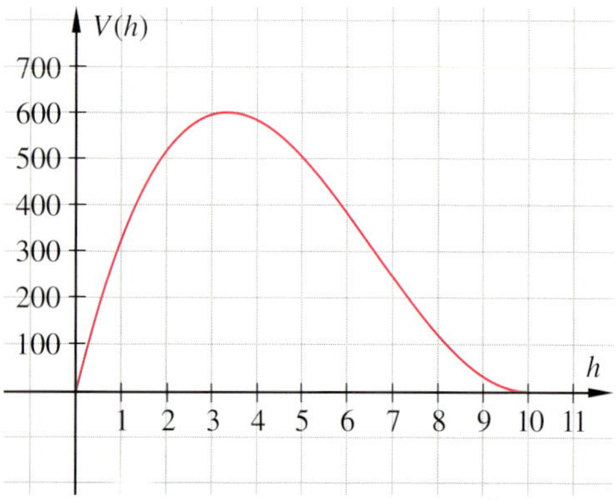


*Bild 46/1: Graph zu* $V(h) = h\,(20 - 2h)^2$

Steht kein entsprechendes Programm zur Verfügung, kann man mit Hilfe eines Taschenrechners eine Wertetabelle für die Funktion $V$ anlegen.

| $h$ (in cm) | 0 | 0,5 | 1 | 1,5 | 2 | 2,5 | 3 | 3,5 | 4 | 4,5 |
|---|---|---|---|---|---|---|---|---|---|---|
| $V(h)$ (in $cm^3$) | 0 | 180,5 | 324 | 433,5 | 512 | 562,5 | 588 | 591,5 | 576 | 544,5 |

| $h$ (in cm) | 5 | 5,5 | 6 | 6,5 | 7 | 7,5 | 8 | 8,5 | 9 | 9,5 | 10 |
|---|---|---|---|---|---|---|---|---|---|---|---|
| $V(h)$ (in $cm^3$) | 500 | 445,5 | 384 | 318,5 | 252 | 187,5 | 128 | 76,5 | 36 | 9,5 | 0 |

Nun kann man in einem Koordinatensystem die Punkte zu den Wertepaaren der Tabelle durch eine Kurve miteinander verbinden.

Am Graphen sieht man, an welcher Stelle die Funktion $V$ ihren größten Wert annimmt. Dies ist zwischen 3 und 3,5 der Fall, und dieser größte Wert beträgt etwa 600.

Die graphische Vorgehensweise hat den Nachteil, dass man die interessierenden Werte nur recht grob ablesen kann. Ausserdem sollte dafür ein Computerprogramm oder zumindest ein Taschenrechner zur Verfügung stehen. Der Vorteil der graphischen Methode besteht darin, dass man optisch einen Gesamtüberblick über die Zusammenhänge erhält.

# Theoretisches Vorgehen

Hat man eine Schachtel mit der Grundfläche $a \times a$ und einer Höhe $h$ gebaut, so kann man sich fragen, ob man eine noch geräumigere Schachtel bauen könnte?

Welche Auswirkungen hat es auf das Volumen, wenn $a$ und damit die Grundfläche vergrößert wird?

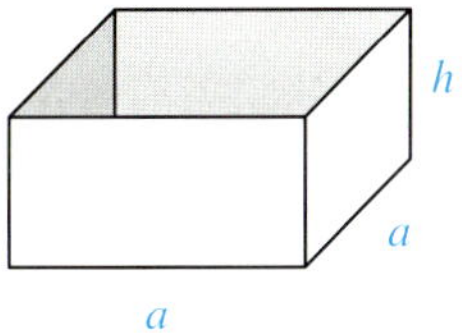


*Bild 47/1: Schachtel mit den Maßen $a \times a \times h$*

Vergrößert man die quadratische Grundfläche mit der Seitenlänge $a$ auf allen vier Seiten um einen Streifen der Breite $d$, dann wird die Grundfläche etwa um $4ad$ größer und damit das Volumen um etwa $4adh$. Diese Überlegung ist etwas „großzügig", da sie die vier kleinen Quadrate in den Ecken der vergrößerten Grundfläche nicht berücksichtigt.

Durch diese Vergrößerung der Grundfläche nimmt aber die Höhe um $d$ ab, und damit wird das Volumen um etwa $a^2d$ kleiner. Auch diese Überlegung ist etwas „großzügig".

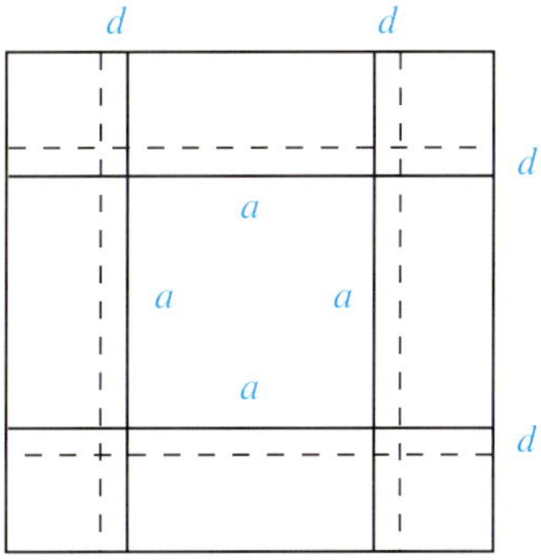


*Bild 47/2: Vergrößerung der Grundfläche*

Der Volumengewinn beträgt nach diesen Überlegungen etwa $4adh$, der Volumenverlust etwa $a^2d$. Die Vergrößerung der Grundfläche hat also eine Vergrößerung des Volumens zur Folge, wenn gilt:

$$4adh > a^2d \quad \text{und damit} \quad 4h > a.$$

Ebenso kann man überlegen, ob und in welchen Fällen eine entsprechende Verkleinerung der Grundfläche um Streifen der Breite $d$ lohnt. Das Volumen nähme dann einerseits um etwa $4adh$ ab, andererseits aber um etwa $a^2d$ zu. Die Verkleinerung der Grundfläche führt also zu einer geräumigeren Schachtel, falls gilt:

$$4adh < a^2d \quad \text{und damit} \quad 4h < a.$$

Insgesamt ergibt sich, dass das Volumen der Schachtel in den Fällen $4h > a$ beziehungsweise $4h < a$ noch durch Vergrößerung beziehungsweise Verkleinerung der Grundfläche vergrößert werden kann. Für die optimale Schachtel muss also $4h = a$ gelten.

Das Ausgangsquadrat war 20 cm × 20 cm groß. Für die optimale Schachtel gilt dann wegen $2h + a = 2h + 4h = 6h = 20$ cm:

$$h = \frac{20\,\text{cm}}{6} = \frac{10}{3}\,\text{cm} \approx 3{,}33\,\text{cm}.$$

Für das Volumen der optimalen Schachtel ergibt sich damit:

$$V = h \cdot a \cdot a = h \cdot a^2 = h \cdot (4\,h)^2 = 16\,h^3 = 16 \cdot \left(\tfrac{10}{3}\right)^3 \text{cm}^3 \approx 592{,}59\,\text{cm}^3.$$

Unbefriedigend bei dieser Lösung ist die „Großzügigkeit", mit der oben argumentiert wurde. Gerade bei einer theoretischen Vorgehensweise sind diese Lücken dann durch sorgfältige Argumentationen zu schließen. Das großzügige Vorgehen hat aber zunächst eine Einsicht in den Sachverhalt ermöglicht und dadurch eine Lösungsidee.

ZUSAMMENFASSUNG

## Wir fassen zusammen

- **Experimentelles Vorgehen**

Beim **experimentellen Vorgehen** wird eine Lösung rechnerisch – man sagt auch **numerisch** – durch **systematisches Probieren** bestimmt. Auf diese Weise erhält man recht rasch eine Näherungslösung, deren Genauigkeit dem behandelten Problem angemessen ist. Bei einem experimentell-numerischen Vorgehen benötigt man im allgemeinen einen Taschenrechner oder einen Computer.

- **Graphisches Vorgehen**

Beim **graphischen Vorgehen** wird der Zusammenhang zwischen Höhe und Volumen durch eine Funktion dargestellt und deren Graph betrachtet, also auf **graphischem** Weg eine Lösung ermittelt. Der Graph gibt dabei einen guten Überblick über die Funktion und damit über das Problem; allerdings lässt sich hier die gesuchte optimale Höhe und das gesuchte optimale Volumen nur recht ungenau ablesen. Um den Graphen genauer zu zeichnen, muss man die Funktionswerte an weiteren Stellen berechnen. Der graphische Weg beruht daher auch auf einem rechnerischen Weg, der durch geeignete Computerprogramme erleichtert werden kann.

- **Theoretisches Vorgehen**

Beim **theoretischen Vorgehen** wird überlegt, wie sich das Volumen der Schachtel ändert, wenn sich deren Grundfläche ändert. Diese Änderungen werden aber nicht numerisch an Einzelfällen untersucht, sondern es werden grundsätzlichere Überlegungen angestellt. Man kann deshalb von einem **argumentativen** oder **theoretischen** Verfahren sprechen. Der Vorteil dieses Verfahrens ist, dass es einerseits eine genaue Lösung (für $h$ und $V$) liefert und andererseits darüber hinaus eine grundsätzliche Einsicht in das Problem: Die geräumigste Schachtel ist viermal so breit wie hoch ($4\,h = a$). Damit wird das Ausgangsproblem nicht nur für Quadrate mit einer Seitenlänge von 20 cm, sondern für Quadrate mit beliebigen Seitenlängen gelöst.

Welches Verfahren man anwendet, wird von der Situation und dem zu bearbeitenden Problem abhängen. Ein Ziel mathematischen Denkens liegt aber gerade darin, theoretische Verfahren zu entwickeln und bereitzustellen, die Probleme und Problemklassen effektiv, einsichtig und elegant lösen. In Kapitel 7 wird eine Methode entwickelt, mit der man Probleme wie das hier behandelte oft sehr einfach lösen kann.

**1** Betrachten Sie noch einmal das theoretische Vorgehen bei dem Auftrag **A4** !

**a)** Welches Volumen hat danach die geräumigste Schachtel, wenn das gegebene Papierquadrat 10 cm × 10 cm (15 cm × 15 cm; $a$ cm × $a$ cm) groß ist?

**b)** Wo sind Ungenauigkeiten in der Argumentation bei diesem Verfahren? Versuchen Sie, diese auszuräumen!

**2** Die Bilderfolge soll eine Lösung zu dem Problem von Auftrag **A1** veranschaulichen. Erläutern Sie!

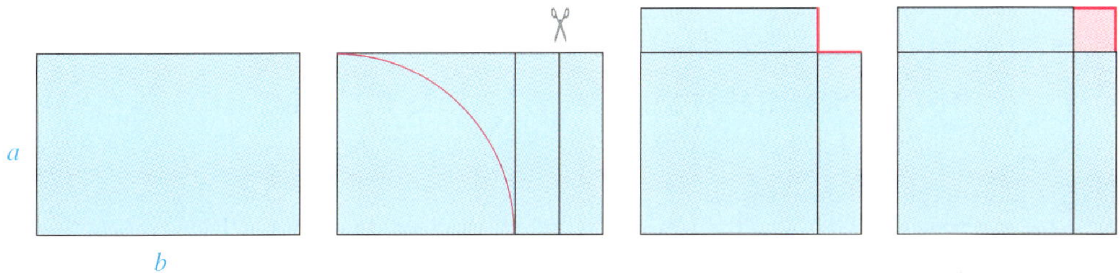


*Bild 49/1: Zum Problem „Flächengrößtes Rechteck"*

**3** Aus einem DIN-A 4-Blatt soll eine möglichst geräumige, oben offene Schachtel gebaut werden. Beachten Sie die Analogie zu dem Problem von Auftrag **A4**! Wo ergeben sich Unterschiede bei der Behandlung des Problems?

**4** Pfadfinder Knut will noch einmal zum Fluß und dann zum Zeltlager (Bild 49/2). Wie lang ist sein Weg mindestens?

*Bild 49/2*

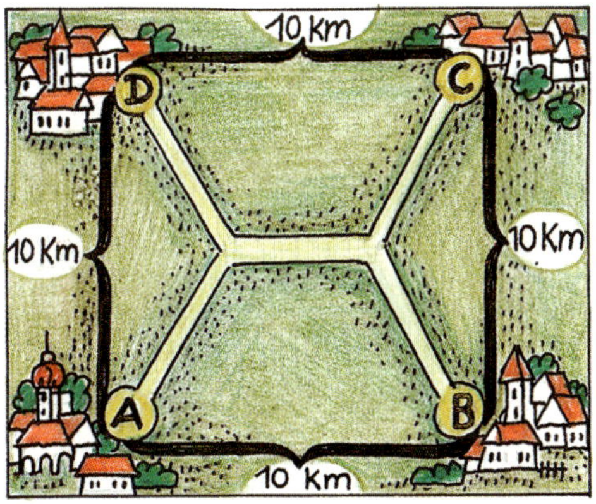


*Bild 49/3*

**5** Vier Dörfer sollen durch ein möglichst kurzes Straßennetz miteinander verbunden werden (Bild 49/3). Wie viel Kilometer Straße müssen gebaut werden?

# 2 Geraden, Kreise und Parabeln

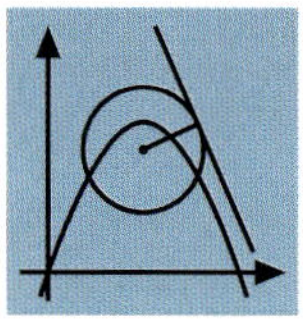

*In diesem Kapitel werden die wesentlichen Ergebnisse zur Koordinatendarstellung von Geraden wiederholt und zusammengestellt. Entsprechende Ergebnisse für Kreise und Parabeln werden erarbeitet. Es wird die Lage von Geraden zu Kreisen und Parabeln betrachtet und analytisch beschrieben; insbesondere werden Tangenten an Kreise und Parabeln behandelt.*

## 2.1 Koordinatendarstellung von Geraden und Kreisen

AUFTRÄGE

**A1 Geometrie ist berechenbar**

Bei der Darstellung auf Monitoren, bei der Steuerung von Werkzeugmaschinen und bei vielen anderen Anwendungen müssen geometrische Figuren durch Rechnen erzeugt werden. Machen Sie sich an folgendem Beispiel klar, wie Geometrie berechenbar ist:

Durch zwei Punkte $P(1|1)$ und $Q(11|3)$ ist eine Gerade $g$ gegeben. Ferner ist ein Punkt $A(5|6)$ gegeben, der an der Geraden $g$ gespiegelt werden soll.

Wie kann man die Koordinaten des Bildpunktes von $A$ rechnerisch bestimmen?

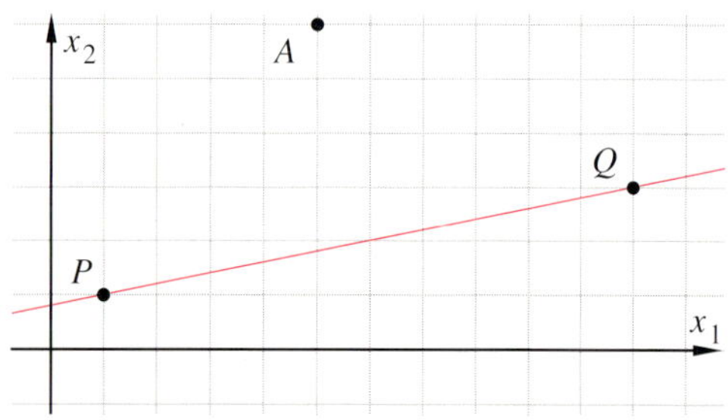


*Bild 50/1: Geradenspiegelung*

**A2 Rettungszentrale**

In einem Katastrophengebiet soll eine Rettungszentrale eingerichtet werden, von der aus die Orte $A$, $B$ und $C$ mit Hubschraubern versorgt werden sollen. Damit die Hubschrauber möglichst viele Lasten transportieren können, sollen ihre Treibstofftanks nur so weit gefüllt werden, dass ein sicherer Hin- und Rückflug gewährleistet ist.

Wo muss die Zentrale errichtet werden?

Wie kann man diese Aufgabe rechnerisch lösen?

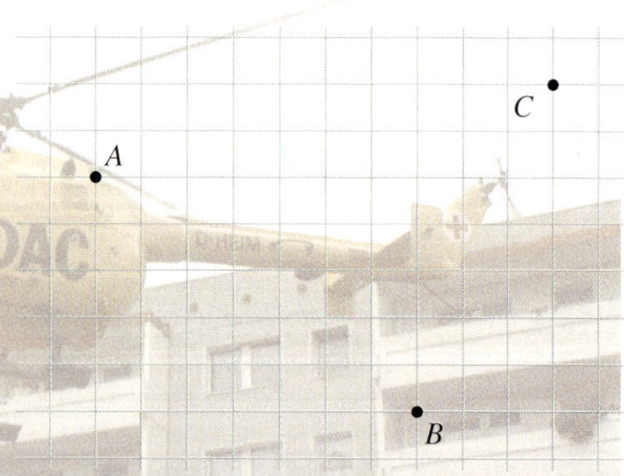


*Bild 50/2: Rettungszentrale; der Abstand zweier Gitterlinien beträgt 5 Kilometer*

**A3** **Computergrafik**

Erstellen Sie eine Skizze eines Fahrrades mit Hilfe eines Computerprogramms zum Zeichnen von Funktionsgraphen (Plottprogramm).

Entscheiden Sie selbst, welche Details Sie in Ihre Darstellung einbeziehen.

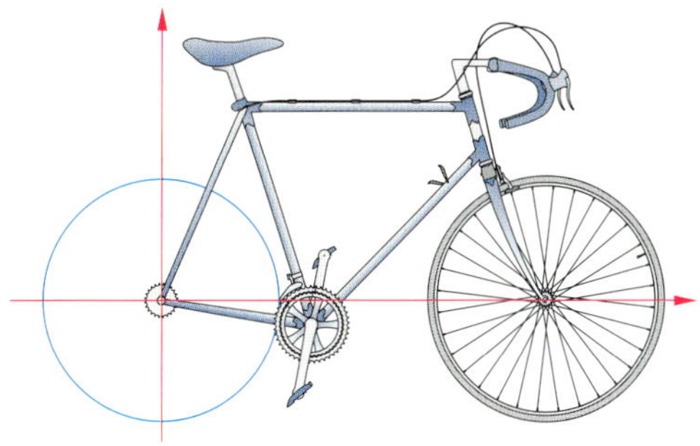

*Bild 51/1*

# Geometrische Konstruktionen können durch Rechnungen ersetzt werden

Wir bearbeiten Auftrag **A1**. Dazu zeichnen wir zunächst die Lotgerade zu $g$ durch $A$ und bezeichnen sie mit $g_\perp$ (gelesen „g senkrecht"). $g_\perp$ schneidet $g$ im Punkt $M$. Der Kreis um $M$ durch $A$ schneidet die Gerade $g_\perp$ in zwei Punkten, in $A$ und im gesuchten Spiegelpunkt $A'$.

Der Zeichnung entnimmt man für den konstruierten Punkt: $A'(6{,}6 \mid -2{,}1)$.

Beachten Sie, dass hier die Koordinatenachsen nicht wie gewohnt mit $x$ und $y$ sondern mit $x_1$ und $x_2$ bezeichnet sind. Wir werden das später begründen (vergleiche Seite 77).

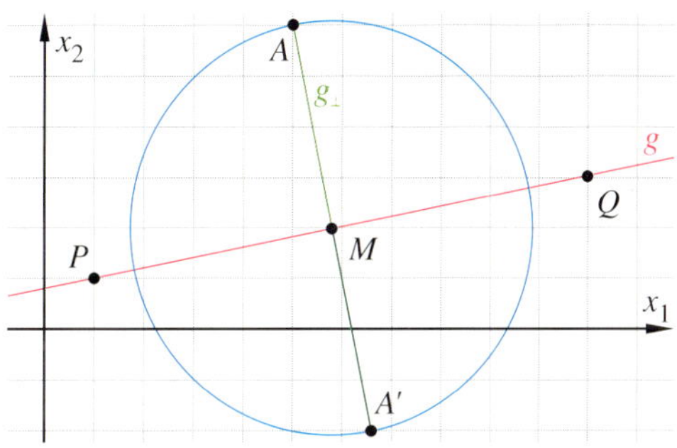


*Bild 51/2: Achsenspiegelung von A*

## Bewertung der Lösung

Ob diese Koordinaten Näherungswerte oder genaue Werte sind, läßt sich durch eine Zeichnung nicht entscheiden. Wir versuchen deshalb, die Lösung rechnerisch zu bestimmen.

Es liegt nahe, dabei genauso vorzugehen wie bei der zeichnerischen Lösung:

Man bestimmt zunächst Gleichungen für $g$ und für $g_\perp$, berechnet die Koordinaten des Schnittpunktes $M$ und stellt dann den Kreis um $M$ durch $A$ durch eine Gleichung dar. Schließlich bestimmt man mit Hilfe dieser Kreisgleichung und der Gleichung für $g_\perp$ die Koordinaten von $A'$. Wir werden diese Schritte nun nacheinander ausführen.

## Bestimmung einer Geradengleichung

Wir bestimmen zunächst die **Steigung** $m$ der Geraden $g$:

$$m = \frac{q_2 - p_2}{q_1 - p_1} = \frac{3-1}{11-1} = \frac{2}{10} = \frac{1}{5}.$$

Eine Gerade mit der Steigung $m$ und dem **Achsenabschnitt** $n$ hat die Gleichung

$$x_2 = m x_1 + n, \quad \text{also gilt für die Gerade } g\text{: } x_2 = \tfrac{1}{5} x_1 + n.$$

Um $n$ zu bestimmen, setzen wir die Koordinaten von $P$ oder von $Q$ in die Gleichung für $g$ ein. Mit den Koordinaten von $P$ erhalten wir:

$$1 = \tfrac{1}{5} + n \implies n = \tfrac{4}{5}.$$

Die Gerade $g$ hat also die Gleichung

$$x_2 = \tfrac{1}{5} x_1 + \tfrac{4}{5}.$$

### Bestimmung der Normalengleichung

Wir müssen zunächst überlegen, wie man die **Steigung** $m_\perp$ der zu $g$ senkrechten Geraden $g_\perp$, der **Normalen** zu $g$, erhält.

Dazu genügt es, die zu $g$ parallele Ursprungsgerade $h$ zu betrachten und diese Gerade mit einem Winkel von 90° um den Ursprung zu drehen.

Der Punkt $B(b_1 \mid b_2)$ auf $h$ hat bei dieser Drehung den Bildpunkt $B'(-b_2 \mid b_1)$ auf der Normalen $h_\perp$ zu $h$. Für die Steigungen $m$ und $m_\perp$ dieser beiden Geraden gilt dann:

$$m = \frac{b_2}{b_1} \quad \text{und} \quad m_\perp = \frac{b_1}{-b_2} = -\frac{1}{m}.$$

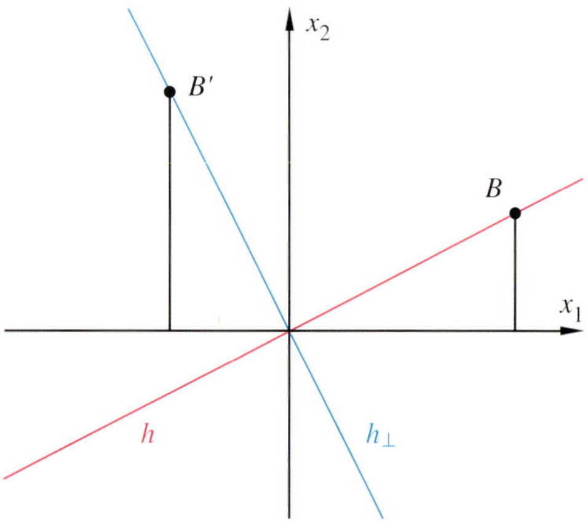

*Bild 52/1: Normalensteigung*

Also ist $m_\perp$ der negative Kehrwert von $m$. Für die Steigung $m_\perp$ der Geraden $g_\perp$ gilt nun:

$$m_\perp = -\frac{1}{\frac{1}{5}} = -5, \quad \text{daher hat die Normale } g_\perp \text{ zu } g \text{ die Gleichung: } \; g_\perp : x_2 = -5\,x_1 + n_\perp.$$

Um $n_\perp$ zu bestimmen, setzen wir die Koordinaten von $A$ in die Gleichung ein:

$$6 = -25 + n_\perp \implies n_\perp = 31.$$

Die Normale $g_\perp$ hat also die Gleichung

$$x_2 = -5\,x_1 + 31.$$

### Schnittpunkt zweier Geraden

Die Koordinaten des Schnittpunktes $M$ müssen beide Geradengleichungen erfüllen. Wir müssen also eine Lösung des folgenden Gleichungssystems bestimmen:

$$x_2 = \tfrac{1}{5} x_1 + \tfrac{4}{5} \quad \text{und} \quad x_2 = -5 x_1 + 31.$$

Setzt man die rechten Terme gleich, so erhält man:

$$\tfrac{1}{5} x_1 + \tfrac{4}{5} = -5 x_1 + 31 \implies \tfrac{26}{5} x_1 = \tfrac{151}{5} \implies x_1 = \tfrac{151}{26} \approx 5{,}808.$$

Setzt man diesen Wert in eine der beiden Gleichungen ein, so erhält man:

$$x_2 = -5 \cdot \tfrac{151}{26} + 31 = -\tfrac{755}{26} + \tfrac{806}{26} = \tfrac{51}{26} \approx 1{,}962.$$

Die beiden Geraden schneiden sich also im Punkt $M\left(\frac{151}{26} \middle| \frac{51}{26}\right)$.

## Kreisgleichungen

Ist $X(x_1 \mid x_2)$ ein beliebiger Punkt des Kreises um $M(m_1 \mid m_2)$ mit dem Radius $r$, so kann man durch $X$ und $M$ die Parallelen zu den Koordinatenachsen zeichnen. Diese Parallelen schneiden sich im Punkt $X_0(x_1 \mid m_2)$.
Auf das Dreieck $MX_0X$ wenden wir den Satz des Pythagoras an und erhalten:

$$(x_1 - m_1)^2 + (x_2 - m_2)^2 = r^2.$$

Ein Punkt $X(x_1 \mid x_2)$ liegt genau auf dem Kreis um $M(m_1 \mid m_2)$ mit dem Radius $r$, wenn seine Koordinaten die Gleichung

$$(x_1 - m_1)^2 + (x_2 - m_2)^2 = r^2$$

erfüllen. Diese Gleichung heißt deshalb **Kreisgleichung**.

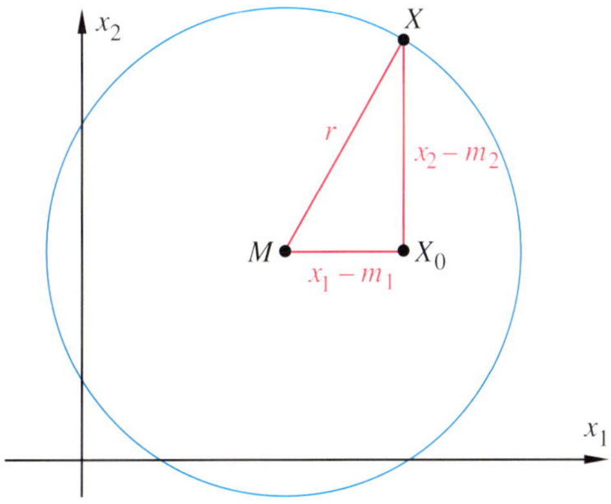


*Bild 53/1: Kreis um M mit Radius r*

In Bild 53/1 liegt der Punkt $X$ rechts oberhalb von $M$. Überzeugen Sie sich selbst davon, dass die Kreisgleichung auch erfüllt ist, wenn der Punkt $X$ eine andere Lage hat (Aufgabe 16, Seite 57).

Für den Kreis unseres Beispiels erhalten wir:

$$\left(x_1 - \tfrac{151}{26}\right)^2 + \left(x_2 - \tfrac{51}{26}\right)^2 = r^2.$$

Um $r^2$ zu bestimmen, setzen wir die Koordinaten von $A$ in diese Gleichung ein:

$$r^2 = \left(5 - \tfrac{151}{26}\right)^2 + \left(6 - \tfrac{51}{26}\right)^2 = \tfrac{441}{26}.$$

Daher hat der Kreis unseres Beispiels die Gleichung

$$\left(x_1 - \tfrac{151}{26}\right)^2 + \left(x_2 - \tfrac{51}{26}\right)^2 = \tfrac{441}{26} \quad \text{oder} \quad x_1^2 - \tfrac{151}{13}x_1 + x_2^2 - \tfrac{51}{13}x_2 + \tfrac{268}{13} = 0.$$

**Bemerkung:** Man kann eine Kreisgleichung stets ausmultiplizieren und umformen:

$$(x_1 - m_1)^2 + (x_2 - m_2)^2 = r^2 \implies x_1^2 - 2\,m_1\,x_1 + x_2^2 - 2\,m_2\,x_2 + m_1^2 + m_2^2 - r^2 = 0.$$

Mit $-2m_1 = a$, $-2m_2 = b$ und $m_1^2 + m_2^2 - r^2 = c$ erhält man die **Normalform** einer quadratischen Gleichung mit den Variablen $x_1$ und $x_2$

$$x_1^2 + a\,x_1 + x_2^2 + b\,x_2 + c = 0.$$

Überlegen Sie selbst, ob man umgekehrt jede Normalform einer quadratischen Gleichung mit zwei Variablen in eine Kreisgleichung umformen kann (Aufgabe 20, Seite 58).

## Bestimmung des Spiegelpunktes

Der Spiegelpunkt $A'$ von $A$ muss sowohl auf dem Kreis um $M$ mit dem Radius $r$ als auch auf der Normalen $g_\perp$ zu $g$ liegen. Seine Koordinaten sind also Lösungen des Gleichungssystems

$$x_1^2 - \tfrac{151}{13}x_1 + x_2^2 - \tfrac{51}{13}x_2 + \tfrac{268}{13} = 0 \quad \text{und}$$

$$x_2 = -5x_1 + 31.$$

Ersetzt man in der ersten Gleichung $x_2$ durch $-5x_1 + 31$, so erhält man die quadratische Gleichung

$$x_1^2 - \tfrac{151}{13}x_1 + (-5x_1 + 31)^2 - \tfrac{51}{13}(-5x_1 + 31) + \tfrac{268}{13} = 0 \quad \text{oder}$$

$$x_1^2 - \tfrac{151}{13}x_1 + \tfrac{430}{13} = 0.$$

Die Lösungen dieser quadratischen Gleichung sind $x_{11} = 5$ und $x_{12} = \frac{86}{13}$.

Mit Hilfe der Gleichung $x_2 = -5x_1 + 31$ erhält man $x_{21} = 6$ und $x_{22} = -\frac{27}{13}$.

Es gibt also zwei Lösungen. Eine davon ist der gegebene Punkt $A(1|6)$, die andere ist der gesuchte Punkt $A'\left(\frac{86}{13}\middle|-\frac{27}{13}\right)$.

Näherungswerte für die Koordinaten von $A'$ sind $\frac{86}{13} \approx 6{,}61538$und $-\frac{27}{13} \approx -2{,}0769$. Die zeichnerisch bestimmten Koordinaten sind also nicht die genauen Koordinaten.

Das behandelte Beispiel zeigt, wie geometrische Aufgaben rechnerisch gelöst werden können ohne zu zeichnen. Wenn es darauf ankommt, die Koordinaten von Punkten möglichst genau zu bestimmen, ist nur das rechnerische Verfahren geeignet.

## Ein anderer rechnerischer Weg

Die Steigungsdreiecke zu den Strecken $\overline{AM}$ und $\overline{MA'}$ sind kongruent. Es gilt deshalb:

$$a_1' = m_1 + (m_1 - a_1) = 2m_1 - a_1,$$
$$a_2' = m_2 - (a_2 - m_2) = 2m_2 - a_2.$$

Für unser Beispiel ergibt sich damit:

$$a_1' = 2 \cdot \tfrac{151}{26} - 5 = \tfrac{86}{13},$$

$$a_2' = 2 \cdot \tfrac{51}{26} - 6 = -\tfrac{27}{13}.$$

Die Koordinaten von $A'$ lassen sich also auch bestimmen, ohne eine Kreisgleichung einzubeziehen.

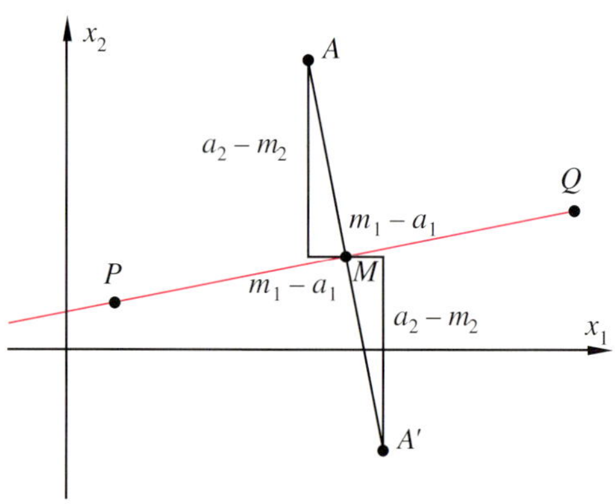


Bild 54/1: Steigungsdreiecke zu $\overline{AM}$ und $\overline{MA'}$

## Weitere Beispiele zur Bestimmung von Geradengleichungen

Sind zwei Punkte $P(p_1|p_2)$ und $Q(q_1|q_2)$ der Geraden $g$ gegeben und ist $p_1 = q_1$, so erhält man unmittelbar die Geradengleichung

$$x_1 = p_1 \quad \text{bzw.} \quad x_1 = q_1.$$

**Beispiel:** $P(-2|3)$ und $Q(-2|1)$ (Bild 55/1); die Gerade $g$ hat die Gleichung

$$x_1 = -2.$$

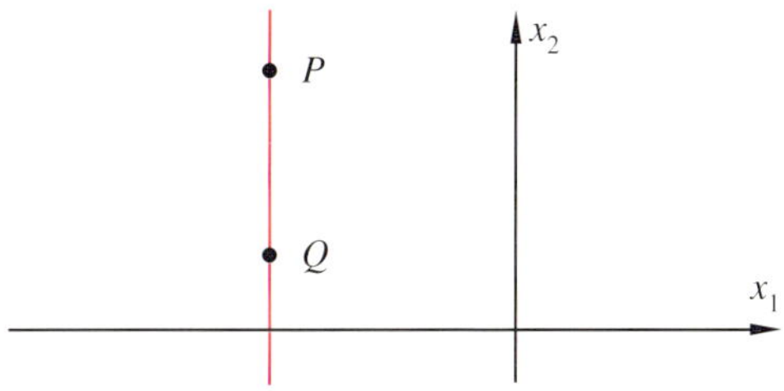


*Bild 55/1: Gerade durch $P(-2|3)$ und $Q(-2|1)$*

Sind die Größe $\varphi$ des **Steigungswinkels** und ein Punkt $P(p_1|p_2)$ der Geraden $g$ gegeben, so bestimmt man zunächst $m$ mit Hilfe der Gleichung $m = \tan\varphi$

**Beispiel:** $\varphi = 30°$ und $P(-2|1)$ (Bild 55/2);

$$m = \tan 30° = \tfrac{1}{3}\sqrt{3}$$

$$\Longrightarrow \quad 1 = \tfrac{1}{3}\sqrt{3}\cdot(-2) + n$$

$$\Longrightarrow \quad n = 1 + \tfrac{2}{3}\sqrt{3}$$

$$\Longrightarrow \quad x_2 = \tfrac{1}{3}\sqrt{3}\,x_1 + 1 + \tfrac{2}{3}\sqrt{3}.$$

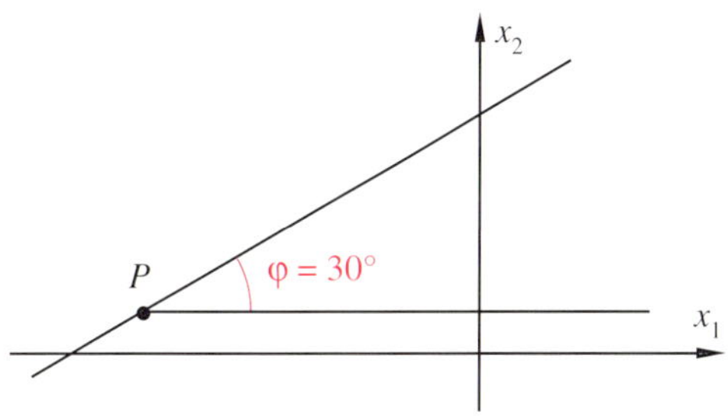


*Bild 55/2: Gerade durch $P(-2|1)$ mit $\varphi = 30°$*

### Wir fassen zusammen

ZUSAMMENFASSUNG

Eine nicht zur $x_2$-Achse parallele Gerade $g$ ist der Graph einer **linearen Funktion** mit der **Steigung** $m$ und dem **Achsenabschnitt** $n$:

$$x_2 = m x_1 + n.$$

Die Steigung ist durch zwei Punkte $P(p_1|p_2)$ und $Q(q_1|q_2)$ der Geraden bestimmt:

$$m = \frac{q_2 - p_2}{q_1 - p_1} = \tan\varphi.$$

Dabei ist $\varphi$ das Maß des **Steigungswinkels** der Geraden.

Eine zur $x_2$-Achse parallele Gerade schneidet die $x_1$-Achse in $P(p_1|0)$ und hat die Gleichung

$$x_1 = p_1.$$

Die **Gleichung eines Kreises** $K$ mit dem Radius $r$

| um den Ursprung ist | und dem Mittelpunkt $M(m_1\,|\,m_2)$ ist |
|---|---|
| $x_1^2 + x_2^2 = r^2.$ | $(x_1 - m_1)^2 + (x_2 - m_2)^2 = r^2$ (Bild 53/1). |

Für alle Punkte innerhalb des Kreises $K$ ist jeweils der linke Term kleiner als $r^2$.

Für alle Punkte außerhalb des Kreises $K$ ist jeweils der linke Term größer als $r^2$.

Jede Kreisgleichung lässt sich auf die **Normalform** $x_1^2 + a x_1 + x_2^2 + b x_2 + c = 0$ bringen.

AUFGABEN

## Einfache Übungen zu Geraden, Steigungen und Abständen

**1** Definieren Sie zunächst die Steigung einer Strecke und bestimmen Sie dann für die Strecken in Bild 56/1 jeweils die Steigung.

**2** Wie lang sind die Strecken in Bild 56/1?

**3** Welche Gleichungen haben die Geraden, auf denen die Strecken in Bild 56/1 liegen?

**4** Welche Steigung haben Geraden oder Strecken, die senkrecht zu den Strecken in Bild 56/1 liegen?

**5** Welche Gleichungen haben die Geraden, die auf den Strecken in Bild 56/1 senkrecht stehen und durch deren Endpunkte gehen?

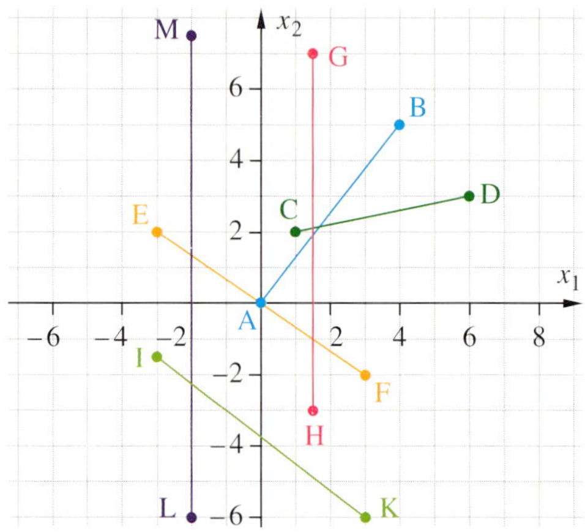


*Bild 56/1: Strecken*

**6** Bestimmen Sie die Gleichung der Ursprungsgeraden durch $P$.

**a)** $P(3|2)$ **b)** $P(-5|-5)$ **c)** $P(4{,}5|4)$ **d)** $P(-4|2{,}2)$ **e)** $P(6|0)$

**7** Welche Gleichung hat die Gerade durch $P$, von der $m$ bzw. $n$ gegeben sind?

**a)** $P(1|1), m=\frac{3}{4}$
**b)** $P(11|0{,}4), n=0{,}4$
**c)** $P(0|-5), m=0{,}7$
**d)** $P(3|1), n=-3$
**e)** $P(2{,}5|-2{,}6), n=-0{,}6$
**f)** $P(4{,}1), m=\frac{5}{12}$

**8** Wie groß sind Steigung $m$ und Achsenabschnitt $n$ bei der Geraden $g$?

**a)** $3x_1-5x_2=0$
**b)** $2x_1+4x_2=1$
**c)** $-6x_1+x_2=3$
**d)** $8x_1-10x_2+5=0$
**e)** $1{,}2x_1+0{,}2x_2-6=0$
**f)** $17x_1-5x_2-10{,}5=0$

**9** Liegt der Punkt $P$ auf der Geraden $g$?

**a)** $P(-1|6)$, $g$: $x_2=-4x_1+3$
**b)** $P(7|2)$, $g$: $x_2=\frac{1}{2}x_1-1\frac{1}{2}$
**c)** $P(-4|-2)$, $g$: $x_2=\frac{3}{8}x_1-\frac{1}{4}$
**d)** $P(5|-6)$, $g$: $x_2=-1{,}8x_1+3{,}2$
**e)** $P(3{,}5|2{,}4)$, $g$: $6x_1-5x_2=9$
**f)** $P(-2|3{,}4)$, $g$: $8x_1+11x_2=20$

**10** Die Jahresproduktion einer Fahrradfabrik betrug 1995 etwa 1200 Einheiten und 1999 etwa 1400 Einheiten. Mit welchen Produktionszahlen ist für die Jahre 2001, 2002 und 2005 zu rechnen, wenn die Produktionszahlen linear ansteigen?

## Parallelen, Normalen und Schnittpunkte von Geraden

**11** Untersuchen Sie, ob die beiden Geraden $g_1$ und $g_2$ parallel sind oder sich schneiden. Welche Geraden sind identisch?

**a)** $g_1$: $x_2=\frac{1}{2}x_1+1$, $g_2$: $x_1-2x_2-6=0$
**b)** $g_1$: $x_2=-\frac{2}{3}x_1+2$, $g_2$: $x_1-4x_2-12=0$
**c)** $g_1$: $x_2=-2{,}5x_1$, $g_2$: $7x_1+6x_2-9=0$
**d)** $g_1$: $x_2=-\frac{3}{5}x_1+\frac{9}{2}$, $g_2$: $6x_1+10x_2-\frac{9}{2}=0$
**e)** $g_1$: $\frac{4}{5}x_1-x_2=-3$, $g_2$: $7x_1-8\frac{3}{4}x_2=-25$
**f)** $g_1$: $1\frac{1}{5}x_1+2\frac{4}{5}x_2=1\frac{3}{5}$, $g_2$: $3x_1+7x_2=4$

**12** Bestimmen Sie den Schnittpunkt der Geraden $g_1$ und $g_2$.

**a)** $g_1$: $x_2 = -2x_1 + 2$, $g_2$: $x_2 = \frac{1}{4}x_1 + 2{,}5$

**b)** $g_1$: $x_2 = \frac{2}{3}x_1 - 1$, $g_2$: $x_2 = -\frac{4}{3}x_1 + 5$

**c)** $g_1$: $x_2 = -\frac{1}{2}x_1 - 4$, $g_2$: $3x_1 - 2x_2 + 8 = 0$

**d)** $g_1$: $x_2 = x_1 - 4$, $g_2$: $3x_1 + 5x_2 = 0$

**e)** $g_1$: $2x_1 + 4x_2 = 3$, $g_2$: $3x_1 + 8x_2 = 11$

**f)** $g_1$: $3x_1 + 12x_2 = -4$, $g_2$: $4x_1 + 2x_2 = -3$

**13** In Bild 57/1 sind Geraden und einzelne Punkte in verschiedenen Farben gezeichnet.

**a)** Welche Gleichungen haben die Geraden und welche Koordinaten haben die Punkte?

**b)** Welche Gleichung hat jeweils die Parallele einer Geraden durch den gleichfarbigen Punkt?

**c)** Welche Gleichung hat jeweils die Senkrechte einer Geraden durch den gleichfarbigen Punkt?

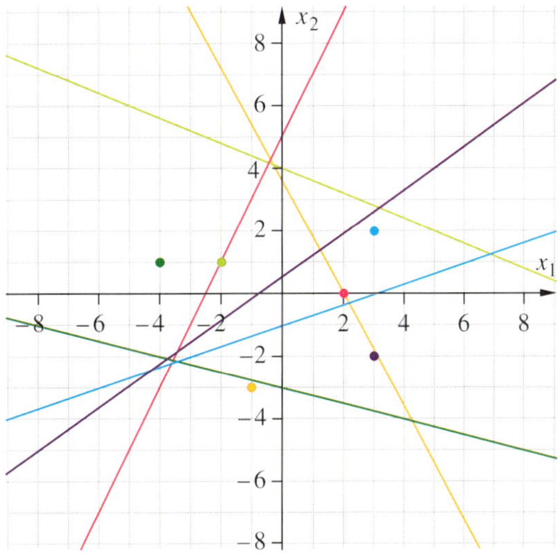


*Bild 57/1: Geraden und Punkte*

**14** Das Lot von $A$ auf die Gerade durch $P$ und $Q$ liegt auf der Lotgeraden $g_\perp$. Bestimmen Sie zunächst die Gleichung von $g_\perp$. Berechnen Sie dann die Länge des Lotes.

**a)** $A(4|2)$, $P(-5|0)$, $Q(7|6)$

**b)** $A(0|0)$, $P(1|-7)$, $Q(-7|-1)$

**c)** $A(0|4)$, $P(-4|-4)$, $Q(8|0)$

**d)** $A(11|-9)$, $P(-7|-10)$, $Q(14|2)$

**e)** $A(8|-1)$, $P(-0{,}5|-4{,}5)$, $Q(4{,}5|7{,}5)$

**f)** $A(2|-3{,}5)$, $P(-8{,}5|-5)$, $Q(0{,}5|7)$

## Kreise

**15** Gegeben sind der Mittelpunkt $M$ eines Kreises $K$ und ein Punkt $P$, der auf $K$ liegt. Bestimmen Sie die Gleichung von $K$.

**a)** $P(5|-3)$, $M(2|-2)$

**b)** $P(5|6)$, $M(-4|3)$

**c)** $P(4|-5)$, $M(-8|0)$

**d)** $P(1{,}5|2{,}5)$, $M(6|-1)$

**e)** $P(-1|12)$, $M(4{,}5|6{,}5)$

**f)** $P(-2|-1{,}6)$, $M(3{,}2|-7)$

**16** Zeigen Sie, dass die Kreisgleichung $(x_1 - m_1)^2 + (x_2 - m_2)^2 = r^2$ für jeden beliebigen Punkt $X(x_1|x_2)$ des Kreises $K$ um $M(m_1|m_2)$ mit dem Radius $r$ erfüllt ist, indem Sie folgende Fälle betrachten:

**a)** Bei vier Punkten des Kreises stimmt eine Koordinate mit der entsprechenden Koordinate von $M$ überein. Zeigen Sie, dass jeder dieser Punkte die Kreisgleichung erfüllt.

**b)** Durch diese vier Punkte wird der Kreis in vier Kreisbögen unterteilt. Zeigen Sie, dass $X$ auf jedem dieser Kreisbögen die Kreisgleichung erfüllt.

**17** $K$ sei der Kreis um $M$ mit dem Radius $r$. Liegt der Punkt $P$ auf $K$, innerhalb von $K$ oder außerhalb von $K$?

**Beispiel:** $M(3|4)$; $r = 5$. Wie liegen $P_1(0|0)$, $P_2(1|3)$ und $P_3(-2|-1)$ relativ zum Kreis?

Der Kreis hat die Gleichung

$K: (x_1 - 3)^2 + (x_2 - 4)^2 = 25.$

Für die Punkte $P_1$, $P_2$ und $P_3$ gilt:

$P_1: (0-3)^2 + (0-4)^2 = 9 + 16 = 25$

$P_2: (-1-3)^2 + (3-4)^2 = 16 + 1 = 17 < 25$

$P_3: (-2-3)^2 + (-1-4)^2 = 25 + 25 = 50 > 25$

$P_1$ liegt auf $K$, $P_2$ innerhalb von $K$ und $P_3$ außerhalb von $K$.

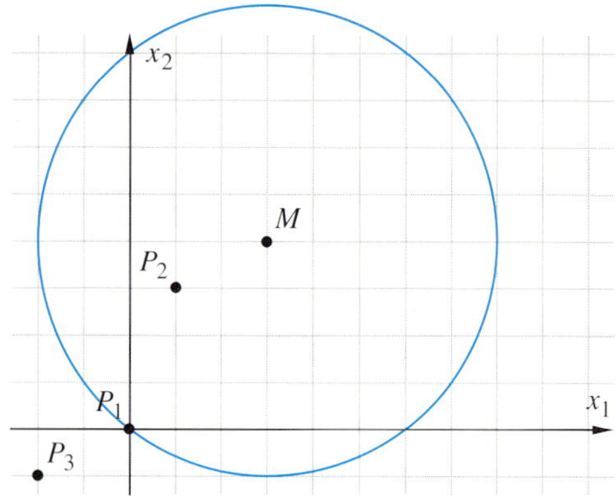


*Bild 58/1: Lage von $P_1$, $P_2$ und $P_3$*

**a)** $P(3|-4), M(0|0), r = 5$
**b)** $P(3|0), M(5|2), r = 3$
**c)** $P(0|2{,}5), M(-2|-1), r = 4$
**d)** $P(-1|-11), M(6|-4), r = 10$
**e)** $P(-5|3), M(-4|5), r = \sqrt{5}$
**f)** $P(-4|-7), M(-7|-5), r = 2\sqrt{3}$

## Quadratische Gleichungen in zwei Variablen

**18** Bestimmen Sie zunächst die Gleichung des Kreises $K$ mit dem Mittelpunkt $M$ und dem Radius $r$. Bringen Sie die Gleichung dann in die Normalform einer quadratischen Gleichung mit zwei Variablen.

**a)** $M(4|7), r = 2$
**b)** $M(-3|9), r = 7$
**c)** $M(-1|-8), r = 18$
**d)** $M(2{,}5|3), r = 2\sqrt{5}$
**e)** $M(2{,}1|-4{,}2), r = 3\sqrt{6}$
**f)** $M(-3{,}3|5{,}7), r = \sqrt{10}$

**19** Stellt die Gleichung einen Kreis dar? Bestimmen Sie gegebenenfalls den Mittelpunkt $M$ und den Radius $r$.

**a)** $x_1^2 + 2x_1 + x_2^2 + 10x_2 = 10$
**b)** $x_1^2 + 6x_1 + x_2^2 - 8x_2 = 0$
**c)** $x_1^2 + 4x_1 + x_2^2 - 2x_2 = -10$
**d)** $x_1^2 - 5x_1 + x_2^2 + 10x_2 = -19$
**e)** $x_1^2 + x_1 + x_2^2 + x_2 = 17{,}5$
**f)** $x_1^2 - 5{,}6x_1 + x_2^2 + 3{,}2x_2 = -12$

**20** Untersuchen Sie allgemein, unter welchen Voraussetzungen sich die Normalform einer quadratischen Gleichung mit zwei Variablen in eine Kreisgleichung umwandeln läßt.

## Strecken und Kreise auf Bildschirmen

**21** Stellen Sie die folgenden Bilder mit einem Computeralgebra-Programm dar.

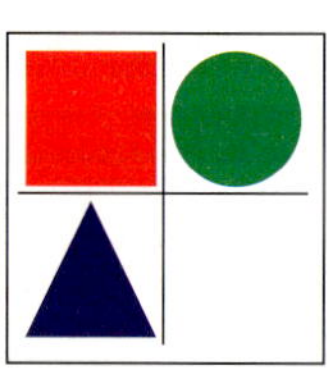

*Wettbewerb*

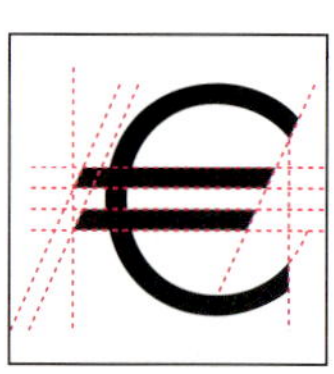

*Euro-Zeichen*

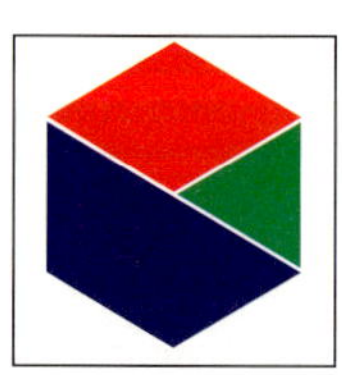

*Lotto-Logo*

*Senderlogo*

*Hinweisschild*

**22** Strecken scheinen auf einem Bildschirm in kleinen Sprüngen oder Stufen zu verlaufen. Weicht ihre Steigung nur wenig von der Waagrechten oder der Senkrechten ab, so ist dieser Eindruck besonders stark (Bild 59/1). Wir betrachten einen 20-Zoll-Bildschirm, der 31 cm breit und 22 cm hoch ist und eine Auflösung von 1024 Pixeln in $x_1$-Richtung und 768 Pixeln in $x_2$-Richtung hat.
Ein Programm sorgt dafür, dass der Nullpunkt in der linken oberen Ecke liegt.

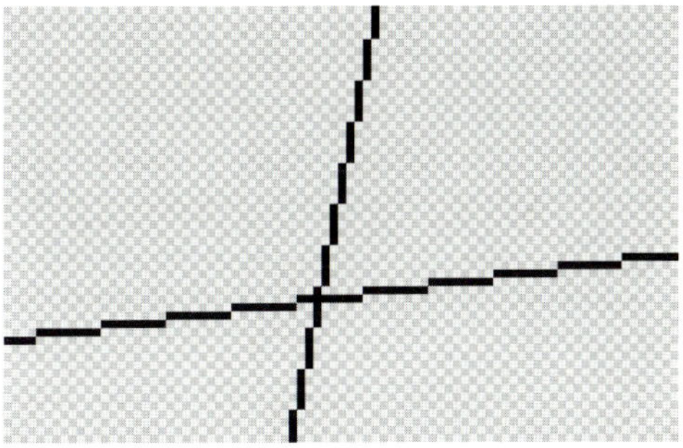
*Bild 59/1: Steile und flache Linien*

**a)** Wieso werden Geraden und Strecken stufenartig dargestellt? Sind diese Stufen alle gleich?
**b)** Eine Gerade steigt je Pixel in $x_1$-Richtung um 1 Pixel (3 Pixel, 10 Pixel, 20 Pixel) in $x_2$-Richtung an. Welche Steigung hat diese Gerade?
**c)** Eine Strecke führt vom Pixelpunkt $A(100\,|\,10)$ zum Pixelpunkt $B(500\,|\,50)$. Welche Steigung hat diese Strecke? Wie ist sie auf dem Bildschirm dargestellt, wenn man annimmt, dass alle Stufen gleich sind und so exakt wie möglich gewählt werden?
**d)** Welche Schwierigkeiten ergeben sich bei der Bildschirmdarstellung einer Strecke vom Pixelpunkt $A(31\,|\,37)$ zum Pixelpunkt $B(38\,|\,400)$? Wie viele Pixel hat die letzte Stufe in $x_2$-Richtung, wenn alle anderen Stufen die gleiche Pixelanzahl in $x_2$-Richtung haben? Schlagen Sie eine Optimierung der Darstellung vor.
**e)** Eine Strecke hat die Länge 20 cm und eine Steigung $m = 0{,}5$. Mit welchen Stufen könnte sie auf dem Bildschirm dargestellt sein?

**23** Martin und Martina wollen die Auflösung eines Zeichenprogramms, bei dem der Nullpunkt der Zeichenfläche in der linken oberen Ecke liegt, auf ihrem Computer testen. Dazu zeichnen sie eine Strecke $\overline{AB}$ und bestimmen mit Hilfe der eingeblendeten Führungslinien die Koordinaten der Endpunkte $A$ und $B$. Sie gehen davon aus, dass jede Stufe der Strecke einer Zeicheneinheit in der betreffenden Richtung entspricht.
**a)** Für die Strecke messen sie $A(3{,}2\,|\,5{,}2)$ und $B(10\,|\,4{,}8)$. Die Strecke besteht aus 20 gleichen Stufen. Wie groß ist eine Zeicheneinheit in $x_2$-Richtung?
**b)** Für die Strecke messen sie $C(5{,}4\,|\,8{,}2)$ und $D(5{,}6\,|\,3{,}2)$. Die Strecke besteht aus 10 gleichen Stufen. Wie groß ist eine Zeicheneinheit in $x_1$-Richtung?

## Vermischte Aufgaben

**24** Gegeben sind die Punkte $A(-6\,|\,-4)$, $B(9\,|\,-2)$ und $C(-4\,|\,8)$. Bestimmen Sie auf drei verschiedene Arten die Gleichung des Umkreises des Dreiecks $ABC$.

**25** Gegeben sind die Punkte $A(-4\,|\,-2)$, $B(8\,|\,-4)$ und $C(-2\,|\,10)$. Verfahren Sie mit dem Dreieck $ABC$ wie in Aufgabe 25. Welche besondere Lage hat in diesem Fall der Mittelpunkt des Umkreises und welche besondere Eigenschaft hat deshalb das Dreieck $ABC$?

AUFGABEN

**26** Bild 60/1 zeigt ein Pentagramm, ein regelmäßiges Sternfünfeck. Zeichnen Sie ein Pentagramm, so dass der Umkreisradius 5 cm beträgt und der Umkreis-Mittelpunkt im Ursprung sowie ein Eckpunkt auf der positiven $x_1$-Achse liegt. Welche Koordinaten haben die Eckpunkte, wie lang sind die Seiten des Pentagramms?
Welche Gleichung hat der Umkreis des inneren regelmäßigen Fünfecks?

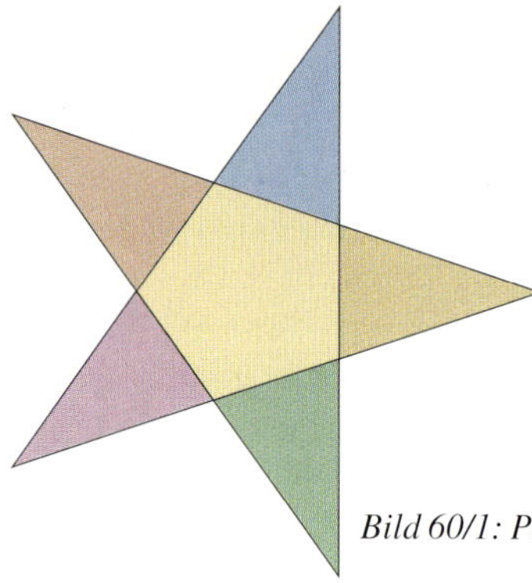

*Bild 60/1: Pentagramm*

**27** Formulieren und lösen Sie eine der Aufgabe 26 entsprechende Aufgabe für ein Sternsechseck (Hexagramm).

**28** Wie kann man zeichnerisch und rechnerisch überprüfen, ob ein gegebenes Viereck einen Umkreis hat? Führen Sie entsprechende Untersuchungen für ein Quadrat (ein Rechteck, ein Parallelogramm, ein Trapez, ein Drachenviereck) durch.

**29** Hat das Viereck $ABCD$ einen Umkreis? Bestimmen Sie gegebenenfalls dessen Gleichung.

**a)** $A(4|1), B(8{,}5|4), C(6|9), D(1{,}5|7)$
**b)** $A(0|0{,}5), B(5{,}5|0), C(6{,}5|5{,}5), D(1|6)$
**c)** $A(2{,}5|1), B(15{,}5|6), C(12|12), D(0|7)$
**d)** $A(-2|3), B(0{,}5|3{,}5), C(6|0), D(6|2)$
**e)** $A(11|-1), B(9|4), C(0|6), D(-4|2)$
**f)** $A(-4|-5), B(6|0), C(3{,}5|5), D(-2|6)$

**30** Welche Vierecke besitzen einen Umkreis?

**31** In gotischen Bauwerken sind die Fenster aus Kreisbögen und Strecken konstruiert; eine solche Konstruktion heißt **Maßwerk**. Bild 60/3 zeigt ein Seitenfenster der Kirche St. Gereon in Köln. Bild 60/2 zeigt, welche Konstruktion diesem Fenster zugrunde liegt.
Beschreiben Sie die Konstruktionselemente durch Gleichungen; nehmen Sie dabei zur Vereinfachung an, dass die Konstruktionselemente Linien sind.

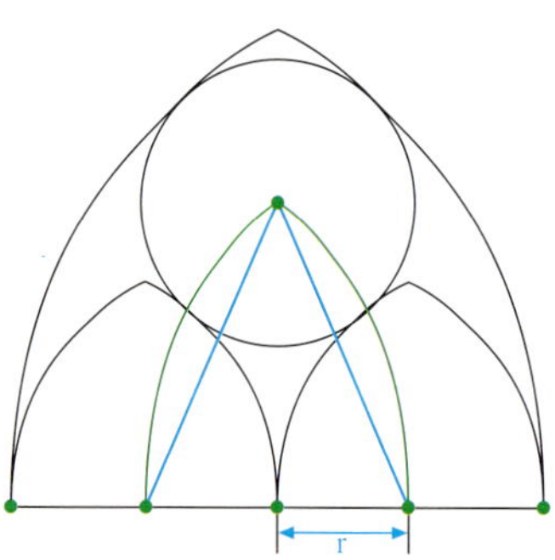


*Bild 60/2: Erläuterung zur Konstruktion des Maßwerks*

*Bild 60/3: St. Gereon in Köln*

**32** Suchen Sie in Ihrer Umgebung ein gotisches Gebäude mit einem Maßwerk oder suchen Sie nach einer entsprechenden Abbildung. Stellen Sie das Maßwerk mit den Mitteln der Analytischen Geometrie dar.

**33** Bild 61/1 zeigt die Zeichnung einer Fensterrose der Kathedrale Notre-Dame in Chartres (Villard de Honnecourt um 1225/35). Beschreiben Sie die Konstruktionselemente durch Gleichungen; nehmen Sie dabei zur Vereinfachung an, dass die Konstruktionselemente Linien sind.

**34** Entwerfen Sie selbst eine Fensterrose und beschreiben Sie sie durch Gleichungen.

*Bild 61/1: Zeichnung einer Fensterrose*

*Bild 61/2: Ausschnitt eines Plakats*

**35** Für eine Ausstellung des Architekten Oswald Mathias Ungers (geboren 1926) warb ein Plakat, von dem Bild 61/2; einen Ausschnitt zeigt. Analysieren Sie das Bild mit den Methoden der Analytischen Geometrie.

## Andere Formen von Geradengleichungen

**36** Bestimmen Sie drei verschiedene Punkte auf der Geraden mit der Steigung $m$ durch $P$.

**a)** $P(3|4), m=2$  **c)** $P(0|6), m=-\frac{1}{3}$  **e)** $P(2|-0{,}5), m=2{,}5$

**b)** $P(4|1), m=0{,}5$  **d)** $P(-3|0), m=-0{,}8$  **f)** $P(-0{,}2|-0{,}7), m=-1{,}4$

**37** Von einer Geraden $g$ sind ein Punkt $P(p_1|p_2)$ und die Steigung $m$ gegeben. Entwickeln Sie für $g$ die **Punkt-Richtungs-Gleichung**

$$\frac{x_2-p_2}{x_1-p_1}=m,$$

indem Sie von der Ihnen bekannten Geradengleichung ausgehen.

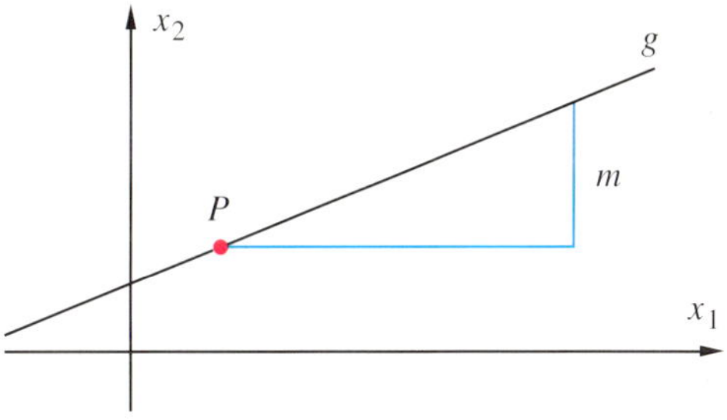


*Bild 61/3: Punkt-Richtungs-Gleichung*

**38** Von einer Geraden $g$ sind ein Punkt $P$ und die Steigung $m$ gegeben. Bestimmen Sie die Punkt-Richtungs-Gleichung für $g$ und berechnen Sie den Achsenabschnitt $n$.

**a)** $P(3|5), m=3$ **c)** $P(-7|0), m=\frac{3}{4}$ **e)** $P(4{,}2|-1{,}8), m=2{,}5$

**b)** $P(-3|3), m=-\frac{1}{2}$ **d)** $P(-1|-9), m=-0{,}6$ **f)** $P(2{,}5|2{,}1), m=-0{,}1$

**39** Von einer Geraden $g$ sind zwei verschiedene Punkte $P(p_1|p_2)$ und $Q(q_1|q_2)$ gegeben.

**a)** Entwickeln Sie für $g$ die **Zwei-Punkte-Gleichung**

$$\frac{x_2-p_2}{x_1-p_1}=\frac{q_2-p_2}{q_1-p_1},$$

indem Sie von einer Ihnen bereits bekannten Geradengleichung ausgehen.

**b)** Besitzt jede durch zwei Punkte bestimmte Gerade eine Zwei-Punkte-Gleichung?

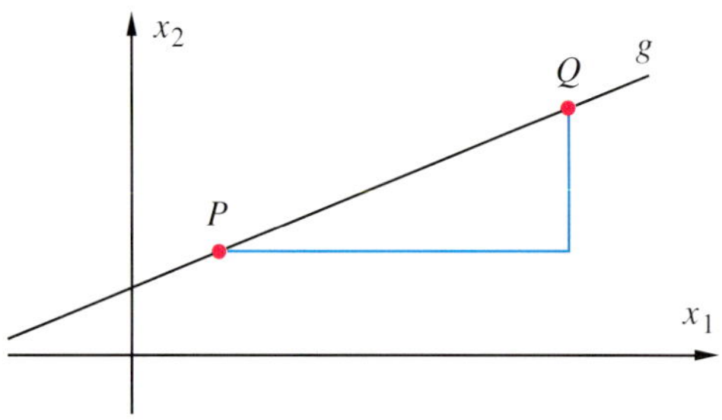


*Bild 62/1: Zwei-Punkte-Gleichung*

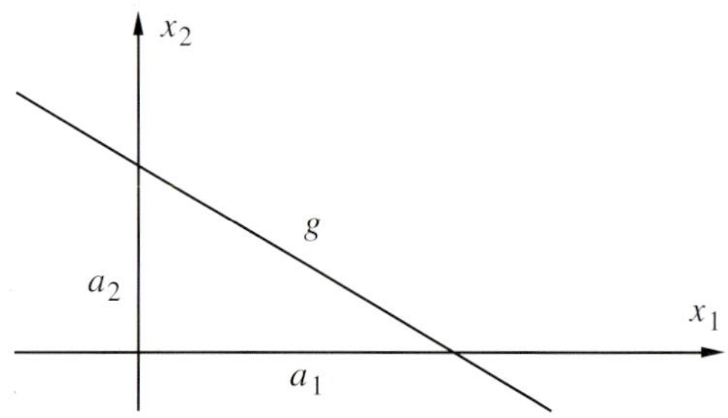


*Bild 62/2: Achsenabschnittsgleichung*

**40** Von einer Geraden $g$ sind die Punkte $P$ und $Q$ gegeben. Bestimmen Sie die Zwei-Punkte-Gleichung für $g$; berechnen Sie die Steigung $m$ und den Achsenabschnitt $n$.

**a)** $P(1|4), Q(5|2)$ **c)** $P(1|3), Q(7|2)$ **e)** $P(-3|-3), Q(5|0)$

**b)** $P(1|6), Q(-1|-2)$ **d)** $P(6|-1), Q(-2|1)$ **f)** $P(-7|-4{,}5), Q(-1|-3)$

**41** Schneidet eine Gerade $g$ die Koordinatenachsen in zwei Punkten $P(a_1|0)$ und $Q(0|a_2)$, so nennt man die Koordinaten $a_1$ und $a_2$ **Achsenabschnitte** der Geraden.

**a)** Entwickeln Sie für $g$ die **Achsenabschnittsgleichung**

$$\frac{x_1}{a_1}+\frac{x_2}{a_2}=1,$$

indem Sie von einer Ihnen bereits bekannten Geradengleichung ausgehen.

**b)** Besitzt jede Gerade eine Achsenabschnittsgleichung?

**42** Bestimmen Sie für $g$ zunächst die Achsenabschnittsgleichung und dann die Steigung $m$.

**a)** $a_1=3, a_2=5$ **c)** $a_1=-2, a_2=-9$ **e)** $a_1=-4, a_2=2{,}2$

**b)** $a_1=-6, a_2=2$ **d)** $a_1=0{,}5, a_2=-5$ **f)** $a_1=7{,}5, a_2=2{,}25$

**43** In welchen Punkten schneidet die Gerade $g$ die Koordinatenachsen?

**a)** $g\colon x_2=5x_1+20$ **c)** $g\colon x_2=-\frac{1}{2}x_1-7$ **e)** $g\colon x_2=-3{,}6x_1+4{,}8$

**b)** $g\colon x_2=-\frac{1}{4}x_1+3$ **d)** $g\colon x_2=\frac{1}{3}x_1-\frac{2}{5}$ **f)** $g\colon x_2=0{,}3x_1+2{,}1$

**44** Gegeben ist eine Gerade $g$ mit der Gleichung $x_2=mx_1+n$. Unter welchen Bedingungen für $m$ und $n$ besitzt $g$ eine Achsenabschnittsgleichung?

# 2.2 Lagen von Geraden und Kreisen



## A1 Brücke

Vom 16. Jahrhundert an wurden nach und nach die Passstraßen über die Alpen ausgebaut. Dabei mussten tiefe Schluchten überwunden werden. Eine besondere technische Leistung war der Bau der Teufelsbrücke über die Schöllenenschlucht am Sankt Gotthard (Bild 66/1). Heute gibt es dort bestens ausgebaute Straßen; nur noch Gemälde erinnern an die erste steinerne Teufelsbrücke.

Ein Taleinschnitt soll von $A(-5\,|\,17)$ nach $B(31\,|\,2)$ überbrückt werden. Die Brücke soll von unten durch eine Konstruktion in Form eines Kreisbogens, der in $C(0\,|\,0)$ und $D(24\,|\,0)$ aufliegt, gestützt werden. Welchen Radius hat der Kreisbogen? Wo berührt der Kreisbogen die Fahrbahn?

*Bild 63/1: Teufelsbrücke am Sankt Gotthard*

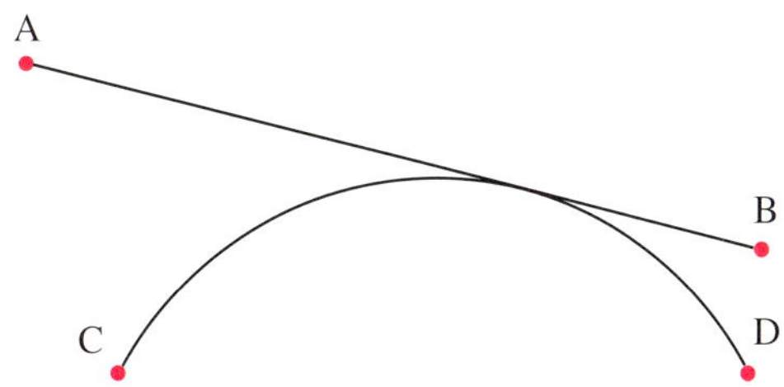


*Bild 63/2: Brückenkonstruktion*

## A2 Gasballon

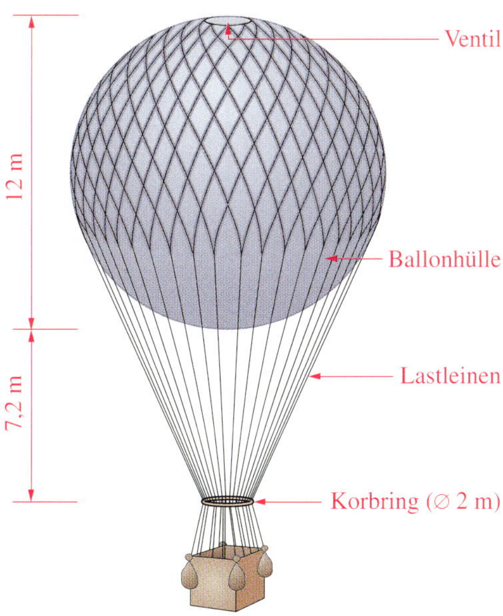


*Bild 63/3: Aufbau eines Gasballons*

*Bild 63/4*

Ein Gasballon hat eine kugelförmige Ballonhülle, die von einem Netz umgeben ist. Von dem Netz führen Lastleinen zu einem Korbring, an dem der Passagierkorb hängt.

Wie lang sind die Lastleinen vom Korbring bis zum Berührpunkt auf der Ballonhülle?

AUFTRÄGE

**A3** **Fernsehsatellit**

Fernsehbilder werden mit Satelliten übertragen, die an einem Punkt im Weltraum fest zu stehen scheinen, weil sie sich mit der gleichen Geschwindigkeit um die Erde drehen, wie diese um ihre eigene Achse. Man nennt sie deshalb geostationäre Satelliten.

Kann ein einsamer Forscher auf einer Station in der Antarktis (80° südlicher Breite) Signale eines geostationären Satelliten empfangen, der sich auf dem gleichen Meridian wie die Forschungsstation in 35 895 km Höhe genau über dem Äquator befindet?

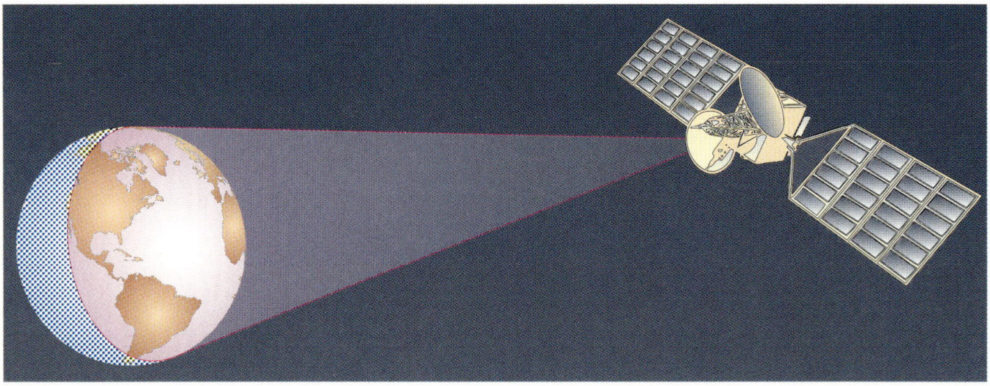

*Bild 64/1:*
*Datenübertragung von Satelliten auf die Erde*

## Fernsehsatellit

Es wird der Auftrag **A3** bearbeitet.

Wir kennzeichnen die Lage der Forschungsstation durch einen Punkt $B$. Wegen der zur Erde relativ geringen Größe des Satelliten können wir diesen als einen Punkt $S$ darstellen. Zur Untersuchung der gestellten Aufgabe kann man sich auf die Schnittebene beschränken, in der der Erdmittelpunkt $M$ sowie die Punkte $B$ und $S$ liegen. Der Erdkugel entspricht dann ein Kreis $K$ mit dem Mittelpunkt $M$ und dem Radius $r_E = 6378$, gemessen in km. Der Abstand von $S$ zu $M$ beträgt $35\,895 + 6\,378 = 42\,273$, gemessen in km.

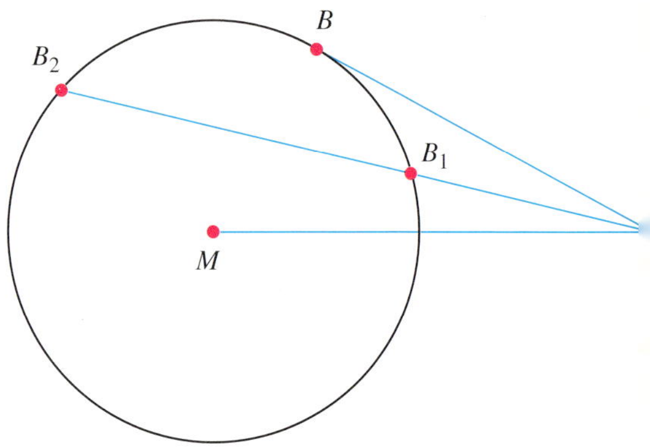


*Bild 64/2: Schnittkreis*

Am Punkt $B$ können genau dann Signale des Satelliten empfangen werden, wenn die Strecke $\overline{BS}$ vom Kreis $K$ **nicht** geschnitten wird.

## Geometrische Lösung

Der „äußerste" Punkt $B$, von dem aus der Satellit noch angepeilt werden kann, läßt sich durch eine maßstäblichen Zeichnung bestimmen (Bild 65/1). Man zeichnet dazu zunächst die Strecke $\overline{MS}$ und den Kreis $K$. Der Thaleskreis über $\overline{MS}$ schneidet $K$ in dem gesuchten Punkt $B$. Das Maß des Winkels $\sphericalangle BMS$ ist die geographische Breite von $B$.

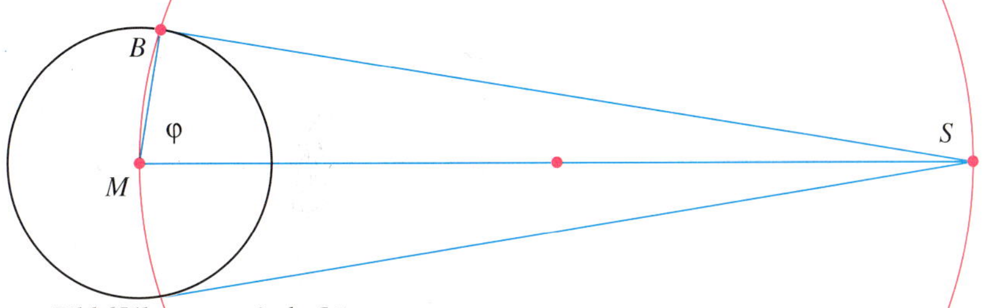


*Bild 65/1: geometrische Lösung*

Der Zeichnung entnimmt man hierfür ungefähr 81,5°. An allen Punkten zwischen 81,5° nördlicher Breite und 81,5° südlicher Breite kann man also Signale des Satelliten empfangen. Die Forschungsstation in der Antarktis liegt daher im Empfangsbereich des Satelliten.

Durch eine solche geometrische Lösung erhält man nur einen relativ groben Näherungswert für das Winkelmaß. Genauere Werte kann man nur rechnerisch bestimmen.

## Algebraische Lösung

Man kann das Problem auch **algebraisch** lösen. Dazu müssen die Vorgaben zunächst in ein Koordinatensystem übertragen werden. Zur Vereinfachung legen wir den Mittelpunkt $M$ des Kreises in den Ursprung und den Punkt $S$ auf die positive $x_1$-Achse.

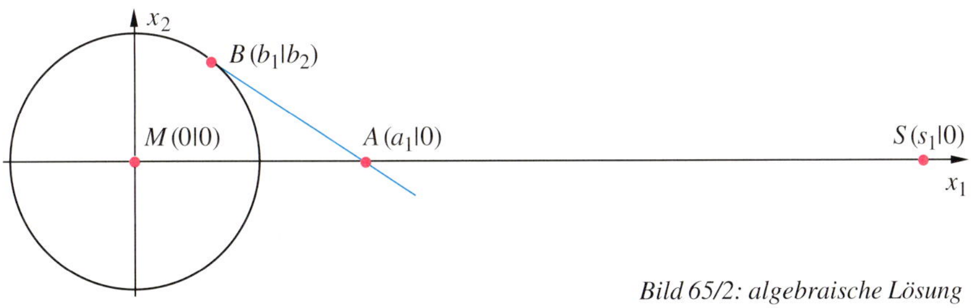


*Bild 65/2: algebraische Lösung*

Die Tangente an $K$ mit dem Berührpunkt $B$ schneidet die $x_1$-Achse im Punkt $A$. Liegt $A$ links von $S$ auf der positiven $x_1$-Achse, gilt also

$$0 < a_1 \leq s_1,$$

so kann der Satellit bei $B$ empfangen werden, anderenfalls nicht. Zur Lösung müssen wir die Gleichung der Tangente aufstellen und ihren Schnittpunkt mit der $x_1$-Achse bestimmen.

## Bestimmung einer Tangentengleichung

Die Tangente an den Kreis $K$ mit dem Berührpunkt $B(b_1 \mid b_2)$ ist durch diesen Punkt und durch die Steigung des Berührradius $\overline{MB}$ festgelegt. Da die Tangente auf dem Berührradius senkrecht steht, kann man aus dessen Steigung die Steigung der Tangente bestimmen.

Der Berührradius hat die Steigung

$$m_\perp = \frac{b_2 - 0}{b_1 - 0} = \frac{b_2}{b_1}.$$

Daher hat die Tangente die Steigung

$$m = -\frac{1}{m_\perp} = -\frac{b_1}{b_2}.$$

Die Tangente hat also die Gleichung

$$x_2 = -\frac{b_1}{b_2} x_1 + n\,.$$

Um $n$ zu bestimmen, setzen wir die Koordinaten von $B$ in die Gleichung ein und erhalten

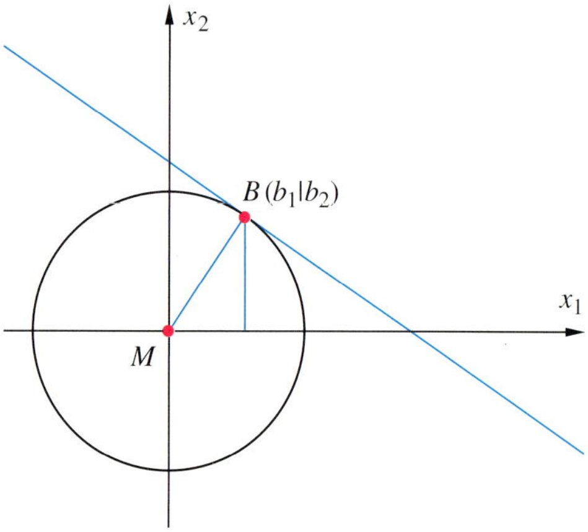

*Bild 66/1: Tangente und Berührpunkt*

$$b_2 = -\frac{b_1}{b_2} b_1 + n \implies n = \frac{b_1}{b_2} b_1 + b_2 \implies x_2 = -\frac{b_1}{b_2} x_1 + \frac{b_1}{b_2} b_1 + b_2\,.$$

Multipliziert man diese Gleichung mit $b_2$, so erhält man

$$b_2 x_2 = -b_1 x_1 + b_1^2 + b_2^2 \implies b_1 x_1 + b_2 x_2 = b_1^2 + b_2^2\,.$$

Da der Punkt $B(b_1 \mid b_2)$ auf dem Kreis liegt, erfüllen seine Koordinaten die Kreisgleichung; es gilt also

$$b_1^2 + b_2^2 = r^2 \implies x_1 b_1 + x_2 b_2 = r^2.$$

Man erhält also die Gleichung der Tangente mit dem Berührpunkt $B(b_1 \mid b_2)$, indem man in der Kreisgleichung $x_1^2 + x_2^2 = r^2$ ein $x_1$ durch $b_1$ und ein $x_2$ durch $b_2$ ersetzt.

Zeigen Sie selbst (Aufgabe 4, Seite 69), dass entsprechende Überlegungen auch für Kreise mit dem Mittelpunkt $M(m_1 \mid m_2)$ gelten. Insgesamt erhält man folgenden

**Satz 2.1** Die Tangente an den Kreis $K$ mit dem Berührpunkt $B(b_1 \mid b_2)$ hat die Gleichung $x_1 b_1 + x_2 b_2 = r^2$ bzw. $(x_1 - m_1)(b_1 - m_1) + (x_2 - m_2)(b_2 - m_2) = r^2$. ■

Wir kommen nun auf die algebraische Lösung des Problems „Fernsehsatellit" zurück. Setzt man in die Tangentengleichung die Koordinaten von $A$ (vergleiche Bild 67/2) ein, so erhält man $a_1 b_1 = r^2$ und damit $a_1 = \frac{r^2}{b_1}$. Ein Satellitenempfang ist am Punkt $B(b_1 \mid b_2)$ genau dann möglich, wenn $0 < \frac{r^2}{b_1} \leq s_1$, also $b_1 \geq \frac{r^2}{s_1} = 962{,}29$ ist.

Für die geographische Breite ergibt sich aus $b_1$ und dem Erdradius $r$

$$\cos\varphi = \frac{b_1}{r} \implies \cos\varphi \geq \frac{r^2}{s_1 r} = \frac{r}{s_1} = 0{,}15088 \implies \varphi \leq 81{,}32^\circ.$$

Wenn es nur um die Bestimmung von $\varphi$ geht, kann man auch so rechnen: Im rechtwinkligen Dreieck $MSB$ (Bild 65/1) kennt man die Länge der Kathete $\overline{MB}$ und die Länge der Hypotenuse $\overline{MS}$. Für das gesuchte Winkelmaß $\varphi$ ergibt sich damit:

$$\cos\varphi = \frac{6378}{42\,273} = 0{,}15088 \implies \varphi = 81{,}32^\circ.$$

## Verschiedene Lagen von Gerade und Kreis

Zur Lösung des Empfangsproblems sind wir vom Punkt $B$ ausgegangen und haben die zugehörige Tangente untersucht. Man könnte auch von $S$ ausgehen und untersuchen, welche Geraden durch $S$ den Kreis an einem geeigneten Punkt treffen.

Dahinter steckt die folgende mathematische Aufgabe: Wie kann man rechnerisch entscheiden, ob eine durch die Gleichung $x_2 = mx_1 + n$ gegebene Gerade Tangente, Sekante oder Passante des Kreises mit der Gleichung $x_1^2 + x_2^2 = r^2$ ist?

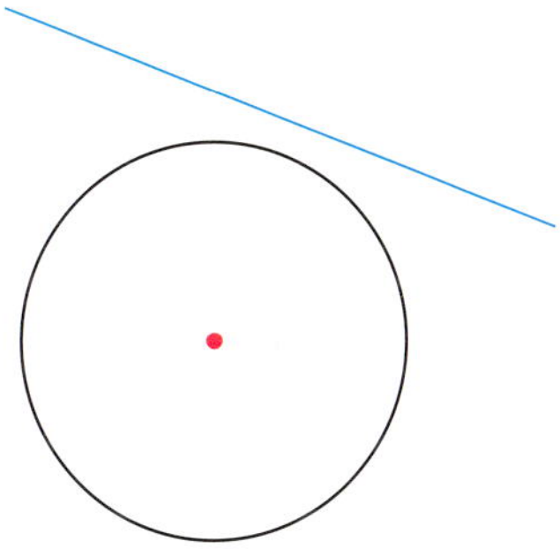

*Bild 67/1: Passante*

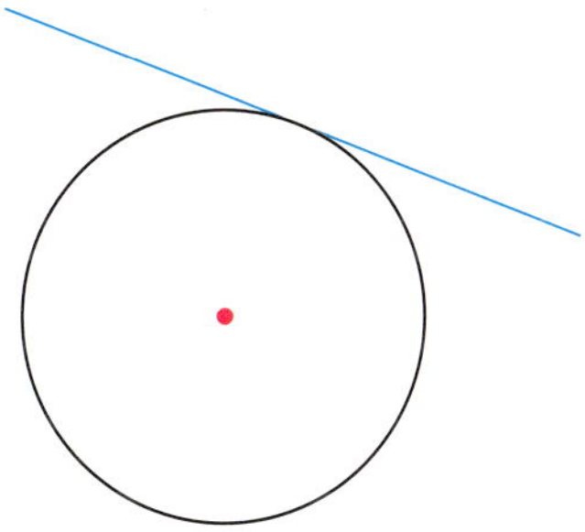

*Bild 67/2: Tangente*

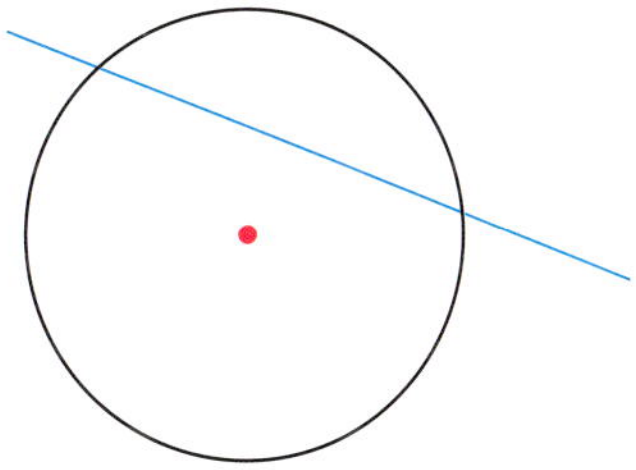

*Bild 67/3: Sekante*

Die Koordinaten eines Schnittpunktes $P(x_1 \mid x_2)$ müssen sowohl die Geradengleichung als auch die Kreisgleichung erfüllen. Sie müssen also Lösungen des folgenden Gleichungssystems sein:

$$x_1^2 + x_2^2 = r^2 \quad \text{und} \quad x_2 = mx_1 + n.$$

Ersetzen wir in der ersten Gleichung $x_2$ durch den Term $mx_1 + n$, so erhalten wir eine quadratische Gleichung für $x_1$:

$$x_1^2 + (mx_1 + n)^2 = r^2 \implies (1 + m^2)\,x_1^2 + 2mnx_1 + n^2 - r^2 = 0$$

Eine solche Gleichung kann keine Lösung, eine Lösung oder zwei Lösungen haben.

Hat die Gleichung keine Lösung, so haben die Gerade und der Kreis keinen Punkt gemeinsam; die Gerade ist eine **Passante** des Kreises (Bild 67/1).

**Beispiel:** Mit $x_1^2 + x_2^2 = 25$ und $x_2 = 0{,}5x_1 + 7$ erhält man die quadratische Gleichung $x_1^2 + 5{,}6x_1 + 19{,}2 = 0$. Diese Gleichung hat keine Lösung. Die Gerade ist eine Passante.

Hat die Gleichung genau eine Lösung, dann berührt die Gerade den Kreis in einem Punkt, dem **Berührpunkt**; sie ist eine **Tangente** des Kreises (Bild 67/2).

**Beispiel:** Mit $x_1^2 + x_2^2 = 25$ und $x_2 = -0{,}75x_1 + 6{,}25$ erhält man die quadratische Gleichung $x_1^2 - 6x_1 + 9 = 0$. Diese Gleichung hat genau eine Lösung $x_1 = 3$. Die Gerade ist eine Tangente mit dem Berührpunkt $B(3|4)$.

Hat die Gleichung zwei Lösungen, dann schneidet die Gerade den Kreis in zwei Punkten; sie ist eine **Sekante** des Kreises (Bild 67/3).

**Beispiel:** Mit $x_1^2 + x_2^2 = 25$ und $x_2 = 0{,}5x_1 + 5$ erhält man die quadratische Gleichung $x_1^2 + 4x_1 = 0$. Diese hat die Lösungen $x_{11} = 0$ und $x_{12} = -4$. Die Gerade schneidet den Kreis in den Punkten $S_1(0|5)$ und $S_2(-4|3)$.

ZUSAMMENFASSUNG

## Wir fassen zusammen

Für einen Kreis mit dem Mittelpunkt $M(0\,|\,0)$ bzw. $M(m_1\,|\,m_2)$ und dem Radius $r$ hat die Tangente mit dem Berührpunkt $B(b_1\,|\,b_2)$ die Gleichung

$$x_1 b_1 + x_2 b_2 = r^2 \quad \text{bzw.} \quad (x_1 - m_1)(b_1 - m_1) + (x_2 - m_2)(b_2 - m_2) = r^2.$$

Um festzustellen, wie ein Kreis $K$ mit dem Radius $r$ und dem Mittelpunkt $M(0\,|\,0)$ bzw. $M(m_1\,|\,m_2)$ und eine Gerade $g$ mit der Gleichung $x_2 = mx_1 + n$ zueinander liegen, muss man das Gleichungssystem

$$x_1^2 + x_2^2 = r^2 \text{ und } x_2 = mx_1 + n \quad \text{bzw.} \quad (x_1 - m_1)^2 + (x_2 - m_2)^2 = r^2 \text{ und } x_2 = mx_1 + n$$

untersuchen. Dieses System führt auf eine quadratische Gleichung, die keine, eine oder zwei Lösungen haben kann. Die Gerade ist dann Passante, Tangente oder Sekante des Kreises.

AUFGABEN

**1** Gegeben ist der Kreis $K$ durch den Mittelpunkt $M$ und den Radius $r$ sowie die Gleichung einer Geraden $g$. Schneiden sich $K$ und $g$? Bestimmen Sie gegebenenfalls die Schnittpunkte.

**a)** $M(0\,|\,0),\ r = 4,\ g\colon x_2 = \frac{1}{2}x_1 + 2$

**b)** $M(6\,|\,4),\ r = 5,\ g\colon x_2 = -\frac{3}{4}x_1 + 8\frac{1}{2}$

**c)** $M(2\,|\,-1),\ r = 3,\ g\colon x_2 = 2x_1 + 3$

**d)** $M(-6\,|\,3),\ r = 5,\ g\colon x_2 = -\frac{4}{3}x_1 + 3\frac{1}{3}$

**e)** $M(2{,}5\,|\,-4),\ r = \sqrt{30{,}5},\ g\colon x_2 = \frac{5}{6}x_1 - 1$

**f)** $M(-5\,|\,-3{,}5),\ r = \sqrt{10},\ g\colon x_2 = \frac{1}{3}x_1 - 6$

**2** Es sei $K$ der Kreis um $M$ mit dem Radius $r$ und $g$ eine Gerade durch $M$ mit der Steigung $m$. Bestimmen Sie die Schnittpunkte $B_1$ und $B_2$ der Geraden $g$ mit dem Kreis $K$. Bestimmen Sie die Gleichungen der Tangenten in $B_1$ und $B_2$ an $K$.

**a)** $M(0\,|\,0),\ r = 2\sqrt{5},\ m = 2$

**b)** $M(6\,|\,6),\ r = \sqrt{13},\ m = \frac{2}{3}$

**c)** $M(-3\,|\,0),\ r = 10,\ m = -\frac{4}{3}$

**d)** $M(7\,|\,2{,}5),\ r = 2\sqrt{10},\ m = \frac{1}{3}$

**e)** $M(-5\,|\,-3),\ r = 4\sqrt{5},\ m = \frac{1}{2}$

**f)** $M(1\,|\,4),\ r = 13,\ m = 2{,}4$

**3** Es sei $K$ der Kreis um $M$ mit dem Radius $r$. Bestimmen Sie die Gleichungen der Tangenten $t_1$ und $t_2$ an $K$ mit der Steigung $m$.

**a)** $M(0\,|\,0),\ r = 4,\ m = 1$

**b)** $M(0\,|\,0),\ r = 13,\ m = \frac{5}{12}$

**c)** $M(4\,|\,1),\ r = \sqrt{10},\ m = -\frac{1}{3}$

**d)** $M(-7\,|\,-6),\ r = 5,\ m = -\frac{4}{3}$

**e)** $M(-2\,|\,6),\ r = 5\sqrt{3},\ m = 2$

**f)** $M(9\,|\,-2),\ r = \sqrt{41},\ m = -0{,}8$

**4** Zeigen Sie, dass die Tangente $t$ im Punkt $B(b_1 \mid b_2)$ des Kreises mit dem Radius $r$ um den Mittelpunkt $M(m_1 \mid m_2)$ die Gleichung $(x_1 - m_1)(b_1 - m_1) + (x_2 - m_2)(b_2 - m_2) = r^2$ hat.

**a)** Bestimmen Sie die Steigung $m_\perp$ der Strecke $MB$.
**b)** Bestimmen Sie die Steigung $m$ der Tangente $t$.
**c)** Stellen Sie eine Geradengleichung für $t$ auf.
**d)** Bringen Sie die Gleichung von $t$ auf die oben angegebene Form.
**e)** Leiten Sie diese Tangentengleichung auch aus der Gleichung $x_1 b_1 + x_2 b_2 = r^2$ ab, indem Sie eine entsprechende Verschiebung durchführen.

**5** Welche Gleichung hat die Tangente $t$, die den Kreis $K$ im Kreispunkt $B$ berührt?

**a)** $M(0 \mid 0), r = 6, B(\sqrt{11} \mid b_2), b_2 > 0$ **b)** $M(-5 \mid 2), r = 13, B(7 \mid b_2), b_2 < 0$

**6** Bestimmen Sie die Gleichungen aller Tangenten mit der Steigung $m$, die den Kreis $K$ in einem Punkt $B$ berühren. Welche Koordinaten hat jeweils $B$?

**a)** $M(0 \mid 0), r = \sqrt{58}, m = -\frac{2}{5}$ **b)** $M(0 \mid 0), r = 12, m = \frac{5}{12}$ **c)** $M(0 \mid 0), r = 5, m = -\frac{3}{4}$

**7** Bestimmen Sie jeweils die Gleichung der Tangente, die den Kreis $K$ mit dem Mittelpunkt $M$ im Punkt $B$ berührt.

**a)** $M(2 \mid 4), B(-10 \mid 9)$ **b)** $M(-1 \mid 12), B(-7 \mid 4)$ **c)** $M(3 \mid 8), B(2 \mid 4)$

**8** Welche Gleichungen haben die Tangenten durch $A$, die den Kreis $K$ berühren? Wie groß ist der Schnittwinkel der Tangenten?

**a)** $M(0 \mid 0), r = 3\sqrt{2}, A(0 \mid -6)$
**b)** $M(0 \mid 0), r = \sqrt{34}, A(8 \mid 2)$
**c)** $M(2 \mid -3), r = \sqrt{10}, A(-3 \mid 2)$
**d)** $M(3 \mid -2), r = 5, A(8 \mid 3)$

**9** Wie liegen die Kreise $K_1$ und $K_2$ zueinander? Bestimmen Sie die Schnittpunkte bzw. den kleinsten Abstand der beiden Kreise.

**a)** $M_1(0 \mid 0), \quad r_1 = \sqrt{10}$; $M_2(5 \mid -5), \quad r_2 = \sqrt{20}$
**b)** $M_1(0 \mid 0), \quad r_1 = 2$; $M_2(-4 \mid 3), \quad r_2 = 1$
**c)** $M_1(0 \mid 0), \quad r_1 = 5$; $M_2(-4 \mid -3), \quad r_2 = 10$

**10** Unter dem „Schnittwinkel zweier Kreise" versteht man den kleineren Winkel, den die beiden Kreistangenten in einem Schnittpunkt miteinander bilden. Wie groß ist der Schittwinkel der Kreise $K_1$: $(x_1 - 2)^2 + (x_2 + 4)^2 = 17^2$ und $K_2$: $(x_1 + 1)^2 + (x_2 + 1)^2 = 17^2$.

**11** Welcher Kreis $K_1$ geht durch die Punkte $P_1(1 \mid 3)$ und $P_2(1 \mid -3)$ und berührt den Kreis $K_2$: $(x_1 - 5)^2 + (x_2 + 3)^2 = 4$?

**12** Welcher Kreis $K_3$ geht durch die Schnittpunkte der Kreise $K_1$: $(x_1 - 5)^2 + (x_2 - 4)^2 = 49$ und $K_2$: $(x_1 - 2)^2 + (x_2 - 1)^2 = 25$ und hat seinen Mittelpunkt auf der Geraden zu $3x_1 - 5x_2 = 7$?

**13** Welcher Kreis berührt beide Koordinatenachsen und geht durch den Punkt $P$? Achten Sie jeweils darauf, ob die Lösung eindeutig ist.

**a)** $P(4 \mid 2)$ **b)** $P(-6 \mid 3)$ **c)** $P(5 \mid -10)$ **d)** $P(p_1 \mid 4)$

AUFGABEN

## Strecken und Kreise auf Bildschirmen

**14** Manche Zeichenprogramme erlauben es, rechteckige Ausschnitte – Fenster – der erstellten Zeichnung in ein anderes Dokument zu übernehmen. Dabei ist es wichtig, dass tatsächlich nur die Teile gezeichnet werden, die innerhalb des Fensters liegen. Bild 70/1 zeigt eine solche Situation. Bestimmen Sie die Schnittpunkte der Kreise und Geraden mit den Fensterkanten.

**a)** $g\colon\ x_2 = \frac{1}{3}x_1 + 10$

**b)** $h\colon\ x_2 = -\frac{2}{5}x_1 + 12$

**c)** $K_1\colon\ (x_1 - 9)^2 + (x_2 - 6)^2 = 4$

**d)** $K_2\colon\ (x_1 - 18)^2 + (x_2 - 10)^2 = 36$

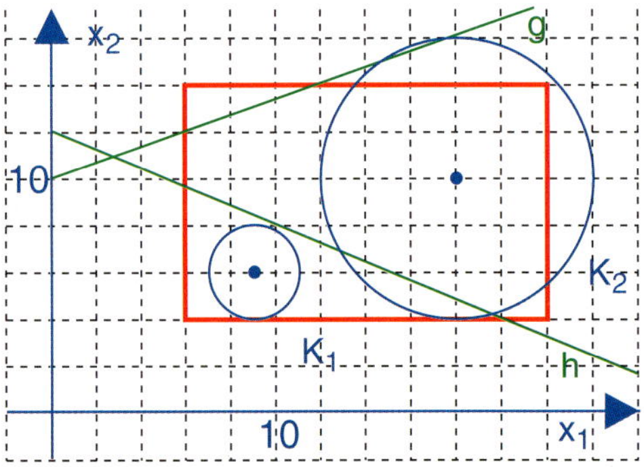

▲ *Bild 70/2: ZDF-Logo*

◀ *Bild 70/1: Bildschirmausschnitt*

**15** Das Logo des Zweiten Deutschen Fernsehens besteht aus 3 ineinandergeschachtelten Kreisen, von denen sich je zwei berühren (Bild 70/2)

**a)** Der kleinste Kreis hat den Radius $r$, und der Durchmesser von je zwei sich berührenden Kreisen unterscheidet sich ebenfalls um r. Geben Sie die Gleichungen der drei Kreise an, wenn der kleinste Kreis den Mittelpunkt $M(0\,|\,0)$ hat.

**b)** Erweitern Sie dieses Logo um drei weitere Kreise und berechnen Sie ebenfalls deren Gleichungen. Was fällt auf?

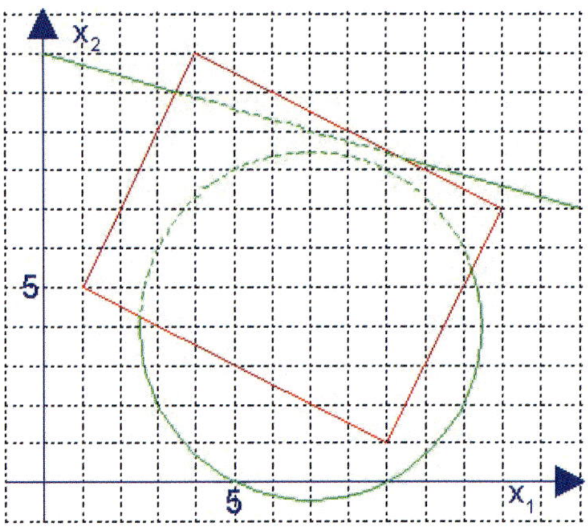


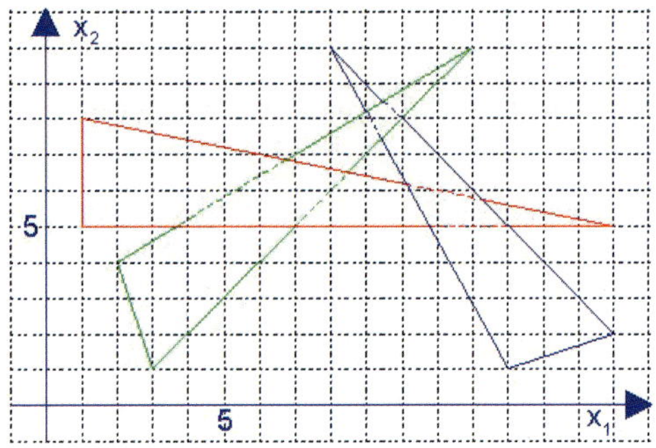


▲ *Bild 70/4: Verdeckte Linien*

◀ *Bild 70/3: Verdeckte Linien*

**16** Bei der Darstellung dreidimensionaler Szenen auf einem Computerbildschirm muss man berücksichtigen, dass weiter hinten liegende Figuren durch Figuren verdeckt werden können, die sich weiter vorne befinden. Von den hinten liegenden Figuren dürfen also nur die nicht verdeckten Teile dargestellt werden. Bestimmen Sie aus den Angaben der Bilder 70/3 und 70/4, welche Teile der Linien nicht gezeichnet werden dürfen.

## Anwendungen

**17** Beim Ausbau eines Dachbodens soll möglichst tief in der Dachschräge ein Lüftungsrohr mit dem Radius $r$ verlegt werden (Bild 71/1). So nah wie möglich an diesem Lüftungsrohr soll eine senkrechte Trennwand errichtet werden. Wie hoch wird diese Trennwand, wenn $r = 25$ und $\alpha = 28°$ ist?

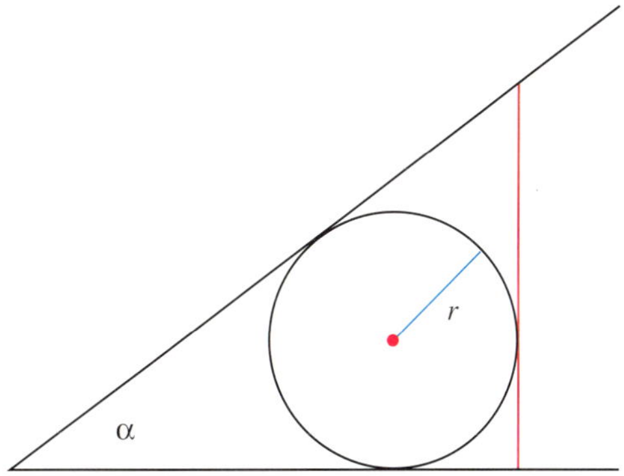


*Bild 71/1: Lüftungsrohr auf einem Dachboden*

**18** An Deck eines Schiffes sollen Fässer, die Rettungsinseln enthalten, mit Stahltrossen verankert werden, die an den Ösen bei $P$ und $Q$ (Bild 71/2) tangential befestigt werden sollen. Wie lang müssen die Stahltrossen sein?

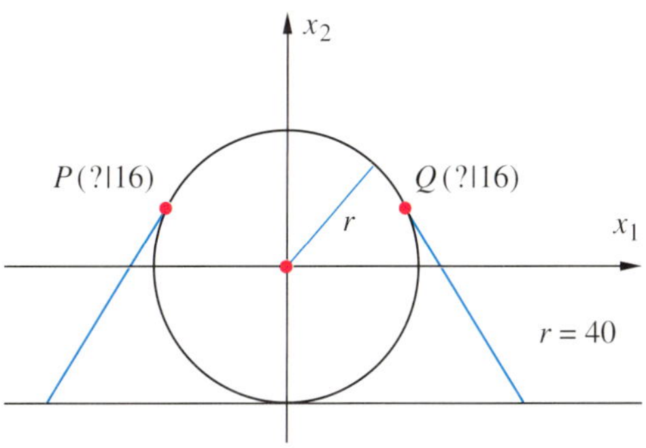


*Bild 71/2: Verankerung von Fässern*

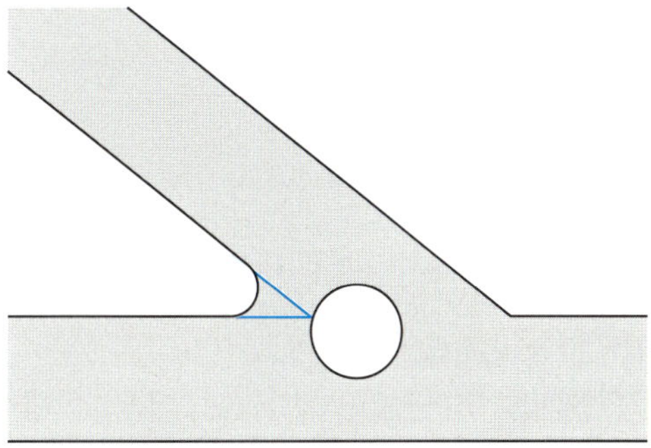

*Bild 71/3: Einrichtung eines Kreisverkehrs*

**19** Von einer Straße zweigt unter einem Winkel von 38° eine weitere Straße ab. Beide Straßen sind 6 m breit. Zur Verbesserung der Verkehrssicherheit soll ein Kreisverkehr an der Abzweigung errichtet werden (Bild 71/3). Die Fahrspuren sollen im Bereich des Kreisels 3 m breit sein. Deshalb soll die Spitze bei der Einmündung entsprechend abgerundet werden.

**20** Beschreiben Sie die Hilfslinien zur Konstruktion der Buchstaben in den Bildern 71/4 bis 71/6 durch Gleichungen.

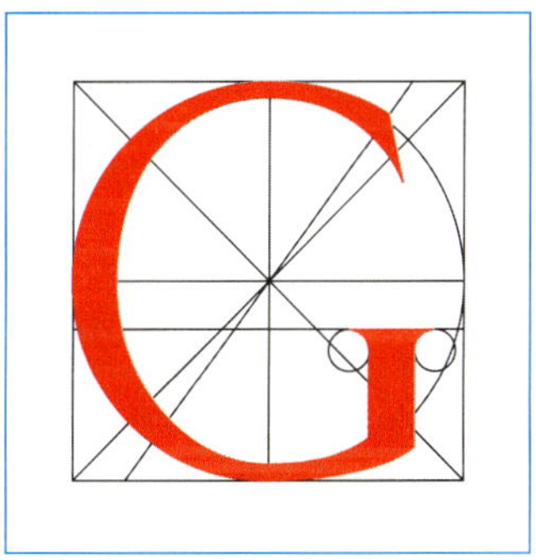

*Bild 71/4: Buchstabe G*

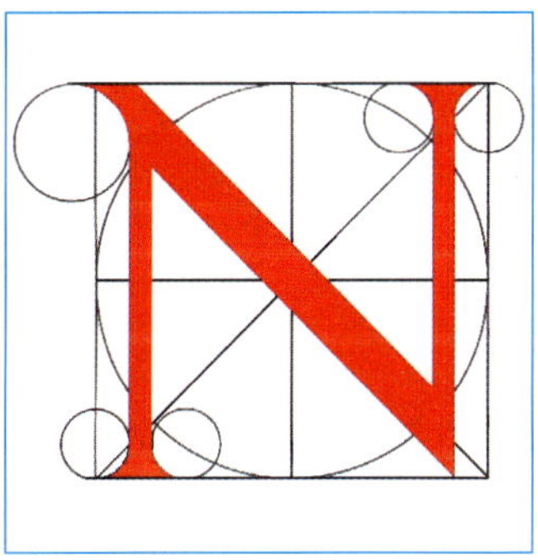

*Bild 71/5: Buchstabe N*

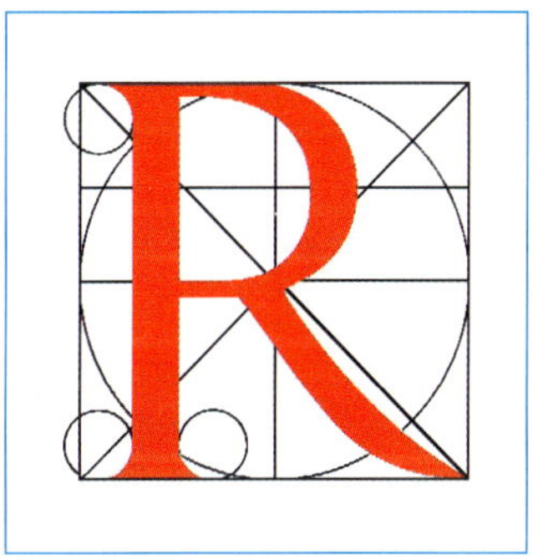

*Bild 71/6: Buchstabe R*

## Gemeinsame Tangenten zweier Kreise

**21** Bestimmen Sie die Gleichungen der gemeinsamen **äußeren** Tangenten (Bild 72/1) der Kreise $K_1$ mit dem Mittelpunkt $M_1(0|0)$ und dem Radius $r_1 = 35$ und $K_2$ mit dem Mittelpunkt $M_2(50|0)$ und dem Radius $r_2 = 5$.
**Anleitung:** Bestimmen Sie zunächst die zu den gesuchten Tangenten parallelen Tangenten $t_1$ und $t_2$ durch $M_2$ an einen Kreis um $M_1$ mit geeignetem Radius (Bild 72/2).

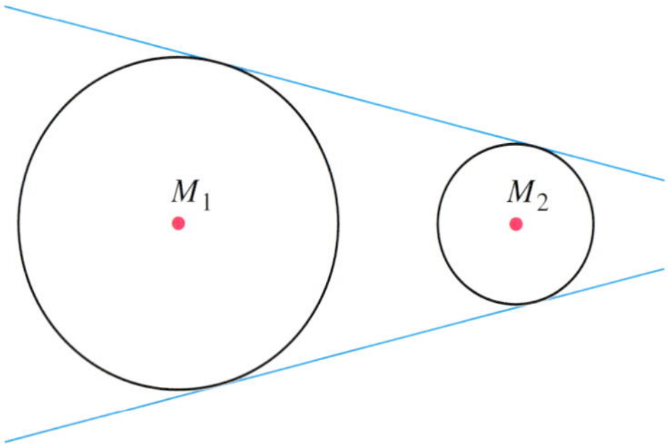


*Bild 72/1: Äußere Tangenten*

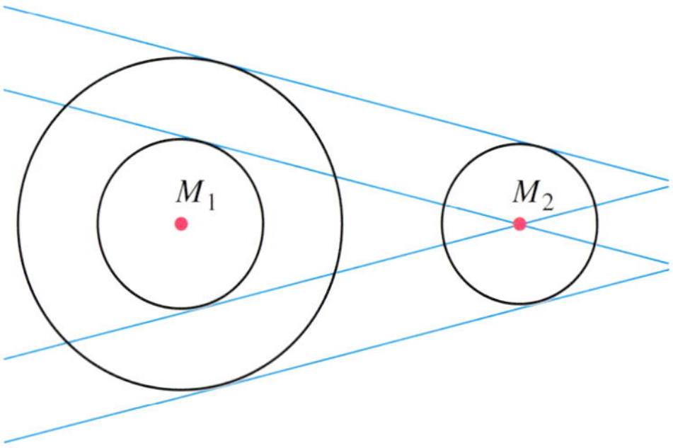


*Bild 72/2: Hilfslinien zur Konstruktion*

**22** Bestimmen Sie die Gleichungen der gemeinsamen **inneren** Tangenten (Bild 72/3) der Kreise $K_1$ mit dem Mittelpunkt $M_1(0|0)$ und dem Radius $r_1 = 35$ und $K_2$ mit dem Mittelpunkt $M_2(50|0)$ und dem Radius $r_2 = 5$.
**Anleitung:** Bestimmen Sie zunächst die zu den gesuchten Tangenten parallelen Tangenten $t_1$ und $t_2$ durch $M_2$ an einen Kreis um $M_1$ mit geeignetem Radius (Bild 72/4).

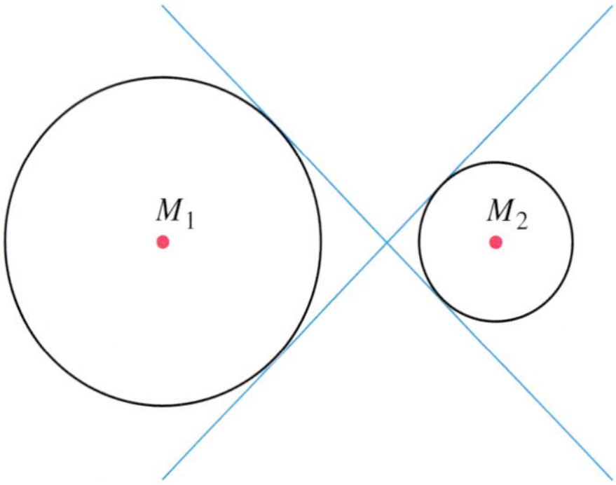


*Bild 72/3: Innere Tangenten*

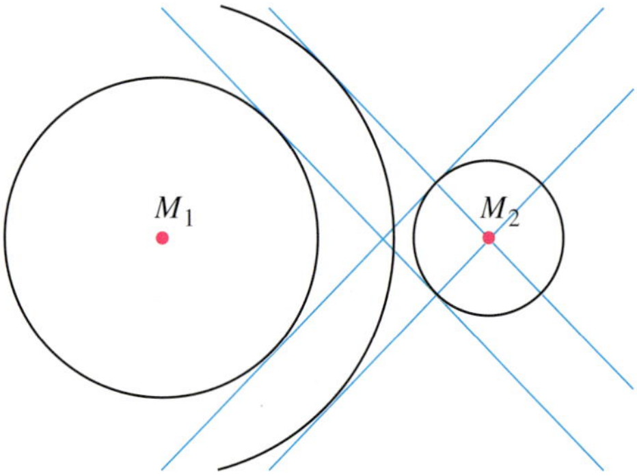


*Bild 72/4: Hilfslinien zur Konstruktion*

**23** Wie lang ist ein Treibriemen, der ohne (mit) Überkreuzung über $K_1$ und $K_2$ (Aufgabe 21 bzw. 22) läuft?

**24** Zwei Kreise $K_1$ und $K_2$ haben die Radien $r_1 = 24$ cm und $r_2 = 69$ cm. Ihre Mittelpunkte $M_1$ und $M_2$ sind 136 cm voneinander entfernt.

**a)** Bestimmen Sie die Gleichungen der inneren und äußeren Tangenten.
**b)** Bestimmen Sie die zugehörigen Berührpunkte.

# 2.3 Koordinatendarstellung von Parabeln



## A1 Eine Bewegungskurve

Der griechische Mathematiker Apollonius von Perga (um 262–190 v. Chr.) betrachtet in seinem Buch „Conica“ unter anderem die Bewegungskurve eines Punktes $P$, dessen Entfernung von einem festen Punkt $F$ (Fokus) gleich dem Abstand von einer Geraden $d$ (Direktrix, d. h. Leitgerade) ist.

*Bild 73/1: Apollonius von Perga*

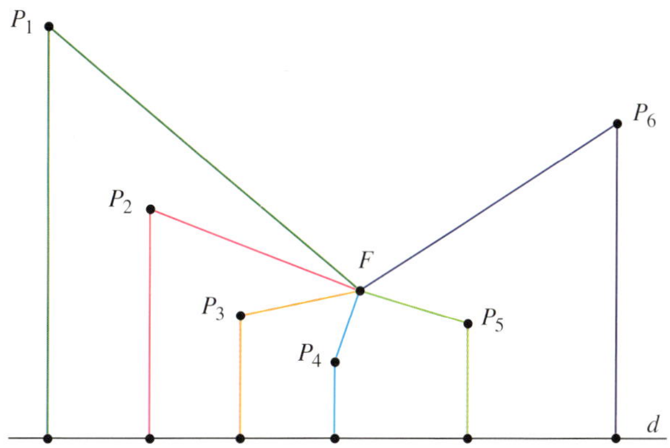


*Bild 73/2*

Zeichnen Sie eine solche Kurve mit dem Focus $F(0|2)$ und der $x_1$-Achse als Leitlinie. Um was für eine Kurve handelt es sich? Durch welche Gleichung kann man sie beschreiben?

Welche Kurven ergeben sich, wenn die Entfernung des Punktes $P$ vom Fokus $F$ überall anderthalb mal so groß ist (halb so groß ist), wie sein Abstand von der Leitgeraden $d$?

## A2 Scheinwerferspiegel

Ein Scheinwerferspiegel, wie er beispielsweise bei einem Autoscheinwerfer oder bei Halogenleuchten verwendet wird, hat die Form eines **Paraboloids**; ein Paraboloid entsteht beispielsweise, wenn man eine Parabel um ihre Symmetrieachse rotieren läßt (Bild 73/3).

*Bild 73/3: Rotierende Parabel*

Ein Scheinwerferspiegel hat einen Durchmesser von 18 cm und eine Tiefe von 12 cm.
Welche Gleichung hat die zugehörige Parabel?

AUFTRÄGE

**A3** **Die Kölnarena**

Die Kölnarena in Köln-Deutz, eine Veranstaltungshalle für bis zu 20 000 Zuschauer, wurde vom Kölner Architekten Peter Böhm entworfen und 1998 vollendet. Das Dach wird von einem 480 t wiegenden Stahlbogen getragen, der 3 m dick ist.

*Bild 74/1: Kölnarena*

Bild 74/2 zeigt einen Querschnitt der Halle. Die eingezeichneten Punkte haben folgende Koordinaten:

| | | | |
|---|---|---|---|
| $A(-90{,}51 \mid 1{,}60)$ | $E(-39{,}33 \mid 59{,}54)$ | $J(0{,}00 \mid 73{,}00)$ | $N(39{,}83 \mid 59{,}71)$ |
| $B(-75{,}41 \mid 23{,}38)$ | $F(-29{,}45 \mid 65{,}40)$ | $K(9{,}87 \mid 72{,}24)$ | $P(49{,}88 \mid 51{,}94)$ |
| $C(-59{,}41 \mid 42{,}15)$ | $G(-19{,}33 \mid 69{,}71)$ | $L(19{,}83 \mid 69{,}79)$ | $Q(75{,}95 \mid 23{,}55)$ |
| $D(-49{,}45 \mid 51{,}61)$ | $H(-9{,}54 \mid 72{,}20)$ | $M(29{,}79 \mid 65{,}57)$ | $R(88{,}23 \mid 5{,}82)$ |

Zeigen Sie, dass der Bogen die Form einer Parabel hat.

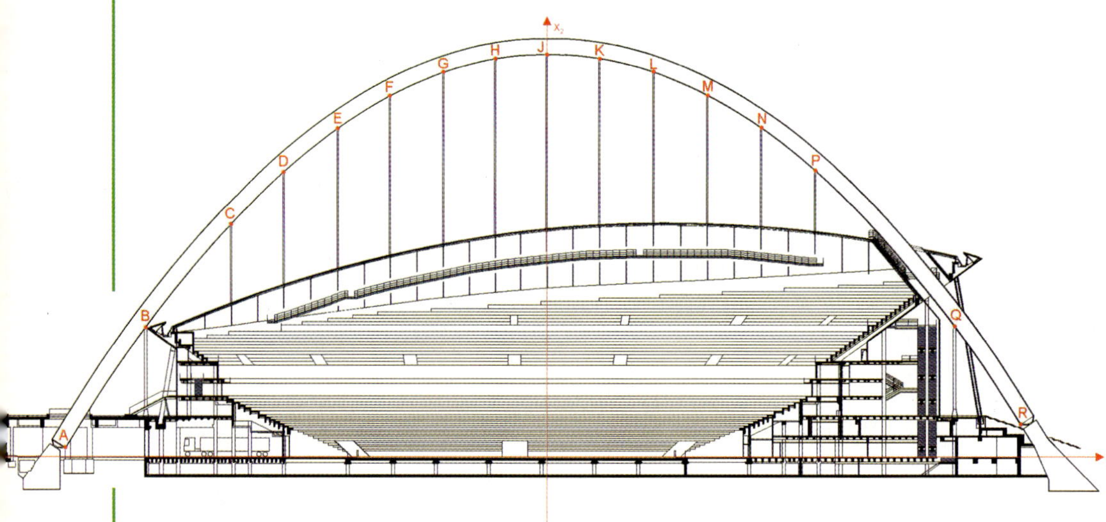


*Bild 74/2: Querschnitt der Kölnarena*

# Parabelgleichungen

Wir zeigen am Beispiel der Kölnarena **A3**, wie man Parabelgleichungen ermittelt. Wir untersuchen dazu die Unterkante des Bogens. Wir können diese Kante als eine Linie betrachten, die in einer Ebene liegt.

Einige Punkte dieser Linie sind in der Zeichnung durch Buchstaben gekennzeichnet. Für diese Punkte sind Koordinaten angegeben. Die $x_1$-Achse des zugehörigen Koordinatensystems liegt in der untersten Hallenebene; das ist die Ebene, in der in Bild 74/2 der LKW steht. Die $x_2$-Achse geht durch den Scheitelpunkt $J$ des Bogens.

Parabeln kennen Sie bisher als Graphen quadratischer Funktionen mit einer Funktionsgleichung der Form

$$f(x) = ax^2 + bx + c \quad \text{bzw.} \quad y = ax^2 + bx + c.$$

Wir bezeichnen im Rahmen der Koordinatengeometrie die Variablen dieser Gleichung nicht mit $x$ und $y$, sondern mit $x_1$ und $x_2$. Wir werden dies später begründen (vergleiche Seite 77). Wenn die Unterkante des Bogens der Kölnarena eine Parabel ist, muss sie also eine Gleichung der Form

$$x_2 = ax_1^2 + bx_1 + c$$

haben. Durch den Scheitelpunkt $J$ sind die Variablen $b$ und $c$ der Parabelgleichung festgelegt. Da $J$ auf der $x_2$-Achse liegt, ist $b = 0$ und $c$ ist gleich der zweiten Koordinate von $J$, also $c = 73$. Für die Parabelgleichung erhalten wir damit:

$$x_2 = ax_1^2 + 73.$$

Wir wollen nun auf verschiedenen Wegen den Parameter $a$ bestimmen.

## Lösung mit einem Kurvenplotter

Zunächst legen wir ein Fenster für die Darstellung auf einem Computermonitor so fest, dass beim Ausführen des Plots der uns interessierende Teil des Graphen sichtbar ist. Wir können beispielsweise wählen

$$-100 \leq x_1 \leq 100 \quad \text{und} \quad -10 \leq x_2 \leq 90.$$

Die vorgegebenen Punkte $A$, $B$ bis $Q$ können wir in dem Fenster markieren und stellen außerdem für verschiedene Werte von $a$ die Funktionsgraphen dar. Durch Ändern dieser Werte kann man den gesuchten Graphen beliebig genau bestimmen. In Bild 75/1 sind die Graphen für $a = -\frac{1}{50}, -\frac{1}{75}, \ldots, -\frac{1}{175}$ dargestellt.

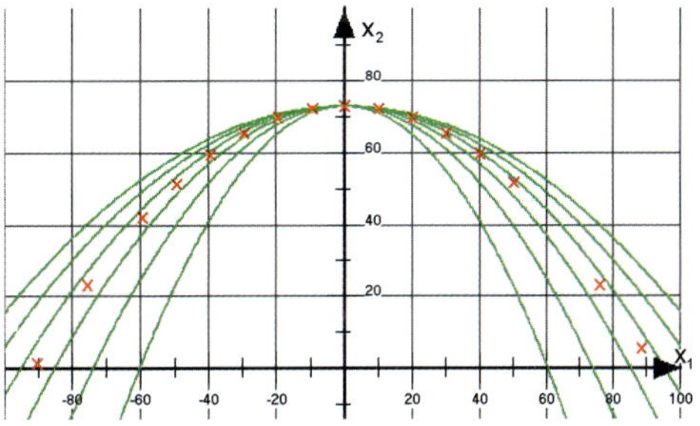


*Bild 75/1: Plot zu $x_2 = ax_1^2 + 73$ mit verschiedenen Parametern a. Die gegebenen Punkte sind durch rote Kreuze gekennzeichnet.*

Offensichtlich liegt die Parabel zu $a = -\frac{1}{125} = -0{,}008$ am nächsten bei den gegebenen Punkten. Wir erhalten damit die Parabelgleichung

$$x_2 = -0{,}008x_1^2 + 73.$$

### Berechnung des Parameters

Um $a$ rechnerisch zu bestimmen, setzen wir in die Gleichung $x_2 = -a x_1^2 + 73$ die Koordinaten eines von $J$ verschiedenen Punktes ein. Mit den Koordinaten des Punktes $A$ erhalten wir

$$1{,}60 \approx a(-90{,}51)^2 + 73 \implies a \approx -\frac{71{,}40}{(-90{,}51)^2} \approx -0{,}00871575.$$

Die Parabelgleichung ist also

$$x_2 \approx -0{,}008716 x_1^2 + 73.$$

Der Kehrwert von 0,008716 ist 114,73; deshalb kann man $\frac{1}{115}$ als Faktor wählen und erhält damit

$$x_2 \approx -\frac{1}{115} x_1^2 + 73.$$

Bild 78/1 zeigt den Graphen dieser Parabel sowie die Punkte $A, \ldots, Q$. Man erkennt, dass diese Punkte auf der Parabel liegen.

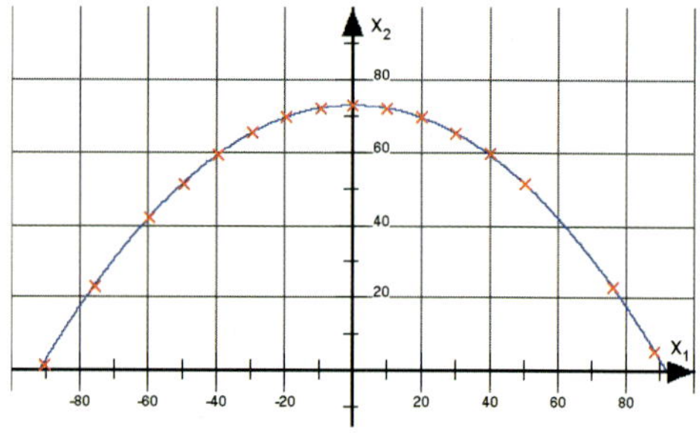


*Bild 76/1: Die Punkte $A, \ldots, Q$ liegen auf einer Parabel*

Dies bestätigt auch die folgende Tabelle, die zu den Punkten $A, \ldots, Q$ jeweils die gegebenen Koordinaten $x_1$ und $x_2$ sowie die mit Hilfe der Parabelgleichung berechneten Koordinaten $x_2^*$ zeigt. Dabei wurden alle Zahlen auf eine Dezimale gerundet.

| | $A$ | $B$ | $C$ | $D$ | $E$ | $F$ | $G$ | $H$ | $J$ | $K$ |
|---|---|---|---|---|---|---|---|---|---|---|
| $x_1$ | −90,5 | −75,4 | −59,4 | −49,5 | −39,3 | −29,5 | −19,3 | −9,5 | 0,0 | 9,9 |
| $x_2$ | 1,6 | 23,4 | 42,2 | 51,6 | 59,5 | 65,4 | 69,7 | 72,2 | 73,0 | 72,2 |
| $x_2^*$ | 1,9 | 23,6 | 42,3 | 51,7 | 59,6 | 65,4 | 69,8 | 72,2 | 73,0 | 72,1 |

| | $L$ | $M$ | $N$ | $P$ | $Q$ | $R$ |
|---|---|---|---|---|---|---|
| $x_1$ | 19,8 | 29,8 | 39,8 | 49,9 | 76,0 | 88,2 |
| $x_2$ | 69,8 | 65,6 | 59,7 | 51,9 | 23,6 | 5,8 |
| $x_2^*$ | 69,6 | 65,3 | 59,2 | 51,3 | 22,8 | 5,4 |

Der Bogen der Kölnarena hat also in der Tat die Form einer Parabel.

# Parabeln in anderen Lagen

Die **Symmetrieachse** einer Parabel kann nicht nur – wie in dem Beispiel – vertikal liegen; sie kann auch horizontal liegen, so dass die Parabel nach links oder rechts geöffnet ist (Bild 77/1).

Die Symmetrieachse der Parabel kann aber auch mit **beiden** Koordinatenachsen einen Winkel einschließen, dessen Maß von Null verschieden ist (Bild 77/2). Es ist rechnerisch nicht ganz einfach, eine Gleichung für eine solche Parabel mit schräger Symmetrieachse zu bestimmen.

Parabeln wie in den Bildern 77/1 und 77/2 sind **keine** Funktionsgraphen, da eine Parallele zur $x_2$-Achse diese Kurven in mehr als einem Punkt schneiden kann.

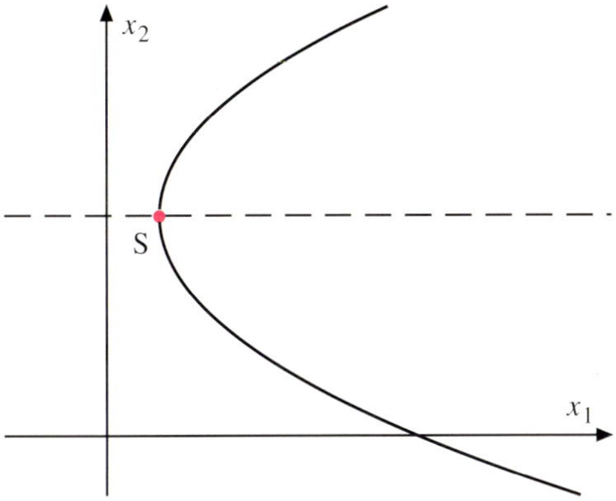


*Bild 77/1: Horizontale Symmetrieachse*

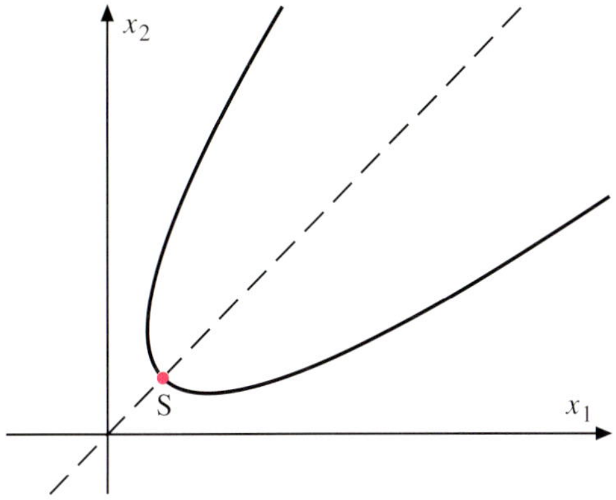


*Bild 77/2: Schräge Symmetrieachse*

Kurven mit einer solchen Eigenschaft sind uns bereits mehrfach begegnet: Zur $x_2$-Achse parallele Geraden sind ebenso wenig Funktionsgraphen wie Kreise. Diese Kurven sind Punktmengen, bei denen zwischen der ersten und der zweiten Koordinate eines Punktes keine eindeutige Zuordnung besteht.

Um das zum Ausdruck zu bringen, bezeichnen wir in der Koordinatengeometrie die Koordinaten eines Punktes nicht mit $x$ und $y$, sondern mit $x_1$ und $x_2$.

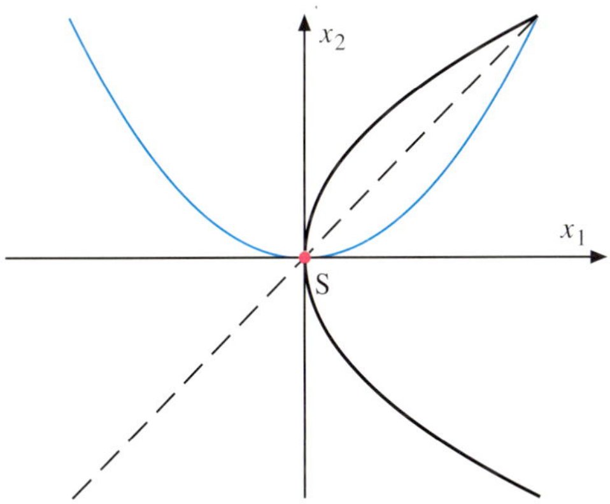


*Bild 77/3: Spiegelung an der Winkelhalbierenden*

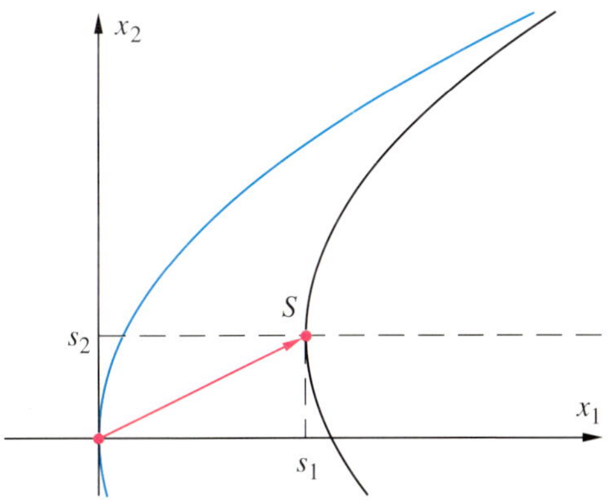


*Bild 77/4: Verschiebung um $s_1$ und $s_2$*

Um die Gleichung einer Ursprungsparabel mit horizontaler Symmetrieachse zu erhalten, spiegelt man den Graphen einer Parabel mit der Gleichung $x_2 = a x_1^2$ an der Winkelhalbierenden des ersten und dritten Quadranten (Bild 77/3). Dieser Spiegelung entspricht algebraisch ein Vertauschen von $x_1$ und $x_2$; man erhält dadurch für die Parabel die Gleichung

$$x_1 = a x_2^2 \quad \text{oder} \quad x_2^2 = \tfrac{1}{a} x_1.$$

Verschiebt man eine **Ursprungsparabel**, also eine Parabel, deren Scheitelpunkt im Ursprung liegt, so erhält der Scheitelpunkt $S$ der Bildparabel die Koordinaten $s_1$ und $s_2$. Jeder Punkt der Ursprungsparabel wird in $x_1$-Richtung um $s_1$ und in $x_2$-Richtung um $s_2$ verschoben (Bild 77/4).

In der Gleichung der Ursprungsparabel ($x_2 = ax_1^2$ bzw. $x_1 = ax_2^2$) muss deshalb $x_1$ durch $x_1 - s_1$ und $x_2$ durch $x_2 - s_2$ ersetzt werden; man erhält dadurch für die Bildparabel die Gleichung

$$x_2 - s_2 = a(x_1 - s_1)^2 \quad \text{bzw.} \quad x_1 - s_1 = a(x_2 - s_2)^2.$$

Diese Gleichung heißt **Scheitelgleichung** der Parabel.

**Satz 2.2** Eine Parabel mit dem Scheitelpunkt $S(s_1 \mid s_2)$ und

| | |
|---|---|
| vertikaler | horizontaler |

Symmetrieachse hat die Scheitelgleichung

| | |
|---|---|
| $x_2 - s_2 = a(x_1 - s_1)^2$ | $x_1 - s_1 = a(x_2 - s_2)^2$ ■ |

## Normalform der Parabelgleichung

Wie bei Kreisgleichungen erhält man auch bei Parabelgleichungen eine **Normalform**, indem man die Klammern ausmultipliziert und alle Terme auf eine Seite der Gleichung bringt.

**Satz 2.3** Die Gleichung einer Parabel mit

| | |
|---|---|
| vertikaler | horizontaler |

Symmetrieachse läßt sich auf die Normalform bringen

| | |
|---|---|
| $ax_1^2 + bx_1 + cx_2 + d = 0$ | $ax_2^2 + bx_2 + cx_1 + d = 0$ |

Sind $a \neq 0$ und $c \neq 0$, dann stellt umgekehrt auch jede solche Gleichung eine Parabel dar. ■

**Beispiel 1**

$x_2 = 4(x_1 - 2)^2 + 3$

$\Rightarrow x_2 = 4x_1^2 - 8x_1 + 4 + 3$

$\Rightarrow 4x_1^2 - 8x_1 - x_2 + 7 = 0$

**Beispiel 2**

$x_1 = 3(x_2 + 3)^2 - 4$

$\Rightarrow x_1 = 3x_2^2 + 18x_2 + 27 - 4$

$\Rightarrow 3x_2^2 + 18x_2 - x_1 + 23 = 0$

**Beispiel 3**

$3x_1^2 + 12x_1 - x_2 + 16 = 0$

$\Rightarrow x_2 = 3(x_1^2 + 4x_1 + 4) - 12 + 16$

$\Rightarrow x_2 = 3(x_1 + 2)^2 + 4$

**Beispiel 4**

$-2x_2^2 + 4x_2 - x_1 - 5 = 0$

$\Rightarrow x_1 = -2(x_2^2 - 2x_2 + 1) + 2 - 5$

$\Rightarrow x_1 = -2(x_2 - 1)^2 - 3$

## Weiterführung: Gleichung einer Parabel durch drei Punkte

Durch drei Punkte, die nicht auf einer Geraden liegen, sind zwei Parabeln mit zur $x_1$-Achse bzw. $x_2$-Achse paralleler Symmetrieachse bestimmt.

**Beispiel:** Gegeben sind die Punkte $A(2 \mid 4)$, $B(5 \mid 2)$ und $C(-5 \mid -3)$.

Wir setzen die Koordinaten der drei Punkte in die Gleichung $x_1 = ax_2^2 + bx_2 + c$ ein und erhalten das Gleichungssystem

$$\begin{array}{rcl} 4^2a + 4b + c = 2 & & 16a + 4b + c = 2 \\ 2^2a + 2b + c = 5 & \Longrightarrow & 4a + 2b + c = 5 \\ (-3)^2a + (-3)b + c = -5 & & 9a + (-3)b + c = -5 \end{array}$$

Das Gleichungssystem hat die Lösungen $a=-\frac{1}{2}$, $b=\frac{3}{2}$ und $c=4$; also hat die Parabel die Gleichung

$$x_1=-\tfrac{1}{2}x_2^2+\tfrac{3}{2}x_2+4 \quad \text{bzw.} \quad x_1=-\tfrac{1}{2}\left(x_2-\tfrac{3}{2}\right)^2+\tfrac{41}{8}.$$

Sie hat den Scheitelpunkt $S\left(\frac{41}{8}\,\middle|\,\frac{3}{2}\right)$ und ist nach links geöffnet.

Es gibt eine weitere Parabel durch die Punkte $A$, $B$ und $C$ (Bild 79/1); diese Parabel hat eine zur $x_2$-Achse parallele Symmterieachse. Um eine Gleichung dieser Parabel zu bestimmen, muss man von der Gleichung

$$x_2=ax_1^2+bx_1+c$$

ausgehen. Entsprechend wie oben (Aufgabe 5, Seite 80) erhält man die Gleichung

$$x_2=-\tfrac{1}{6}x_1^2+\tfrac{1}{2}x_1+\tfrac{11}{3}.$$

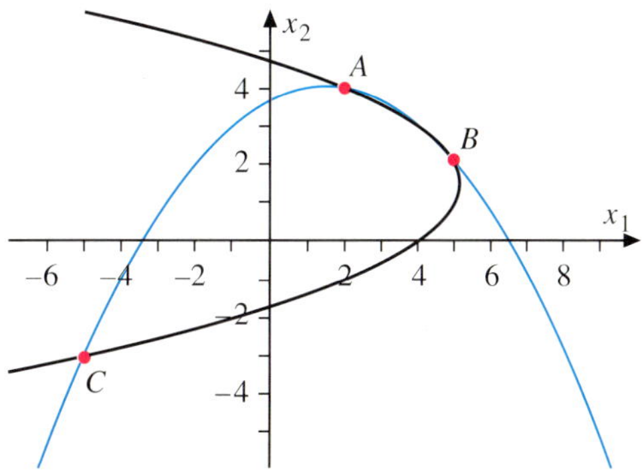

*Bild 79/1: Zwei Parabeln durch A, B und C*

## Wir fassen zusammen

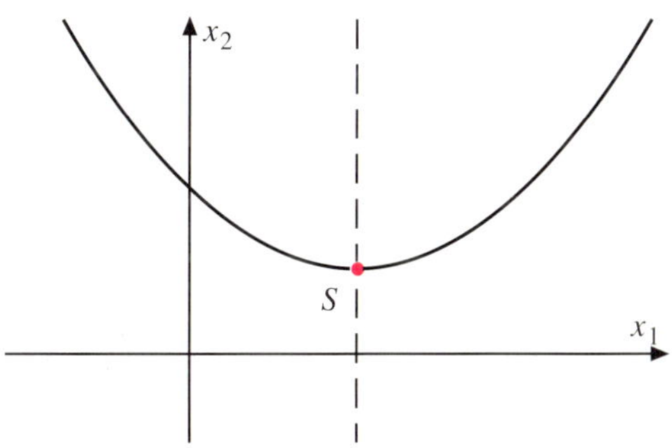

*Bild 79/2: Vertikale Symmetrieachse*

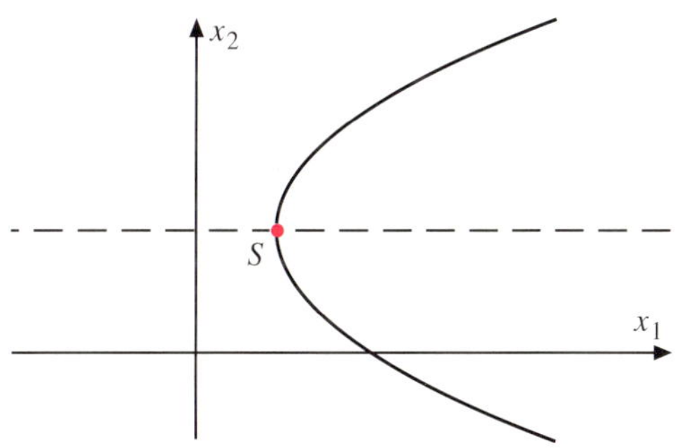

*Bild 79/3: Horizontale Symmetrieachse*

ZUSAMMENFASSUNG

Eine Parabel mit dem Scheitelpunkt $S(s_1\,|\,s_2)$ und

| | |
|---|---|
| vertikaler | horizontaler |

Symmetrieachse hat die **Scheitelgleichung**

| | |
|---|---|
| $x_2-s_2=a(x_1-s_1)^2.$ | $x_1-s_1=a(x_2-s_2)^2.$ |

Liegt der Scheitelpunkt im Ursprung, so hat die Scheitelgleichung die Form

| | |
|---|---|
| $x_2=ax_1^2.$ | $x_1=ax_2^2.$ |

Die **Normalform der Parabelgleichung** ist

| | |
|---|---|
| $ax_1^2+bx_1+cx_2+d=0.$ | $ax_2^2+bx_2+cx_1+d=0.$ |

Sind $a\neq 0$ und $c\neq 0$, dann stellt umgekehrt auch jede solche Gleichung eine Parabel dar.

AUFGABEN

## Form und Lage bestimmen

**1** Bestimmen Sie den Scheitelpunkt der Parabel; beschreiben Sie Form und Lage der Parabel.

**a)** $x_2 = 4(x_1 - 2)^2 + 7$ **c)** $x_2 = -\frac{1}{6}(x_1 + 4)^2 - 3$ **e)** $x_2 = \frac{5}{2}\left(x_1 + \frac{3}{2}\right)^2 + \frac{1}{4}$

**b)** $x_2 = -(x_1 - 6)^2 + 1$ **d)** $x_1 = \frac{1}{4}(x_2 + 3{,}5)^2 - 1{,}5$ **f)** $x_1 = 3(x_2 - 5)^2 - 10$

**2** Bringen Sie die Gleichungen von Aufgabe 1 in die Normalform $x_2 = ax_1^2 + bx_1 + c$ bzw. $x_1 = ax_2^2 + bx_2 + c$.

**3** Wie ändert sich die Gleichung der Parabel, wenn man den Scheitelpunkt auf den Punkt $A$ verschiebt?

**a)** $x_2 = 0{,}25x_1^2,\ A(2|3)$ **c)** $x_2 = -0{,}3x_1^2,\ A(10|12)$ **e)** $x_1 = -5x_2^2,\ A(3|-2)$

**b)** $x_1 = 2x_2^2,\ A(4|2)$ **d)** $x_2 = 10x_1^2,\ A(2|-2)$ **f)** $x_1 = 0{,}01x_2^2,\ A(3|3)$

**4** Bestimmen Sie die Scheitelgleichung; beschreiben Sie Lage und Form der Parabel.

**a)** $x_1^2 + 4x_1 + 7 - x_2 = 0$

**b)** $-x_2^2 - 2x_2 + 3 - x_1 = 0$

**c)** $\frac{1}{4}x_1^2 - 2x_1 + 9 - x_2 = 0$

**d)** $2x_1^2 + 12x_1 + 19 + x_2 = 0$

**e)** $\frac{1}{3}x_2^2 - \frac{2}{3}x_2 - \frac{14}{3} - x_1 = 0$

**f)** $2x_2^2 + 28x_2 + 96 + x_1 = 0$

**g)** $\frac{3}{2}x_2^2 - 15x_2 + 36\frac{1}{2} - x_1 = 0$

**h)** $4x_1^2 - 72x_1 + 322 - x_2 = 0$

**i)** $-\frac{1}{5}x_1^2 - \frac{14}{5}x_1 + \frac{1}{5} - x_2 = 0$

**j)** $\frac{4}{3}x_2^2 - 16x_2 + 45 - x_1 = 0$

## Parabeln durch gegebene Punkte

**5** Gegeben sind die Punkte $A(2|4)$, $B(5|2)$ und $C(-5|-3)$.

**a)** Bestimmen Sie die Gleichung einer Parabel, die durch diese Punkte geht und deren Symmetrieachse zur $x_2$-Achse parallel ist.

**b)** Welche Koordinaten hat der Scheitelpunkt und in welcher Richtung ist die Parabel geöffnet?

**6** Von einer Parabel ist der Scheitelpunkt $S$ und ein weiterer Punkt $P$ gegeben. Bestimmen Sie eine Gleichung der Parabel.

**Achtung:** Es gibt jeweils zwei Lösungen.

**a)** $S(-4|2),\ P(-6|-2)$

**b)** $S(1|7),\ P(-3|15)$

**c)** $S(4|-2),\ P(6|4)$

**d)** $S(-8|-2),\ P(-5|-3)$

**e)** $S(2{,}5|3),\ P(8{,}5|15)$

**f)** $S(10|2),\ P(0|4)$

**7** Gegeben sind die Punkte $A(2|2)$, $B(-1|8)$ und $C(-6|10)$.

**a)** Bestimmen Sie die Gleichung einer Parabel, die durch diese Punkte geht und deren Symmetrieachse zur $x_1$-Achse parallel ist.

**b)** Welche Koordinaten hat der Scheitelpunkt und in welcher Richtung ist die Parabel geöffnet?

**8** Verfahren Sie wie in Aufgabe 7.

**a)** $A(1|6),\ B(7|3),\ C(-9|1)$

**b)** $A(1|2),\ B(-2|-1),\ C(10|-7)$

**c)** $A(-1|2),\ B(2|8),\ C(-13|-2)$

**d)** $A(2|5),\ B(-1|2),\ C(0|7)$

**9** Untersuchen Sie wie in Aufgabe 7 eine Parabel mit vertikaler Symmetrieachse.

**a)** $A(2|6), B(-1|3), C(-3|11)$

**b)** $A(1|-3), B(-1|3), C(-6|0{,}5)$

**c)** $A(-3|6), B(-4|-1{,}5), C(-2|18{,}5)$

**d)** $A(2|1), B(5|7), C(0|-1)$

**10** Durch die Punkte $A$, $B$ und $C$ gehen zwei Parabeln. Bestimmen Sie die Gleichungen dieser Parabeln, ihre Lage und ihre Form.

**a)** $A(-3|-1), B(5|3), C(3|5)$

**b)** $A(3|-2), B(6|4), C(1|14)$

**c)** $A(4|-1), B(-8|5), C(-5|2)$

**d)** $A(1|-6), B(-3|-11), C(4|9)$

## Parabel oder nicht?

**11** Zeigen Sie, dass auch der obere Bogen und das Dach der Kölnarena Parabelform haben. Entnehmen Sie die erforderlichen Maße dem Bild 74/2.

**12** Die Müngstener Brücke (Bilder 81/1 und 81/2) ist mit 107 m die höchste Eisenbahnbrücke in Deutschland. Sie überspannt das Tal der Wupper und verbindet die Städte Solingen und Remscheid miteinander.

Zeigen Sie, dass die Bögen parabelförmig sind.

*Bild 81/1: Sondermarke zum Brückenjubiläum*

*Bild 81/2: Bau der Müngstener Brücke am Ende des 19. Jahrhunderts*

AUFGABEN

**13** Enthalten die Bilder 82/1 bis 82/3 und 83/1 Parabeln?

*Bild 82/1: Arrabida-Brücke in Porto*

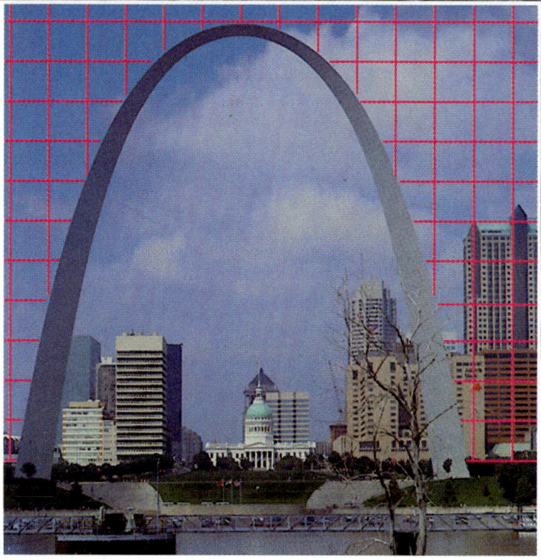

*Bild 82/2: Gateway Arch in St. Louis (USA) – das Tor zum Westen.*

*Bild 82/3: „Atom-Ei" – Gebäude des ersten deutschen Forschungsreaktors in Garching.*

**14** **a)** Ein Seil ist an zwei Punkten einer Tafel so befestigt, dass es lose hängen kann. Das Seil bildet eine Linie, die so aussieht wie eine Parabel. Prüfen Sie mithilfe von Gitterlinien, ob die Seillinie eine Parabel ist oder nicht.

**b)** Die längste deutsche Hängebrücke führt bei Emmerich über den Rhein (Bilder 82/4 und 83/2). Die Spannweite zwischen den Pylonen beträgt 500 m. Überprüfen Sie, ob das Tragseil die Form einer Parabel hat.

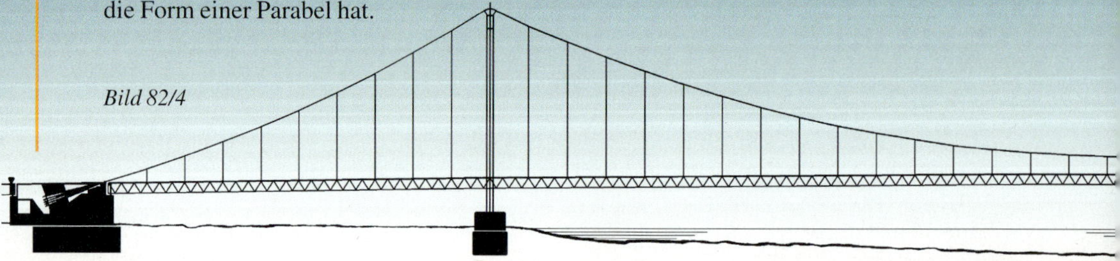

*Bild 82/4*

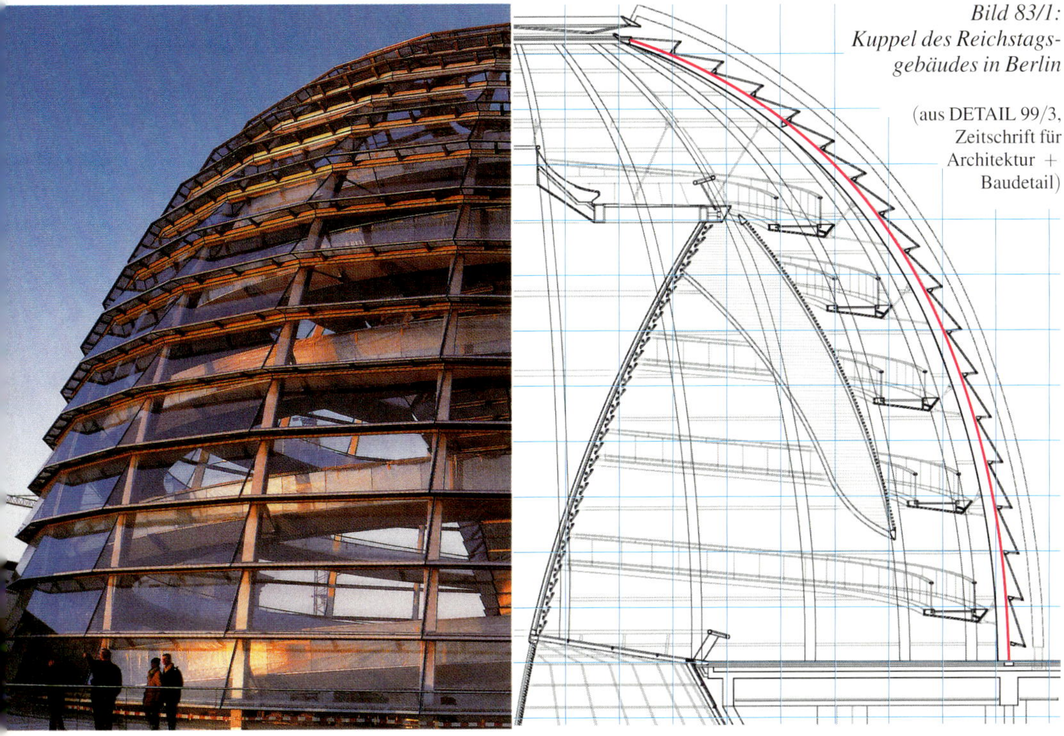

*Bild 83/1: Kuppel des Reichstagsgebäudes in Berlin*

(aus DETAIL 99/3, Zeitschrift für Architektur + Baudetail)

*Bild 83/2: Rheinbrücke bei Emmerich*

# 2.4 Lagen von Geraden und Parabeln

AUFTRÄGE

## A1 Der König der Amateure

Jean Pierre de Fermat (1601 bis 1665) übte als Jurist beim Parlament in Toulouse wichtige Staatsämter aus, zunächst als Petitionskommissar, später als königlicher Rat.

Seine Freizeit gehörte ganz der Mathematik. Er studierte Werke von Mathematikern der Antike und fand dabei wichtige neue Ergebnisse. Intensiv beschäftigte er sich mit Diophant von Alexandria (* um 200, † um 284) und entdeckte viele Sätze zur Zahlentheorie, darunter den berühmten Fermat'schen Satz, der erst 1997 von Andrew Wiles (* 1953) bewiesen werden konnte.

*Bild 84/1: Pierre de Fermat*

Es gibt kaum ein Gebiet der Mathematik, mit dem Fermat sich nicht beschäftigt hätte; er gilt als größter Mathematiker des 17. Jahrhunderts, obwohl er nie etwas veröffentlichte, nie einen Lehrstuhl für Mathematik hatte oder an akademischen Veranstaltungen teilnahm. Er hinterließ lediglich Briefe an Zeitgenossen und Notizen an den Rändern gelesener Bücher.

Gemeinsam mit Pascal (1623–1662) entwickelte er die Wahrscheinlichkeitsrechnung. Zeitgleich mit Descartes (1596–1650) – aber unabhängig von diesem – erfand er das Koordinatensystem, das eine algebraische Lösung geometrischer Probleme erlaubt. Er ersann Methoden, die eine Untersuchung von Kurven erlauben und war damit ein Vater der später von Newton (1642–1727) und Leibniz (1646–1716) entwickelten Analysis.

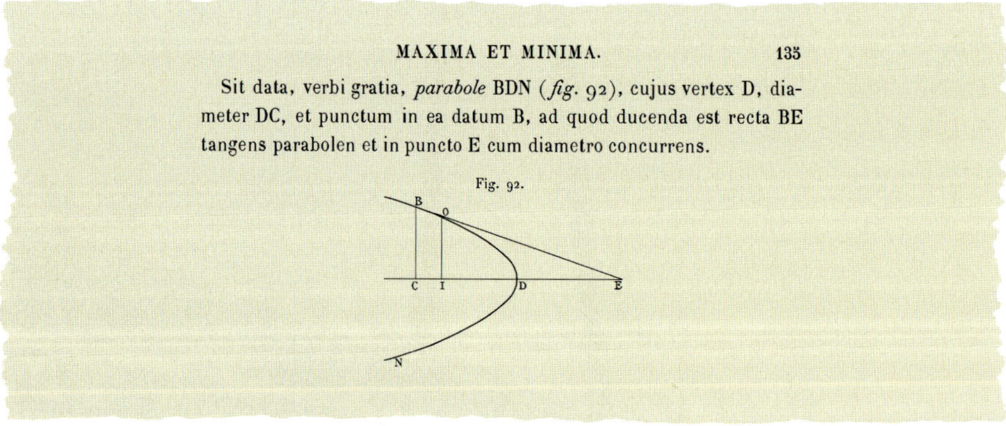

MAXIMA ET MINIMA. 135

Sit data, verbi gratia, *parabole* BDN (*fig.* 92), cujus vertex D, diameter DC, et punctum in ea datum B, ad quod ducenda est recta BE tangens parabolen et in puncto E cum diametro concurrens.

Fig. 92.



*Bild 84/2: Ausschnitt des Originaltextes von Fermat über Parabeltangenten*

1629 fand Fermat eine neue Methode zur Untersuchung von maximalen und minimalen Werten; hierüber berichtete er knapp zehn Jahre später in einem Brief an Mersenne (1588–1648) und Descartes. Fermats Sohn hat nach dem Tode seines Vaters dessen Arbeiten veröffentlicht, darunter diesen Brief. Darin wird die neue Methode auch zur Bestimmung der Parabeltangenten benutzt. Bild 84/2 zeigt einen Ausschnitt des lateinischen Originaltextes.

Die folgende Übersetzung des Originaltextes ist an die heute üblichen mathematischen Bezeichnungen angepasst. Es werden Gleichheits- und Ungleichheitszeichen benutzt, die Fermat noch nicht gekannt hat. Außerdem werden Streckenlängen mit kleinen Buchstaben bezeichnet.

Sei beispielsweise die Parabel *BDN* (Bild 85/1) mit dem Scheitelpunkt *D*, der Achse *DC* und dem Parabelpunkt *B* gegeben, in dem die Tangente an die Parabel gezeichnet werden soll, die die Achse im Punkt *E* schneidet. Nimmt man nun auf der Geraden *BE* einen beliebigen Punkt *O* und zeichnet zu ihm die Ordinate *OI*, zum Punkt *B* aber die Ordinate *BC*, so ist

$$CD : DI > BC^2 : OI^2,$$

weil Punkt *O* außerhalb der Parabel liegt; da, wegen der Ähnlichkeit der Dreiecke,

$$BC^2 : OI^2 = CE^2 : OI^2$$

ist, gilt ferner

$$CD : OI > CE^2 : IE^2.$$

Fig. 92

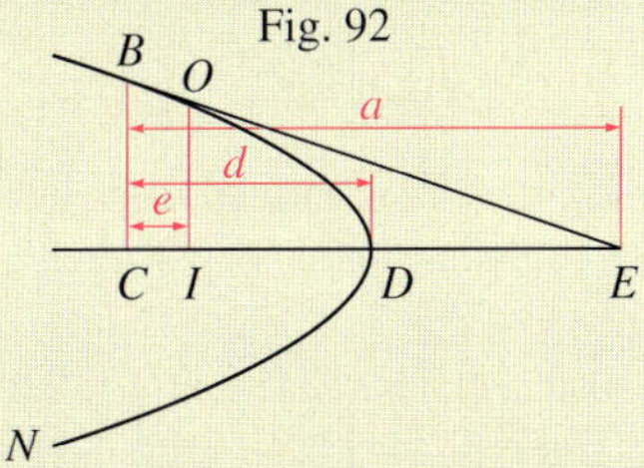


Bild 85/1

Da aber Punkt *B* gegeben ist, ist auch die Ordinate *BC*, folglich Punkt *C* und damit *CD* gegeben. *CD* sei nun gleich *d*; ferner wird $CE = a$ und $CI = e$ gesetzt. Dann gilt

$$d : (d - e) > a^2 : (a^2 + e^2 - 2ae).$$

Multipliziert man die inneren und äußeren Glieder miteinander, so erhält man

$$da^2 + de^2 - 2dae > da^2 - a^2e.$$

Setzt man nach obiger Methode[1] annähernd gleich und lässt die gemeinsamen Glieder weg, so erhält man:

$$de^2 - 2dae \approx -a^2e \quad \text{oder, was dasselbe ist,} \quad de^2 + a^2e \approx 2dae.$$

Dividiert man alles durch *e*, so erhält man

$$de + a^2 \approx 2da.$$

Streicht man *de*, dann erhält man

$$a^2 = 2da \quad oder \quad a = 2d.$$

Wir haben damit gezeigt, dass *CE* doppelt so groß wie *CD* ist, wie es sich auch tatsächlich verhält.

Stellen Sie die Überlegungen Fermats mit Ihren Worten dar. Wenden Sie sie auf die Parabel zu $y = cx^2$ an.

---

[1] Fermat bezieht sich auf eine Äußerung, die vor dem hier wiedergegebenen Textausschnitt steht; vergleiche auch Aufgabe 16, Seite 260.

AUFTRÄGE

**A2** **Einhüllende Geradenschar**

Die Geraden in Bild 86/1 wurden mit einem Funktionsplotter gezeichnet; einige der Geraden haben folgende Gleichungen

$$x_2 = 1^2 + 2 \cdot 1 \cdot (x_1 - 1),$$
$$x_2 = 2^2 + 2 \cdot 2 \cdot (x_1 - 2),$$
$$x_2 = 3^2 + 2 \cdot 3 \cdot (x_1 - 3).$$

Diese Gleichungen haben die Form

$$x_2 = t^2 + 2t(x_1 - t).$$

Man erhält die Gleichungen aller gezeichneten Geraden, wenn man für $t$ folgende Werte wählt: $-3,5$; $-3$; $-2,5$; $-2$; $-1,5$; $-1$; $-0,5$; $-0,3$; $-0,2$; $-0,1$; 0; 0,1; 0,2; 0,3; 0,5; 1; 1,5; 2; 2,5; 3 und 3,5.

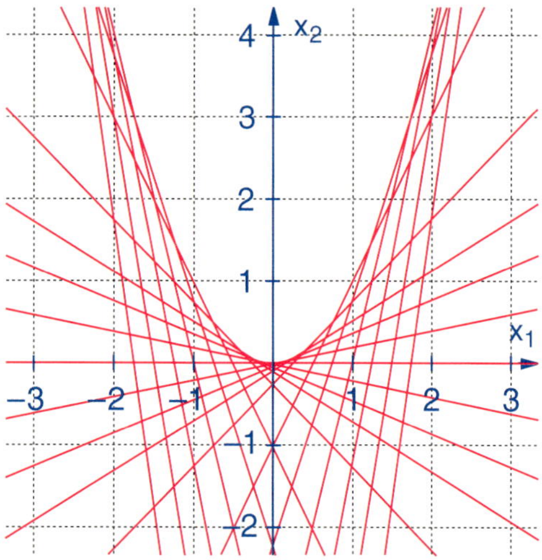

*Bild 86/1: Geraden „hüllen" eine Kurve ein*

Eine solche Menge von Geraden nennt man auch **Geradenschar**; die Variable $t$ der gemeinsamen Geradengleichung heißt **Scharparameter**.

Welche Gleichung beschreibt die Kurve, die von der Geradenschar „eingehüllt" wird?

**A3** **Parabel und Gerade**

Gegeben ist eine Ursprungsparabel mit der $x_1$-Achse als Symmetrieachse. $P(p_1|p_2)$ ist ein Punkt auf der Parabel (Bild 86/2).
Welche Geraden durch $P$ haben mit der Parabel keinen weiteren Punkt gemeinsam?

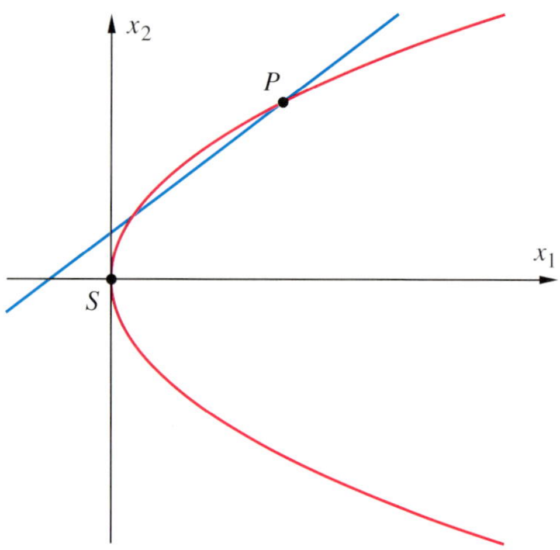

*Bild 86/2: Parabel und Gerade*

**A4** **Steinersche Parabel**

Vom schweizer Mathematiker Jakob Steiner (1796–1863) stammt eine Konstruktion, die in Bild 86/3 durch eine Folge von Skizzen dargestellt wird. Beschreiben Sie die Konstruktion und zeigen Sie, dass hierdurch tatsächlich eine Parabel konstruiert wird.

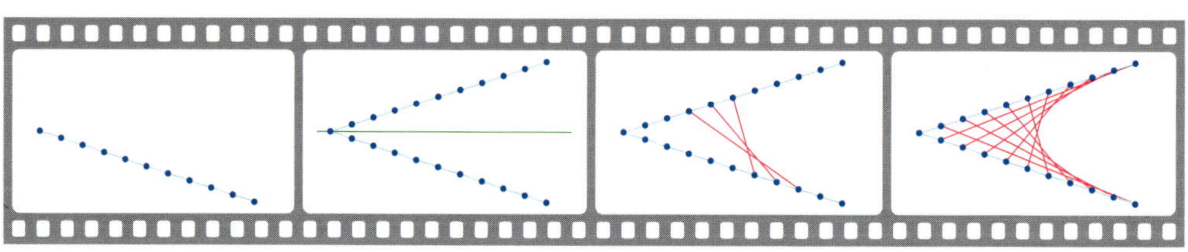
*Bild 86/3: Die Parabelkonstruktion von Jakob Steiner*

**A5** **Satellitenschüssel**

Eine Satellitenantenne besteht aus einer Metallschale, der Satellitenschüssel, und einem davor angebrachten Empfänger. Eine Satellitenschüssel hat die Form eines Paraboloids; ein Paraboloid entsteht, wenn man eine Parabel um ihre Symmetrieachse rotieren lässt (Bild 87/2). Durch eine Satellitenschüssel werden annähernd parallele Strahlen in einem Punkt gebündelt, damit der dort angebrachte Detektor (LNB genannt) möglichst intensive Signale empfangen kann.

Untersuchen Sie, wie Strahlen verlaufen, die an einer Satellitenschüssel reflektiert werden. Wie verlaufen Strahlen, die parallel zur Symmetrieachse der Satellitenschüssel einfallen?

*Bild 87/1: Satellitenschüssel*

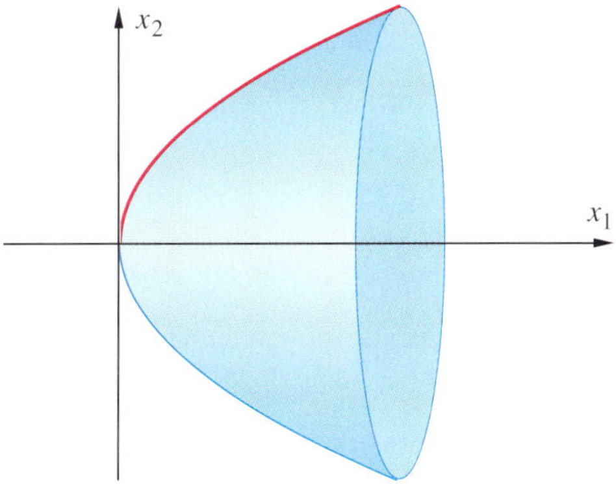


*Bild 87/2: Paraboloid*

# Parabel als Spiegel

Wir bearbeiten den Auftrag **A5** zur Reflexion von Strahlen an einer Satellitenschüssel.

Schneidet man eine Satellitenschüssel mit einer Ebene, die die Symmetrieachse enthält, so ist die Schnittlinie eine Parabel (Bild 87/3).

Zur Untersuchung des Strahlenverlaufs bei einer Satellitenschüssel genügt es deshalb, die Spiegelung von Strahlen an einer Parabel zu untersuchen.

Dazu müssen wir zunächst herausfinden, wie ein Strahl an einer Parabel reflektiert wird. Aus der Physik wissen wir, dass für die Reflexion an einer ebenen Fläche gilt:

*Bild 87/3: In der Schnittebene liegt eine Parabel*

Der Winkel, den der einfallende Strahl mit dem Lot auf der Fläche bildet, ist genauso groß, wie der Winkel, den der ausfallende Strahl mit diesem Lot bildet; kurz:

Einfallswinkel und Ausfallswinkel sind gleich groß.

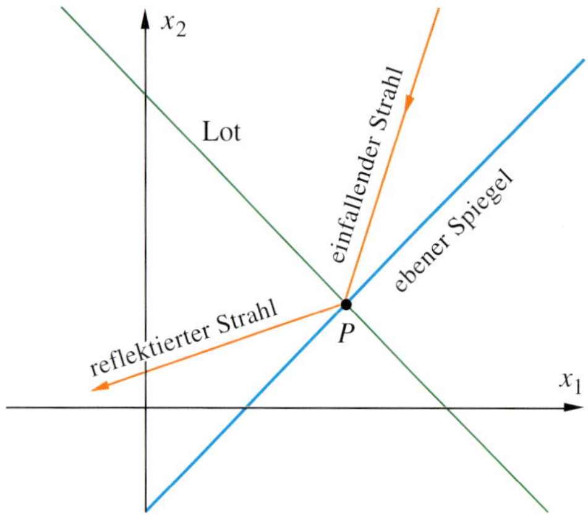


*Bild 88/1: Ebene Reflexion*

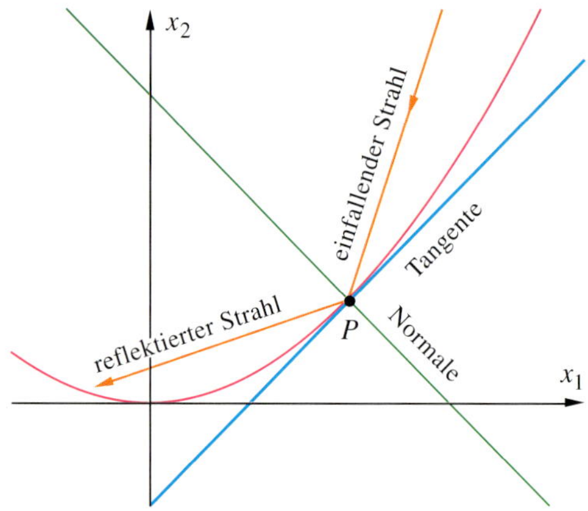


*Bild 88/2: Reflexion an einer Parabel*

Einfallender Strahl, Lot und reflektierter Strahl liegen dabei in einer Ebene (Bild 88/1).

Um das Reflexionsproblem bei einer Parabel auf diese Kenntnis zurückzuführen, kann man sich die Parabel in der Nähe des Reflexionspunktes $P$ durch eine „passende“Gerade ersetzt denken.

Eine solche Gerade müsste ganz auf der „äußeren Seite“ der Parabel liegen; sie dürfte mit der Parabel außer dem Reflexionspunkt $P$ keinen weiteren gemeinsamen Punkt haben. Sie müsste die Parabel im Punkt $P$ „berühren“.

Eine solche Gerade hätte ähnliche Eigenschaften wie eine Kreistangente. Wir suchen also nach einer **Tangente** der Parabel.

Um den reflektierten Strahl zu konstruieren, brauchen wir die Lotgerade zu dieser Geraden. Beim Kreis heißt die Lotgerade zur Tangente durch deren Berührpunkt Normale. Wir müssen entsprechend auch eine **Normale** für die Parabel definieren.

## Zeichnerische Lösung

Als Beispiel betrachten wir die Parabel mit der Gleichung $x_2 = 0{,}25\,x_1^2$.

Zeichnerisch ist es am einfachsten zuerst nach Geraden zu suchen, die unserer Vorstellung von einer Normalen entsprechen.

Mit einem Spiegellineal oder einem Taschenspiegel lassen sich solche Geraden relativ leicht näherungsweise zeichnen, indem man den Spiegel so hält, dass die Kurve im Spiegel und die Kurve vor dem Spiegel ohne Knick ineinander übergehen (Bild 88/3).

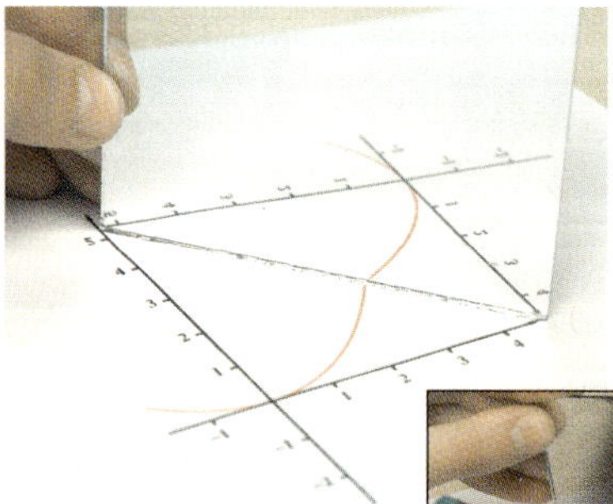

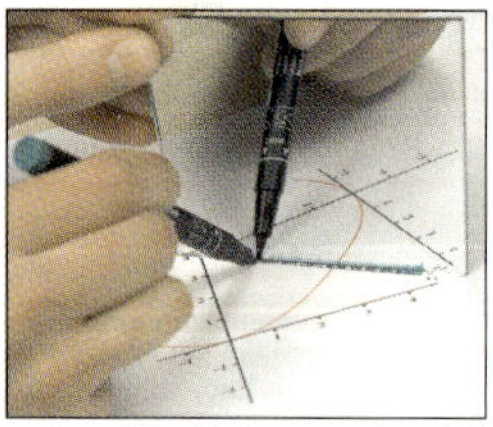

*Bild 88/3: Konstruktion von Normalen mit einem Spiegellineal*

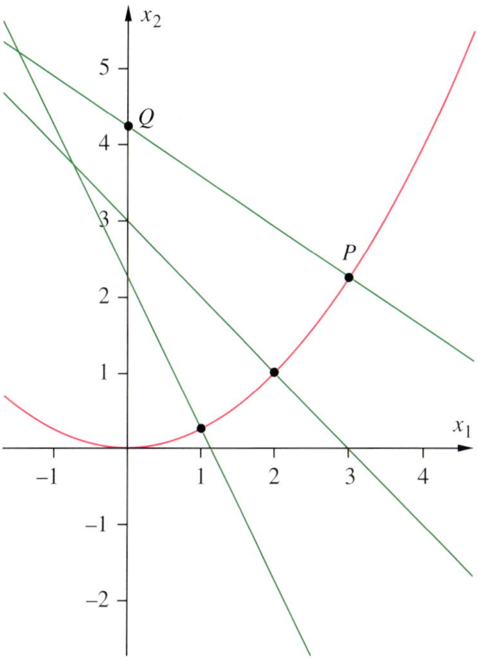


*Bild 89/1: Mit dem Spiegellineal konstruierte Geraden: „Normalen"*

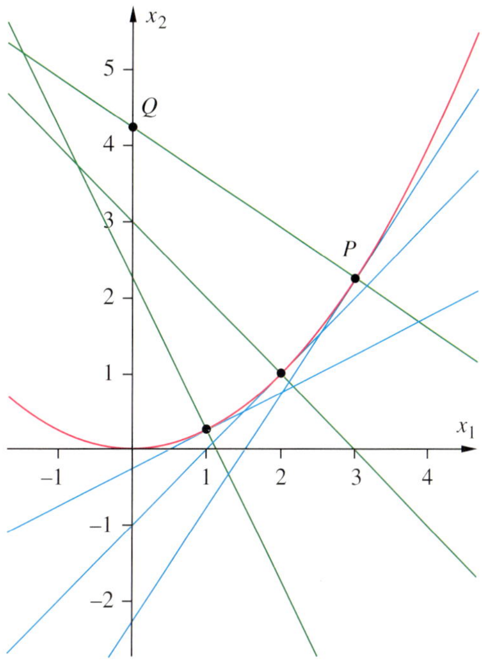


*Bild 89/2: Lotgeraden zu den „Normalen" des linken Bildes: „Tangenten"*

Bild 89/1 enthält drei in dieser Weise mit einem Spiegellineal konstruierte Geraden. Bild 89/2 zeigt zusätzlich zu jeder dieser Geraden die Lotgerade durch den entsprechenden Parabelpunkt.

Man sieht, dass diese Lotgeraden (blaue Geraden) mit der Parabel genau einen Punkt gemeinsam haben und ganz auf einer Seite der Parabel liegen. Sie entsprechen also unserer Vorstellung von einer Tangente. Da die mit dem Spiegellineal gezeichneten Geraden senkrecht auf diesen Tangenten stehen, entsprechen sie unserer Vorstellung von einer Normalen.

Wir können nun Gleichungen für diese Geraden aufstellen, zunächst für die Normalen: Dazu entnimmt man der Zeichnung die Koordinaten eines weiteren Punktes dieser Geraden. Ein günstiger Punkt ist der Schnittpunkt $Q$ der Geraden mit der $x_2$-Achse. Mit Hilfe der Punkte $P$ und $Q$ erhält man die gesuchte Normalengleichung.

Durch die Steigung der Normalen ist auch die Steigung $-\frac{1}{m}$ der Tangente festgelegt, da die Tangente senkrecht zur Normalen ist. Mit Hilfe dieser Steigung und des Punktes $P$ erhält man die gesuchte Tangentengleichung.

Die folgende Tabelle enthält einige Ergebnisse entsprechender Untersuchungen.

| $P$ | $Q$ | **Normalengleichung** | **Tangentengleichung** |
|---|---|---|---|
| $P(1\|0{,}25)$ | $Q(0\|2{,}25)$ | $x_2 = -2x_1 + 2{,}25$ | $x_2 = 0{,}5x_1 - 0{,}25$ |
| $P(2\|1)$ | $Q(0\|3)$ | $x_2 = -x_1 + 3$ | $x_2 = x_1 - 1$ |
| $P(3\|2{,}25)$ | $Q(0\|4{,}25)$ | $x_2 = -0{,}67x_1 + 4{,}25$ | $x_2 = 1{,}5x_1 - 2{,}25$ |

## Rechnerische Bestimmung der gesuchten Geraden

Es soll nun rechnerisch untersucht werden, welche Geraden mit der Parabel zu $x_2 = ax_1^2$ genau einen Punkt gemeinsam haben.

Offensichtlich hat jede Parallele zur Symmetrieachse der Parabel die gewünschte Eigenschaft:

Jede Gerade mit der Gleichung $x_1 = p_1$ hat mit der Parabel genau einem Punkt gemeinsam, den Schnittpunkt $P(p_1|ap_1^2)$ (Bild 90/1). Eine solche Parallele zur Symmetrieachse würde jedoch niemand für eine Tangente halten.

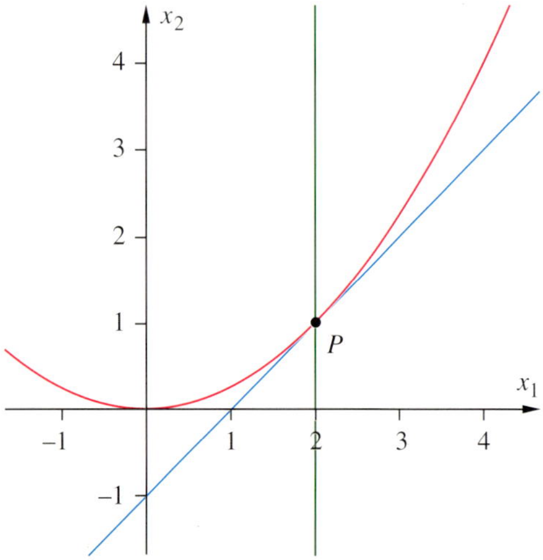

*Bild 90/1: Parallele zur Symmetrieachse*

Die Geraden zu $x_2 = mx_1 + n$ sind dagegen nicht zur $x_2$-Achse und damit auch nicht zur Symmetrieachse der betrachteten Parabel parallel. Die Koordinaten eines Schnittpunktes $P(p_1|p_2)$ mit der Parabel müssen sowohl die Geradengleichung als auch die Parabelgleichung erfüllen, sie müssen also Lösungen des folgenden Gleichungssystems sein:

$$x_2 = mx_1 + n \quad \text{und} \quad x_2 = ax_1^2.$$

In der Geradengleichung können wir $n$ eliminieren; da der Punkt $P(p_1|p_2)$ auf der Geraden liegt, gilt:

$$ap_1^2 = mp_1 + n \quad \Rightarrow \quad n = ap_1^2 - mp_1; \quad \text{daher gilt} \quad x_2 = mx_1 + ap_1^2 - mp_1.$$

Für das Gleichungssystem ergibt sich nun:

$$\begin{aligned} ax_1^2 = mx_1 + ap_1^2 - mp_1 \quad &\Rightarrow \quad x_1^2 - \tfrac{m}{a}x_1 + \tfrac{m}{a}p_1 - p_1^2 = 0 \\ &\Rightarrow \quad \left(x_1 - \frac{m}{2a}\right)^2 - \frac{m^2 - 4amp_1 + (2ap_1)^2}{(2a)^2} = 0 \\ &\Rightarrow \quad \left(x_1 - \frac{m}{2a}\right)^2 - \frac{(m - 2ap_1)^2}{(2a)^2} = 0. \end{aligned}$$

Es gibt genau dann eine eindeutige Lösung, wenn der zweite Bruch Null wird, wenn also für die Steigung $m$ der Geraden gilt:

$$m - 2ap_1 = 0, \quad \text{also} \quad m = 2ap_1.$$

Für den gemeinsamen Punkt erhält man $x_1 = p_1$ und $x_2 = p_2$, also die Koordinaten von $P$.

Die blaue Gerade in Bild 90/1 hat daher die Gleichung $x_2 = 2ap_1 x_1 - ap_1^2$.

Wir müssen uns noch davon überzeugen, dass diese Gerade tatsächlich so liegt, wie wir es von einer Tangente erwarten. Dazu zeigen wir, dass eine solche Gerade ganz unterhalb oder oberhalb der Parabel liegt und betrachten die Differenz der entsprechenden $x_2$–Werte:

$$ax_1^2-(2ap_1x_1-ap_1^2)=ax_1^2-2ap_1x_1+ap_1^2=a(x_1^2-2p_1x_1+p_1^2)=a(x_1-p_1)^2$$

Der Term $(x_1-p_1)^2$ ist an jeder Stelle $x_1 \neq p_1$ positiv. Das Vorzeichen der Differenz hängt also nur von $a$ ab:

Ist $a>0$, dann ist die untersuchte Differenz positiv. In diesem Fall ist die Parabel nach oben geöffnet und die Gerade zu $x_2=2ap_1x_1-ap_1^2$ liegt ganz unterhalb der Parabel.

Ist $a<0$, dann ist die untersuchte Differenz negativ. In diesem Fall ist die Parabel nach unten geöffnet und die Gerade zu $x_2=2ap_1x_1-ap_1^2$ liegt ganz oberhalb der Parabel.

In beiden Fällen entspricht die Gerade unserer Vorstellung von einer Parabeltangente. Wir können deshalb nun definieren:

**Definition 2.1** Die Gerade mit der Steigung $2ap_1$ durch den Punkt $P(p_1|p_2)$ der Parabel zu $x_2=ax_1^2$ heißt Tangente an die Parabel in $P$. ■

Die Lotgerade der Tangente hat die Steigung $-\frac{1}{2ap_1}$; deshalb können wir definieren:

**Definition 2.2** Die Gerade mit der Steigung $-\frac{1}{2ap_1}$ durch den Punkt $P(p_1|p_2)$ der Parabel zu $x_2=ax_1^2$ heißt Normale der Parabel durch $P$. ■

## Verlauf reflektierter Strahlen

Wir kommen nun zurück auf die Frage nach dem Verlauf von Strahlen, die an einer Parabel reflektiert werden.

Wir betrachten zunächst einen beliebigen Strahl (Bild 91/1). Wir erhalten den reflektierten Strahl, indem wir im Auftreffpunkt des Strahls zunächst die Normale zur Parabel zeichnen und dann den einfallenden Strahl an dieser Normalen spiegeln.

Der Anwendungssituation bei Satellitenantennen entspricht ein Sonderfall dieses allgemeinen Falls. Da die Antenne auf den Satelliten ausrichtet wird, verlaufen die einfallenden Strahlen überwiegend parallel zur Symmetrieachse der Parabel. Diesen Fall werden wir nun genauer untersuchen.

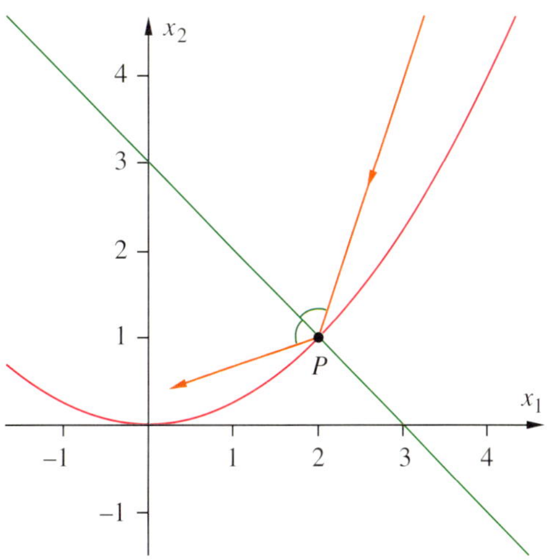


*Bild 91/1: Reflexion eines beliebigen Strahls an einer Parabel*

Wir untersuchen diesen Fall zunächst zeichnerisch. Bild 92/1 zeigt drei Strahlen, die parallel zur Symmetrieachse auf die Parabel treffen und dann reflektiert werden.

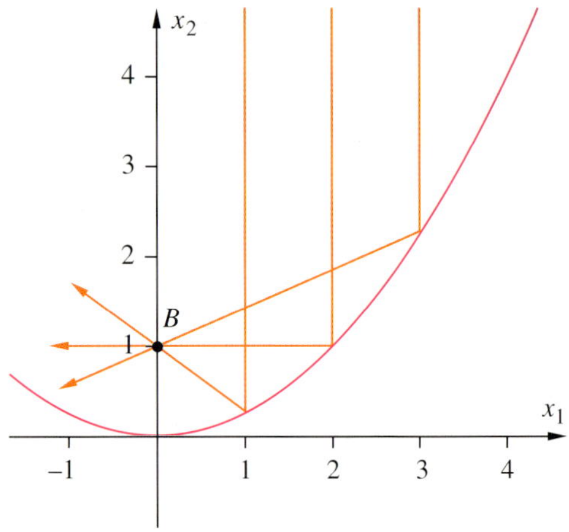


*Bild 92/1: Wie werden achsenparallele Strahlen an einer Parabel reflektiert?*

Die reflektierten Strahlen schneiden die Symmetrieachse der Parabel erstaunlicherweise im gleichen Punkt. Diesen Punkt $B$ nennt man **Brennpunkt** der Parabel.

Man kann auch rechnerisch zeigen, dass jede Parabel einen solchen Brennpunkt besitzt. Dazu ist in Bild 92/2 ein zur Symmetrieachse einer Parabel paralleler Strahl gezeichnet, der im Punkt $P(p_1|p_2)$ der Parabel reflektiert wird. Der reflektierte Strahl schneidet die $x_2$-Achse im Punkt $B$.

Alle markierten Winkel sind gleich groß. Die Tangente durch $P$ schneidet die $x_1$-Achse im Punkt $H\left(\frac{1}{2}p_1\middle|0\right)$. Im Dreieck $BOH$ gilt daher

$$\tan\alpha = \frac{b_2}{\frac{1}{2}p_1} = \frac{2b_2}{p_1}.$$

Im Dreieck $QPH$ gilt

$$\tan\alpha = \frac{\frac{1}{2}p_1}{ap_1^2} = \frac{1}{2ap_1}.$$

Insgesamt ergibt sich damit

$$\frac{2b_2}{p_1} = \frac{1}{2ap_1}, \text{ also } b_2 = \frac{1}{4a}.$$

$b_2$ hängt also tatsächlich nur von $a$ ab, nicht aber von den Koordinaten des Parabelpunktes $P$, an dem der Strahl reflektiert wird.

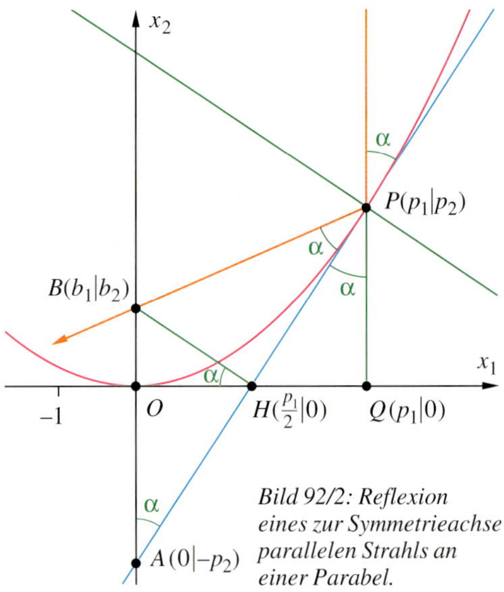


*Bild 92/2: Reflexion eines zur Symmetrieachse parallelen Strahls an einer Parabel.*

Das bedeutet: Jeder Strahl, der parallel zur Symmetrieachse auf die Parabel trifft, wird so reflektiert, dass der reflektierte Strahl durch $B$ geht. Es gilt:

**Satz 2.1** Der Punkt $B\left(0\middle|\frac{1}{4a}\right)$ ist der Brennpunkt der Parabel zu $x_2 = ax_1^2$.
Jeder zur Symmetrieachse parallele Strahl wird so reflektiert, dass der reflektierte Strahl durch den Brennpunkt geht. ■

Da Satellitenschüsseln so ausgerichtet werden, dass ihre Symmetrieachse auf den ausgewählten Satelliten zeigt, sind die von der Schüssel eingefangenen Strahlen annähernd zur Symmetrieachse parallel und werden so reflektiert, dass sie auf den im Brennpunkt der Schüssel montierten Detektor (LNB) treffen. Wie stark die empfangenen Signale sind, hängt vom geographischen Standort des Empfängers, vom Durchmesser der Satellitenschüssel und von der Konstruktion des Detektors ab.

Bei einem Scheinwerfer (Bild 93/1) liegt eine ähnliche Situation vor wie bei einer Satellitenschüssel; die Richtung der Strahlen ist jedoch genau umgekehrt:
Die Lichtquelle befindet sich im Brennpunkt; die von dort ausgehenden Strahlen werden so reflektiert, dass die reflektierten Strahlen parallel verlaufen.
In der Praxis sieht das allerdings etwas anders aus: Da die Lichtquelle nicht punktförmig ist, streben die austretenden Strahlen mehr oder weniger auseinander.

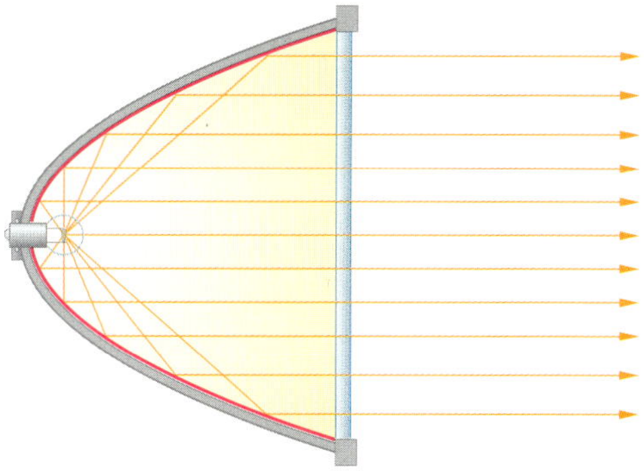

*Bild 93/1: Strahlengang bei einem Scheinwerfer*

# Tangenten und Normalen bei anderen Parabeln

Wir haben bisher Tangenten und Normalen nur bei Parabeln bestimmt, deren Symmetrieachse parallel zur $x_2$-Achse ist und deren Scheitelpunkt im Ursprung liegt.

Will man die Untersuchung auch auf andere Fälle ausdehnen, so kann man entsprechend wie in diesem Kapitel vorgehen. Einfacher ist es jedoch, an die Herleitung der Parabelgleichung anzuknüpfen:

Bei Parabeln, deren Symmetrieachse parallel zur $x_1$-Achse ist, vertauscht man in den bereits hergeleiteten Gleichungen die $x_1$-Koordinaten mit den $x_2$-Koordinaten. Dies entspricht einer Spiegelung an der Winkelhalbierenden des ersten Quadranten.

Bei Parabeln, deren Scheitelpunkt $S(s_1|s_2)$ nicht im Ursprung des Koordinatensystems liegt, ersetzt man jede $x_1$-Koordinate durch $x_1 - s_1$ und jede $x_2$-Koordinate durch $x_2 - s_2$. Dies entspricht einer Verschiebung um $s_1$ in $x_1$-Richtung und um $s_2$ in $x_2$-Richtung.

Auf die Durchführung dieser Untersuchungen gehen wir in den Aufgaben 21, 22 und 23 auf Seite 97 ein.

## Wir fassen zusammen

### Tangenten einer Parabel



Die Definition des Begriffs der Tangente kann man nicht unmittelbar von Kreisen auf Parabeln übertragen; jede Parallele zur Symmetrieachse einer Parabel hat mit der Parabel genau einen Punkt gemeinsam, ist aber keine Tangente.

Ist $P(p_1|p_2)$ ein Punkt der Parabel zu

$$x_2 = a(x_1 - s_1)^2 + s_2, \qquad \Big| \qquad x_1 = a(x_2 - s_2)^2 + s_1,$$

so ist die Gerade durch $P$ mit der Steigung

$$m = 2a(p_1 - s_1) \qquad \Big| \qquad m = 2a(p_2 - s_2)$$

die Tangente an die Parabel im Punkt $P$.

## Normalen einer Parabel

Ist $P(p_1|p_2)$ ein Punkt der Parabel zu

| | |
|---|---|
| $x_2 = a(x_1 - s_1)^2 + s_2,$ | $x_1 = a(x_2 - s_2)^2 + s_1,$ |

so ist die Gerade durch $P$ mit der Steigung

| | |
|---|---|
| $m = -\frac{1}{2a(p_1 - s_1)}$ | $m = -\frac{1}{2a(p_2 - s_2)}$ |

die Normale der Parabel im Punkt $P$.

## Brennpunkt einer Parabel

Die Parabel zu

| | |
|---|---|
| $x_2 = a(x_1 - s_1)^2 + s_2$ | $x_1 = a(x_2 - s_2)^2 + s_1$ |

hat den Brennpunkt

| | |
|---|---|
| $B\left(s_1 \middle| s_2 + \frac{1}{4a}\right).$ | $B\left(s_1 + \frac{1}{4a} \middle| s_2\right).$ |

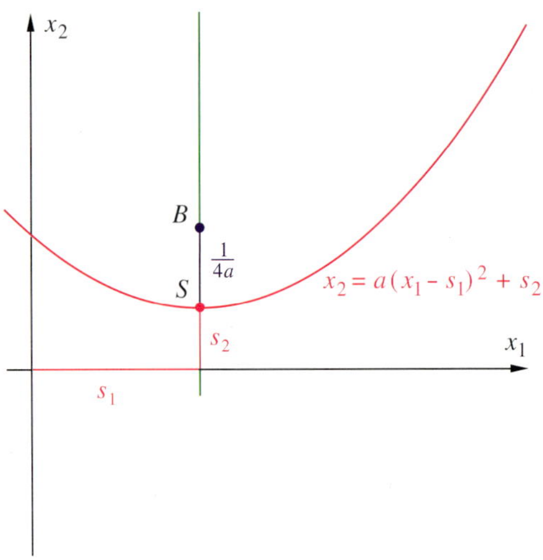


*Bild 94/1: Parabel in $x_2$-Richtung*

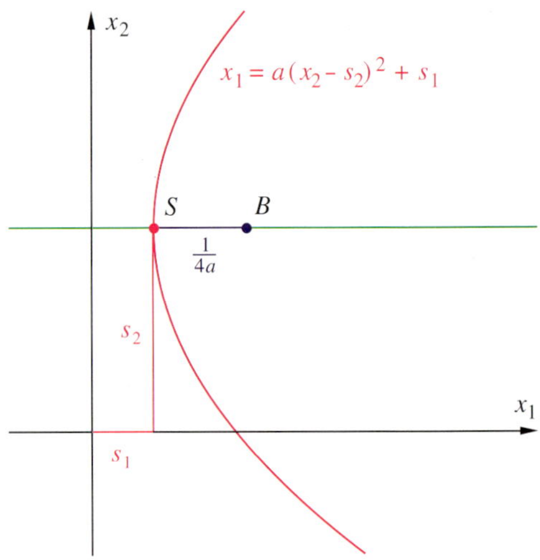


*Bild 94/2: Parabel in $x_1$-Richtung*

**Achsenparallele** Strahlen, also Strahlen, die parallel zur Symmetrieachse einer Parabel verlaufen, werden an einer Parabel so reflektiert, dass der reflektierte Strahl durch den Brennpunkt geht. Brennstrahlen, also Strahlen, die durch den Brennpunkt gehen, werden an einer Parabel so reflektiert, dass der reflektierte Strahl parallel zur Symmetrieachse der Parabel ist.

AUFGABEN

## Zeichnerische Lösungen

**1** Auffällig ist bei den Ergebnissen der Tabelle auf Seite 89, dass der $x_2$-Wert des Punktes $Q$ immer um 2 größer ist als der $x_2$-Wert des Punktes $P$, dass also gilt: $q_2 = p_2 + 2$. Die Normale der Parabel zu $x_2 = 0{,}25x_1^2$ durch den Punkt $P(p_1|p_2)$ geht also auch durch den Punkt $Q(0|p_2+2)$.

**a)** Bestimmen Sie allgemein die Gleichung der Normalen durch $P(p_1|p_2)$.

**b)** Zeigen Sie, dass man mit Hilfe dieser Gleichung alle Normalengleichungen der Tabelle auf Seite 89 erhält.

**c)** Bestimmen Sie allgemein die Gleichung der zugehörigen Tangente.

**d)** Zeigen Sie, dass man mit Hilfe dieser Gleichung alle Tangentengleichungen der Tabelle auf Seite 89 erhält.

**2** Bestimmen Sie zeichnerisch den Schnittpunkt $Q$ der $x_2$-Achse mit der Normalen durch $P(1|p_2)$, $[P(2|p_2), P(3|p_2)]$ zur angegebenen Parabel. Welcher Zusammenhang besteht zwischen den Koordinaten von $Q$ und der Parabelgleichung?

**a)** $x_2 = 0{,}25x_1^2$ **b)** $x_1 = 0{,}25x_2^2$ **c)** $x_1 = -0{,}5x_2^2$

**d)** $x_2 = 2x_1^2$ **e)** $x_1 = -2x_2^2$ **f)** $x_1 = -x_2^2$

**g)** $x_1 = 0{,}25x_2^2$ **h)** $x_1 = x_2^2$ **i)** $x_2 = -0{,}5x_1^2$

**j)** $x_1 = 2x_2^2$ **k)** $x_2 = -2x_1^2$ **l)** $x_2 = -x_1^2$

**3** Bestimmen Sie die Normalengleichungen zu den Parabeln von Aufgabe 2.

**4** Bestimmen Sie die Tangentengleichungen zu den Parabeln von Aufgabe 2.

**5** Bestimmen Sie den Brennpunkt der Parabeln von Aufgabe 2.

## Schnitt von Parabeln und Geraden

**6** Gegeben sind eine Parabel und eine Gerade. Schneidet die Gerade die Parabel?

**a)** $x_2 = (x_1+4)^2 - 6$; $x_2 = 2x_1 + 5$

**b)** $x_2 = -(x_1+2)^2 + 5$; $x_2 = -6x_1 + 2$

**c)** $x_1 = \frac{3}{5}(x_2-2)^2 - 1$; $x_2 = -5x_1 - 4$

**d)** $x_1 = \frac{1}{4}(x_2+3)^2 - 2$; $x_2 = 4x_1 - 1$

**e)** $x_1 = -\frac{1}{2}(x_2+1)^2 + 3$; $x_2 = 4x_1 - 3$

**f)** $x_2 = \frac{1}{3}(x_1-1)^2 + 2$; $x_2 = -2x_1 + 1$

**7** Gegeben sind eine Parabel und die Punkte $P$ und $Q$. Schneidet die Gerade durch $P$ und $Q$ die Parabel?

**a)** $x_2 = -\frac{3}{4}(x_1-3)^2 + 2$; $P(8|3)$, $Q(16|4)$

**b)** $x_1 = -\frac{1}{6}\left(x_2 - \frac{7}{2}\right)^2 - \frac{5}{2}$; $P\left(-\frac{3}{2}\middle|4\right)$, $Q\left(\frac{1}{2}\middle|2\right)$

**c)** $x_1 = \frac{2}{3}(x_2-1)^2 - 3$; $P(-3|2)$, $Q(-1|8)$

**d)** $x_2 = \frac{1}{4}\left(x_1 - \frac{9}{2}\right)^2 - \frac{11}{2}$; $P(-2|5)$, $Q(2|-1)$

**e)** $x_1 = -\frac{5}{2}(x_2+4)^2 + 8$; $P(-2|-2)$, $Q(3|-4)$

**f)** $x_1 = -\frac{1}{2}(x_2+5)^2 + 4$; $P(-2|-1)$, $Q(1|-4)$

**8** Wie lang ist in Aufgabe 6 (Aufgabe 7) gegebenenfalls die Sehne?

**9** Wie groß ist in Aufgabe 6 (Aufgabe 7) gegebenenfalls der Flächeninhalt des Dreiecks, das die beiden Schnittpunkte mit dem Scheitelpunkt bilden?

## Tangenten und Normalen

**10** Gegeben sind eine Parabel und der Punkt $P$. Bestimmen Sie die Gleichungen der Tangente an die Parabel, die durch $P$ gehen.

**a)** $x_2 = -\frac{1}{6}(x_1+4)^2 + 3,\ P(0|1)$

**b)** $x_1 = -(x_2-6)^2 + 3,\ P\left(9\middle|\frac{11}{2}\right)$

**c)** $x_2 = \frac{1}{4}\left(x_1+\frac{7}{2}\right)^2 - \frac{29}{16},\ P(-4|-4)$

**d)** $x_1 = -\frac{3}{2}\left(x_2-\frac{5}{3}\right)^2 + \frac{1}{3},\ P\left(\frac{5}{3}\middle|2\right)$

**e)** $x_2 = \frac{5}{2}\left(x_1+\frac{3}{2}\right)^2 + \frac{1}{4},\ P\left(-2\middle|\frac{13}{8}\right)$

**f)** $x_1 = -3(x_2-5)^2 + 2,\ P\left(8\middle|\frac{11}{2}\right)$

**11** Welchen Flächeninhalt hat das Dreieck, das die Tangenten in Aufgabe 10 mit der Sehne durch die Berührpunkte bilden?

**12** Bestimmen Sie die Normalen der Parabel in den Berührpunkten der Tangenten von Aufgabe 10.

**13** Welchen Flächeninhalt hat das Viereck, das die Tangenten in Aufgabe 10 mit den Normalen bilden?

## Brennpunkte

**14** Überzeugen Sie sich davon, dass man bei der Parabel zu $x_2 = 0{,}25x_1^2$ als Brennpunkt stets den Punkt $B(0|1)$ erhält, wenn man für verschiedene Punkte $P(p_1|p_2)$ der Parabel den Brennpunkt zeichnerisch bestimmt.

**15** Untersuchen Sie bei der Zeichnung zu Aufgabe 14 auch, wie die Strahlen hinter dem Brennpunkt weiter verlaufen. Lässt sich eine Regel angeben?

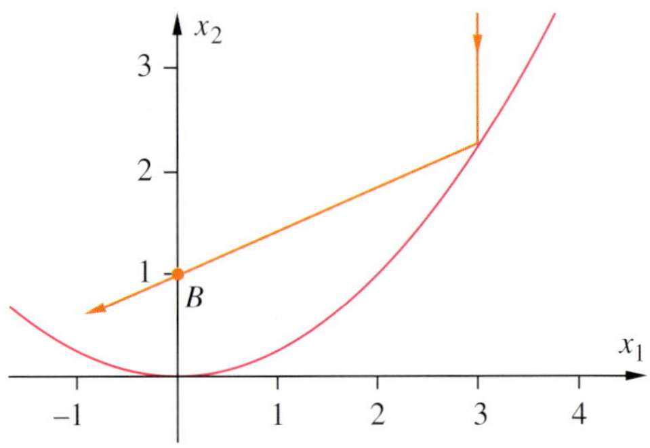

*Bild 96/1: Brennpunkt zeichnerisch bestimmen*

**16** Wo liegt der Brennpunkt?

**a)** $x_2 = x_1^2$ **b)** $x_2 = -0{,}5x_1^2$ **c)** $x_2 = 2x_1^2$ **d)** $x_1 = x_2^2$ **e)** $x_1 = -0{,}25x_2^2$

**17** Bestimmen Sie den Brennpunkt.

**a)** $x_1^2 + 4x_1 + 7 - x_2 = 0$

**b)** $-x_2^2 - 2x_2 + 3 - x_1 = 0$

**c)** $\frac{1}{4}x_1^2 - 2x_1 + 9 - x_2 = 0$

**d)** $2x_1^2 + 12x_1 + 19 + x_2 = 0$

**e)** $\frac{1}{3}x_2^2 - \frac{2}{3}x_2 - \frac{14}{3} - x_1 = 0$

**f)** $2x_2^2 + 28x_2 + 96 + x_1 = 0$

**g)** $\frac{3}{2}x_2^2 - 15x_2 + 36\frac{1}{2} - x_1 = 0$

**h)** $4x_1^2 - 72x_1 + 322 - x_2 = 0$

**i)** $-\frac{1}{5}x_1^2 - \frac{14}{5}x_1 + \frac{1}{5} - x_2 = 0$

**j)** $\frac{4}{3}x_2^2 - 16x_2 + 45 - x_1 = 0$

**18** Wie lang ist die Sehne mit der Steigung $m$ durch den Brennpunkt der Parabel?

**a)** $m = \frac{3}{4},\ x_1^2 + 4x_1 + 7 - x_2 = 0$

**b)** $m = \frac{4}{3},\ \frac{1}{4}x_2^2 - 2x_2 + 9 - x_1 = 0$

**c)** $m = \frac{5}{12},\ \frac{1}{3}x_1^2 - \frac{2}{3}x_1 - \frac{14}{3} - x_2 = 0$

**d)** $m = \frac{3}{4},\ 2x_1^2 + 12x_1 + 19 + x_2 = 0$

**e)** $m = -\frac{12}{5},\ \frac{3}{2}x_2^2 - 15x_2 + \frac{73}{2} - x_1 = 0$

**f)** $m = \frac{3}{4},\ \frac{4}{3}x_1^2 - 16x_1 + 45 - x_2 = 0$

**19** Ein zur Symmetrieachse paralleler Strahl wird von der Parabel im Punkt $P(p_1|p_2)$ reflektiert. Auf welcher Geraden liegt der reflektierte Strahl?

**a)** $P(1|p_2),\ x_1^2+4x_1+7-x_2=0$

**b)** $P(p_1|2),\ -x_2^2-2x_2+3-x_1=0$

**c)** $P(3|p_2),\ \frac{1}{4}x_1^2-2x_1+9-x_2=0$

**d)** $P(p_1|2),\ \frac{1}{3}x_2^2-\frac{2}{3}x_2-\frac{14}{3}-x_1=0$

**e)** $P(p_1|3),\ \frac{3}{2}x_2^2-15x_2+36\frac{1}{2}-x_1=0$

**f)** $P(3|p_2),\ -\frac{1}{5}x_1^2-\frac{14}{5}x_1+\frac{1}{5}-x_2=0$

**20** In welchem Punkt trifft der reflektierte Strahl der Aufgabe 19 erneut auf die Parabel? Welche Gleichung hat der erneut reflektierte Strahl?

## Weiterführende Aufgaben

**21** Leiten Sie die Tangentengleichung und die Normalengleichung für den Punkt $P(p_1|p_2)$ der Parabel zu $x_1=ax_2^2$ her, indem Sie eine Spiegelung an der Winkelhalbierenden des ersten und dritten Quadranten durchführen. Setzen Sie dabei voraus, dass die entsprechenden Gleichungen für die Parabel zu $x_2=ax_1^2$ bekannt sind.

**22** Leiten Sie die Tangentengleichung und die Normalengleichung für den Punkt $P(p_1|p_2)$ der Parabel zu $x_2-s_2=a(x_1-s_1)^2$ her, indem Sie eine Verschiebung mit $s_1$ und $s_2$ durchführen. Setzen Sie dabei voraus, dass die entsprechenden Gleichungen für die Parabel zu $x_2=ax_1^2$ bekannt sind.

**23** Leiten Sie die Tangentengleichung und die Normalengleichung für den Punkt $P(p_1|p_2)$ der Parabel zu $x_1-s_1=a(x_2-s_2)^2$ her, indem Sie eine Verschiebung mit $s_1$ und $s_2$ durchführen. Setzen Sie dabei voraus, dass die entsprechenden Gleichungen für die Parabel zu $x_1=ax_2^2$ bekannt sind (Aufgabe 21).

**24** Gegeben ist die Parabel zu $x_2=0{,}25x_1^2$. $g$ sei eine zur $x_1$-Achse parallele Gerade.

**a)** Wo muss $g$ liegen, damit der Punkt $P(4|p_2)$ der Parabel von $g$ genauso weit entfernt ist wie vom Brennpunkt $B$ der Parabel?

**b)** Lösen Sie die gleiche Aufgabe für drei weitere selbst gewählte Punkte der Parabel.

**c)** Was fällt Ihnen an den Ergebnissen auf? Stellen Sie eine Vermutung auf.

**d)** Beweisen Sie diese Vermutung für einen beliebigen Punkt der Parabel.

**25** Verallgemeinerung der Aufgabe 24.

**a)** Untersuchen Sie entsprechend die Parabel zu $x_2=ax_1^2$.

**b)** Die Gerade $g$ nennt man allgemein Leitgerade der Parabel; definieren Sie diesen Begriff.

**c)** Formulieren Sie einen Satz über die Beziehung eines beliebigen Parabelpunktes zur Leitgeraden und zum Brennpunkt der Parabel.

**26** Welche Gleichung hat die Parabel mit dem Brennpunkt $B$ und der Leitgeraden $g$?

**a)** $B(0|2),\ g\colon x_2=-2$

**b)** $B(0|-2),\ g\colon x_2=2$

**c)** $B(0|2),\ g\colon x_2=4$

**d)** $B(-2|0),\ g\colon x_1=2$

**e)** $B(2|0),\ g\colon x_1=-2$

**f)** $B(-2|-2),\ g\colon x_2=2$

**27** Der Scheitelpunkt einer Parabel liegt im Mittelpunkt des Kreises um den Ursprung mit dem Radius $r$. Der Brennpunkt der Parabel liegt auf dem Kreis. Welche Gleichung hat die Parabel? Wo schneiden sich die Kurven?

**28** Der Scheitelpunkt der Parabel zu $x_2 = ax_1^2$ ist der Mittelpunkt eines Kreises mit dem Radius $r = \frac{2}{3a}$. Bestimmen Sie die Schnittpunkte der beiden Kurven.

**29** Gibt es auf der Parabel zu $x_2 = ax_1^2$ einen Punkt $P$, in dem Normale und Tangente mit der $x_1$-Achse ein gleichschenkliges Dreieck bilden? Welchen Flächeninhalt hat es gegebenenfalls?

**30** Gegeben ist die Parabel zu $x_2 = 9x_1^2$. Bestimmen Sie einen Punkt $P$ der Parabel, der vom Brennpunkt $B$ genauso weit entfernt ist wie vom Schnittpunkt $Q$ der Normalen mit der $x_2$-Achse. Welchen Winkel bildet die zuehörige Tangente mit der Symmetrieachse der Parabel?

**31** Gegeben sind die Parabel zu $x_2 = -0{,}25x_1^2$ und der Punkt $P(-4|p_2)$ der Parabel. Gesucht ist ein Kreis, der die Parabel in $P$ sowie die $x_1$-Achse berührt.

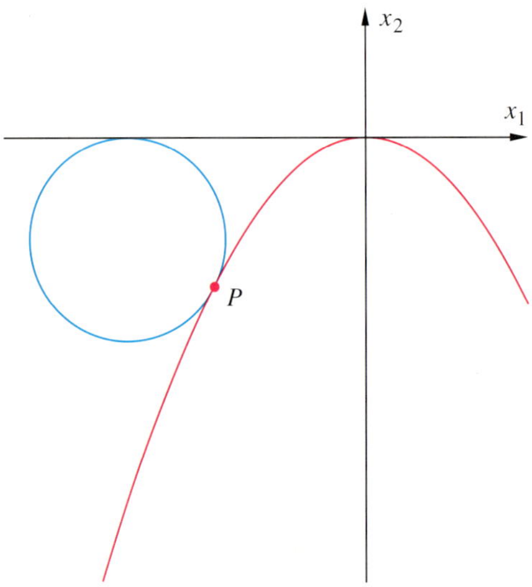


*Bild 98/1: Ein Kreis, der eine Parabel und eine Gerade berührt*

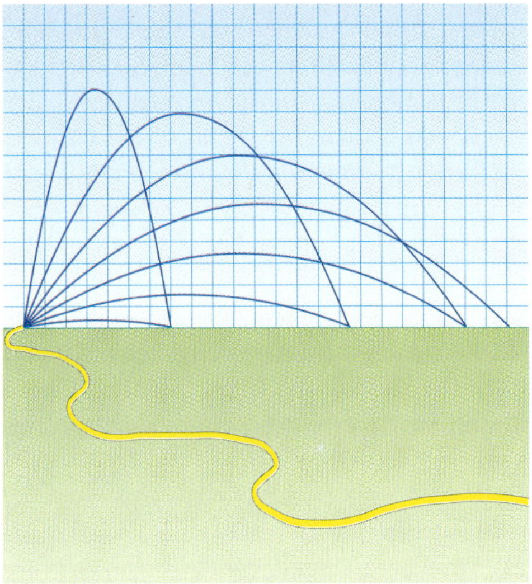

*Bild 98/2: Wie muss man den Schlauch halten, um besonders weit zu spritzen?*

## Wurfparabeln

**32** Ein Wasserstrahl, der aus einem Gartenschlauch spritzt, ist ungefähr parabelförmig. Höhe und Öffnungsweite dieser Parabel hängen von der Richtung ab, in die man den Gartenschlauch hält. Stellen Sie für den Wasserstrahl, der am weitesten kommt, und für die Wasserstrahlen, die nur halb so weit kommen, Parabelgleichungen auf.

**33** Die Gerade zu $x_2 = -\frac{1}{2}x_1 + 4$ berührt die Parabel zu $x_2 = a(x_1 - b)^2 + c$ im Punkt $P(4|2)$.

**a)** Bestimmen Sie die Gleichung der Parabel, wenn $b = 3$ ist.

**b)** Bestimmen Sie die Gleichung der Parabel, wenn $c = 5$ ist.

**34** Die Gerade zu $x_2 = mx_1 + n$ berührt die Parabel zu $x_2 = a(x_1 - b)^2 + c$ im Punkt $P(p_1|p_2)$.

**a)** Wie groß sind $a$ und $b$, wenn $m$, $n$ und die Koordinaten von $P$ gegeben sind?

**b)** Wie groß sind $a$ und $c$, wenn $m$, $n$ und die Koordinaten von $P$ gegeben sind?

**35** Eine Kugel wird bei einem Sportwettkampf unter einem Winkel von 40° gegen die Horizontale gestoßen und landet 9 m hinter dem Abstoßbalken. Welche maximale Höhe erreicht die Kugel, wenn sie aus einer Höhe von 1,5 m abgestoßen wird?

**36** Ein Wasserstrahl spritzt aus einem Schlauch. Dabei wird der Winkel gegenüber der Horizontalen beginnend mit 10° und endend mit 80° jeweils um 10° vergrößert.

**a)** Wie hoch muss der Strahl jeweils kommen, damit er 8 m weit reicht?

**b)** Wie weit muss der Strahl jeweils kommen, damit er 4 m hoch reicht?

**37** Im Dresdner Mathematisch-Physikalischen Salon ist ein Gemälde aus dem Jahr 1577 zu sehen, das die Vorstellungen wiedergibt, die man sich damals von der Flugbahn einer Kanonenkugel gemacht hat. Die Entfernungen sind in Fuß angegeben. Für dieses Maß gab es im 16. Jahrhundert noch keine überregionale Normung. 1 Fuß dürfte ungefähr 30 cm entsprechen. Die Zielpunkte befinden sich also 150 m, 300 m und 450 m vom Abschusspunkt entfernt.

**a)** Zeichnen Sie zunächst eine Flugbahn wie auf dem Gemälde und beschreiben Sie sie durch Gleichungen.

**b)** Beschreiben Sie die tatsächliche Flugbahn durch eine Gleichung und ergänzen Sie die Zeichnung entsprechend. Setzen Sie dabei voraus, dass die Abschussrichtung und die Reichweite mit dem Gemälde übereinstimmen.

**c)** Beschreiben Sie die Abweichungen.

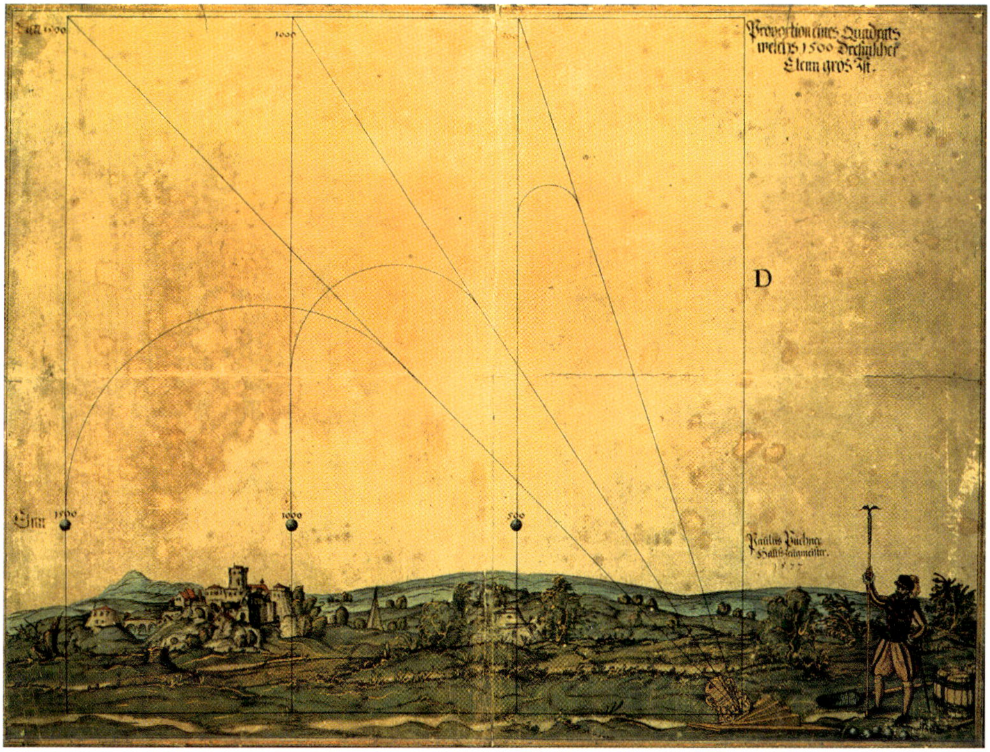


*Bild 99/1: So stellte man sich 1577 die Flugbahnen von Kanonenkugeln vor*

## Parabeluntersuchung mit Tabellenkalkulation

**38** Es soll mit einer Tabellenkalkulation der Scheitelpunkt der Parabeln zu $x_2 = x_1^2 + px_1 + q$ untersucht werden. Wählen Sie dazu zunächst $p = -4$ und $q = -3$. Richten Sie die Tabelle jedoch so ein, dass Sie diese Werte jederzeit verändern können.

**a)** Erstellen Sie für das Intervall von $-10$ bis $10$ eine Wertetabelle mit der Schrittweite $0{,}5$. Achten Sie auf eine sinnvolle Zahlendarstellung. Zeichnen Sie dann den Funktionsgraphen in einem Punktdiagramm.
Das Diagramm soll folgende Eigenschaften aufweisen:
- Der Funktionsgraph soll mit einer durchgehenden Linie gezeichnet werden.
- Die $x_1$-Achse und die $x_2$-Achse sollen sich von $-10$ bis $10$ erstrecken und in Abständen der Länge 2 markiert sein.
- Auch die Gitternetzlinien sollen angezeigt werden.

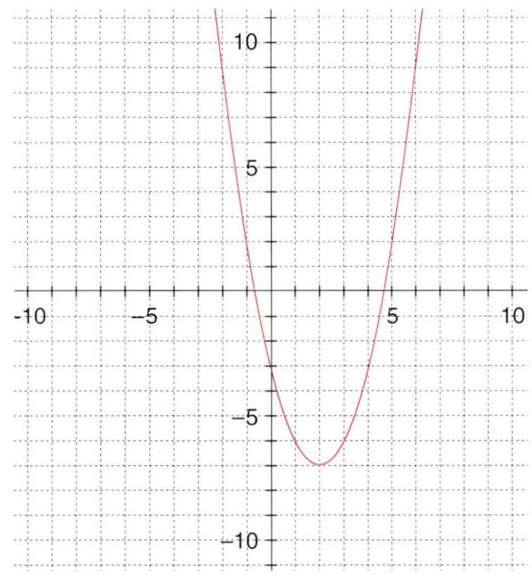


*Bild 100/1: Parabel mit $p = -4$ und $q = -3$*

**b)** Ändern Sie die Werte für $q$ und untersuchen Sie anhand des Diagramms den Einfluss auf die Lage des Scheitelpunktes. Wählen Sie beispielsweise $q = 0, -1, 1, -2, 2, -3, 3, \ldots$. Welcher Zusammenhang besteht zwischen der Werteänderung von $q$ und der Lage des Scheitelpunkts $S(s_1|s_2)$?

**c)** Ändern Sie die Werte für $p$ und untersuchen Sie anhand des Diagramms den Einfluss auf die Lage des Scheitelpunktes. Wählen Sie z. B. für $q = 0$ die Werte $p = -6, -4, -2, 0, 2, 4, \ldots$. Welcher Zusammenhang besteht zwischen der Werteänderung von $p$ und der Lage des Scheitelpunktes $S(s_1|s_2)$?

**d)** Leiten Sie daraus eine Formel für $s_1$ in Abhängigkeit von $p$ her. Berechnen Sie damit die Koordinate $s_2$ des Scheitelpunktes $S$. Welcher Zusammenhang besteht mit der Anzahl der Lösungen der quadratischen Gleichung $x_1^2 + px_1 + q = 0$?

**e)** Verändert man in c) die Werte von $p$, so bewegt sich der Scheitelpunkt der Parabel auf einer bestimmten Kurve. Beschreiben Sie diese Kurve. Leiten Sie anhand der Ergebnisse von d) eine Gleichung für diese Kurve her.

**f)** Zeichnen Sie anhand einer weiteren Wertetabelle diese Kurve mit einer anderen Farbe in das Diagramm ein und überprüfen Sie Ihre Ergebnisse, indem Sie die Werte für $p$ bzw. $q$ variieren.

**g)** Die Parabel zu $x_2 = x_1^2 + px_1 + q$ hat die Scheitelpunktsgleichung $x_2 = (x_1 - s_1)^2 + s_2$. Setzen Sie darin die in d) ermittelten Werte für $s_1$ und $s_2$ ein und leiten Sie daraus die Nullstellen her.

# 3 Lineare Gleichungssysteme

$$\begin{aligned} ax + by &= c \\ dx + ey &= f \end{aligned}$$

*In diesem Kapitel wird ein systematisches Verfahren zur Lösung linearer Gleichungssysteme erarbeitet und diskutiert.*

## 3.1 Der Gauß'sche Algorithmus



**A1 Kostenfunktion**

Zur Modellierung einer Kostenfunktion $K$ für Herstellung und Vertrieb von $x$ Wareneinheiten werden in den Wirtschaftswissenschaften häufig ganzrationale Funktionen dritten Grades verwendet. Ermitteln Sie eine solche Funktion für einen Fall, bei dem durch Beobachtung der Kosten folgende Zusammenhänge festgestellt wurden:

$$\begin{aligned} K(1) &= 769{,}01; \\ K(10) &= 1130{,}00; \\ K(30) &= 1590{,}00; \\ K(90) &= 4410{,}00. \end{aligned}$$

**A2 Ausbau einer Theorie**

In der Sekundarstufe I haben Sie Gleichungssysteme aus 2 Gleichungen mit 2 Variablen ausführlich behandelt. Auch einige Systeme aus 3 Gleichungen mit 3 Variablen sind gelöst worden. Machen Sie sich die dort verwendeten Methoden klar und versuchen Sie, sie auf Systeme aus mehr Gleichungen mit mehr Variablen auszubauen. Versuchen Sie vor allem, eine systematische Lösungsmethode zu finden, die man auch programmieren kann. Sie können Ihre Überlegungen z. B. auf das folgende Gleichungssystem beziehen:

$$\begin{array}{rcrcrcrcrcr} x_1 & + & x_2 & + & x_3 & + & x_4 & + & x_5 & = & 6 \\ x_1 & + & 2x_2 & + & 3x_3 & - & x_4 & - & 2x_5 & = & 6 \\ 2x_1 & + & 7x_2 & - & 2x_3 & + & 3x_4 & - & 3x_5 & = & 20 \\ -5x_1 & - & 4x_2 & + & 6x_3 & - & 5x_4 & + & 6x_5 & = & -17 \\ 4x_1 & - & 3x_2 & - & 3x_3 & + & 6x_4 & - & 7x_5 & = & 7 \end{array}$$

Die Lösungsmenge $L = \{(1; 2; 1; 2; 0)\}$ können Sie verwenden, um Ihre eigenen Umformungsschritte zu überprüfen.

AUFTRÄGE

**A3** **Restbestände**

Eine Versandbuchhandlung bietet vor den Sommerferien im Internet eine Sonderaktion an: drei Pakete Taschenbücher zum Urlaubsschmökern. Die Bücher stammen aus den drei beliebten Reihen des Versandhauses: Kriminalromane, Science-Fiction Bücher und Abenteuerromane. Alle Bücher aus einer Reihe haben jeweils den gleichen Preis.

Im ersten Paket sind 3 Krimis, 3 Science-Fiction Bücher und 5 Abenteuerromane. Eine andere Zusammenstellung enthält 4 Krimis, 3 Science-Ficton Bücher und 2 Abenteuerromane. Eine dritte Auswahl umfasst 5 Krimis, 2 Science-Fiction-Bücher und 3 Abenteuerromane. Die Buchhandlung will mit dieser Aktion ihr Lager räumen, nachdem eine Inventur ergeben hat, dass noch 2580 Krimis, 1770 Science-Fiction Bücher und 2080 Abenteuerromane vorhanden sind.

In der Internetaktion werden solche Pakete zu folgendem Preis angeboten: die erste Zusammenstellung für 10,20 €, die zweite Paketart für 7,84 € und das dritte Sortiment für 8,82 €. Es wird damit geworben, dass die Pakete gegenüber den früheren Buchpreisen um 80 % billiger sind. Wie viele Pakete können jeweils zusammengestellt werden, wenn die Bestände aufgebraucht werden sollen? Was haben die einzelnen Bücher vor der Ermäßigung gekostet?

## Wie viele Pakete können angeboten werden?

Wir bearbeiten den Arbeitsauftrag **A3** zu den Restbeständen.

Die Angaben des Auftrags lassen sich übersichtlich in einer **Tabelle** erfassen. $K$, $S$ und $A$ sind die Krimis, die Science-Fiction Bücher und die Abenteuerromane, $P_1$, $P_2$ und $P_3$ die drei Paketarten. Am Ende der **Zeile** für eine Bücherart steht die Anzahl der noch vorhandenen Bücher, am Ende der **Spalte** für eine Paketart steht der Preis des Pakets.

| | $P_1$ | $P_2$ | $P_3$ | gesamt |
|---|---|---|---|---|
| K | 3 | 4 | 5 | 2580 |
| S | 3 | 3 | 2 | 1770 |
| A | 5 | 2 | 3 | 2080 |
| Preis | 10,20 | 7,84 | 8,82 | |

Die Buchhandlung hofft, dass sich aus den Büchern Pakete zusammenstellen lassen, ohne dass ein Rest bleibt. Bezeichnet man mit $x_1$, $x_2$ und $x_3$ die Anzahl der Pakete der Art $P_1$, $P_2$ und $P_3$, so müssen die folgenden drei Gleichungen erfüllt sein:

$$\begin{aligned} 3x_1 + 4x_2 + 5x_3 &= 2580 \\ 3x_1 + 3x_2 + 2x_3 &= 1770 \\ 5x_1 + 2x_2 + 3x_3 &= 2080. \end{aligned}$$

Dies ist ein **lineares Gleichungssystem**, kurz: **LGS**, mit 3 **Variablen**, das aus 3 Gleichungen besteht. Man nennt die Gleichungen linear, weil die Variablen nur in der ersten Potenz vorkommen, nicht aber in höheren Potenzen, wie etwa $x_2^{\,3}$ oder $x_3^{\,2}$.

Aus der Fragestellung ergibt sich, dass für $x_1$, $x_2$ und $x_3$ nur natürliche Zahlen in Betracht kommen.

Auch die Frage nach den alten Einzelpreisen $y_1$, $y_2$ und $y_3$ der Bücher führt auf ein lineares Gleichungssystem. Die Zahlen für die rechten Seiten der Gleichungen sind nicht direkt gegeben, man muss hier die Ermäßigung um 80% beachten:

$$\begin{aligned} 3y_1 + 3y_2 + 5y_3 &= 10{,}20 : 0{,}2 = 51{,}00 \\ 4y_1 + 3y_2 + 2y_3 &= 7{,}84 : 0{,}2 = 39{,}20 \\ 5y_1 + 2y_3 + 3y_3 &= 8{,}82 : 0{,}2 = 44{,}10. \end{aligned}$$

$y_1$, $y_2$ und $y_3$ stehen hier für positive reelle Zahlen.

## Lösen eines Gleichungssystems

Wir betrachten zunächst das Gleichungssystem zur Paketzusammenstellung:

$$\begin{aligned} 3x_1 + 4x_2 + 5x_3 &= 2580 \\ 3x_1 + 3x_2 + 2x_3 &= 1770 \\ 5x_1 + 2x_2 + 3x_3 &= 2080. \end{aligned}$$

Das Gleichungssystem lösen heißt, alle Einsetzungen für $x_1$, $x_2$ und $x_3$ zu finden, die die erste **und** die zweite **und** die dritte Gleichung erfüllen. Die Zahlen $x_1 = 130$, $x_2 = 360$ und $x_3 = 150$ erfüllen z. B. die erste und die zweite Gleichung

$$\begin{aligned} 3 \cdot 130 + 4 \cdot 360 + 5 \cdot 150 &= 2580 \\ 3 \cdot 130 + 3 \cdot 360 + 2 \cdot 150 &= 1770, \end{aligned}$$

nicht aber die dritte

$$5 \cdot 130 + 2 \cdot 360 + 3 \cdot 150 = 1820 \neq 2080;$$

das Tripel $(130|360|150)$ ist also keine Lösung des Gleichungssystems.

Um ein lineares Gleichungssystem zu lösen, formt man es so um, dass man seine Lösungen ablesen kann. Man darf dabei natürlich nur solche Umformungen durchführen, bei denen die Lösungsmenge sich nicht ändert. Solche Umformungen bezeichnet man als **Äquivalenzumformungen**. Lineare Gleichungssysteme kann man mit dem **Einsetzungsverfahren**, dem **Gleichsetzungsverfahren** oder dem **Additionsverfahren** lösen.

Beim Einsetzungsverfahren löst man z. B. die erste Gleichung nach $x_1$ auf

$$\begin{aligned} 3x_1 + 4x_2 + 5x_3 &= 2580 \\ x_1 &= \frac{2580 - 4x_2 - 5x_3}{3} \end{aligned}$$

und ersetzt in den anderen Gleichungen $x_1$ durch den erhaltenen Term:

$$3 \cdot \frac{2580 - 4x_2 - 5x_3}{3} + 3x_2 + 2x_3 = 1770$$

$$5 \cdot \frac{2580 - 4x_2 - 5x_3}{3} + 2x_2 + 3x_3 = 2080.$$

Nun löst man z. B. die erste dieser beiden Gleichungen nach $x_2$ auf und setzt den erhaltenen Term für $x_2$ in die dritte Gleichung ein, die dann nur noch $x_3$ enthält. Daher lässt sich aus ihr eine Lösung für $x_3$ bestimmen, mit der man dann eine Lösung für $x_2$ und schließlich eine für $x_1$ erhält. Das Verfahren führt schnell zu verschachtelten Termen und ist dann oft unübersichtlich. Ähnlich ist es beim Gleichsetzungsverfahren.

Auch das Additionsverfahren beruht auf der erfolgreichen Idee, schrittweise aus den Gleichungen Variable verschwinden zu lassen, zu **eliminieren**, vermeidet aber unübersichtliche Terme.

Als Erstes addieren wir die 1. Gleichung zur mit $(-1)$ multiplizierten 2. Gleichung. Diese Umformung wird neben dem Gleichungssystem durch einen Pfeil mit dem dazugehörigen Faktor gekennzeichnet.

$$\begin{array}{rcrcrcr} 3x_1 & + & 4x_2 & + & 5x_3 & = & 2580 \\ 3x_1 & + & 3x_2 & + & 2x_3 & = & 1770 \\ 5x_1 & + & 2x_2 & + & 3x_3 & = & 2080 \end{array} \quad \begin{array}{l} \big\downarrow \\ \cdot(-1) \\ \\ \end{array}$$

Das Ergebnis verwenden wir als neue 2. Gleichung, also an der Stelle, auf die die Pfeilspitze zeigt.

$$\begin{array}{rcrcrcr} 3x_1 & + & 4x_2 & + & 5x_3 & = & 2580 \\ & & x_2 & + & 3x_3 & = & 810 \\ 5x_1 & + & 2x_2 & + & 3x_3 & = & 2080 \end{array} \quad \begin{array}{l} \uparrow \\ \cdot(-4) \quad \downarrow \cdot(-2) \\ \\ \end{array}$$

Die zweite Gleichung enthält nun eine Variable weniger.

Als Nächstes ist es rechnerisch am einfachsten, die Variable $x_2$ aus der ersten und der dritten Gleichung zu entfernen. Dabei ist so vorzugehen, wie es oben mit Hilfe der Pfeile notiert ist.

$$\begin{array}{rcrcrcr} 3x_1 & & & - & 7x_3 & = & -660 \\ & & x_2 & + & 3x_3 & = & 810 \\ 5x_1 & & & - & 3x_3 & = & 460 \end{array} \quad \begin{array}{l} \cdot(-5) \\ \big\downarrow \\ \cdot 3 \end{array}$$

Zuletzt entfernen wir die Variable $x_1$ aus der letzten Gleichung und erhalten:

$$\begin{array}{rcrcrcr} 3x_1 & & & - & 7x_3 & = & -660 \\ & & x_2 & + & 3x_3 & = & 810 \\ & & & & 26x_3 & = & 4680 \end{array}$$

Dies liefert zunächst $x_3 = 180$. Durch weiteres „Rückwärts"-Einsetzen erhält man $x_2 = 270$ und $x_1 = 200$.

Setzt man diese Ergebnisse zur Probe für die Variablen $x_1$, $x_2$ und $x_3$ im Ausgangsgleichungssystem ein, so erhält man:

$$\begin{array}{rcrcrcl} 3 \cdot 200 & + & 4 \cdot 270 & + & 5 \cdot 180 & = & 2580\ (\text{w}) \\ 3 \cdot 200 & + & 3 \cdot 270 & + & 2 \cdot 180 & = & 1770\ (\text{w}) \\ 5 \cdot 200 & + & 2 \cdot 270 & + & 3 \cdot 180 & = & 2080\ (\text{w}). \end{array}$$

Alle drei Aussagen sind wahr, daher ist das Tripel $(200|270|180)$ eine Lösung des gegebenen Gleichungssystems. Die Buchhandlung kann also aus den Restbeständen 200 Pakete der ersten Art, 270 Pakete der zweiten Art und 180 Pakete der dritten Art zusammenstellen.

## Äquivalenzumformungen

Beim Umformen des Gleichungssystems haben wir

- eine Gleichung mit einer von Null verschiedenen Zahl multipliziert,
- eine Gleichung durch die Summe aus dieser und einer anderen Gleichung ersetzt.

Wir begründen im Folgenden, dass die erste der beiden Umformungen, also die Multiplikation einer Gleichung $T_1 = T_2$ mit einer von 0 verschiedenen reellen Zahl $c$, eine **Äquivalenzumformung** ist.

Wenn die Gleichung $T_1 = T_2$ erfüllt ist, $T_1$ und $T_2$ also für dieselbe reelle Zahl stehen, dann ist für jede reelle Zahl $c$ auch die Gleichung $c \cdot T_1 = c \cdot T_2$ erfüllt, weil die Multiplikation stets ein eindeutiges Ergebnis hat, also:

$$T_1 = T_2 \Rightarrow c \cdot T_1 = c \cdot T_2.$$

Die Umkehrung zeigt man dadurch, dass man auf beiden Seiten der Gleichung $c \cdot T_1 = c \cdot T_2$ mit dem Kehrwert $\frac{1}{c}$ multipliziert, der für $c \neq 0$ stets existiert:

$$c \cdot T_1 = c \cdot T_2 \quad \Rightarrow \quad \tfrac{1}{c} \cdot (c \cdot T_1) = \tfrac{1}{c} \cdot (c \cdot T_2) \quad \Rightarrow \quad \left(\tfrac{1}{c} \cdot c\right) \cdot T_1 = \left(\tfrac{1}{c} \cdot c\right) \cdot T_2 \quad \Rightarrow \quad T_1 = T_2.$$

Insgesamt gilt also:

$$T_1 = T_2 \quad \Leftrightarrow \quad c \cdot T_1 = c \cdot T_2.$$

Ebenso lässt sich begründen, dass auch die zweite Umformung, also das Ersetzen einer Gleichung durch die Summe aus dieser und einer anderen Gleichung, eine Äquivalenzumformung ist.

Da wir folglich beim Umformen des gegebenen Gleichungssystems nur Äquivalenzumformungen angewandt haben, ist das umgeformte Gleichungssystem zum Ausgangsgleichungssystem äqivalent; beide Systeme haben also die gleiche Lösungsmenge.

Das umgeformte System hat genau eine Lösung; also ist das Tripel $(200|270|180)$ auch die einzige Lösung des gegebenen Gleichungssystems. Für die erste Frage des Ausgangsproblems ergibt sich damit die folgende Antwort:

Die Buchhandlung kann aus den Restbeständen 200 Pakete der ersten Art, 270 Pakete der zweiten Art und 180 Pakete der dritten Art zusammenstellen.

Manchmal ist es bei der Umformung sinnvoll, Gleichungen zu vertauschen; wir hätten z. B. die zweite Gleichung an die erste Stelle setzen können, bevor wir damit die Variable $x_2$ aus den beiden anderen Gleichungen entfernt haben.

Auch dies ist eine Äquivalenzumformung. Insgesamt gilt der

**Satz 3.1** Die Lösungsmenge eines Gleichungssystems ändert sich nicht, wenn man

- eine Gleichung mit einer von Null verschiedenen Zahl multipliziert,
- eine Gleichung durch die Summe aus dieser und einer anderen Gleichung ersetzt,
- zwei Gleichungen vertauscht. ■

## Systematisches Lösen eines Gleichungssystems

Beim Lösen des Gleichungssystems mit dem Additionsverfahren haben wir so umgeformt, dass der Rechenweg möglichst bequem war. Man kann sich vorstellen, dass bei komplizierterem Zahlenmaterial oder einer größeren Anzahl von Gleichungen und Variablen solche „bequemen" Rechenschritte nicht immer erkennbar sind.

Will man überdies Gleichungssysteme von einem Computer lösen lassen, so braucht man ein leicht beschreibbares Verfahren, das immer funktioniert, einen **Algorithmus**.

Ein solcher Algorithmus, mit dem man lineare Gleichungssysteme lösen kann, geht auf den Mathematiker Karl Friedrich Gauß zurück.

Mithilfe der ersten Gleichung wird dabei zunächst die Variable $x_1$ aus allen anderen Gleichungen entfernt, danach mithilfe der neu erhaltenen zweiten Gleichung $x_2$ aus allen darunter stehenden Gleichungen, usw.

*Bild 106/1: Karl Friedrich Gauß (1777–1855), Mathematiker, Physiker und Astronom*

Wir wenden den **Gauß'schen Algorithmus** auf unser Beispiel an:

$$\begin{array}{rcrcrcl}
3x_1 & + & 4x_2 & + & 5x_3 & = & 2580 \quad \big| \cdot 5 \\
3x_1 & + & 3x_2 & + & 2x_3 & = & 1770 \quad \downarrow \cdot(-1) \\
5x_1 & + & 2x_2 & + & 3x_3 & = & 2080 \quad \downarrow \cdot(-3)
\end{array}$$

$$\begin{array}{rcrcrcl}
3x_1 & + & 4x_2 & + & 5x_3 & = & 2580 \\
 & & x_2 & + & 3x_3 & = & 810 \quad \big| \cdot 14 \\
 & & 14x_2 & + & 16x_3 & = & 6660 \quad \downarrow \cdot(-1)
\end{array}$$

$$\begin{array}{rcrcrcl}
3x_1 & + & 4x_2 & + & 5x_3 & = & 2580 \\
 & & x_2 & + & 3x_3 & = & 810 \\
 & & & & 26x_3 & = & 4680 \quad |:26
\end{array}$$

Der Gauß'sche Algorithmus führt also auf ein Gleichungssystem in **Dreiecksgestalt**. Aus diesem kann man die Lösung schrittweise bestimmen:

Aus der letzten Zeile erhält man $x_3 = \frac{4680}{26} = 180$ und damit aus der vorletzten $x_2 + 3 \cdot 180 = 810$, also $x_2 = 270$. Schließlich erhält man damit aus der ersten Gleichung $3x_1 + 4 \cdot 270 + 5 \cdot 180 = 2580$, also $x_1 = 200$.

Man erhält also – wie auf Seite 104 – die Lösung $(200|270|180)$.

Statt rückwärts einzusetzen kann man das Gleichungssystem auch weiter umformen:

$$\begin{array}{rcrcrcrl}
3x_1 & + & 4x_2 & + & 5x_3 & = & 2580 & \\
 & & x_2 & + & 3x_3 & = & 810 & \\
 & & & & x_3 & = & 180 & \cdot(-3) \quad \cdot(-5)
\end{array}$$

$$\begin{array}{rcrcrcrl}
3x_1 & + & 4x_2 & & & = & 1680 & \\
 & & x_2 & & & = & 270 & \cdot(-4) \\
 & & & & x_3 & = & 180 &
\end{array}$$

$$\begin{array}{rcrcrcrl}
3x_1 & & & & & = & 600 & |:3 \\
 & & x_2 & & & = & 270 & \\
 & & & & x_3 & = & 180 &
\end{array}$$

$$\begin{array}{rcrcrcr}
x_1 & & & & & = & 200 \\
 & & x_2 & & & = & 270 \\
 & & & & x_3 & = & 180
\end{array}$$

Aus dieser **Diagonalgestalt** lässt sich die Lösung dann direkt ablesen.

## Matrizen als Kurzschreibweise für Gleichungssysteme

Die durchgeführten Umformungen zur Lösung des linearen Gleichungssystems haben sich nur auf die Zahlen bezogen, nicht aber auf die Variablen. Man kann daher viel Schreibarbeit sparen und Übersicht gewinnen, wenn man nur diese Zahlen aufschreibt, die Variablen also weglässt. Wir wollen dies bei der Lösung des Gleichungssystems für den Preis der einzelnen Büchern nutzen.

Das zu lösende Gleichungssystem

$$\begin{array}{rcrcrcr}
3y_1 & + & 3y_2 & + & 5y_3 & = & 51{,}00 \\
4y_1 & + & 3y_2 & + & 2y_3 & = & 39{,}20 \\
5y_1 & + & 2y_3 & + & 3y_3 & = & 44{,}10
\end{array}$$

wird vollständig durch das folgenden Zahlenschema erfasst:

$$\left(\begin{array}{ccc|c}
3 & 3 & 5 & 51{,}00 \\
4 & 3 & 2 & 39{,}20 \\
5 & 2 & 3 & 44{,}10
\end{array}\right)$$

Ein solches rechteckiges, in runde Klammern eingeschlossenes Zahlenschema nennt man eine **Matrix** (Plural: Matrizen). Die hier entstandene Matrix hat drei **Zeilen** und vier **Spalten**. In den drei ersten Spalten stehen die Vorfaktoren der Variablen, die **Koeffizienten**. In der letzten Spalte stehen, zur besseren Übersichtlichkeit durch einen senkrechten Strich abgetrennt, die **Absolutglieder**; das sind die Zahlen rechts der Gleichheitszeichen.

Selbstverständlich dürfen diese Absolutglieder auch negative Werte annehmen; mit Absolutglied ist hier nur gemeint, dass auf der rechten Seite keine Variablen mehr auftreten.

Die folgende Gegenüberstellung zeigt, dass sich die Äquivalenzumformungen bei der Matrix genauso darstellen lassen wie beim Gleichungssystem:

$$\begin{array}{rcrcrcl|l}
3y_1 & + & 3y_2 & + & 5y_3 & = & 51{,}00 & \cdot 4 \quad \cdot 5 \\
4y_1 & + & 3y_2 & + & 2y_3 & = & 39{,}20 & \downarrow \cdot(-3) \\
5y_1 & + & 2y_2 & + & 3y_3 & = & 44{,}10 & \downarrow \cdot(-3)
\end{array}
\qquad
\left(\begin{array}{ccc|c} 3 & 3 & 5 & 51{,}00 \\ 4 & 3 & 2 & 39{,}20 \\ 5 & 2 & 3 & 44{,}10 \end{array}\right)
\begin{array}{l} \cdot 4 \quad \cdot 5 \\ \downarrow \cdot(-3) \\ \downarrow \cdot(-3) \end{array}$$

$$\begin{array}{rcrcrcl|l}
3y_1 & + & 3y_2 & + & 5y_3 & = & 51{,}00 & \\
 & & 3y_2 & + & 14y_3 & = & 86{,}40 & \cdot 9 \\
 & & 9y_2 & + & 16y_3 & = & 122{,}70 & \downarrow \cdot(-3)
\end{array}
\qquad
\left(\begin{array}{ccc|c} 3 & 3 & 5 & 51{,}00 \\ 0 & 3 & 14 & 86{,}40 \\ 0 & 9 & 16 & 122{,}70 \end{array}\right)
\begin{array}{l} \\ \cdot 9 \\ \downarrow \cdot(-3) \end{array}$$

$$\begin{array}{rcrcrcl|l}
3y_1 & + & 3y_2 & + & 5y_3 & = & 51{,}00 & \\
 & & 3y_2 & + & 14y_3 & = & 86{,}40 & \\
 & & & & 78y_3 & = & 409{,}50 & :78
\end{array}
\qquad
\left(\begin{array}{ccc|c} 3 & 3 & 5 & 51{,}00 \\ 0 & 3 & 14 & 86{,}40 \\ 0 & 0 & 78 & 409{,}50 \end{array}\right)
\begin{array}{l} \\ \\ |:78 \end{array}$$

Das Gleichungssystem, d.h. genauer seine linke Seite, ist damit auf Dreiecksgestalt gebracht. Die Dreiecksgestalt ist auch im linken Teil der Matrix erkennbar, den Leerstellen im Gleichungssystem entsprechen in der Matrix Nullen.

Man erhält $y_3 = 409{,}50 : 78 = 5{,}25$. Durch weiteres rückwarts verlaufendes Einsetzen in die zweite und erste Gleichung ergibt sich $y_2 = 4{,}30$ und $y_1 = 3{,}95$.

Zur Probe setzt man wieder im Ausgangsgleichungssystem für die Variablen $y_1$, $y_2$ und $y_3$ die Zahlen 3,95; 4,30 bzw. 5,25 ein:

$$\begin{array}{rcrcrcll}
3 \cdot 3{,}95 & + & 3 \cdot 4{,}30 & + & 5 \cdot 5{,}25 & = & 51{,}00 & (\mathrm{w}) \\
4 \cdot 3{,}95 & + & 3 \cdot 4{,}30 & + & 2 \cdot 5{,}25 & = & 39{,}20 & (\mathrm{w}) \\
5 \cdot 3{,}95 & + & 2 \cdot 4{,}30 & + & 3 \cdot 5{,}25 & = & 44{,}10 & (\mathrm{w}).
\end{array}$$

Das Tripel $(3{,}95|4{,}30|5{,}25)$ ist also die eindeutige Lösung des Gleichungssystems für den Preis der einzelnen Bücher. Ein Krimi kostet damit 3,95 €, ein Science-Fiction-Buch 4,30 € und ein Abenteuerroman 5,25 €.

Statt einzusetzen, kann man Gleichungssystem und Matrix auch weiter umformen:

$$\begin{array}{rcrcrcr} 3y_1 & + & 3y_2 & + & 5y_3 & = & 51{,}00 \\ & & 3y_2 & + & 14y_3 & = & 86{,}40 \\ & & & & y_3 & = & 5{,}25 \end{array} \quad \begin{array}{l} \\ \uparrow \\ \cdot(-14) \end{array} \quad \begin{array}{l} \uparrow \\ \\ \cdot(-5) \end{array} \qquad \left(\begin{array}{ccc|c} 3 & 3 & 5 & 51{,}00 \\ 0 & 3 & 14 & 86{,}40 \\ 0 & 0 & 1 & 5{,}25 \end{array}\right) \begin{array}{l} \\ \uparrow \\ \cdot(-14) \end{array} \quad \begin{array}{l} \uparrow \\ \\ \cdot(-5) \end{array}$$

$$\begin{array}{rcrcrcr} 3y_1 & + & 3y_2 & & & = & 24{,}75 \\ & & 3y_2 & & & = & 12{,}90 \\ & & & & y_3 & = & 5{,}25 \end{array} \quad \begin{array}{l} \uparrow \\ \cdot(-1) \\ \\ \end{array} \qquad \left(\begin{array}{ccc|c} 3 & 3 & 0 & 24{,}75 \\ 0 & 3 & 0 & 12{,}90 \\ 0 & 0 & 1 & 5{,}25 \end{array}\right) \begin{array}{l} \uparrow \\ \cdot(-1) \\ \\ \end{array}$$

$$\begin{array}{rcrcrcr} 3y_1 & & & & & = & 11{,}85 \\ & & 3y_2 & & & = & 12{,}90 \\ & & & & y_3 & = & 5{,}25 \end{array} \quad \begin{array}{l} |:3 \\ |:3 \\ \\ \end{array} \qquad \left(\begin{array}{ccc|c} 3 & 0 & 0 & 11{,}85 \\ 0 & 3 & 0 & 12{,}90 \\ 0 & 0 & 1 & 5{,}25 \end{array}\right) \begin{array}{l} |:3 \\ |:3 \\ \\ \end{array}$$

$$\begin{array}{rcrcrcr} y_1 & & & & & = & 3{,}95 \\ & & y_2 & & & = & 4{,}30 \\ & & & & y_3 & = & 5{,}25 \end{array} \qquad \left(\begin{array}{ccc|c} 1 & 0 & 0 & 3{,}95 \\ 0 & 1 & 0 & 4{,}30 \\ 0 & 0 & 1 & 5{,}25 \end{array}\right)$$

Sind alle Koeffizienten in der Diagonale 1, so sind die Werte auf der rechten Seite direkt die Lösungen.

Auch hier bezieht sich die **Diagonalgestalt des Gleichungssystems bzw. der Matrix** wiederum nur auf die linke Seite. Deshalb erhält der linke Teil einer Matrix, durch die ein Gleichungssystem dargestellt wird, einen eigenen Namen. Man nennt den linken Teil allein **Koeffizientenmatrix** und die gesamte Matrix **erweiterte Matrix**.

## Ein weiteres Beispiel

Will man das Lineare Gleichungssystem

$$\begin{array}{rcrcrcrcr} x_1 & + & 3x_2 & + & 4x_3 & + & x_4 & = & 28 \\ & & & & 6x_3 & + & 8x_4 & = & 56 \\ & & x_2 & - & 5x_3 & + & 6x_4 & = & -38 \\ & & 2x_2 & + & 2x_3 & - & 5x_4 & = & 3 \end{array}$$

ebenso mit dem Gauß'schen Algorithmus lösen, so kann man mit der zweiten Gleichung nicht $x_2$ aus der dritten und vierten Gleichung eliminieren, weil die zweite Gleichung $x_2$ gar nicht enthält. Deshalb vertauscht man die zweite und die dritte Zeile des Gleichungssystems.

Die Lösung in Matrixschreibweise sieht dann insgesamt folgendermaßen aus:

$$\left(\begin{array}{cccc|c} 1 & 3 & 4 & 1 & 28 \\ 0 & 0 & 6 & 8 & 56 \\ 0 & 1 & -5 & 6 & -38 \\ 0 & 2 & 2 & -5 & 3 \end{array}\right) \updownarrow$$

$$\longrightarrow \left(\begin{array}{cccc|c} 1 & 3 & 4 & 1 & 28 \\ 0 & 1 & -5 & 6 & -38 \\ 0 & 0 & 6 & 8 & 56 \\ 0 & 2 & 2 & -5 & 3 \end{array}\right) \begin{array}{l} \\ \cdot(-2) \\ \downarrow \\ \\ \end{array}$$

$$\longrightarrow \left(\begin{array}{cccc|c} 1 & 3 & 4 & 1 & 28 \\ 0 & 1 & -5 & 6 & -38 \\ 0 & 0 & 6 & 8 & 56 \\ 0 & 0 & 12 & -17 & 79 \end{array}\right) \begin{array}{l} \\ \\ \cdot 2 \\ \downarrow \cdot(-1) \end{array} \longrightarrow \left(\begin{array}{cccc|c} 1 & 3 & 4 & 1 & 28 \\ 0 & 1 & -5 & 6 & -38 \\ 0 & 0 & 6 & 8 & 56 \\ 0 & 0 & 0 & 33 & 33 \end{array}\right)$$

Durch rückwärts verlaufendes Einsetzen oder weitere Umformung der Matrix auf Diagonalgestalt erhält man: $x_4 = 1$; $x_3 = 8$; $x_2 = -4$ und $x_1 = 7$.

ZUSAMMENFASSUNG

## Wir fassen zusammen

Man löst ein **lineares Gleichungssystem**, indem man die folgenden **Äquivalenzumformungen** mehrfach anwendet:

- Eine Gleichung mit einer von Null verschiedenen Zahl multiplizieren,
- eine Gleichung durch die Summe aus dieser und einer anderen Gleichung ersetzen,
- zwei Gleichungen vertauschen.

Der **Gauß'sche Algorithmus** ist eine systematische Anwendung solcher Umformungen:

- Man entfernt mit Hilfe der Variablen $x_1$ der ersten Gleichung diese Variable aus allen anderen Gleichungen. Dann entfernt man mit Hilfe der Variablen $x_2$ in der neu erhaltenen zweiten Gleichung diese Variable aus allen folgenden Gleichungen, usw. Dies gelingt durch Multiplikation der Gleichungen mit passenden Zahlen und anschließende Subtraktion.
- Kommt die Variable $x_i$ in der $i$-ten Gleichung nicht vor und gibt es eine weiter unten stehende Gleichung, die $x_i$ enthält, so vertauscht man die beiden Gleichungen.
- Hat man das Gleichungssystem damit auf **Dreiecksgestalt** gebracht, so kann man die Lösung durch **rückwärts verlaufendes Einsetzen** ermitteln oder durch weitere Umformungen, mit denen man das Gleichungssystem auf **Diagonalgestalt** bringt.

Übersichtlicher und mit weniger Schreibaufwand lassen sich diese Umformungen durchführen, wenn man sie auf die zu dem Gleichungssystem gehörende **erweiterte Matrix** anwendet.

## Lösen von Gleichungssystemen

**1** Lösen Sie das Gleichungssystem und nutzen Sie dabei Rechenvorteile.

**a)**
$$\begin{aligned} x_1 + 2x_2 - x_3 + x_4 &= 63 \\ 5x_1 + 15x_2 + 15x_3 + 5x_4 &= 0 \\ 4x_1 + 8x_2 - 4x_3 + 5x_4 &= 241 \\ 3x_1 + 6x_2 - 2x_3 + 7x_4 &= 124 \end{aligned}$$

**b)**
$$\begin{aligned} 3x_1 - 5x_2 + 4x_3 - 6x_4 &= 5 \\ 34x_1 - 68x_2 + 34x_3 - 68x_4 &= 68 \\ x_1 - 2x_2 + 2x_3 - 2x_4 &= -12 \\ 2x_1 + 4x_2 - x_3 - x_4 &= 10 \end{aligned}$$

**2** Lösen Sie mit Hilfe des Gauß'schen Algorithmus.

**a)**
$$\begin{aligned} 4x_1 + 3x_2 + 3x_3 &= 6 \\ x_1 + 3x_2 - x_3 &= 4 \\ 4x_1 + 2x_2 + 3x_3 &= 1 \end{aligned}$$

**b)**
$$\begin{aligned} x_1 + x_2 - x_3 &= -1 \\ x_1 + 4x_2 + 2x_3 &= 2 \\ -x_1 + 4x_2 + 4x_3 &= 2 \end{aligned}$$

**c)**
$$\begin{aligned} x_1 - 3x_2 - 4x_3 &= 1 \\ 2x_1 + x_2 - x_3 &= 2 \\ 5x_1 - x_2 - 3x_3 &= -4 \end{aligned}$$

**3** Stellen Sie die erweiterte Matrix auf und formen Sie sie so um, dass das Gleichungssystem Diagonalgestalt bekommt. Bestimmen Sie jeweils die Lösung.

**a)**
$$\begin{aligned} -x_1 - 2x_2 + 4x_3 &= 6 \\ 2x_1 + x_2 + 3x_3 &= 5 \\ 3x_1 + 3x_2 - 2x_3 &= -2 \end{aligned}$$

**b)**
$$\begin{aligned} x_1 + 3x_2 - 2x_3 &= -19 \\ 5x_1 - x_2 + 7x_3 &= 72 \\ -3x_1 + 4x_2 + 5x_3 &= 11 \end{aligned}$$

**c)**
$$\begin{aligned} 2x_1 - 4x_2 + x_3 &= -13 \\ 8x_1 + 6x_2 - x_3 &= 113 \\ x_1 + 7x_2 - 9x_3 &= 143 \end{aligned}$$

**d)**
$$\begin{aligned} x_1 - x_2 + x_3 - x_4 &= 0 \\ x_1 + x_2 - x_3 - x_4 &= 6 \\ x_1 - x_2 - x_3 + x_4 &= -2 \\ 2x_1 + x_2 - 2x_3 + 3x_4 &= 0 \end{aligned}$$

**e)**
$$\begin{aligned} 4x_1 + 3x_2 - 3x_3 - 8x_4 &= 0 \\ x_1 - x_2 + x_3 + 4x_4 &= 13 \\ -4x_1 - 2x_2 + x_3 + 3x_4 &= -3 \\ 3x_1 - x_2 - 2x_3 - 7x_4 &= -6 \end{aligned}$$

**4** Lösen Sie das durch die Matrix gegebene Gleichungssystem.

**a)**
$$\left(\begin{array}{ccc|c} 4 & 2 & 1 & -6{,}0 \\ 3 & 4 & 2 & 0{,}5 \\ 5 & 6 & 1 & -2{,}5 \end{array}\right)$$

**b)**
$$\left(\begin{array}{cccc|c} 2 & -2 & 1 & -1 & 9 \\ 4 & 2 & -3 & 1 & 13 \\ -1 & 3 & -6 & -2 & -47 \\ -2 & -1 & 2 & 3 & 11 \end{array}\right)$$

**c)**
$$\left(\begin{array}{ccc|c} -1 & -2 & 4 & 6 \\ 2 & 1 & 3 & 5 \\ 3 & 3 & -2 & -2 \end{array}\right)$$

**d)**
$$\left(\begin{array}{cccc|c} 4 & 3 & -3 & -8 & -10 \\ 1 & -1 & 1 & 4 & 13 \\ -4 & -2 & 1 & 3 & -3 \\ 3 & -1 & -2 & -7 & -6 \end{array}\right)$$

## Anwendungen

**5** Von der Funktion zu $y = f(x)$ sind einige Funktionswerte bekannt; bestimmen Sie jeweils die Koffizienten.

**a)** $f(x) = ax^2 + bx + c$; $f(4) = 57$; $f(-4) = 57$; $f(0) = 9$.

**b)** $f(x) = ax^3 + bx^2 + cx + d$; $f(1) = 4{,}5$; $f(-1) = 0{,}5$; $f(-5) = -103{,}5$; $f(3) = 40{,}5$.

**c)** $f(x) = a \cdot \sin x + b \cdot \cos x + c \cdot x$; $f\left(\frac{\pi}{2}\right) = 1{,}5$; $f(\pi) = -1$; $f(0) = 2$.

AUFGABEN

**6** Eine Großküche stellt verschiedene Gerichte aus Fleisch, Nudeln und Gemüse her.

**a)** Für Katastrophenfälle braucht man ein Gericht mit 140 g Eiweiss, 100 g Fett und 400 g Kohlehydraten. Wie schwer ist eine Portion?

**b)** Ein Diätgericht soll nur aus Fleisch und Gemüse bestehen und 100 g Fett sowie 150 g Eiweiss enthalten. Wie gross ist dabei der Kohlehydratanteil?

| | Gehalt je 100 g Fleisch | Nudeln enthalten | Gemüse |
|---|---|---|---|
| Eiweiss | 10 g | 10 g | 40 g |
| Fett | 40 g | | 10 g |
| Kohlehydrate | 30 g | 70 g | 30 g |

**7** Eine Druckerei bietet drei verschiedene Geschenkanhänger $G_1$, $G_2$ und $G_3$ in drei verschiedenen Verkaufspackungen $V_1$, $V_2$ und $V_3$ an. Wie viele Verkaufspackungen jeder Art kann man fertigstellen, wenn $G_1$, $G_2$ und $G_3$ Auslaufmodelle sind und das Lager geräumt werden soll?

| | $G_1$ | $G_2$ | $G_3$ |
|---|---|---|---|
| $V_1$ | 2 | 4 | 2 |
| $V_2$ | 3 | 2 | 0 |
| $V_3$ | 4 | 1 | 1 |
| auf Lager | 1627 | 1018 | 508 |

**8** Eine Werkstatt bezieht drei Sorten von Einzelteilen $T_1$, $T_2$ und $T_3$ und stellt daraus drei verschiedene Montageeinheiten $M_1$, $M_2$ und $M_3$ her. Diese werden zu drei Endprodukten $E_1$, $E_2$ und $E_3$ zusammengesetzt. Der zahlenmäßige Zusammenhang ist den beiden Tabellen zu entnehmen.

| | $M_1$ | $M_2$ | $M_3$ |
|---|---|---|---|
| $T_1$ | 5 | 6 | 1 |
| $T_2$ | 4 | 2 | 3 |
| $T_3$ | 3 | 3 | 8 |

| | $E_1$ | $E_2$ | $E_3$ |
|---|---|---|---|
| $M_1$ | 2 | 1 | 1 |
| $M_2$ | 1 | 1 | 3 |
| $M_3$ | 1 | 2 | 4 |

**a)** Wie viele der einzelnen Endprodukte können hergestellt werden, wenn 1600 Teile der Sorte $T_1$, 1300 Teile der Sorte $T_2$ und 2350 Teile der Sorte $T_3$ zur Verfügung stehen?

**b)** Wie viele Einzelteile jeder Art braucht man, um einem Auftrag über 80 Endprodukte der Art $E_1$, 60 Endprodukte der Art $E_2$ und 110 Endprodukte der Art $E_3$ nachzukommen?

**9** Ein Elektronik-Shop führt drei verschiedene Packungen mit Chips der Typen $C_1$, $C_2$ und $C_3$ für den Zusammenbau spezieller Spiele.

Packung 1 enthält 4 $C_1$-Chips und 6 $C_2$-Chips.
In Packung 2 sind 6 $C_1$-Chips, 7 $C_2$-Chips und 3 $C_3$-Chips.
Packung 3 ist mit 4 $C_1$-Chips, 5 $C_2$-Chips und 5 $C_3$-Chips gefüllt.

Diese Zusammenstellungen sind so unschlagbar preiswert, dass die Informartikstudenten mit solchen Packungen ihren Bedarf an Chips für Diplomarbeiten und Praktika decken. Es lohnt sich keinesfalls, einzelne Chips woanders zu kaufen.

**a)** Ein Elektrotechnikstudent benötigt für seine Diplomarbeit 64 $C_1$-Chips, 81 $C_2$-Chips und 47 $C_3$-Chips. Wie viele Packungen sollte er kaufen?

**b)** Eine Studentin braucht im Rahmen ihres Hardware-Praktikums 10 $C_1$-Chips, 15 $C_2$-Chips und 10 $C_3$-Chips. Welche Packungen sollte sie kaufen?

**10** Eine Maschinenbaufirma stellt Federn und Membranen aus einer Kupferlegierung her, die 90% Kupfer, 5% Zink und 5% Zinn enthält. Sie kann Legierungen von verschiedenen Kupferhütten beziehen: eine dieser Legierungen besteht aus 80% Kupfer und 20% Zink, eine andere aus 95% Kupfer und 5% Zinn und eine dritte aus 80% Kupfer, 10% Zink und 19% Zinn.

**11** Ein Zauberkünstler verblüfft mit einem Rechentrick: Auf Anhieb errät er drei gedachte Zahlen, wenn man ihm nur die drei Summen von jeweils zwei der gedachten Zahlen nennt.

**a)** Als Summen werden die Zahlen 6, 11 und 15 genannt. Welches sind die gedachten Zahlen?

**b)** Der Zauberer ist ein Schnellrechner und geht so vor:
Zunächst addiert er alle Summen und dividiert dann durch 2. Um die gesuchten Zahlen zu ermitteln, zieht er von diesem Zwischenergebnis jeweils die genannten Summen ab.
Begründen Sie, dass man so in der Tat die richtigen Zahlen findet.

**c)** Könnte man das Gaußverfahren auch diesem Verfahren entsprechend anwenden?

## Numerische Probleme

**12** Lösen Sie die beiden Gleichungssysteme und nehmen Sie zum Ergebnis Stellung.

**a)** $\begin{aligned} 3{,}3x_1 + 1{,}2x_2 &= 1{,}1 \\ 6{,}9x_1 + 2{,}5x_2 &= 2{,}7 \end{aligned}$ und $\begin{aligned} 3{,}31x_1 + 1{,}2x_2 &= 1{,}1 \\ 6{,}9x_1 + 2{,}5x_2 &= 2{,}7 \end{aligned}$

**b)** $\begin{aligned} 8{,}8x_1 - 5x_2 &= -15{,}5 \\ 1{,}4x_1 - 0{,}8x_2 &= -2{,}4 \end{aligned}$ und $\begin{aligned} 8{,}8x_1 - 5x_2 &= -15{,}5 \\ 1{,}401x_1 - 0{,}8x_2 &= -2{,}4 \end{aligned}$

**13** Gegeben ist das Gleichungssystem

$$\begin{aligned} 0{,}0001x_1 + x_2 &= 1 \\ x_1 + x_2 &= 2. \end{aligned}$$

**a)** Lösen Sie das Gleichungssystem exakt mit Bruchrechnung und runden Sie das Endergebnis auf vier Stellen hinter dem Komma.

**b)** Lösen Sie das Gleichungssystem mit dem Gauß'schen Algorithmus, ohne Zeilen zu vertauschen. Zwischenergebnisse sollen immer auf 4 Nachkommastellen gerundet werden.

**c)** Vertauschen Sie die beiden Zeilen und wenden Sie wiederum den Gauß'schen Algorihmus mit Rundung der Zwischenergebnisse an.

**d)** Erklären Sie die unterschiedlichen Ergebnisse in b) und c).

**14** Gegeben ist das Gleichungssystem

$$\begin{aligned} 3x_1 + 4x_2 + 11x_3 + x_4 &= 20 \\ 7x_1 - 8x_2 - 6x_3 + 9x_4 &= 11 \\ 8x_1 + 9x_2 + 20x_3 - x_4 &= 35 \\ 12x_1 + 50x_3 + x_4 &= 64. \end{aligned}$$

**a)** Lösen Sie das Gleichungssystem exakt mit dem Gauß'schen Algorithmus.

**b)** Was fällt bei diesem Lösungsweg auf? Welche Konsequenzen kann das bei einer für einen Computer programmierten Lösung haben?

**c)** Lösen Sie das Gleichungssystem mit dem Gauß'schen Algorithmus, aber sorgen Sie durch Division dafür, dass die Zeile, die Sie zum Entfernen weiterer $x_i$ verwenden, die Form $1 \cdot x_i + \ldots$ hat. Runden Sie Zwischenergebnisse auf 2 Stellen hinter dem Komma.

## 3.2 Klassifikation linearer Gleichungssysteme

AUFTRÄGE

### A1 Rekonstruktion von Daten

Ein kleiner Betrieb verpackt Zubehör für Selbstbaumöbel (Regale, Schränke und Kommoden). Zu jedem Bausatz gehört ein Beutel mit kleinen Schrauben, großen Schrauben und Bodenhaltern.

| | kleine Schrauben | große Schrauben | Bodenhalter |
|---|---|---|---|
| Regal | 30 | 0 | 45 |
| Schrank | 20 | 20 | 10 |
| Kommode | 40 | 50 | 10 |

Durch eine Panne sind die Produktionsmengen eines Tages der Vorwoche verloren gegangen. Die Buchhalterin versucht, die Daten zu rekonstruieren, indem sie Mitarbeiter befragt.

Der Lagerverwalter meint, es seien wahrscheinlich 25 000 kleine Schrauben, 22 000 große Schrauben und 16 000 Bodenhalter verpackt worden. Die Schichtführerin nennt die gleichen Anzahlen für die Schrauben, kann sich aber nur an 15 500 Bodenhalter erinnern.

### A2 Metall-Legierungen

Zur Herstellung von Lagern werden im Maschinenbau häufig wegen ihrer guten Gleiteigenschaften Kupfergusslegierungen aus 75% Kupfer, 15% Blei, 6% Zinn und 4% Zink verwendet. Zur Erzeugung solcher Legierungen geht man nicht von den reinen Materialien aus, deren Herstellung sehr teuer ist, sondern von vorhandenen Legierungen, deren Zusammensetzung man kennt.

| | Kupfer | Blei | Zinn | Zink |
|---|---|---|---|---|
| Legierung I | 80% | 15% | 4% | 1% |
| Legierung II | 70% | – | 16% | 14% |
| Legierung III | 68% | – | – | 32% |
| Legierung IV | 70% | 30% | – | – |
| Legierung V | 72% | – | 28% | – |

Es stehen die vier in der Tabelle beschriebenen Legierungen zur Verfügung. Wie kann die neue Legierung aus den vorhandenen Legierungen zusammengeschmolzen werden? Kann man auf eine der Legierungen verzichten?

### A3 Untersuchung eines Gleichungssystems

Wie viele Elemente hat die Lösungsmenge des folgenden Gleichungssystems, wenn die Variablen nur die Werte $1, 2, 3, \ldots, 10$ annehmen dürfen?

$$\begin{aligned}
x_1 + 2x_2 + x_3 + x_4 + x_5 &= 20 \\
2x_1 + 5x_2 + 3x_4 + 3x_5 &= 37 \\
3x_1 + 3x_2 + 3x_3 &= 44 \\
x_1 - 3x_3 - x_4 - x_5 &= -14 \\
5x_2 + 6x_3 + 5x_4 + 5x_5 &= 67
\end{aligned}$$

**A4** **Erprobung des Gauß-Verfahrens**

Wenden Sie das Gaußverfahren auf die folgenden Gleichungssysteme an.

$$\begin{array}{rcrcrcr} 2x_1 & + & x_2 & + & x_3 & = & 1 \\ 2x_1 & - & 2x_2 & - & x_3 & = & -7 \\ 4x_1 & + & x_2 & + & 3x_3 & = & 1 \end{array} \qquad \begin{array}{rcrcrcr} x_1 & + & x_2 & - & x_3 & = & 4 \\ 4x_1 & - & 2x_2 & - & 2x_3 & = & 3 \\ 5x_1 & - & 4x_2 & - & 2x_3 & = & 0 \end{array}$$

$$\begin{array}{rcrcrcr} x_1 & + & x_2 & + & x_3 & = & 0 \\ & & 2x_2 & + & x_3 & = & 1 \\ 3x_1 & - & x_2 & + & x_3 & = & -2 \end{array} \qquad \begin{array}{rcrcrcr} x_1 & - & 2x_2 & - & x_3 & = & -2 \\ 3x_1 & - & 6x_2 & - & 3x_3 & = & -6 \\ 2x_1 & - & 4x_2 & - & 2x_3 & = & -4 \end{array}$$

# Das Gaußverfahren bei unterschiedlichen Gleichungssystemen

Wir bearbeiten den Auftrag **A4**, indem wir das Gaußverfahren nacheinander auf die gegebenen linearen Gleichungssysteme anwenden. Dabei stellen wir jeweils die Lösung mit Gleichungssystemen und die Lösung mit Matrizen einander gegenüber.

$$\begin{array}{rcrcrcrl} 2x_1 & + & x_2 & + & x_3 & = & 1 & \quad \cdot 2 \\ 2x_1 & - & 2x_2 & - & x_3 & = & -7 & \quad \downarrow \cdot(-1) \\ 4x_1 & + & x_2 & + & 3x_3 & = & 1 & \quad \downarrow \cdot(-1) \end{array} \qquad \left(\begin{array}{rrr|r} 2 & 1 & 1 & 1 \\ 2 & -2 & -1 & -7 \\ 4 & 1 & 3 & 1 \end{array}\right) \begin{array}{l} \cdot 2 \\ \downarrow \cdot(-1) \\ \downarrow \cdot(-1) \end{array}$$

$$\begin{array}{rcrcrcrl} 2x_1 & + & x_2 & + & x_3 & = & 1 & \\ & & 3x_2 & + & 2x_3 & = & 8 & \\ & & x_2 & - & x_3 & = & 1 & \quad \downarrow \cdot(-3) \end{array} \qquad \left(\begin{array}{rrr|r} 2 & 1 & 1 & 1 \\ 0 & 3 & 2 & 8 \\ 0 & 1 & -1 & 1 \end{array}\right) \begin{array}{l} \\ \\ \downarrow \cdot(-3) \end{array}$$

$$\begin{array}{rcrcrcr} 2x_1 & + & x_2 & + & x_3 & = & 1 \\ & & 3x_2 & + & 2x_3 & = & 8 \\ & & & & 5x_3 & = & 5 \end{array} \qquad \left(\begin{array}{rrr|r} 2 & 1 & 1 & 1 \\ 0 & 3 & 2 & 8 \\ 0 & 0 & 5 & 5 \end{array}\right)$$

Die letzte Gleichung bzw. die letzte Zeile der Matrix führt auf $x_3 = 1$; durch rückwärtiges Einsetzen erhält man $x_2 = 2$ und schließlich $x_1 = -1$.

Das Tripel $(-1|2|1)$ ist also eine Lösung des gegebenen Gleichungssystems. Dies wird durch eine Probe mit dem Ausgangsgleichungssystem noch einmal bestätigt:

$$\begin{array}{rcrcrcrl} 2\cdot(-1) & + & 2 & + & 1 & = & 1 & \quad (\mathrm{w}) \\ 2\cdot(-1) & - & 2\cdot 2 & - & 1 & = & -7 & \quad (\mathrm{w}) \\ 4\cdot(-1) & + & 2 & + & 3\cdot 1 & = & 1 & \quad (\mathrm{w}). \end{array}$$

Da wir nur äquivalente Umformungen durchgeführt haben, ist das Tripel $(-1|2|1)$ auch die einzige Lösung des Gleichungssystems. Das System ist **eindeutig lösbar**.

## Ist jedes lineare Gleichungssystem lösbar?

Wir setzen die Bearbeitung des Auftrags **A4** mit dem zweiten Gleichungssystems fort.

$$\begin{array}{rcrcrcr|l}
x_1 & + & x_2 & - & x_3 & = & 4 & \cdot 4 \quad \cdot 5 \\
4x_1 & - & 2x_2 & - & 2x_3 & = & 3 & \cdot(-1) \\
5x_1 & - & 4x_2 & - & 2x_3 & = & 0 & \cdot(-1)
\end{array}
\qquad
\left(\begin{array}{rrr|r} 1 & 1 & -1 & 4 \\ 4 & -2 & -2 & 3 \\ 5 & -4 & -2 & 0 \end{array}\right)
\begin{array}{l} \cdot 4 \quad \cdot 5 \\ \cdot(-1) \\ \cdot(-1) \end{array}$$

$$\begin{array}{rcrcrcr|l}
x_1 & + & x_2 & - & x_3 & = & 4 & \\
 & & 6x_2 & - & 2x_3 & = & 13 & \cdot(-3) \\
 & & 9x_2 & - & 3x_3 & = & 20 & \cdot 2
\end{array}
\qquad
\left(\begin{array}{rrr|r} 1 & 1 & -1 & 4 \\ 0 & 6 & -2 & 13 \\ 0 & 9 & -3 & 20 \end{array}\right)
\begin{array}{l} \\ \cdot(-3) \\ \cdot 2 \end{array}$$

$$\begin{array}{rcrcrcr}
x_1 & + & x_2 & - & x_3 & = & 4 \\
 & & 6x_2 & - & 2x_3 & = & 13 \\
 & & & & 0 & = & 1
\end{array}
\qquad
\left(\begin{array}{rrr|r} 1 & 1 & -1 & 4 \\ 0 & 6 & -2 & 13 \\ 0 & 0 & 0 & 1 \end{array}\right)$$

Das Gaußverfahren führt bei diesem Beispiel auf die Gleichung $0 = 1$. Das bedeutet: Jedes Zahlentripel, das in das Gleichungssystem einsetzt wird, führt auf eine falsche Aussage. Daher ist das zweite Gleichungssystem **nicht lösbar**.

## Wie viele Lösungen kann ein lineares Gleichungssystem haben?

Wir bearbeiten nun das dritte und das vierte Gleichungssystem von **A4**.

$$\begin{array}{rcrcrcr|l}
x_1 & + & x_2 & + & x_3 & = & 0 & \cdot 3 \\
 & & 2x_2 & + & x_3 & = & 1 & \\
3x_1 & - & x_2 & + & x_3 & = & -2 & \cdot(-1)
\end{array}
\qquad
\left(\begin{array}{rrr|r} 1 & 1 & 1 & 0 \\ 0 & 2 & 1 & 1 \\ 3 & -1 & 1 & -2 \end{array}\right)
\begin{array}{l} \cdot 3 \\ \\ \cdot(-1) \end{array}$$

$$\begin{array}{rcrcrcr|l}
x_1 & + & x_2 & + & x_3 & = & 0 & \\
 & & 2x_2 & + & x_3 & = & 1 & \cdot 2 \\
 & & 4x_2 & + & 2x_3 & = & 2 & \cdot(-1)
\end{array}
\qquad
\left(\begin{array}{rrr|r} 1 & 1 & 1 & 0 \\ 0 & 2 & 1 & 1 \\ 0 & 4 & 2 & 2 \end{array}\right)
\begin{array}{l} \\ \cdot 2 \\ \cdot(-1) \end{array}$$

$$\begin{array}{rcrcrcr}
x_1 & + & x_2 & + & x_3 & = & 0 \\
 & & 2x_2 & + & x_3 & = & 1 \\
 & & & & 0 & = & 0
\end{array}
\qquad
\left(\begin{array}{rrr|r} 1 & 1 & 1 & 0 \\ 0 & 2 & 1 & 1 \\ 0 & 0 & 0 & 0 \end{array}\right)$$

Das Gaußverfahren führt bei diesem Beispiel auf die Gleichung $0 = 0$. Das bedeutet: Jedes Zahlentripel, das die erste und die zweite Gleichung des umgeformten Gleichungssystems erfüllt, ist auch eine Lösung des gesamten Gleichungssystems.

Wählt man beispielsweise $x_3 = 1$, so erhält man durch rückwärtiges Einsetzen das Tripel $(-1|0|1)$; mit $x_3 = -3$ erhält man entsprechend $(1|2|-3)$; beide Tripel sind Lösungen, wie eine Probe mit dem Ausgangsgleichungssystem bestätigt:

$$\begin{array}{rcrcrcrl} 1\cdot(-1) & + & 0 & + & 1 & = & 0 & (\text{w}) \\ 0\cdot(-1) & + & 2\cdot 0 & + & 1 & = & 1 & (\text{w}) \\ 3\cdot(-1) & - & 0 & + & 1 & = & -2 & (\text{w}) \end{array} \qquad \begin{array}{rcrcrcrl} 1\cdot 1 & + & 2 & + & (-3) & = & 0 & (\text{w}) \\ 0\cdot 1 & + & 2\cdot 2 & + & (-3) & = & 1 & (\text{w}) \\ 3\cdot 1 & - & 2 & + & (-3) & = & -2 & (\text{w}) \end{array}$$

Offenbar kann man für eine der Variabeln, z. B. für $x_2$ eine beliebige Zahl $t \in \mathbb{R}$ einsetzen und erhält damit für jede Wahl dieses **Parameters** $t$ eine Lösung des Gleichungssystems. Das Gleichungssystem ist **erfüllbar**, aber **nicht eindeutig lösbar**:

$$x_1 = -1 + t, \quad x_2 = t \quad \text{und} \quad x_3 = 1 - 2t \quad (t \in \mathbb{R}).$$

Die Lösungen sind also durch Tripel der folgenden Form $(-1+t|t|1-2t)$ gegeben.

Beim letzten Gleichungssystem von **A4** erhalten wir mit dem Gaußverfahren:

$$\begin{array}{rcrcrcr} x_1 & - & 2x_2 & - & x_3 & = & -2 \\ 3x_1 & - & 6x_2 & - & 3x_3 & = & -6 \\ 2x_1 & - & 4x_2 & - & 2x_3 & = & -4 \end{array} \quad \begin{array}{l} \cdot 3 \ \downarrow \cdot(-1) \\ \cdot 2 \ \downarrow \cdot(-1) \end{array} \qquad \left(\begin{array}{rrr|r} 1 & -2 & -1 & -2 \\ 3 & -6 & -3 & -6 \\ 2 & -4 & -2 & -4 \end{array}\right) \quad \begin{array}{l} \cdot 3 \ \downarrow \cdot(-1) \\ \cdot 2 \ \downarrow \cdot(-1) \end{array}$$

$$\begin{array}{rcrcrcr} x_1 & - & 2x_2 & - & x_3 & = & -2 \\ & & & & 0 & = & 0 \\ & & & & 0 & = & 0 \end{array} \qquad \left(\begin{array}{rrr|r} 1 & -2 & -1 & -2 \\ 0 & 0 & 0 & 0 \\ 0 & 0 & 0 & 0 \end{array}\right)$$

In diesem Fall haben in dem umgeformten System sogar zwei Gleichungen die Form $0 = 0$. Daher sind zwei Parameter frei zu wählen; man kann z. B. für $x_2$ eine beliebige Zahl $s \in \mathbb{R}$ und für $x_3$ eine beliebige Zahl $t \in \mathbb{R}$ einsetzen:

$$x_1 = 2s + t - 2, \quad x_2 = s \quad \text{und} \quad x_3 = t \quad (s, t \in \mathbb{R}).$$

Auch das vierte Gleichungssystem ist also mehrdeutig lösbar. Die Lösungen haben die Form $(2s+t-2|s|t)$ mit $s, t \in \mathbb{R}$. Mit $s = 1$ und $t = 2$ erhält man beispielsweise die Lösung $(2|1|2)$.

## Wir fassen zusammen

ZUSAMMENFASSUNG

Es gibt **erfüllbare** und **unerfüllbare** lineare Gleichungssysteme. Ist ein lineares Gleichungssystem erfüllbar, so kann es eindeutig lösbar sein oder unendlich viele Lösungen haben.

Führt das Gaußverfahren auf eine Gleichung der Form $\mathbf{0 = a}$ mit $a \neq 0$, so ist das **Gleichungssystem unerfüllbar**. In der zugehörigen erweiterten Matrix gibt es dann eine Zeile, die links nur Nullen und rechts einen von null verschiedenen Wert enthält.

Führt das Gaußverfahren auf mindestens eine Gleichung der Form $\mathbf{0 = 0}$ (und nicht auf eine unerfüllbare Gleichung), so besitzt das Gleichungssystem **unendlich viele Lösungen**. In der zugehörigen erweiterten Matrix gibt es dann mindestens eine Zeile, die nur Nullen enthält.

AUFGABEN

## Lösbarkeitseigenschaften von Gleichungssystemen

**1** Untersuchen Sie, ob das Gleichungssystem lösbar ist und ob es eine eindeutige Lösung hat.

**a)** $$\begin{aligned} 3x_1 - 2x_2 + 3x_3 &= 4 \\ x_1 - x_2 + 4x_3 &= 1 \\ 5x_1 - 3x_2 + 2x_3 &= 3 \end{aligned}$$

**b)** $$\begin{aligned} x_1 + 4x_2 + 3x_3 &= 2 \\ x_1 + x_2 + x_3 &= 2 \\ 3x_1 + 3x_2 + x_3 &= 0 \end{aligned}$$

**c)** $$\begin{aligned} 3x_1 + x_2 - x_3 &= 0 \\ 2x_1 + 2x_2 - x_3 &= 1 \\ 8x_1 + 4x_2 - 3x_3 &= 5 \end{aligned}$$

**d)** $$\begin{aligned} x_1 + x_2 + x_3 &= -3 \\ x_2 + x_3 + x_4 &= 1 \\ x_3 + x_4 + x_5 &= 3 \end{aligned}$$

**e)** $$\begin{aligned} 3x_1 + 2x_2 + 2x_3 &= 4 \\ 3x_1 - 5x_2 + 2x_3 &= 2 \\ 3x_1 + 3x_2 + 4x_3 &= 6 \\ 3x_1 - 6x_2 - 2x_3 &= 6 \end{aligned}$$

**f)** $$\begin{aligned} 4x_1 - 6x_2 &= 8 \\ 6x_1 - 9x_2 &= 15 \end{aligned}$$

**2** Die Lösung des Gleichungssystems ist mit Hilfe von Parametern darstellbar. Ermitteln Sie diese Lösung.

**a)** $$\begin{aligned} x_1 - 2x_2 + 3x_3 &= 1 \\ 2x_1 - x_2 + 4x_3 &= 1 \\ 3x_1 - 3x_2 + 2x_3 &= 2 \end{aligned}$$

**b)** $$\begin{aligned} x_1 + 2x_2 - 3x_3 &= 1 \\ -2x_1 - x_2 + 6x_3 &= 4 \\ -x_1 - 5x_2 + 3x_3 &= -7 \end{aligned}$$

**c)** $$\begin{aligned} 4(x_1 - x_2 - x_3) &= -2(4 + x_2 + x_3) \\ 2(x_1 - x_2 + 1) &= x_2 - 2 \\ 3(-x_1 + x_2 + x_3) &= 2(2 + x_2 + x_3) - x_1 \end{aligned}$$

**d)** $$\begin{aligned} 4(-x_1 + 2x_2 - x_3) &= 5(x_1 + x_2) + 2x_3 - 3 \\ 5(x_1 - x_2 + 2x_3) &= 2 - x_1 - 3(x_2 - 2x_3) \\ 3(x_1 - x_2 + x_3) &= 1 - 2x_2 + x_3 \end{aligned}$$

**3** Ermitteln Sie die Lösung des Gleichungssystems, das zu der Matrix gehört.

**a)** $$\left(\begin{array}{rrr|r} 6 & -3 & 2 & -6 \\ -3 & 9 & 4 & 18 \\ 0 & 12 & 8 & 24 \\ 3 & -6 & 6 & 12 \end{array}\right)$$

**b)** $$\left(\begin{array}{rrr|r} 1 & 1 & 2 & 5 \\ -3 & -4 & 1 & -1 \\ 2 & -1 & -1 & 0 \\ 1 & -2 & -3 & 2 \end{array}\right)$$

**c)** $$\left(\begin{array}{rrrr|r} 1 & 1 & 1 & 0 & 3 \\ 0 & 1 & 1 & 1 & 3 \\ 1 & -1 & -1 & 1 & 0 \\ 1 & 2 & 2 & 1 & 6 \end{array}\right)$$

**4** Für welche reellen Zahlen $a$ hat das Gleichungssystem keine, genau eine oder unendlich viele Lösungen?

**a)** $$\begin{aligned} 5x_1 + 3x_2 + 2x_3 &= 1 \\ 15x_1 + 9x_2 + 4x_3 &= 3 \\ 5x_1 + 3x_2 + 4x_3 &= a \end{aligned}$$

**b)** $$\begin{aligned} 2x_1 - ax_2 + 7x_3 &= -1 \\ -6x_1 - 6x_2 + 17x_3 &= -13 \\ x_1 + x_2 - 5x_3 &= -6 \end{aligned}$$

**c)** $$\begin{aligned} x_1 - 2x_2 + x_3 &= -5 \\ 2x_2 + 6x_3 &= 2 \\ + a(a-2)x_3 &= a \end{aligned}$$

**5** Bestimmen Sie so weit wie möglich die Koeffizienten $a, b, c, \ldots$ der Funktion.

**a)** Von einer Funktion $f$ zu $f(x) = ax^3 + bx^2 + cx + d$ ist bekannt, dass ihr Graph durch die Punkte $P(-1|6)$, $Q(0|3)$ und $R(1|4)$ verläuft.

**b)** Von einer Funktion $f$ zu $f(x) = ax^4 + bx^3 + cx^2 + dx + e$ ist bekannt, dass sie die Nullstelle 0 hat und ihr Graph durch die Punkte $P(1|1)$ und $Q(-1|-1)$ verläuft.

**6** Wer hat in der Klausur das Gleichungssystem (Bild 119/1) richtig gelöst?

**a)** Andrea: $L = \{(-\frac{7}{4} + 2q;\ \frac{1}{2};\ 5 + 4q) \mid q \in \mathbb{R}\}$

**b)** Bernd: $L = \{(\frac{1}{2} + r;\ \frac{1}{2};\ \frac{1}{2} - 2r) \mid r \in \mathbb{R}\}$

**c)** Christine: $L = \{(2 - 0{,}5s;\ 0{,}5;\ -2{,}5 + s) \mid s \in \mathbb{R}\}$

**d)** Daniel: $L = \{(-3 - t;\ 0{,}5;\ 1 + 2t) \mid t \in \mathbb{R}\}$

**e)** Elke: $L = \{(u;\ 2;\ 1{,}5 - u) \mid u \in \mathbb{R}\}$

**f)** Florian $L = \{(v;\ 0{,}5;\ 1{,}5 - v) \mid v \in \mathbb{R}\}$

**Lösen Sie das Gleichungssystem**

$$\begin{aligned} 2x_1 + 3x_2 + x_3 &= 3 \\ 4x_1 - 4x_2 + 2x_3 &= 1 \\ 2x_1 - 5x_2 + x_3 &= -1 \end{aligned}$$

*Bild 119/1: Klausuraufgabe*

**7** Bild 119/2 zeigt eine Umformung einer Matrix.

**a)** Welche Lösungen haben die Gleichungssysteme, die zu den Matrizen gehören?

**b)** Begründen Sie Ihre Beobachtung.

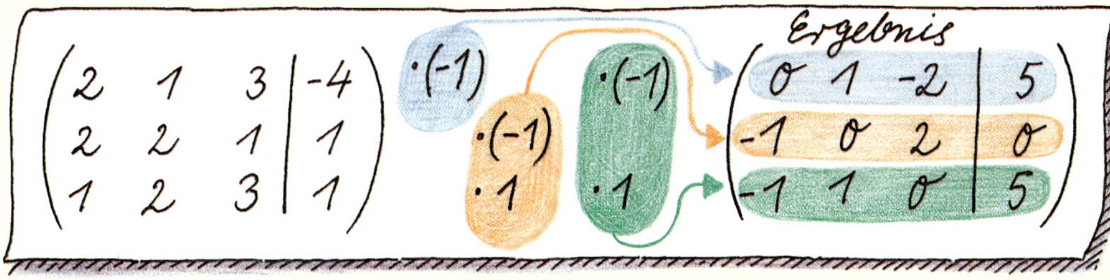


*Bild 119/2*

## Anwendungen

**8** Bauer Krusekopf hat Düngersorten mit unterschiedlichem Stickstoff- und Phosphatgehalt:
Dünger *A* hat 8% Stickstoff und 3% Phosphat.
Dünger *B* hat 3% Stickstoff und 1% Phosphat.
Dünger *C* hat 12% Stickstoff und 3% Phosphat.
Dünger *D* hat 17% Stickstoff und 5% Phosphat.

**a)** Ermitteln Sie alle Mischungsmöglichkeiten für einen Dünger, der 6% Stickstoff und 2% Phosphat enthalten soll.

**b)** Wie viele Säcke der anderen Düngemittel muss man zumischen, wenn von Sorte *A* genau ein Sack verbraucht werden soll?

**9** Drei verschiedene Ansichtskarten $A_1, A_2$ und $A_3$ werden zu ermäßigten Verkaufspäckchen $P_1, P_2$ und $P_3$ gemäß der nebenstehenden Tabelle zusammengestellt.

| | $P_1$ | $P_2$ | $P_3$ | Bestand |
|---|---|---|---|---|
| $A_1$ | 2 | 4 | 3 | 580 |
| $A_2$ | 2 | 2 | 1 | 300 |
| $A_3$ | 2 | 3 | 2 | 440 |

**a)** Wie viele Päckchen lassen sich herstellen, wenn die Vorräte vollständig aufgebraucht werden sollen?

**b)** Wie viele Päckchen der Art $P_1$ und $P_2$ können zusammengestellt werden, wenn 80 Päckchen von der Art $P_3$ sein sollen?

AUFGABEN

**10** In einem Unternehmen, das Tabak versendet, werden die verschiedenen Sorten aus reinen Rohtabaken gemischt. Die gesamtem Vorräte sollen für die Mischungen aufgebraucht werden.

| | $M_1$ | $M_2$ | $M_3$ | $M_4$ | Vorrat |
|---|---|---|---|---|---|
| $T_1$ | 20% | 35% | 45% | 50% | 27 t |
| $T_2$ | 20% | 25% | 15% | 20% | 14 t |
| $T_3$ | 60% | 40% | 40% | 30% | 29 t |

**a)** Es soll so gemischt werden, dass von jeder Mischung eine ganze Anzahl von Tonnen entsteht. Welche Möglichkeiten gibt es?

**b)** Für den Verkauf haben sich Mischungen bewährt, bei denen die Mengen $M_1$ und $M_2$ im Verhältnis 3 : 4 stehen. Wieviel Tonnen entstehen dann von den einzelnen Mischungen?

**11** Zu Beginn des neuen Schuljahres kaufen Peter, Renate und Sarah im gleichen Schreibwarengeschäft ihre Hefte für das neue Schuljahr. Peter bezahlt für 6 große, 10 mittlere und 4 kleine Hefte 17,50 €. Renate bezahlt für 3 große, 9 mitllere und 3 kleine Hefte 12,81 €. Sarah bezahlt für 10 große, 10 mittlere und 5 kleine Hefte 22,40 €.

**a)** Kann man aus diesen Angaben ermitteln, wieviel große, mittlere und kleine Hefte kosten?

**b)** Thomas braucht 4 große, 8 mittlere und 3 kleine Hefte. Er behauptet, dass er aus den Angaben der anderen errechnen kann, wie viel er zu bezahlen hat.

**12** Viele Haushaltsgeräte wie Spülbecken oder der Innenraum von Waschmaschinen sind aus „Nirosta"-Stahl hergestellt. Dieser Edelstahl enthält neben Eisen 18% Chrom und 8% Nickel. Oft stellt man einen solchen Stahl her, indem man andere Stahlsorten zusammenschmilzt, die Chrom und Nickel in anderen Beimengungen enthalten.

**a)** Wie kann man eine Tonne „Nirosta"-Stahl aus einer Legierung mit 14% Chrom und 10% Nickel und einer zweiten mit 24% Chrom und 5% Nickel erzeugen?

**b)** Wie kann man eine Tonne „Nirosta"-Stahl erzeugen, wenn die folgenden vier Legierungen zur Verfügung stehen?

Legierung 1: 24% Chrom und 4% Nickel
Legierung 2: 4% Chrom und 12% Nickel
Legierung 3: 14% Chrom
Legierung 4: 14% Chrom und 16% Nickel

**13** Mathematikaufgaben aus anderen Zeiten und Ländern

**a)** Aus dem Mittelalter:
Ein Mann geht auf den Markt und kauft Fasane, Rebhühner und Tauben, von jeder Art mindestens einen Vogel. Insgesamt bezahlt er 30 Silbermünzen für 30 Vögel. Ein Fasan kostet 3 Münzen, ein Rebhuhn 2 Münzen und 2 Tauben eine Münze. Wieviele Fasane, Rebhühner und Tauben hat der Mann gekauft?

**b)** Aus dem alten China:
Wie viele Hähne, Hennen und Küken kann man für 100 Münzen kaufen, wenn man insgesamt 100 Vögel haben will und ein Hahn 5 Münzen, eine Henne 4 Münzen und 4 Küken 1 Münze kosten?

4

# Beschreibende Statistik

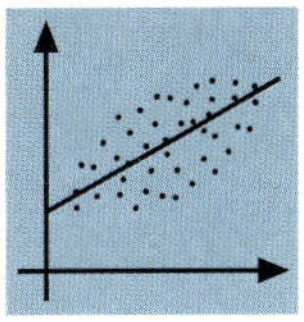

*In diesem Kapitel werden rechnerische und grafische Methoden erarbeitet, mit denen man Daten statistisch aufbereiten und deren Zusammenhang beschreiben und untersuchen kann.*

## 4.1 Verteilungen und ihre grafische Darstellung

AUFTRÄGE

**A1** **Fragebogen**

Führen Sie in Ihrer Jahrgangsstufe mit Hilfe des folgenden Fragebogens eine Untersuchung zum Mathematikunterricht durch. Bereiten Sie die Ergebnisse grafisch auf und präsentieren Sie sie in einem kurzen Vortrag (5 bis 10 Minuten).

Fragebogen zum Mathematikunterricht

1. Alter in Jahren: ...
2. Geschlecht: ...
3. Kurs/Klasse: ...
4. Letzte Zeugnisnote in Mathematik (1 für „sehr gut" bis 6 für „ungenügend"): ...
5. Studienwunsch: ...
6. Berufswunsch: ...
7. Mit welcher Note (1 bis 6) würden Sie Ihre derzeitigen Fähigkeiten in Mathematik selbst bewerten: ...
8. Mit welcher Note (1 bis 6) würden Sie die Qualität Ihres derzeitigen Mathematikunterrichtes bewerten: ...
9. Wie viele Stunden etwa haben Sie in der letzten Woche außerhalb des Unterrichts für Mathematik gearbeitet: ...
10. Bekommen oder bekamen Sie in Mathematik Nachhilfeunterricht? ja ☐ nein ☐
11. Schreiben Sie Ihre Hausaufgaben in Mathematik häufig bei anderen ab? ja ☐ nein ☐
12. Haben Sie Angst vor der nächsten Klausur in Mathematik?
    sehr viel ☐ ein wenig ☐ überhaupt nicht ☐

Vielen Dank für Ihre Mitarbeit!

**A2** **Statistik in den Medien**

Sammeln Sie aus aktuellen Zeitungen und Zeitschriften oder dem Internet Grafiken, Schaubilder und Diagramme, mit denen statistische Daten zum Thema Kriminalität präsentiert werden. Vergleichen und diskutieren Sie diese grafischen Darstellungen.

### A3 Verkehrsunfälle

Die folgende Tabelle weist die Entwicklung des Personenverkehrs der drei wichtigsten Verkehrszweige und die Anzahl der Verkehrsunfälle mit Personenschaden in Deutschland in den Jahren 1994 bis 1996 aus. Stellen Sie diese Daten mit grafischen Mitteln möglichst anschaulich dar. Vergleichen und diskutieren Sie die grafischen Darstellungen.

| Verkehrszweig | 1994 | | 1995 | | 1996 | |
|---|---|---|---|---|---|---|
| | Personen-kilometer | Verkehrs-unfälle | Personen-kilometer | Verkehrs-unfälle | Personen-kilometer | Verkehrs-unfälle |
| Eisenbahnverkehr | 61962 | 1113 | 63623 | 1243 | 64800 | 1220 |
| Straßenverkehr | 77489 | 392754 | 76655 | 388003 | 76560 | 373082 |
| Luftverkehr | 23560 | 291 | 25493 | 260 | 26228 | 243 |

*Bild 122/1: Daten zum Personenverkehr aus dem Statistischen Jahrbuch 1998*

### A4 Urliste

Eine Untersuchung der vier Merkmale Geschlecht (G), Körpergröße in cm (Gr), Körpergewicht in kg (Ge) und Haarfarbe (H) an den 100 Mitgliedern Ihrer Jahrgangsstufe habe die in der folgenden **Urliste** notierten Ergebnisse erbracht. Es bedeuten dort „w" weiblich, „m" männlich, „sch" schwarz, „blo" blond, „brü" brünett und „gra" grau. Stellen Sie diese Ergebnisse möglichst übersichtlich grafisch dar. Verwenden Sie gegebenenfalls ein Tabellenkalkulationsprogramm.

| Nr. | G | Gr | Ge | H | Nr. | G | Gr | Ge | H | Nr. | G | Gr | Ge | H | Nr. | G | Gr | Ge | H |
|---|---|---|---|---|---|---|---|---|---|---|---|---|---|---|---|---|---|---|---|
| **1** | w | 179 | 63 | sch | **26** | m | 169 | 65 | brü | **51** | m | 199 | 91 | gra | **76** | w | 160 | 50 | brü |
| **2** | m | 180 | 71 | rot | **27** | w | 183 | 70 | brü | **52** | m | 174 | 69 | rot | **77** | m | 180 | 68 | brü |
| **3** | w | 196 | 74 | blo | **28** | m | 161 | 65 | brü | **53** | w | 170 | 60 | blo | **78** | m | 180 | 65 | blo |
| **4** | m | 178 | 73 | blo | **29** | w | 174 | 63 | gra | **54** | w | 177 | 60 | rot | **79** | m | 172 | 66 | brü |
| **5** | m | 182 | 75 | brü | **30** | m | 186 | 85 | brü | **55** | m | 185 | 75 | sch | **80** | w | 185 | 72 | brü |
| **6** | w | 172 | 58 | blo | **31** | m | 165 | 55 | brü | **56** | m | 159 | 50 | sch | **81** | w | 187 | 72 | blo |
| **7** | w | 178 | 68 | brü | **32** | m | 181 | 75 | brü | **57** | m | 190 | 78 | brü | **82** | w | 150 | 43 | sch |
| **8** | m | 205 | 88 | rot | **33** | w | 175 | 67 | blo | **58** | m | 174 | 65 | blo | **83** | m | 187 | 80 | blo |
| **9** | m | 183 | 75 | blo | **34** | m | 183 | 70 | brü | **59** | m | 186 | 81 | brü | **84** | m | 185 | 100 | brü |
| **10** | m | 176 | 67 | sch | **35** | m | 170 | 58 | brü | **60** | w | 178 | 65 | brü | **85** | m | 194 | 75 | brü |
| **11** | m | 179 | 75 | rot | **36** | w | 180 | 75 | blo | **61** | w | 176 | 65 | blo | **86** | w | 163 | 51 | blo |
| **12** | w | 183 | 70 | blo | **37** | w | 179 | 66 | brü | **62** | m | 192 | 83 | blo | **87** | m | 181 | 85 | blo |
| **13** | w | 157 | 45 | rot | **38** | w | 168 | 60 | brü | **63** | m | 180 | 72 | blo | **88** | w | 186 | 70 | blo |
| **14** | w | 180 | 70 | brü | **39** | m | 163 | 54 | gra | **64** | m | 181 | 75 | brü | **89** | m | 197 | 84 | brü |
| **15** | m | 188 | 76 | blo | **40** | m | 188 | 81 | sch | **65** | m | 188 | 85 | blo | **90** | w | 152 | 41 | brü |
| **16** | w | 174 | 63 | brü | **41** | w | 183 | 70 | sch | **66** | m | 171 | 60 | brü | **91** | w | 192 | 75 | brü |
| **17** | m | 202 | 90 | sch | **42** | w | 166 | 70 | blo | **67** | w | 161 | 47 | brü | **92** | w | 177 | 67 | blo |
| **18** | m | 189 | 81 | blo | **43** | m | 185 | 77 | brü | **68** | m | 173 | 65 | blo | **93** | m | 167 | 60 | brü |
| **19** | w | 170 | 60 | gra | **44** | w | 171 | 58 | brü | **69** | m | 184 | 77 | brü | **94** | w | 170 | 62 | brü |
| **20** | m | 172 | 56 | blo | **45** | w | 176 | 64 | blo | **70** | m | 196 | 85 | rot | **95** | m | 177 | 73 | gra |
| **21** | w | 165 | 65 | brü | **46** | m | 178 | 70 | brü | **71** | m | 186 | 75 | brü | **96** | m | 182 | 75 | blo |
| **22** | m | 175 | 69 | sch | **47** | w | 163 | 55 | sch | **72** | m | 184 | 75 | brü | **97** | m | 182 | 70 | brü |
| **23** | m | 177 | 65 | rot | **48** | w | 172 | 62 | rot | **73** | m | 187 | 75 | brü | **98** | m | 183 | 65 | brü |
| **24** | w | 171 | 60 | blo | **49** | m | 177 | 65 | brü | **74** | m | 179 | 72 | blo | **99** | m | 185 | 80 | rot |
| **25** | m | 187 | 90 | brü | **50** | w | 173 | 65 | blo | **75** | w | 174 | 68 | brü | **100** | m | 189 | 81 | brü |

*Bild 122/2: Urliste*

## Haufen

Wir knüpfen an **A4** an. Die Urliste mit insgesamt 400 Daten ist sehr unübersichtlich; man „sieht" eigentlich gar nichts. Um sich einen Überblick beispielsweise über das Merkmal Körpergröße zu verschaffen, erscheint es daher zweckmäßig, gleiche oder ähnliche Körpergrößen auf jeweils einen Haufen zu häufen – etwa einen für die Körpergrößen von 150 cm bis 159 cm, daneben einen für die Körpergrößen von 160 cm bis 169 cm und so weiter und so fort – und dann die Größen der Haufen, also die jeweiligen **Häufigkeiten**, grafisch darzustellen. Man erhält dann **Schaubilder** oder **Diagramme**, die einen Überblick über die **Häufigkeitsverteilung** geben, also darüber, wie sich die Häufigkeiten auf die verschiedenen Haufen verteilen.

## Stängel-Blatt-Diagramme

Betrachten Sie das folgende Diagramm:

| HZ | |
|---|---|
| 15 | 0279 |
| 16 | 011333556789 |
| 17 | 000011122222334444455666777788889999 |
| 18 | 00000011112223333344555556666777788899 |
| 19 | 012246679 |
| 20 | 25 |

*Bild 123/1: Stängel-Blatt-Diagramm*

Links vom Strich stehen die Hunderter- und Zehnerkombinationen (HZ) der Körpergrößen; rechts vom Strich ist für jede der 100 Körpergrößen nur ihre Einerstelle in der entsprechenden Zeile notiert. Die 0 direkt rechts vom Strich in der ersten mit 15 beginnenden Zeile steht also für eine Person mit der Körpergröße 150 cm, die 5 am Ende der mit 20 beginnenden letzten Zeile für eine Person mit der Körpergröße 205 cm.

Die Längen der Zeilen lassen nun sofort die Häufigkeitsverteilung der 100 Körpergrößen auf die sechs „Haufen" oder **Kategorien** oder **Klassen** 150 cm bis 159 cm, 160 cm bis 169 cm, 170 cm bis 179 cm, 180 cm bis 189 cm, 190 cm bis 199 cm und 200 cm bis 209 cm erkennen, denn jede erhaltene Körpergröße verlängert die entsprechende Zeile um genau eine Ziffer. Solche Diagramme heißen ihrer Form wegen **Stängel-Blatt-Diagramme**. Die für die Daten stehenden Einer-Ziffern bilden die „Blätter", die aus dem „Stängel" der die Kategorien bildenden Hunderter- und Zehner-Ziffern wachsen. Die Stängel-Blatt-Diagramme nutzen die Struktur des Dezimalsystems. Die den einzelnen Zeilen entsprechenden Kategorien oder Klassen umfassen daher üblicherweise Intervalle der Länge 10 – oder einer Potenz davon; im Beispiel sind es die halboffenen Intervalle [150; 160[, [160; 170[, … und [200; 210[.

Notieren wir die Körpergrößen aus der Urliste getrennt nach Geschlecht für die 40 Schülerinnen und 60 Schüler, so erhalten wir das folgende zweiseitige Stängel-Blatt-Diagramm:

| weiblich | HZ | männlich |
|---:|:---:|:---|
| 027 | 15 | 9 |
| 0133568 | 16 | 13579 |
| 00011223444566778899 | 17 | 012234456778899 |
| 00133567 | 18 | 0000111222333445555566677788899 |
| 26 | 19 | 0124679 |
| | 20 | 25 |

*Bild 124/1: Stängel-Blatt-Diagramm geschlechtsspezifisch*

Ein solches zweiseitiges Stängel-Blatt-Diagramm erleichtert den Vergleich der Häufigkeitsverteilungen zweier Gruppen. So sieht man hier sofort, dass sich die **Verteilungen** der Körpergrößen beider Geschlechter weit überlappen oder überschneiden – man denke sich das Diagramm in der Mitte zusammengeklappt –, dass aber die Körpergrößen der Frauen alles in allem niedriger sind als die der Männer.

Für diese Erkenntnis ist es völlig gleichgültig, *welche* Ziffern jeweils in den „Blättern" des Stängel-Blatt-Diagramms stehen; es kommt hier nur darauf an, *wie viele* Ziffern es jeweils sind. Man könnte diese verschiedenen Ziffern beispielsweise wie in einer **Strichliste** jeweils durch einen Strich ersetzen.

| weiblich | HZ | männlich |
|---:|:---:|:---|
| ❘❘❘ | 15 | ❘ |
| ❘❘❘❘❘❘❘ | 16 | ❘❘❘❘❘ |
| ❘❘❘❘❘❘❘❘❘❘❘❘❘❘❘❘❘❘❘❘ | 17 | ❘❘❘❘❘❘❘❘❘❘❘❘❘❘❘ |
| ❘❘❘❘❘❘❘❘ | 18 | ❘❘❘❘❘❘❘❘❘❘❘❘❘❘❘❘❘❘❘❘❘❘❘❘❘❘❘❘❘❘ |
| ❘❘ | 19 | ❘❘❘❘❘❘❘ |
| | 20 | ❘❘ |

*Bild 124/2: Strichliste*

## Stabdiagramme

Färbt man stattdessen die „Blätter" eines Stängel-Blatt-Diagrammes ein und verbindet sie, so erhält man ein **Balkendiagramm**. Bild 124/3 zeigt das Balkendiagramm über die 100 – jetzt nicht mehr nach Geschlecht getrennten – Körpergrößen in der Jahrgangsstufe.

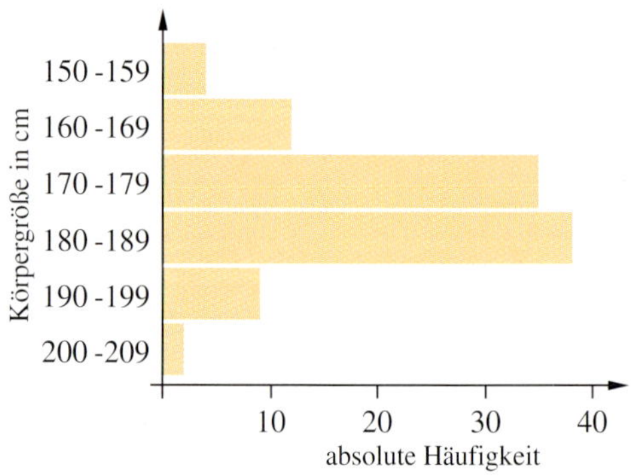


*Bild 124/3: Balkendiagramm*

Da man in diesem Balkendiagramm nicht mehr abzählen kann, wie viele einzelne Messwerte oder Daten sich hinter einem Balken verbergen, sollte man durch geeignete Angaben kenntlich machen, für welche absoluten oder relativen Häufigkeiten der Kategorien die Balken stehen. Die Anzahl der Beobachtungen (Messwerte) eines Ergebnisses $e$ (z. B. Körpergröße) bei einer statistischen Erhebung wird **absolute Häufigkeit** von $e$ genannt und meist mit $H(e)$ bezeichnet. Ist $n$ die Gesamtzahl der Beobachtungen, so heißt der Quotient

$$h(e) = \frac{H(e)}{n}$$

die **relative Häufigkeit** des Ergebnisses $e$. Die Häufigkeiten der betrachteten Kategorien der Körpergrößen sind in der folgenden Tabelle angegeben.

| Körpergröße in cm | absolute Häufigkeit | relative Häufigkeit |
|---|---|---|
| 150–159 | 4 | 0,04 |
| 160–169 | 12 | 0,12 |
| 170–179 | 35 | 0,35 |
| 180–189 | 38 | 0,38 |
| 190–199 | 9 | 0,09 |
| 200–209 | 2 | 0,02 |
| Summen | 100 | 1 |

Während das Stängel-Blatt-Diagramm noch Auskunft über die einzelnen Daten gibt, ist diese Information im Balkendiagramm – ebenso wie schon in der Strichliste – verloren: Denn aus den Häufigkeiten der Kategorien lassen sich die einzelnen Daten nicht mehr rekonstruieren. Beim Übergang von der Urliste zum Balkendiagramm verzichtet man also auf sehr viel Information – auf unwesentliche Information über den Einzelfall freilich, auf die man gerade in der Hoffnung verzichtet, wesentlichere Information über die Vielheit zu gewinnen.

Dreht man das Balkendiagramm um 90° nach links, so erhält man ein **Säulendiagramm**. Dieses entspricht der in einem Koordinatensystem üblichen Darstellung. Auf der horizontalen Achse sind die in Kategorien zusammengefassten Körpergrößen abgetragen und auf der vertikalen Achse die absoluten Häufigkeit dieser Klassen. Somit wird die Beziehung unabhängige – abhängige Variable deutlich.

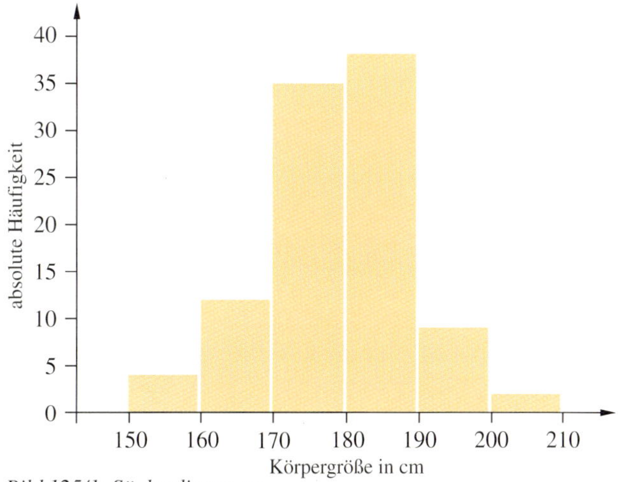


*Bild 125/1: Säulendiagramm*

Balken- wie Säulendiagramme nennt man zusammenfassend auch **Stabdiagramme**.

## Ohne Haufen

Selbstverständlich ist es auch möglich, sich einen Überblick über die Daten zu verschaffen, ohne dass man sie zuvor auf größere Haufen häuft. Rechts sehen Sie die Körpergrößen der Urliste jeweils als Punkte längs einer Skala angeordnet, im Falle der Gleichheit jeweils nebeneinander. Man „sieht" hier sofort: Die Punkte „konzentrieren" sich im Bereich von etwa 175 cm bis 185 cm, ihre „Mitte" liegt etwa bei 180 cm, und um diese „Mitte" streuen die Punkte halbwegs symmetrisch. Auge und Gehirn können in solchen Punktemengen gut Strukturen erkennen. Bestimmte dieser Strukturen werden in den folgenden Diagrammen verdeutlicht, den Box-plots.

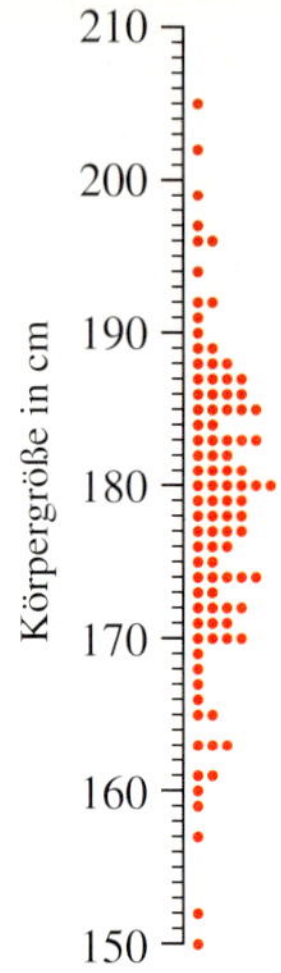


*Bild 126/1*

## Box-plots

Die Daten im ursprünglichen Stängel-Blatt-Diagramm auf Seite 123 waren schon der Größe nach geordnet, also in eine ansteigende Rangreihe vom kleinsten Wert 150 cm bis zum größten Wert 205 cm gebracht. Naheliegend ist nun, die Verteilung der Messwerte durch Antworten auf folgende Fragen zu charakterisieren: In welchen Bereichen liegen die kleinsten und die größten 5% beziehungsweise 25% beziehungsweise 50% der Messwerte?

Folgende Tabelle enthält daher noch einmal die Rangreihe der Messwerte, gruppiert jetzt allerdings so, dass in der ersten Zeile die ersten 5% der Daten dieser Rangreihe stehen, in der zweiten Zeile die nächsten 20% der Daten, in der dritten Zeile die nächsten 25% der Daten, und so weiter.

| | |
|---|---|
| 5% | 150 152 157 159 160 |
| 20% | 161 161 163 163 163 165 165 166 167 168 169 170 170 170 170 171 171 171 172 172 |
| 25% | 172 172 173 173 174 174 174 174 174 175 175 176 176 176 177 177 177 177 178 178 178 178 179 179 179 |
| 25% | 179 180 180 180 180 180 180 181 181 181 181 182 182 182 183 183 183 183 183 184 184 185 185 185 185 |
| 20% | 185 186 186 186 186 187 187 187 187 188 188 188 189 189 190 191 192 192 194 196 |
| 5% | 196 197 199 202 205 |

Die Daten am Zeilenende und am folgenden Zeilenanfang sind jeweils unterstrichen. Der übereinstimmende Wert 196 am Ende der vorletzten und am Beginn der letzten Zeile markiert die Grenze zwischen den unteren 95% und den oberen 5% der Messwerte. Da dieser Wert 196 als oberer beziehungsweise unterer Randwert in beiden Gruppen vorkommt, gilt für ihn: Mindestens 95% der Werte sind kleiner oder gleich diesem Wert *und* mindestens 5% der Werte sind größer oder gleich diesem Wert. Einen solchen Wert nennt man das 95. **Perzentil**. Entsprechend ergibt sich für die Datenreihe als 25. Perzentil der Wert 172, als 50. Perzentil 179 und als 75. Perzentil 185.

Welches ist das 5. Perzentil? Der obere Randwert der ersten Gruppe ist 160, dagegen ist der untere Randwert der zweiten Gruppe 161. In einem solchen Fall nimmt man das arithmetische Mittel der beiden Randwerte; bei dem Beispiel ist also $\frac{1}{2} \cdot (160 + 161) = 160{,}5$ das 5. Perzentil.

Mit Hilfe dieser Perzentile zeichnet man nun nebenstehendes **Kastenschaubild** oder **Box-plot-Diagramm**[1] (Bild 127/1). Der Kasten dieses Box-plots geht vom 25. Perzentil bis zum 75. Perzentil. Innerhalb dieses Kastens liegen also 50% der beobachteten Daten, darüber und darunter jeweils 25% der Daten.

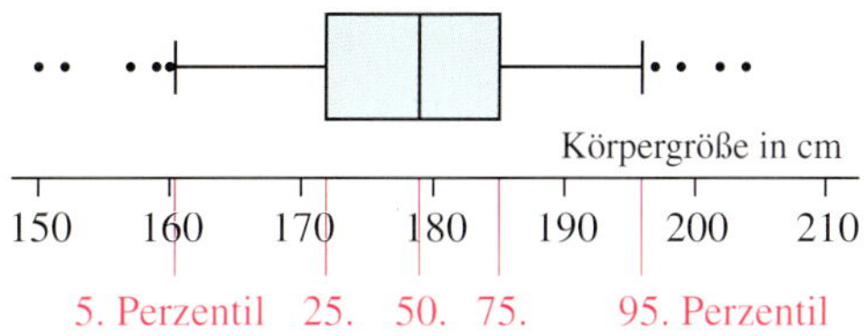


*Bild 127/1: Box-plot-Diagramm*

Der Kasten markiert also den Bereich, in dem die mittleren 50% der Daten liegen. Der Kasten selbst wird zusätzlich durch das 50. Perzentil geteilt. Dieses 50. Perzentil, also der Wert, der die Mitte der Rangreihe charakterisiert, heißt **Median**.

Von dem Kasten gehen links und rechts T-förmige Striche, sogenannte Whiskers[2], jeweils bis zum 5. bzw. 95. Perzentil. Die wenigen davon noch nicht eingeschlossenen Daten schließlich werden durch Punkte markiert.

Das Box-plot-Diagramm gibt also auf einen Blick Auskunft über
- den Bereich der mittleren 50% und 90% der Werte und gleichzeitig die Bereiche der unteren und oberen 5% und 25% der Werte,
- die Grenze zwischen den unteren und den oberen 50% der Werte, den Median,
- für die oberen und unteren 5% der Werte jeweils die genaue Lage der einzelnen Werte.

## Zum Begriff Statistik

**Beschreibende** oder **Deskriptive**[3] **Statistik** ist der Versuch, viele und daher zumeist unübersichtliche **Daten**[4] übersichtlich zusammenzufassen und darzustellen, damit Typisches oder Wesentliches deutlich wird – Typisches und Wesentliches für die Vielheit, auf die sich die Daten beziehen, nicht für die einzelne Einheit. Die in einer **statistischen Erhebung** untersuchte Vielheit heißt **empirische Grundgesamtheit**. Für Ihren Umfang steht meist die Variable $n$. Die Urliste auf Seite 102 bezog sich also auf eine empirische Grundgesamtheit vom Umfang $n = 100$, nämlich die 100 Mitglieder der Jahrgangsstufe.

Während die Merkmale Geschlecht und Körpergröße eindeutig bestimmt werden können, ist das Merkmal Haarfarbe weniger eindeutig. Und wenn Sie im Beispiel das Gewicht Ihrer Mitschülerinnen und Mitschüler nicht durch Wiegen, sondern nur durch Befragen festzustellen versuchen, dürften Sie auch für dieses Merkmal eher „weiche" Daten erhalten.

Die mathematisch-statistische Verarbeitung betrachtet Daten notwendigerweise zunächst als „gegeben"; erst in der kritischen Interpretation der statistischen Ergebnisse stellt sich wieder die Frage nach der Aussagekraft der verrechneten Daten. Statistisch aufbereiten lassen sich schließlich gleichermaßen harte und weiche, gefälschte und erfundene, manipulierte und konstruierte Daten.

[1] aus Englisch box: Kasten und plot: Plan
[2] im Englischen für Schnurrhaare, insbesondere bei Katzen
[3] von Lateinisch describo: beschreibe, ordne
[4] von Lateinisch datum: gegeben

Aus statistischen Erhebungen ergeben sich zumeist sehr viele Daten. Diese sind nicht nur unübersichtlich, sondern im Einzelnen auch wenig interessant. Denn es interessieren ja in statistischer Hinsicht nicht – um wieder auf unser Ausgangsproblem „Urliste" zurückzukommen – das Gewicht von Petra, die Körpergröße von Udo oder die Haarfarbe von Susanne, sondern die für die Vielheit charakteristischen Verhältnisse, um daraus Handlungen abzuleiten: Ist die Verteilung der Körpergrößen in der Jahrgangsstufe so, dass das vorhandene Sitzmobiliar zu Haltungsschäden führen dürfte? Ist die Verteilung hinsichtlich des Geschlechts halbwegs ausgewogen, oder überwiegt ein Geschlecht so deutlich, dass daraus Konsequenzen für die Stoffauswahl, die geschlechtsspezifische Aufteilung der Toilettenanlagen oder die Organisation der Jahrgangsstufenparty zu ziehen sind? Sind in Relation zu ihrer Körpergröße die Schülerinnen deutlich leichter als die Schüler, so dass sich für die einen eine Unterrichtseinheit über unangemessene Schlankheitsideale, für die anderen über kalorienbewusste Ernährung empfiehlt?

Oft ist die eigentlich interessierende Vielheit viel größer als die tatsächlich untersuchte Vielheit: Daten erhebt man nämlich meist nur in einer kleinen **Stichprobe** aus einer großen **Grundgesamtheit** oder **Population**[1] – in der Hoffnung, dass die Verhältnisse in der Stichprobe die eigentlich interessierenden Verhältnisse in der Population widerspiegeln oder repräsentieren. Der allemal nur wahrscheinliche Schluss von der Stichprobe auf die Population ist Thema der **Schließenden** oder **Mathematischen Statistik**, mit der sich der Stochastikunterricht im 12. bzw. 13. Schuljahr beschäftigt.

Auch die historischen Wurzeln des Wortes Statistik verweisen auf das Handeln gegenüber Vielheiten. *Statistik* stammt vom lateinischen Wort *status*: Stand, Zustand, Lage, Verfassung ab – ebenso wie das deutsche Wort *Staat*, das französische Wort *état* (Staatshaushalt) und das italienische Wort *statista* (Staatsmann). Statistik sollte ursprünglich dem Staatsmann die für sein politisches Handeln notwendigen Informationen über das Gemeinwesen, also die Vielheit der Staatsbürger bereitstellen. Im Angelsächsischen nannte man dies *political arithmetic*. Auch heute noch ist dies eine sehr wichtige Aufgabe insbesondere der **Amtlichen Statistik**, wie sie in Deutschland per Gesetz vom Statistischen Bundesamt und den Statistischen Landesämtern betrieben wird.

Mit Vielheiten haben es nun nicht nur Staatsmänner zu tun, sondern andere auch: Der Produzent hat es mit einer Vielzahl von Konsumenten zu tun, der Händler mit einer Vielfalt von Kunden, die Versicherung mit einer Menge möglicher Schadensfälle, die experimentelle Physikerin mit Reihen nicht genau übereinstimmender Messergebnisse, der Genetiker mit Populationen von Lebewesen, die Meteorologin mit der Bandbreite unterschiedlichen Wetters, die Schulbuchautorin mit der Masse von Schülern und Lehrern, der Schauspieler mit der Mannigfaltigkeit unterschiedlicher Erwartungen im Publikum. Es wundert daher nicht, dass in der modernen Welt Statistik überaus weite Verbreitung gefunden hat.

Aber auch für das individuelle Handeln des Einzelnen hat Statistik Bedeutung. Der Abiturient etwa, der sich überlegt, eine teure Pilotenausbildung zu beginnen, dürfte sich für Statistiken über den relativen Anteil der Arbeitslosen unter den Piloten interessieren. Auch für das *einmalige* Handeln des Einzelnen können die relativen Häufigkeiten der Statistik wichtige Orientierungspunkte sein, nämlich für die Schätzung individueller *Wahrscheinlichkeiten*.

[1] von Lateinisch populus: Volk, Menge, Gesamtheit des Volkes

## Wir fassen zusammen

In der Beschreibenden Statistik geht es um die zusammenfassende und übersichtliche Darstellung vieler **Daten**, erhoben in einer **empirischen Grundgesamtheit**, zumeist einer **Stichprobe**.

Daten beziehen sich auf **Merkmale**. Lassen sich die Merkmalsausprägungen der Größe nach ordnen, spricht man von einem quantitativen Merkmal, andernfalls von einem qualitativen Merkmal.

Zur **grafischen Darstellung** von Häufigkeitsverteilungen quantitativer Merkmale bieten sich (1) Stängel-Blatt-Diagramme, (2) Balken- und (3) Säulendiagramme, (4) Häufigkeitspolygone und (5) Box-Plot-Diagramme an, zur Darstellung qualitativer Merkmale vor allem (6) Kreis- und (7) Blockdiagramme.

**(1)**

| HZ | |
|---|---|
| 15 | 0279 |
| 16 | 011333556789 |
| 17 | 0000111222223344444556667777788889999 |
| 18 | 000000111112223333344555556666777788899 |
| 19 | 012246679 |
| 20 | 25 |

**(2)**

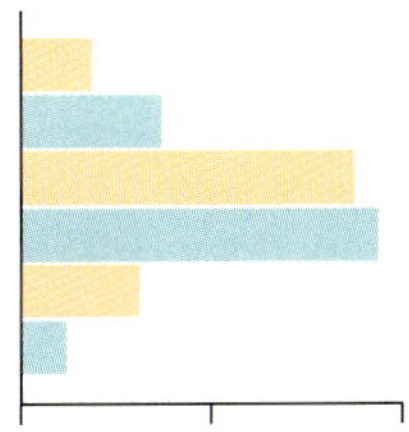

**(3)**

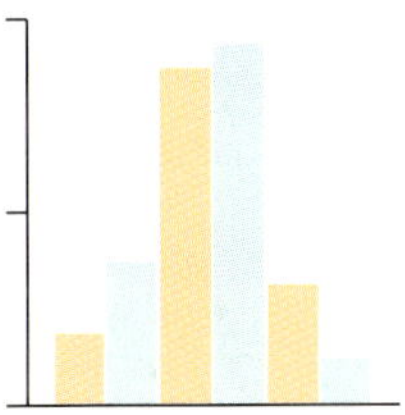

**(4)**

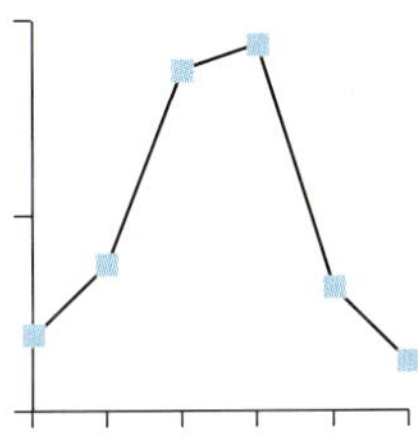

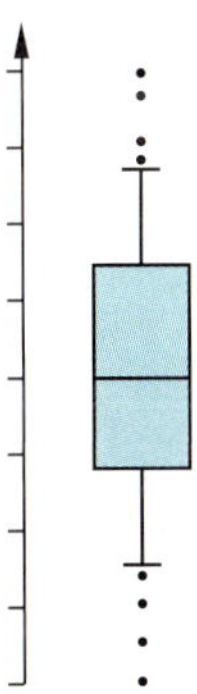

**(5)**

**(6)**

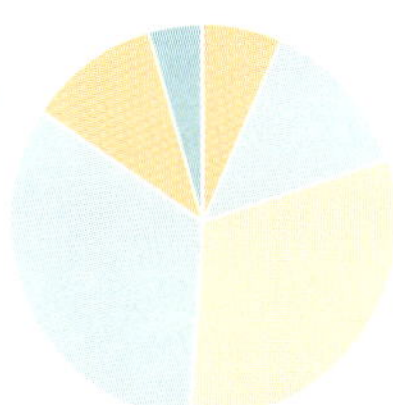

**(7)**

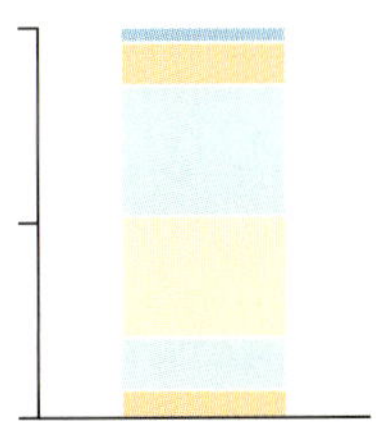

*Bild 129/1: Diagramme im Überblick*

**Definition 4.1** Ein Messwert einer der Größe nach geordneten Messwertreihe heißt **$p$-tes Perzentil**, wenn mindestens $p\%$ der Messwerte kleiner oder gleich diesem Messwert und mindestens $(100-p)\%$ der Messwerte größer oder gleich diesem Messwert sind. Gibt es zwei verschieden große Messwerte mit dieser Eigenschaft, so nennt man den Durchschnitt dieser Messwerte $p$-tes Perzentil. Das 50. Perzentil, also derjenige Wert, der die Mitte der Rangreihe charakterisiert, heißt **Median**. ■

## Erstellen von Diagrammen

**1** **a)** Erstellen Sie für die in der Urliste auf Seite 122 genannten Körpergewichte ein Stängel-Blatt-Diagramm, ein Balkendiagramm und ein Säulendiagramm sowohl für die Gesamtgruppe als auch getrennt nach Geschlechtern.
**b)** Erstellen Sie die entsprechenden Box-plot-Diagramme.

**2** Zeichnen Sie für die in der Urliste auf Seite 122 erfasste Geschlechtsverteilung ein Kreis- und ein Blockdiagramm.

**3** Ändern Sie das Stängel-Blatt-Diagramm auf Seite 123 so, dass die Kategorien jeweils von 145 cm bis 154 cm, von 155 cm bis 164 cm, von 165 cm bis 174 cm usw. reichen, dass also jeweils die Größen 150 cm, 160 cm, 170 cm usw. genau in der Mitte der Kategorien liegen. Zeichnen Sie das zugehörige Säulendiagramm und das zugehörge Häufigkeitspolygon.

**4** Sie haben ein Säulendiagramm mit absoluten Häufigkeiten gezeichnet. Was müssen Sie ändern, um möglichst bequem das entsprechende Säulendiagramm mit relativen Häufigkeiten zu bekommen?

**5** **a)** Längsstreifen betonen die Länge und machen schlank, Querstreifen betonen die Breite und machen dick – so jedenfalls eine alte Regel zur Wahl von Kleidungsstücken. Die Säulen von Säulendiagrammen werden häufig zur besseren Unterscheidung mit verschiedenen Streifenmustern hinterlegt. Welches Streifenmuster würden Sie für eine Kategorie wählen, die Sie als besonders häufig erscheinen lassen wollen, welches für eine Kategorie, die Sie als besonders selten erscheinen lassen wollen? Probieren Sie es aus.
**b)** Was bedeutet das Ergebnis von a) für die visuelle Wahrnehmung von Diagrammen?

**6** Zeichnen Sie für die beiden Verteilungen der männlichen und weiblichen Körpergrößen im Stängel-Blatt-Diagramm auf Seite 124 die entsprechenden Box-plot-Diagramme neben- oder übereinander in *eine* Grafik.

## Grafische Darstellung von Verteilungen

**7** Fertigen Sie ein Stängel-Blatt-Diagramm der Schulwegzeiten der Schüler einer Klasse an (Zeitangaben in Minuten): 11; 4; 22; 14; 6; 32; 10; 31; 23; 4; 16; 45; 17; 11; 8; 12; 23; 21; 34; 9. Interpretieren Sie den Sachverhalt.

**8** Die Befragung von Besuchern eines Volksmusikkonzertes nach ihrem Alter (in Jahren) hat die folgende Reihe ergeben:
37; 47; 64; 28; 37; 58; 35; 42; 51; 43; 47; 35; 77; 56; 50; 62; 71; 59; 61; 68
**a)** Machen Sie eine Aussage über die Altersverteilung der befragten Konzertbesucher.
**b)** Fertigen Sie ein Stängel-Blatt-Diagramm an.
**c)** Wie alt ist der jüngste, wie alt ist der älteste Besucher?
**d)** Wie erkennt man das am Stängel-Blatt-Diagramm?
**e)** Welche Altersklassen (von 20 bis unter 30, von 30 bis unter 40 usw.) sind am stärksten vertreten, welche am schwächsten?
**f)** Welches Alter tritt am häufigsten auf (mit welcher Häufigkeit)?

**9** Eine Umfrage über die Höhe des Bierverbrauches (in Kästen mit je 20 Flaschen) in einem Quartal bei 25 Haushalten brachte folgendes Ergebnis:
8; 12; 5; 15; 7; 3; 14; 11; 5; 9; 14; 11; 10; 2; 9; 6; 10; 5; 4; 17; 8; 14; 11; 10; 1

**a)** Fertigen Sie ein Stängel-Blatt-Diagramm an.

**b)** Diskutieren Sie die Aussagefähigkeit des Stängel-Blatt-Diagramms.

**10** Die Schüler einer Klasse haben Weitsprung trainiert. Das Stängel-Blatt-Diagramm sieht wie folgt aus (Angaben in m und cm):

| | | | | | | |
|---|---|---|---|---|---|---|
| 2 | 97 | 99 | | | | |
| 3 | 21 | 45 | 67 | 82 | | |
| 4 | 17 | 31 | 43 | 56 | 63 | 72 |
| 5 | 01 | 13 | 21 | | | |

**a)** Geben Sie die absoluten und relativen Häufigkeiten an.

**b)** Zeichnen Sie ein Stabdiagramm.

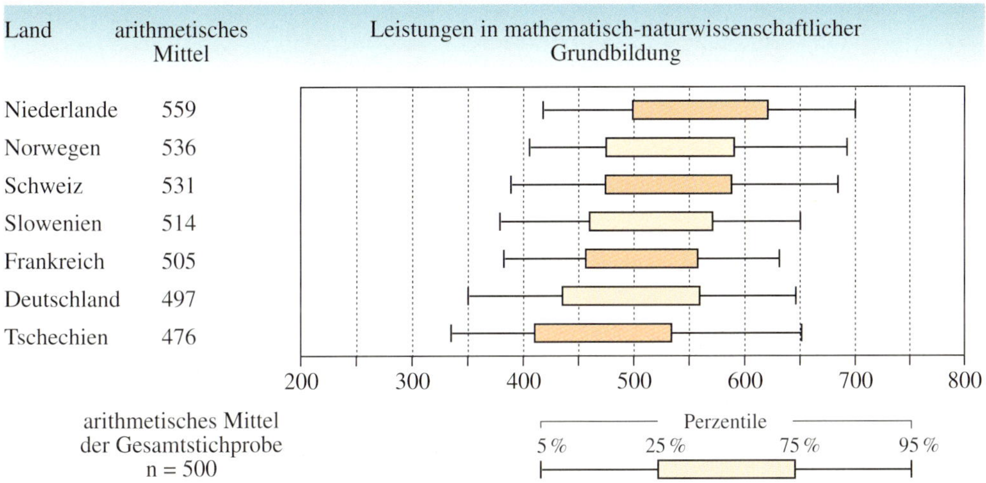


*Bild 131/1: Testleistungen nach ausgewählten Ländern*

**11** Das Bild 131/1 zeigt die Ergebnisse eines internationalen Leistungstest zur mathematisch-naturwissenschaftlichen Grundbildung von etwa 17-jährigen Schülerinnen und Schülern in acht europäischen Ländern. Eine deutsche Zeitung will über diese Testergebnisse berichten, ohne die Grafik abzudrucken. Machen Sie auf Grund der Grafik (mehr oder weniger drastische) Vergleichsaussagen.
*Beispiel:* 75% der deutschen Schülerinnen und Schüler erreichen nicht das Durchschnittsniveau ihrer niederländischen Altersgenossen.

**12** In einem Landkreis wurde in den vorhandenen 20 Schulen neben anderen Angaben auch die Anzahl der Schüler ermittelt. Es ergaben sich folgende Schülerzahlen: 421; 345; 567; 835; 962; 856; 275; 847; 294; 539; 295; 463; 672; 483; 748; 412; 538; 624; 745; 375

**a)** Fertigen Sie ein Stängel-Blatt-Diagramm an, indem Sie sinnvolle Klassen bilden.

**b)** Berechnen Sie die zugehörigen relativen Häufigkeiten.

**c)** Stellen Sie den Sachverhalt grafisch dar.

**d)** Zeichnen Sie ein Box-Plot-Diagramm.

**13** Die Schüler einer Klasse wurden befragt, wie lange sie am letzten Tag vor dem Fernseher verbrachten. Die Umfrage ergab nebenstehende Ergebnisse (Angaben in h und min).

| | | | | | | | |
|---|---|---|---|---|---|---|---|
| 0 | 20 | | | | | | |
| 1 | 15 | 20 | | | | | |
| 2 | 08 | 10 | 22 | | | | |
| 3 | 13 | 15 | 22 | 25 | 36 | | |
| 4 | 05 | 10 | 10 | 12 | 15 | 35 | 40 |
| 5 | 00 | 05 | 07 | 10 | 25 | | |
| 6 | 15 | | | | | | |

**a)** Wie viele Schüler verbrachten weniger als eine Stunde vor dem Fernseher? Wie erhält man die Lösung?

**b)** Wie viele Schüler verbrachten zwischen 2 Stunden (einschließlich) und 3 Stunden vor dem Fernseher?

**c)** Bestimmen Sie die absoluten und relativen Häufigkeiten.

**d)** Zeichnen Sie ein Stabdiagramm.

**e)** Zeichnen Sie das zugehörige Box-plot-Diagramm.

**14** Zur gleichen Zeit wurden von verschiedenen meteorologischen Stationen die Temperaturen (in Grad Celsius) am jeweiligen Ort gemessen:
6,2; 5,3; 4,5; 6,5; 5,7; 6,2; 7,1; 7,2; 4,9; 4,8; 5,3; 6,4; 5,6; 4,9; 7,4; 7,5

**a)** Fertigen Sie zu den Messwerten ein Stängel-Blatt-Diagramm an.

**b)** Diskutieren Sie die Form dieses Diagramms.

**c)** Zeichnen Sie das dazugehörige Stabdiagramm.

**15** Bei einem Fußballspiel wurde das Alter und das Geschlecht (m – männlich, w – weiblich) der Zuschauer ermittelt. Es wurden folgende Ergebnisse notiert: 17m; 18w; 14m; 15m; 16w; 20m; 19w; 45m; 39m; 51m; 38w; 27m; 20w; 16w; 44m; 55m; 39w; 60m; 15w; 14m; 17m; 34w; 65m; 43m; 21m; 20w; 45m; 56m; 15w; 15m; 16m; 17m

**a)** Fertigen Sie ein zweiseitiges Stängel-Blatt-Diagramm an.

**b)** Formulieren Sie eine Aussage, ob Fußballbegeisterung eine typische Männereigenschaft ist.

**c)** Fertigen Sie ein einseitiges Stängel-Blatt-Diagramm an.

**d)** Welche Altersgruppe sollte man für Werbung an der Bande besonders ansprechen?

**16** Werten Sie die Ergebnisse einer Verkehrszählung aus. Kontrollieren Sie die Anzahl der vorbeifahrenden Pkw, Lkw, Busse und Motorräder an einem Kontrollpunkt.
Beachten Sie dabei alle Fragen der Verkehrssicherheit!
Sollte dies nicht möglich sein, verwenden Sie folgende Zahlen:

**a)** Stellen Sie die Ergebnisse in einem Säulendiagramm dar.

**b)** Berechnen Sie die zugehörigen Zentriwinkel für ein Kreisdiagramm.

**c)** Wie groß ist der Radius des Kreises zu wählen?

**d)** Zeichnen und beschriften Sie das Kreisdiagramm.

**17** Führen Sie in Ihrer Klasse folgende statistische Untersuchung durch:
Messung der Körpergröße, Bestimmung der Körpermasse, Bestimmung der Schuhgröße.

**a)** Stellen Sie in einem Stabdiagramm die absoluten Häufigkeiten der Körpergröße dar.
**b)** Bilden Sie mit den Werten der Körpermasse Klassen mit einer Klassenbreite von 5 kg beginnend mit dem kleinsten Wert. Zeichnen Sie ein Stabdiagramm.
**c)** Wie sieht das Stabdiagramm aus, wenn man nur 3 Klassen bildet? Vergleichen Sie!
**d)** Zeichnen Sie ein Stabdiagramm für das Merkmal Schuhgröße.
**e)** Überlegen Sie, wie Sie die Befragung durchführen, damit der Datenschutz gewährleistet ist.

**18** Eine Autoreparaturwerkstatt befragte ihre Kunden beim Reifenwechsel nach der Laufleistung der gewechselten Reifen. Es ergaben sich nebenstehende Angaben in km.

**a)** Stellen Sie die Häufigkeitsverteilung grafisch dar.
**b)** Diskutieren Sie, ob die Angaben zur Kilometerleistung bei der Befragung ausreichen.

| | |
|---|---|
| von 20 000 bis unter 25 000: | 110 |
| von 25 000 bis unter 30 000: | 210 |
| von 30 000 bis unter 35 000: | 440 |
| von 35 000 bis unter 40 000: | 520 |
| von 40 000 bis unter 45 000: | 340 |
| von 45 000 bis unter 50 000: | 175 |
| von 50 000 bis unter 55 000: | 75 |

**19** Bei Wahlen zum Bundestag und zu den Landtagen wird meist die Anzahl der Zweitstimmen für eine Partei, die über die Anzahl der Mandate entscheidet, mittels eines Säulendiagrammes (relative Häufigkeiten in Prozent) dargestellt.

**a)** Warum ist es in vielen Fällen günstig, das Ergebnis durch ein Kreisdiagramm mit unterschiedlichen Farben darzustellen?
**b)** Begründen Sie Ihre Aussage mit dem aktuellen Ergebnis einer der letzten Wahlen.
**c)** Wie wirkt die 5-Prozent-Klausel bei der Darstellung?

**20** Da die Leistungen der Schüler einer Schule in den verschiedenen Fächern sehr unterschiedlich waren, führte die Schulaufsicht eine Umfrage nach den Lieblingsfächern der Schüler durch.
Von 834 Schülern gab es folgende Antworten (absolute Häufigkeit der Fächer):
Sport: 543, Biologie: 321; Englisch: 278; Geschichte: 221

**a)** Stellen Sie die Daten in einem Säulendiagramm dar.
**b)** Warum ist für die Darstellung ein Kreisdiagramm nicht sinnvoll?
**c)** Überlegen Sie, ob die Schulaufsicht mit diesen Daten etwas anfangen kann.

**21** Um die Werbewirksamkeit von Werbespots zu überprüfen, wurden 5000 Personen über ihre Fernsehgewohnheiten und Lieblingssender am Wochenende befragt.
Die Nachfrage nach der jeweilig ausgestrahlten Sendung ergab, dass allerdings nur 3600 die Sendungen bewusst wahrgenommen hatten.

**a)** Berechnen Sie, wie viele der 3600 Personen die einzelnen Fernsehprogramme bewusst wahrgenommen haben, wenn angenommen wird, dass die Befragung nebenstehendes Ergebnis brachte. Zeichnen Sie dazu ein Kreisdiagramm.
**b)** Zeichnen Sie ein Kreisdiagramm, in welchem alle Befragten berücksichtigt werden. Wie unterscheidet sich dieses von dem Kreisdiagram aus a)?

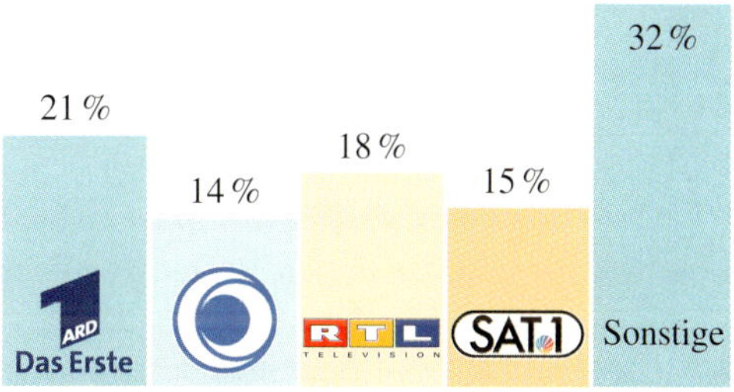

AUFGABEN

**22** In einer Umfrage über das Freizeitverhalten von Schülern wurden nebenstehende Ergebnisse ermittelt.

**a)** Ermitteln Sie die relativen Häufigkeiten für die einzelnen Hobbys.

**b)** Stellen Sie die Ergebnisse aus a) in einem Säulendiagramm dar.

**c)** Warum kann auch ein Kreisdiagramm verwendet werden?

**d)** Führen Sie die Umfrage in Ihrer Klasse durch und verwenden Sie die Ergebnisse für a) – c).

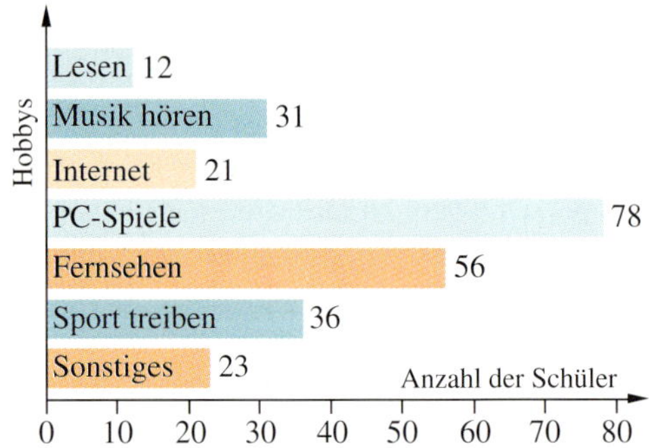


**23** **Histogramme** stellen ähnlich wie Säulendiagramme eine Häufigkeitsverteilung durch Rechtecke dar, allerdings mit dem Unterschied, dass hier die relative Häufigkeit einer Kategorie nicht mehr durch die *Höhe* eines Rechtecks ausgedrückt wird, sondern durch seinen *Flächeninhalt*. Betrachten Sie die Darstellung in Bild 134/1 – erstellt auf Basis des Säulendiagramms auf Seite 125. Der Flächeninhalt des linken Rechtecks ergibt sich als Produkt seiner Breite, also 10, und seiner Höhe, also 0,004. Dieser Flächeninhalt $10 \cdot 0{,}004 = 0{,}04$ – ausgedrückt in den Einheiten Koordinatensystems – entspricht genau der relativen Häufigkeit von 4%; die Einheiten auf der vertikalen Achse wurden nämlich extra entsprechend gewählt. Die Höhe eines Rechtecks steht in einem solchen Histogramm nicht mehr für die relative Häufigkeit, sondern für die sogenannte **Häufigkeitsdichte**: Diese muss noch mit der Intervallbreite der betreffenden Kategorie oder Klasse multipliziert werden, um deren relative Häufigkeit zu ergeben.

**a)** Zeigen Sie: Die Häufigkeitsdichte für das Intervall [150; 160[ entspricht dem Durchschnitt der 10 relativen Häufigkeiten für die Einheitsintervalle [150; 151[, [151; 152[, …, [159; 160[.

**b)** Begründen Sie allgemein: Die Häufigkeitsdichte lässt sich als *mittlere relative Häufigkeit* interpretieren.

**c)** Wie groß ist die Gesamtfläche aller Rechtecke in einem Histogramm?

**d)** Zeichnen Sie auf der Basis des Stängel-Blatt-Diagramms auf Seite 123 ein Säulendiagramm und ein Histogramm mit den neuen Klassen 150 cm bis 170 cm, 170 bis 180 cm, 180 cm bis 210 cm. Wählen Sie für das Säulendiagramm wie üblich Säulen gleicher Breite und positionieren Sie diese jeweils auf die Klassenmitten.

**e)** Vergleichen Sie die unterschiedliche Wirkung dieser Klassenzusammenfassungen auf Säulendiagramm und Histogramm.

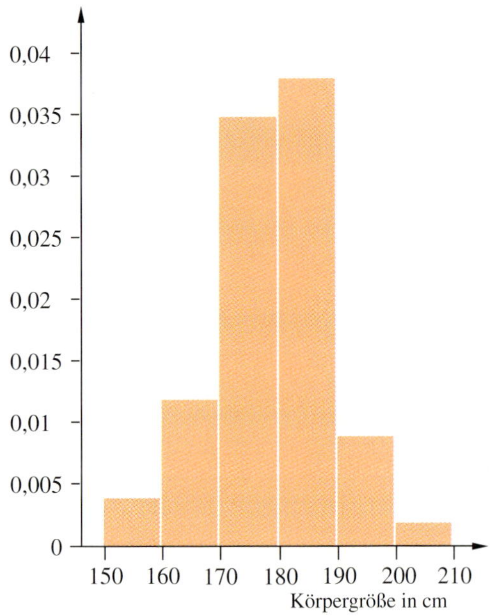


*Bild 134/1: Histogramm*

**f)** Verallgemeinern Sie Ihre Erfahrungen: Hat das Intervall [a; b[ die Häufigkeitsdichte $d_{ab}$ und das Intervall [b; c[ die Häufigkeitsdichte $d_{bc}$, wie groß ist dann die Häufigkeitsdichte $d_{ac}$ für das zusammengefasste Intervall [a; c[?

**g)** Zeichnen Sie das Säulendiagramm von d) noch einmal neu, jetzt aber mit aneinanderstoßenden Säulen unterschiedlicher Breite, nämlich entsprechend der Breite der jeweiligen Klassen, und färben Sie die Säulen ein. Welcher Eindruck entsteht?

**h)** Wodurch werden eigentlich bei Kreis- und Blockdiagrammen relative Häufigkeiten ausgedrückt: wie beim Histogramm durch den Inhalt einer Fläche oder wie beim Säulendiagramm durch die Länge einer Linie?

**24** Die folgende Tabelle enthält die Ergebnisse einer Geschwindigkeitskontrolle von 1000 Kraftfahrzeugen innerhalb einer Ortschaft. Die Daten wurden bereits durch eine Klasseneinteilung aufbereitet. Stellen Sie die Verteilung in einem Histogramm dar.

| Geschwindigkeit (in km/h) | unter 30 | 30 bis unter 50 | 50 bis unter 60 | 60 bis unter 80 | 80 bis unter 100 |
|---|---|---|---|---|---|
| Anzahl der Kraftfahrzeuge | 60 | 680 | 210 | 40 | 10 |

## Vertiefungen

**25 a)** Weshalb bedeutet der Übergang von einer Urliste zu einer Strichliste einen Informationsverlust?

**b)** Inwiefern bedeutet der Übergang von einer Strichliste zu einem Säulendiagramm einen Informationsverlust?

**c)** Inwiefern bedeutet der Übergang von einer Urliste zu einem Box-plot-Diagramm einen Informationsverlust? Inwiefern lässt ein Box-plot-Diagramm häufig dennoch mehr erkennen?

**26** Warum ist es nicht möglich, in der Definition des Perzentils statt von „mindestens“ von „genau“ zu reden? Wie müsste man die Definition des Perzentils ändern, wenn man „mindestens“ durch „höchstens“ ersetzen will?

**27 a)** Wovon hängt es ab, ob ein Median genau einem Messwert entspricht oder nicht?

**b)** Wovon hängt es ab, ob ein Perzentil genau einem Messwert entspricht oder nicht?

## Zum Begriff Statistik

**28** Erläutern Sie an selbst gewählten Beispielen die folgenden statistischen Begriffe: Datum, Urliste, empirische Grundgesamtheit, Merkmal, Stichprobe, Population.

**29** Nennen Sie mindestens fünf anschauliche Beispiele, in denen aufgrund relativer Häufigkeiten individuelle Wahrscheinlichkeiten geschätzt werden.

**30** Was hat Deskriptive Statistik mit dem Problem zu tun, vor lauter Bäumen den Wald nicht mehr zu sehen?

**31** Der Tod eines einzelnen Menschen sei eine Tragödie, der Tod einer Million Menschen sei eine statistische Größe. Diskutieren Sie diese Josef Stalin zugeschriebene Äußerung.

**32** Diskutieren Sie folgenden Auszug aus einem Interview über Rationierung im Gesundheitswesen mit dem Statistiker Walter Krämer in DER SPIEGEL 19/1998:

„SPIEGEL: Wie sähe Rationierung denn in der Praxis aus? …

*Bild 136/1: Walter Krämer beim SPIEGEL-Gespräch*

KRÄMER: … In New York hat die Stadtverwaltung Mitte der achtziger Jahre eine Klinik für Brandopfer nicht gebaut, mit der Begründung, daß die damit zu rettenden zwölf Menschenleben pro Jahr den Aufwand nicht rechtfertigen. Ist derjenige, der diese Entscheidung gefällt hat, ein Massenmörder? Ich glaube nein. Er hat mit seiner Ablehnung nur die Wahrscheinlichkeit für jeden New Yorker, an einer Brandverletzung zu sterben, um eine Winzigkeit erhöht. Keinem einzigen New Yorker wurde damit etwas von seinem Recht auf Gesundheit genommen. Kein konkreter Patient wurde an der Klinikpforte abgewiesen. So gut kann Rationierung funktionieren. …

SPIEGEL: Sie nehmen damit also vermeidbare Todesfälle in Kauf?

KRÄMER: Warum denn nicht? Jedes Jahr sterben etwa tausend Menschen unnötig, nur weil sie keinen Mercedes fahren. Die Wahrscheinlichkeit, in manchen Kleinwagen zu Tode zu kommen, ist zehnmal so hoch wie in einem Mercedes. Trotzdem fordern Sie nicht für jeden Bundesbürger einen Mercedes auf Krankenschein.

SPIEGEL: Mit Autos ist das Problem nicht zu vergleichen.

KRÄMER: Doch, es ist vergleichbar, nämlich in der Wahrscheinlichkeit, Schaden zu erleiden. Wenn jeder Dortmunder sich einmal im Jahr in den Computertomographen legen müßte, dann würde mancher noch nicht sterben müssen, weil ein Hirntumor frühzeitig erkannt worden wäre. Womöglich wären aber mehr Dortmunder zu retten, wenn man jedem einen Mercedes gäbe. Wo also sollen wir das knappe Geld investieren? Die Antwort ist eine Rationierungsentscheidung – wir müssen das Geld da anlegen, wo es den größten Nutzen bringt. …

SPIEGEL: In der Zunft der Medizinstatistiker ist es Mode geworden, für jede Therapie die Kosten pro gewonnenes Lebensjahr auszurechnen. Führen solche Berechnungen nicht zwangsläufig in die Bemessung von Lebenswert?

KRÄMER: Nicht Lebenswert, sondern sinnvolle Investitionen werden so definiert. Man muß sich fragen: Wie viele Lebensjahre retten wir statistisch, wenn wir vor jedem Kindergarten einen Schülerlotsen platzieren? Wer das ausrechnet, wird am Ende sagen: Gut, wir schenken uns den Rettungshubschrauber, wir bezahlen lieber die Lotsen."

# 4.2 Die Mitte

Die im vorigen Abschnitt behandelten Diagramme enthalten noch recht viel Information über die Verteilung der betreffenden Merkmale. Als graphische Gebilde sind sie überdies nicht sprachlich mitteilbar. Oft braucht und wünscht man auch gar nicht so viel Information. Stattdessen genügt es, wesentliche Aspekte einer Verteilung nur noch durch eine einzige Kennzahl, einen einzigen „*typischen Wert*", zu charakterisieren. Welche **Kennzahlen** oder **Parameter** bieten sich dazu an?



### A1 Typische Werte im Fragebogen

Versuchen Sie, die mit dem „Fragebogen zum Mathematikunterricht" auf Seite 121 gewonnenen Daten jeweils pro Merkmal durch einen einzigen typischen Wert zu charakterisieren.

### A2 Einkommensverteilung

Sie wollen sich über die Einkommenssituation in verschiedenen Ländern orientieren. Ihnen stehen dazu als Lageparameter einerseits die Mittelwerte der Einkommen, andererseits die Mediane der Einkommen in den zu vergleichenden Ländern zur Verfügung. Welchem der beiden Lageparameter würden Sie den Vorzug geben?

Reduzieren Sie das Problem der Einkommensverteilung der vielen Bürger eines Landes der Einfachheit halber auf die Verteilung der Einkommen von nur $n = 5$ Bürgern dieses Landes. Diese Monatseinkommen – jeweils in € – seien $x_1 = 3000$, $x_2 = 6000$, $x_3 = 1000$, $x_4 = 2100$ und $x_5 = 1900$.

### A3 Klausur

Eine Klausur wird zurückgegeben. Ein Schüler stellt die erzielten Punkte in einer Tabelle zusammen:

| Punkte | 0 | 1 | 2 | 3 | 4 | 5 | 6 | 7 | 8 | 9 | 10 | 11 | 12 | 13 | 14 | 15 |
|---|---|---|---|---|---|---|---|---|---|---|---|---|---|---|---|---|
| Anzahl | 1 | 0 | 3 | 4 | 0 | 0 | 9 | 2 | 0 | 1 | 2 | 0 | 5 | 3 | 1 | 0 |

Peter meint, dass die Durchschnittspunktzahl am besten etwas über das Ergebnis aussagt. Klaus entgegnet, dass der Median besser geeignet sei. Marion findet es am besten, die am häufigsten aufgetretene Punktzahl zu verwenden. Wie würden Sie entscheiden?

### A4 Messfehler

Es messe jeder von Ihnen mit einem Lineal möglichst genau die Länge eines Klassentisches aus. Die erhaltenen Messwerte dürften sich leicht unterscheiden. Es soll aus den Messwerten nun ein möglichst guter Schätzwert für die „wahre" Tischlänge bestimmt werden. Würden Sie dazu eher den Median oder eher den Durchschnitt der erhaltenen Messwerte benutzen? Begründen Sie Ihre Entscheidung!

# Typisch? Mittelwert und Median

Wir behandeln **A2**. Was ist zum Vergleich der Einkommensverteilung verschiedener Länder besser geeignet – der Mittelwert oder der Median?

Unter dem Durchschnitts- oder Mittelwert einer Messreihe $x_1, x_2, \ldots, x_n$ versteht man das **arithmetische Mittel** $\bar{x}$ (gesprochen „x quer") der Messwerte:

$$\bar{x} = \frac{x_1 + x_2 + \cdots + x_n}{n} = \frac{1}{n}(x_1 + x_2 + \cdots + x_n) = \frac{1}{n}\sum_{i=1}^{n} x_i.$$

Das **Summenzeichen** $\Sigma$, der griechische Großbuchstabe Sigma, dient der abkürzenden Schreibweise von Summen – vor allem dann, wenn man wie in der Statistik sehr viele oder gar beliebig viele Summanden hat. Die Summanden werden mit einem **Laufindex**, hier ***i***, nummeriert. Unter dem Summenzeichen steht der Startwert für den Laufindex und über dem Summenzeichen der letzte Wert für den Laufindex.

$\sum_{i=1}^{n} x_i$ liest man „Summe aller $x_i$ mit $i$ gleich 1 bis $n$".

Bei dem reduzierten Problem der Einkommensverteilung beträgt das arithmetische Mittel der 5 Einkommen $x_1 = 3000$, $x_2 = 6000$, $x_3 = 1000$, $x_4 = 2100$ und $x_5 = 1900$

$$\bar{x} = \frac{3000 + 6000 + 1000 + 2100 + 1900}{5} = 2800.$$

Beschlössen die fünf Bürger des Landes, ihre unterschiedlichen Einkommen untereinander auszugleichen, so bekäme jeder gerade dieses Durchschnittseinkommen von 2800 €. Das ist unmittelbar einsichtig, denn aus der letzten Gleichung ergibt sich durch Multiplikation mit dem Nenner 5 die Beziehung $3000+6000+1000+2100+1900 = 5 \cdot 2800 = 2800+2800+2800+2800+2800$.

Das arithmetische Mittel ist also ein Ausgleichswert, der sich durch Umverteilung ergibt, wenn man die überdurchschnittlichen Werte verringert, um die unterdurchschnittlichen Werte entsprechend anzuheben. Betrachten wir die Unterschiede der einzelnen Werte zum Mittelwert, hier also $x_1 - \bar{x} = 3000 - 2800 = 200$, $x_2 - \bar{x} = 6000 - 2800 = 3200$, $x_3 - \bar{x} = 1000 - 2800 = -1800$, $x_4 - \bar{x} = 2100 - 2800 = -700$ und $x_5 - \bar{x} = 1900 - 2800 = -900$, so heben sich diese positiven und negativen Differenzen in der Summe auf: $200 + 3200 - 1800 - 700 - 900 = 0$. Was man oben wegnimmt, entspricht genau dem, was man unten drauflegt.

Allgemein gilt:

$$\begin{aligned}
\sum_{i=1}^{n}(x_i - \bar{x}) &= (x_1 - \bar{x}) + (x_2 - \bar{x}) + \cdots + (x_n - \bar{x}) \\
&= (x_1 + x_2 + \cdots + x_n) - n\bar{x} \\
&= \sum_{i=1}^{n} x_i - n \cdot \frac{1}{n} \cdot \sum_{i=1}^{n} x_i \\
&= \sum_{i=1}^{n} x_i - \sum_{i=1}^{n} x_i \\
&= 0
\end{aligned}$$

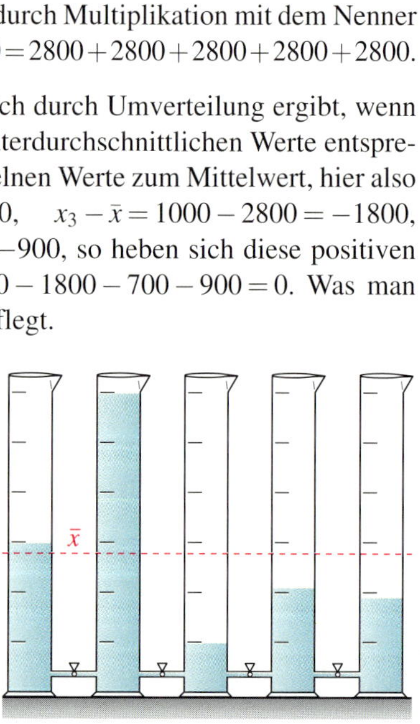

*Bild 138/1: Arithmetisches Mittel macht gleich, ebnet ein, nivelliert.*

Man kann die Einkommensverteilung der fünf Bürger auch durch den **Median** $\tilde{x}$ (gesprochen „x Schlange“) charakterisieren, also durch den Wert, der in der Mitte der Rangreihe steht, wenn man die Daten der Größe nach ordnet.

Die fünf Einkommen in € ergeben der Größe nach geordnet die Rangreihe 1000, 1900, 2100, 3000, 6000, und auf dem mittleren – hier also dritten – Platz steht der Median $\tilde{x} = 2100$. (Bei geradem $n$ gibt es nicht einen, sondern zwei mittlere Plätze; man nimmt dann als Median den Durchschnitt der beiden Werte auf diesen Plätzen.) Der Charakterisierung der Einkommen durch ihren Median liegt also im wesentlichen die Frage zugrunde: Welcher Wert belegt den mittleren Platz in der Rangreihe der Werte?

Mittelwert und Median charakterisieren eine Verteilung also unterschiedlich. Betrachten wir zum Beispiel folgende Einkommensverteilungen:

| | A | B | C |
|---|---|---|---|
| $x_1$ | 3000 | 2500 | 80 |
| $x_2$ | 6000 | 2700 | 90 |
| $x_3$ | 1000 | 2800 | 100 |
| $x_4$ | 2100 | 2900 | 110 |
| $x_5$ | 1900 | 3100 | 13600 |
| $\bar{x}$ | 2800 | 2800 | 2800 |
| $\tilde{x}$ | 2100 | 2800 | 100 |

Bei symmetrischer Verteilungen (Fall B) stimmen Median und Mittelwert überein. Bei schiefen Verteilungen jedoch weichen sie voneinander ab, besonders stark im Fall C. Fall C etwa könnte ein Entwicklungsland kennzeichnen, in dem eine große verarmte Mehrheit so um die 100 Euro im Monat verdient, eine kleine reiche Minderheit aber 13 600 Euro. Hier charakterisiert der Mittelwert 2800 Euro niemanden – weder die arme Mehrheit, noch die reiche Minderheit –, während der Median 100 Euro zumindest die große Mehrheit angemessen beschreibt.

Welcher dieser beiden Werte ist typischer für eine Einkommensverteilung? Der „ausgleichende“ Mittelwert erscheint um so weniger typisch, je „unausgeglichen“ die Verteilung ist. Bild 139/1 verdeutlicht dies noch einmal.

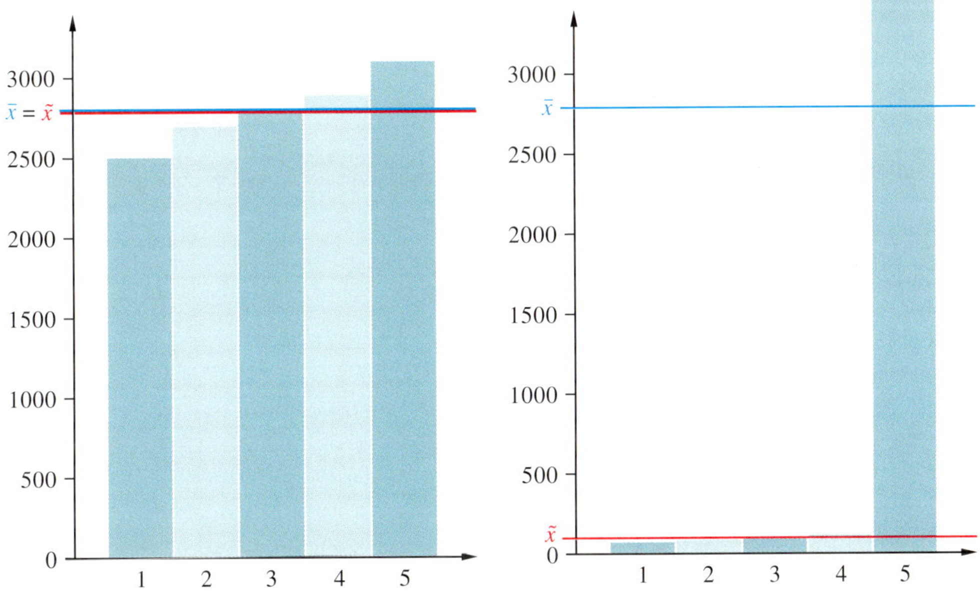


*Bild 139/1: Einkommensverteilungen B (links) und C (rechts)*

# Eigenschaften von Median und Mittelwert

Wie gut sich Mittelwert und Median als typische Werte eignen, hängt davon ab, wie weit die einzelnen Werte von ihnen abweichen. Dabei dürfen die Vorzeichen der Abweichungen selbstverständlich nicht beachtet werden; ob ein Einzelwert nach oben oder unten abweicht, ist hier gleich. Prinzipiell hat man zwei Möglichkeiten: Man kann zum Absolutbetrag der Abweichungen oder zum Quadrat der Abweichungen übergehen.

Die erste Möglichkeit ist sicherlich die naheliegendere. Für die zweite Möglichkeit würden aber Situationen sprechen, in denen wenige große Abweichungen viel schlimmer oder verlustreicher sind als viele kleine. Denn durch das Quadrieren „zählt" beispielsweise *eine* Abweichung vom Ausmaß 2 genauso viel wie *vier* Abweichungen vom Ausmaß 1. Denn $1 \cdot 2^2 = 4 \cdot 1^2$.

Für das Beispiel der ursprünglichen fünf Einkommen gibt folgende Tabelle einen Überblick über die Abweichungen zum Median $\tilde{x}$, zum arithmetischen Mittel $\bar{x}$ und zu der willkürliche gewählten Zahl 2500. In der letzten Zeile sind die Werte jeweils aufsummiert, denn es kommt ja nicht auf die einzelne Abweichung an, sondern auf alle Abweichungen zusammen.

| | absolute Abweichungen $\lvert x_i - c\rvert$ | | | quadrierte Abweichungen $(x_i - c)^2$ | | |
|---|---|---|---|---|---|---|
| | $c = \tilde{x} = 2100$ | $c = \bar{x} = 2800$ | $c = 2500$ | $c = \tilde{x} = 2100$ | $c = \bar{x} = 2800$ | $c = 2500$ |
| $x_i$ | $\lvert x_i - \tilde{x}\rvert$ | $\lvert x_i - \bar{x}\rvert$ | $\lvert x_i - 2500\rvert$ | $(x_i - \tilde{x})^2$ | $(x_i - \bar{x})^2$ | $(x_i - 2500)^2$ |
| 3000 | 900 | 200 | 500 | 810000 | 40000 | 250000 |
| 6000 | 3900 | 3200 | 3500 | 15210000 | 10240000 | 12250000 |
| 1000 | 1100 | 1800 | 1500 | 1210000 | 3240000 | 2250000 |
| 2100 | 0 | 700 | 400 | 0 | 490000 | 160000 |
| 1900 | 200 | 900 | 600 | 40000 | 810000 | 360000 |
| Σ | 6100 | 6800 | 6500 | 17270000 | 14820000 | 15270000 |

Bei den drei Summen der absoluten Abweichungen liefert der Median die Summe mit dem kleinsen Wert; dagegen ist von den drei Summen der quadrierten Abweichungen die mit dem Mittelwert die kleinste. Man stellt sich nun die folgende Frage:

Gibt es eine andere Zahl $c$, für die die Summe $\sum |x_i - c|$ bzw. $\sum (x_i - c)^2$ noch kleinere Werte als 6100 bzw. 14 820 000 annimmt?

Man kann diese Frage experimentell mithilfe eines Tabellenkalkulationsprogramms beantworten. Die Tabellenkalkulation liefert unmittelbar zu den fünf gegebenen Werten den Median, den Mittelwert und die Graphen der Funktionen $g$ und $f$ zu $g(c) = \sum |x_i - c|$ bzw. $f(c) = \sum (x_i - c)^2$ (siehe Bilder 141/1 und 141/2).

| | A | B | C |
|---|---|---|---|
| 3 | | | |
| 4 | x1 | 3000 | |
| 5 | x2 | 6000 | |
| 6 | x3 | 1000 | |
| 7 | x4 | 2100 | |
| 8 | x5 | 1900 | |
| 9 | x-quer | 2800 | Mittelwert |
| 10 | x-schlange | 2100 | Median |
| 11 | | | |

*Bild 140/1: Tabellenkalkulation*

Mit der Tabellenkalkulation können die Auswirkungen von Änderungen in den Eingangswerten auf Median und Mittelwert sowie auf die Funktionsgraphen unmittelbar beobachtet werden.

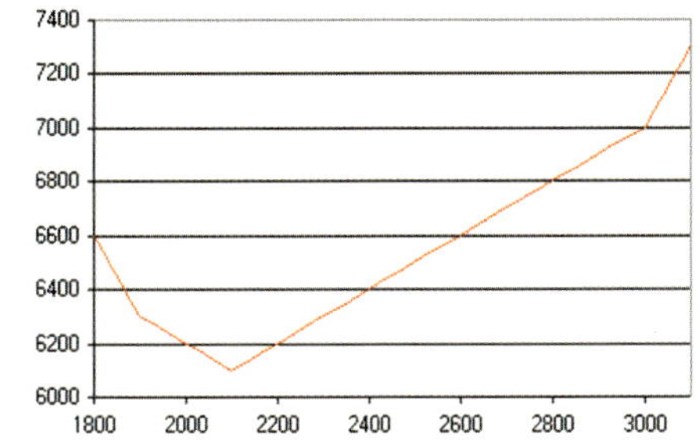


*Bild 141/1:* $g(c) = \sum |x_i - c|$

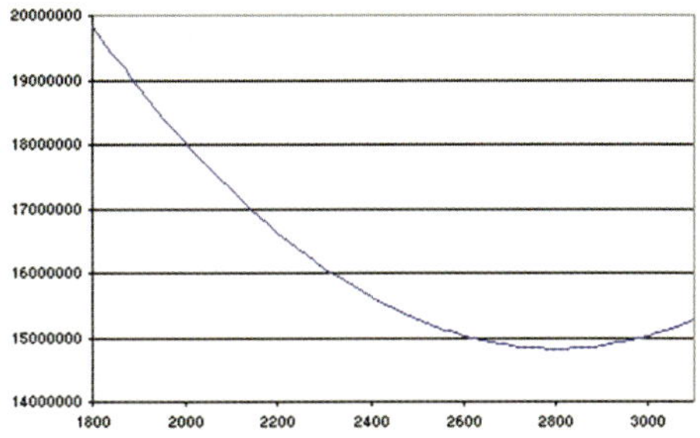


*Bild 141/2:* $f(c) = \sum (x_i - c)^2$

Die grafischen Ergebnisse legen die folgenden **Vermutungen** nahe:

1. Der Median ist der Wert, für den die Summe der absoluten Abweichungen am kleinsten ist; er minimiert die Summe der absoluten Abweichungen.

2. Das arithmetische Mittel minimiert die Summe der quadratischen Abweichungen.

# Bestätigung der ersten Vermutung

Die erste Vermutung bestätigt man schnell anhand der Skizze in Bild 141/3 zum Einkommensbeispiel.

Die Grafik zeigt die absoluten Abweichungen zu einem variablen Wert $c$. Verschiebt man nun diesen Wert $c$ vom Median $\tilde{x}$ (linkes Teilbild) ein bisschen nach links (rechtes Teilbild), so werden zwar die *zwei* oberen Balken jeweils um den Betrag dieser Verschiebung $|c - \tilde{x}|$ kürzer, die *drei* unteren Balken werden aber jeweils um denselben Betrag länger. Die Gesamtlänge der Balken, und das heißt, die Summe der absoluten Abweichungen von $c$, wächst also.

Gleiches ergäbe sich offensichtlich auch bei einer Verschiebung nach rechts. Und sobald die Verschiebung den benachbarten Messwert $x_2$ (bzw. $x_4$) überschreitet, wird es noch dramatischer: Es schrumpft dann nur noch einer der Balken, während vier wachsen.

Fazit: **Der Median minimiert die Summe der absoluten Abweichungen.**

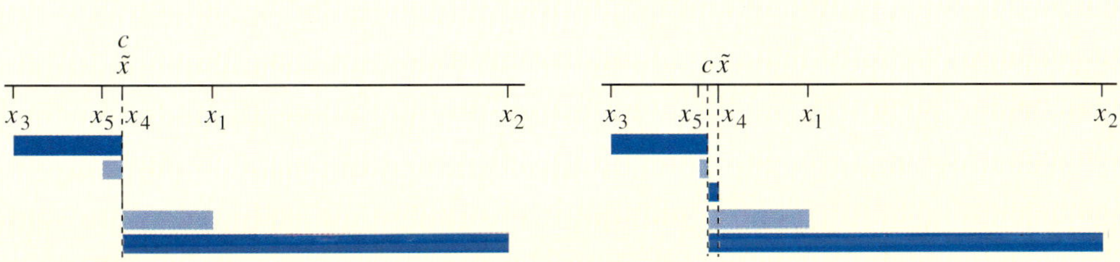


*Bild 141/3: Der Median minimiert die Summe der absoluten Abweichungen.*

## Bestätigung der zweiten Vermutung

Wir betrachten die Summe der Abweichungs-Quadrate

$$SAQ = f(c) = (3000-c)^2 + (6000-c)^2 + (1000-c)^2 + (2100-c)^2 + (1900-c)^2.$$

der 5 Messwerte $x_1 = 3000$, $x_2 = 6000$, $x_3 = 1000$, $x_4 = 2100$ und $x_5 = 1900$ von einer beliebigen Zahl $c$. Offensichtlich ist $f$ eine quadratische Funktion der Variablen $c$; nach Auflösen der Klammern und Zusammenfassen der quadratische, linearen und absoluten Glieder erhält man

$$f(c) = 5c^2 - 28\,000c + 54\,020\,000.$$

Der Koeffizient des quadratischen Gliedes ist gleich der Anzahl $n = 5$ der Messwerte $x_i$. Da dieser Koeffizient positiv ist, handelt es sich bei dem Graphen von $f$ um eine nach oben geöffnete Parabel; folglich nimmt die Funktion $f$ im Scheitelpunkt dieser Parabel ihren kleinsten Wert an. Zur Bestimmung desjenigen Wertes $c$, bei dem die Funktion $f$ ihr Minimum annimmt, formt man den Funktionsterm $f(c)$ mit Hilfe der quadratischen Ergänzung in die Scheitelpunktform um und erhält:

$$f(c) = 5(c-2800)^2 + 14\,820\,000.$$

Der Scheitelpunkt besitzt also die Koordinaten 2800 und 14 820 000.

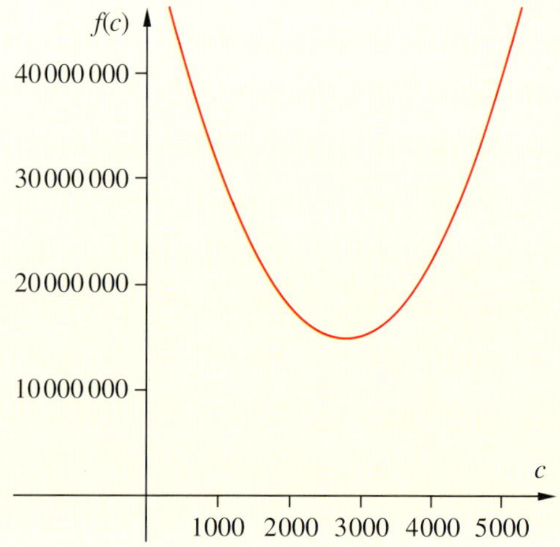

*Bild 142/1: Graph zu f*

Für die Zahl $c = 2800$ nimmt die Summe der quadratischen Abweichungen also ihr Minimum $f(2800) = 14\,820\,000$ an. Für jede andere Wahl von $c$ erhält man einen größeren Zahlenwert für die Summe der quadratischen Abweichungen.

Nun ergab sich die Zahl 2800 als arithmetisches Mittel $\bar{x} = 2800$ der 5 Messwerte $x_i$ unseres Beispiels (vergleiche Seite 138). Damit wurde für das Beispiel gezeigt, dass das arithmetische Mittel $\bar{x} = 2800$ die Summe der quadratischen Abweichungen minimiert.

Dieses Ergebnis kann für $n$ gegebene beliebige Messwerte $x_i$ verallgemeinert werden. Dazu ist nur erforderlich, dieselben Umformungen wie oben mit der allgemeinen Darstellung der Summe der quadratischen Abweichungen $f(c) = (x_1-c)^2 + (x_2-c)^2 + \cdots + (x_n-c)^2$ durchzuführen. Im Folgenden werden die Umformungen kurz angedeutet.

Aus $f(c) = (x_1-c)^2 + (x_2-c)^2 + \cdots + (x_n-c)^2 = \sum_{i=1}^{n}(x_i-c)^2$ folgt

$$f(c) = nc^2 - \left(2\sum_{i=1}^{n} x_i\right)c + \sum_{i=1}^{n} x_i^2.$$

Dies ist der Funktionsterm einer in $c$ quadratischen Funktion $f$. Setzt man die Umformungen mit der quadratischen Ergänzung fort, um den Scheitelpunkt der zugehörigen Parabel zu bestimmen, so erhält man schließlich die Scheitelpunktform

$$f(c)=n\left(c-\frac{1}{n}\sum_{i=1}^{n}x_i\right)^2+\left(\sum_{i=1}^{n}x_i^2-\frac{1}{n}\left(\sum_{i=1}^{n}x_i\right)^2\right).$$

Der Scheitelpunkt der wegen $n>0$ nach oben geöffneten Parabel hat also die Koordinaten

$$\frac{1}{n}\sum_{i=1}^{n}x_i=\bar{x} \quad \textit{und} \quad \sum_{i=1}^{n}x_i^2-\frac{1}{n}\left(\sum_{i=1}^{n}x_i\right)^2=f(\bar{x})=\sum_{i=1}^{n}(x_i-\bar{x})^2.$$

Die Funktion $f$ wird daher für $c=\bar{x}$ minimal, also:

**Das arithmetische Mittel $\bar{x}$ minimiert die Summe der quadrierten Abweichungen.**

## Mittelwert oder Median?

Wenn also eingangs danach gefragt wurde, ob die Einkommensverteilung durch den Median oder das arithmetische Mittel besser charakterisiert wird, kann man nun antworten: Kommt drauf an! Soll der typische Wert in der Summe oder im Schnitt möglichst nah bei den einzelnen Einkommen liegen, so empfiehlt sich der Median der Einkommen. Diesen dürfte ein Politikwissenschaftler wählen, der durch den typischen Wert die Einkommenssituation möglichst vieler möglichst gut repräsentieren will. Soll der typische Wert aber jenes Einkommen benennen, das jeder bekäme, wenn die Einkommen ausgeglichen wären, so empfiehlt sich der Mittelwert der Einkommen.

## Beweisvarianten

Beim arithmetischen Mittel ist einerseits die Summe der einfachen Abweichungen null, andererseits die Summe der quadrierten Abweichungen minimal. Hat das eine etwas mit dem anderen zu tun?

Der eben geführte Beweis mittels der quadratischen Abweichungsfunktion $f$ zu $SAQ=f(c)=(x_1-c)^2+(x_2-c)^2+\cdots+(x_n-c)^2$ vermittelte keine anschauliche Vorstellung. Der Beweis lässt sich aber durchaus auch so führen, dass eine anschauliche Grundidee deutlich wird.

Wir beginnen mit einer Skizze (Bild 143/1) für zwei Messwerte $x_1$ und $x_2$. Der Mittelwert $\bar{x}$ teilt die Strecke von $x_1$ nach $x_2$ in zwei gleich lange Hälften, *weil* $(x_1-\bar{x})+(x_2-\bar{x})=0$ ist und daher $|x_1-\bar{x}|=|x_2-\bar{x}|$. Deshalb – also letztlich nur wegen des ausgleichenden Charakters des Mittelwertes – sind die beiden Quadrate mit den Seitenlängen $|x_1-\bar{x}|$ und $|x_2-\bar{x}|$ flächengleich; es herrscht Symmetrie um $\bar{x}$.

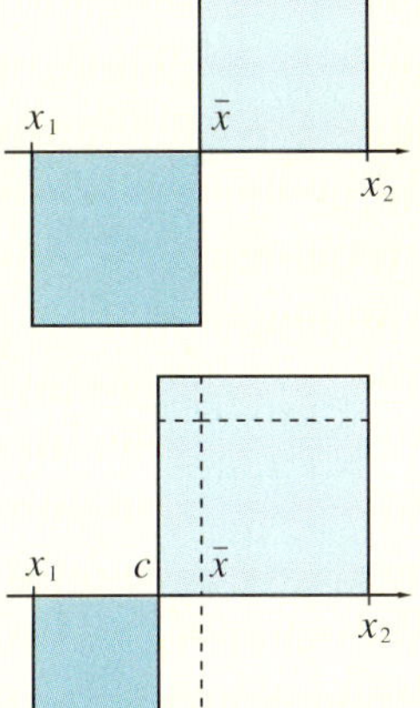


*Bild 143/1*

Verschieben wir den variablen Wert $c$ von dem Mittelwert $\bar{x}$ (oberes Teilbild) um den Betrag $d$ ein bisschen nach links (unteres Teilbild), so vergrößert sich offensichtlich das rechte Quadrat, während sich das linke Quadrat verkleinert. Der Flächenzuwachs für das rechte Quadrat beträgt $2d|x_2 - \bar{x}| + d^2$, wie man leicht einsieht, wenn man die Inhalte der hinzukommenden Flächen – nämlich die zweier Rechtecke und eines Quadrates – entsprechend notiert. Die Flächenabnahme des linken Quadrats beträgt aber nur $2d|x_2 - \bar{x}| - d^2$. Flächenzunahme rechts und Flächenabnahme links gegeneinander gerechnet ergeben netto einen Flächenzuwachs von $2d^2$.

Gleiches gilt wegen der Symmetrie um $\bar{x}$ für eine Verschiebung nach rechts. Und dass eine weitere Verschiebung über die Messwerte hinaus die Gesamtfläche der Quadrate nicht mehr kleiner macht, dürfte unmittelbar klar sein. Fazit: Die Summe der Abweichungsquadrate wird bei zwei Messwerten vom arithmetischen Mittel minimiert.

Zur Verallgemeinerung auf beliebige $n$ Messwerte denke man sich die weiteren Messwerte links von $x_1$ und rechts von $x_2$ verteilt. Es wird wieder $c$ vom Mittelwert $\bar{x}$ nach links verschoben und die Flächenzunahme betrachtet.

Eine dritte Beweisvariante ist Thema von Aufgabe 34, Seite 152.

## Mittelwert von zusammengefassten Messwerten

Bisher haben wir bei der Berechnung des Mittelwertes angenommen, dass die Messwerte als Einzelwerte vorliegen. Liegen die Messwerte nicht als Einzelwerte sondern als Klassen vor, so kann man den Mittelwert zumindest näherungsweise berechnen. Dazu wird angenommen, dass alle Werte einer Klasse mit der Klassenmitte übereinstimmen.

Damit ergibt sich, wenn man als Klassenmitte die Werte $x_1; x_2; \cdot; x_n$ und als Häufigkeiten die Werte $h_1; h_2; \ldots; h_n$ annimmt:

$$\bar{x} = \frac{x_1 h_1 + x_2 h_2 + \ldots + x_n h_n}{n}.$$

**Beispiel** Bei einer Schuluntersuchung wurde neben anderen Merkmalen auch die Körpermasse (in kg) ermittelt. Für die Schüler der Klasse 11 ergaben sich folgenden Werte:

| | | | |
|---|---|---|---|
| über 40 bis 45: | 4 | über 65 bis 70: | 13 |
| über 45 bis 50: | 12 | über 70 bis 75: | 7 |
| über 50 bis 55: | 14 | über 75 bis 80: | 4 |
| über 55 bis 60: | 16 | über 80 bis 85: | 3 |
| über 60 bis 65: | 25 | über 85 bis 90: | 2 |

Damit ergibt sich für den Mittelwert:

$$\bar{x} = \frac{42{,}5 \cdot 4 + 47{,}5 \cdot 12 + 52{,}5 \cdot 14 + 57{,}5 \cdot 16 + 62{,}5 \cdot 25 + 67{,}5 \cdot 13 + 72{,}5 \cdot 7 + 77{,}5 \cdot 4 + 82{,}5 \cdot 3 + 87{,}5 \cdot 2}{100} = 60{,}75.$$

Die durchschnittliche Körpermasse liegt bei etwa 60,75 kg.

Um den Median zu bestimmen, muss man sich überlegen, in welche Klasse die mittleren Werte (hier der 50. und 51.) der Wertereihe fallen.

Wegen $4 + 12 + 14 + 16 < 50 < 51 < 4 + 12 + 14 + 16 + 25$ liegt der Median in der Klasse $60 < x \leq 65$.

# Lageparameter

Median und Mittelwert gelten als so genannte **Lageparameter**: Wenn Sie etwa das Säulendiagramm für die Körpergrößen der Männer insgesamt auf der Abszisse nach links verschieben, erhalten Sie irgendwann ungefähr das Säulendiagramm für die Körpergrößen der Frauen. Die Verteilung der Körpergrößen hat bei Männern und Frauen nämlich ungefähr gleiche Form; nur ihre Lage auf der Abszisse ist verschieden. Offensichtlich wird diese Lage durch Median und Mittelwert charakterisiert. Daher also der Name Lageparameter.

Zu den Lageparametern zählt man schließlich auch den **Modus** oder **Modalwert**. Dies ist die am häufigsten vorkommende Merkmalsausprägung. Verwendet man den Modus, so beantwortet man also die Frage nach einem typischen Wert mit dem Datum, das am häufigsten vorkommt. Ob der Modus damit Typisches trifft, hängt wieder von den Umständen ab: Dass die meisten Deutschen, nämlich etwa 51%, weiblichen Geschlechts sind, dürfte kaum zu der Aussage Anlass geben, der typische Deutsche sei eine Frau. Schon eher könnte man indessen sagen, der typische alte Deutsche sei eine Frau. Denn in den hohen Altersklassen überwiegen die Frauen in Deutschland tatsächlich bei weitem.

Ein Letztes: Während Mittelwert und Median nur bei quantitativen Merkmalen Sinn haben, eignet sich der Modus auch bei qualitativen Merkmalen.

## Wir fassen zusammen

ZUSAMMENFASSUNG

Als typische Werte oder **Lageparameter** bieten sich zur Charakterisierung quantitativer Merkmale arithmetisches Mittel $\bar{x}$ und Median $\tilde{x}$ an, bei qualitativen Merkmalen allenfalls der Modus:

Der am häufigsten vorkommende Wert heißt **Modus**. Das 50. Perzentil heißt **Median** $\tilde{x}$; er trennt die unteren von den oberen 50% der Messwerte. Unter dem **arithmetischen Mittel** $\bar{x}$ versteht man den Term

$$\bar{x} = \frac{x_1 + x_2 + \cdots + x_n}{n} = \frac{1}{n}\sum_{i=1}^{n} x_i.$$

### Satz über die Abweichungen von Mittelwert und Median

**4.1**

1. Der Mittelwert gleicht die einfachen Abweichungen aus:

$$\sum_{i=1}^{n} (x_i - \bar{x}) = 0.$$

2. Der Mittelwert minimiert die Summe der quadrierten Abweichungen:

$$\sum_{i=1}^{n} (x_i - \bar{x})^2 \text{ ist minimal.}$$

3. Der Median minimiert die Summe der absoluten Abweichungen:

$$\sum_{i=1}^{n} |x_i - \tilde{x}| \text{ ist minimal.}$$ ■

## Übungen zum Summenzeichen

**1** Begründen Sie mit algebraischen Termumformungen – insbesondere unter Nutzung von Kommutativ-, Assoziativ- und Distributivgesetzen – folgende Formeln. (*Hinweis:* Falls Sie Schwierigkeiten haben, ersetzen Sie die $n$ Summanden zunächst einfach durch 3 Summanden.)

**a)** $\sum_{i=1}^{n} cx_i = c\sum_{i=1}^{n} x_i$

**b)** $\sum_{i=1}^{n} c = nc$

**c)** $\sum_{i=1}^{n} (x_i - c) = \sum_{i=1}^{n} x_i - nc$

**d)** $\sum_{i=1}^{n} (x_i - c)^2 = \sum_{i=1}^{n} x_i^2 - 2c\sum_{i=1}^{n} x_i + nc^2$

**e)** $\sum_{i=1}^{n} x_i = \sum_{j=1}^{n} x_j$

**f)** $\sum_{i=1}^{n} x_i = \sum_{i=1,\, x_i>0}^{n} x_i + \sum_{i=1,\, x_i<0}^{n} x_i$

## Aufgaben zu den Lageparametern

**2** Geben Sie für die folgenden Datensätze jeweils Mittelwert, Median und Modus an.
**a)** 3, 3, 1, 4, 5, 6, 2, 3, 2 **b)** 3, 3, 1, 4, 5, 6, 2, 2, 2 **c)** 3, 3, 1, 4, 5, 66, 2, 3, 2

**3** Berechnen Sie für die Werte in Aufgabe 2 jeweils die Summe der einfachen, absoluten und quadratischen Abweichungen vom Mittelwert und vom Median.

**4** Bestimmen Sie jeweils das arithmetische Mittel und erläutern Sie das Ergebnis.
**a)** $x_1 = x_2 = \ldots = x_n = c$ **b)** $x_1 + c; x_2 + c; \ldots ; x_n + c$ **c)** $cx_1; cx_2; \ldots ; cx_n$

**5** Ändert sich in einer Datenreihe vom Umfang $n$ ein einzelner Wert $x_i$ um $d$, um wieviel ändert sich dann der Mittelwert $\bar{x}$?

**6** Ein Flugzeug kann 100 Passagiere mit einem Gewicht von 75 kg aufnehmen. Eine Reisegruppe von 40 schwergewichtigen Männern hat ein Durchschnittsgewicht von 90 kg. Wie viel dürfen die übrigen 60 Passagiere durchschnittlich wiegen?

**7** Für die Altersverteilung der deutschen Bevölkerung galten am 01.01.1993 folgende Lageparameter: Arithmetisches Mittel 39,48 Jahre (Männer: 37,34 Jahre, Frauen: 41,50 Jahre),
Median 37,5 Jahre (Männer: 35,5 Jahre, Frauen: 39,5 Jahre) und
Modus 28,5 Jahre (auch in beiden Geschlechtern getrennt).

**a)** Erklären Sie die Unterschiede zwischen diesen Werten.

**b)** Sind folgende Aussagen angemessen:

1. „Deutsche Frauen sind durchschnittlich älter als deutsche Männer."
2. „Der deutsche Durchschnittsmann ist mehr als vier Jahre jünger als die deutsche Durchschnittsfrau."
3. „Der durchschnittliche Altersunterschied zwischen Mann und Frau beträgt in Deutschland rund vier Jahre."
4. „Die meisten Männer in Deutschland sind 28 Jahre alt – die meisten Frauen auch."
5. „In Deutschland sind die meisten Frauen 28 Jahre alt, während die Mehrheit der Männer älter als 35 Jahre ist."
6. „Die Mehrheit der deutschen Frauen ist deutlich älter als der Durchschnittsmann."
7. „Im Durchschnitt wird eine deutsche Frau 83 Jahre alt."

**8** Eine Firma mit 30 Beschäftigten hat neben einem Geschäftsführer mit 6000 € Gehalt ausschließlich Angestellte mit 320-€-Jobs.

**a)** Berechnen Sie das mittlere Einkommen dieses Betriebes. Gibt das mittlere Einkommen Auskunft über die tatsächlichen Einkommensverhältnisse?

**b)** Berechnen Sie den Median. Wie beurteilen Sie seine Bedeutung für diese Situation?

**c)** In einem schlechten Geschäftsjahr wird das Gehalt des Geschäftsführers auf 2930 € heruntergesetzt. Wie wirkt sich dies auf Mittelwert und Median aus?

**d)** Ändert sich der Median, wenn zusätzlich 10 Arbeitskräfte auf der Basis von 320-€-Jobs eingestellt werden?

**9** In einem Hallenbad werden innerhalb einer Woche folgende Besucherzahlen notiert:
Montag: 456; Dienstag 421; Mittwoch: 363; Donnerstag: 438; Freitag: 592; Sonnabend: 647; Sonntag: 561.

**a)** Stellen Sie die Zahlen in einem Säulendiagramm dar.

**b)** Berechnen Sie den Mittelwert.

**c)** Welche Bedeutung hat hier der Median?

**10** In einem Schülerexperiment wurden an einem Tag mehrmals die Temperaturen gemessen:

| Uhrzeit | 07:00 | 08:00 | 09:00 | 10:00 | 11:00 | 12:00 | 13:00 |
|---|---|---|---|---|---|---|---|
| Temperatur | 14°C | 16°C | 17°C | 20°C | 22°C | 23°C | 24°C |

**a)** Berechnen Sie den Mittelwert.

**b)** Für welchen Zeitraum ist dieser Mittelwert aussagekräftig?

**11** Um die Aufenthaltsdauer von Patienten in einem Krankenhaus zu untersuchen, wurden an zwei aufeinanderfolgenden Tagen bei 20 Patienten die Aufenthaltstage notiert:
3; 15; 4; 17; 21; 2; 5; 25; 29; 30; 4; 5; 2; 6; 4; 23; 27; 24; 26; 5.

**a)** Ist der Mittelwert hier eine aussagekräftige Größe?

**b)** Machen Sie einen Vorschlag, wie man die Messreihe zerlegen könnte.

**c)** Welche Schlussfolgerungen ergeben sich für die Zimmerbelegung?

**12** Wie viel verdient der Losverkäufer bei einem Lospreis von 1 € im Mittel pro Los?

Der Trostpreis hat einen Wert von 0,20 €, der Preis hat einen Wert von 1 € und der Hauptpreis hat einen Wert von 10 €.

**13** Ein Autofahrer notiert ein Jahr lang den Benzinverbrauch pro 100 km. Dabei treten folgende Werte auf:

| Messwert (in *l*/100 km) | 5,9 | 6,2 | 6,4 | 6,5 | 6,8 | 7,0 | 7,2 | 7,3 | 7,5 |
|---|---|---|---|---|---|---|---|---|---|
| Häufigkeit | 4 | 2 | 3 | 1 | 5 | 3 | 2 | 3 | 4 |

**a)** Berechnen Sie den Mittelwert.
**b)** In der Bedienungsanleitung des Autos wird ein Verbrauchswert von 5,5 *l*/100 km angegeben. Kann man dieser Angabe vertrauen?

**14** In einer Autowerkstatt wird überlegt, ob die Anzahl der Hebebühnen und Stellplätze für Pkw ausreicht. Deshalb erfasst man bei 20 Pkw die Aufenthaltsdauer in Arbeitstagen:
1; 2; 4; 5; 3; 5; 7; 1; 2; 4; 9; 3; 6; 5; 23; 2; 4; 6; 5; 2.
**a)** Bestimmen Sie den Mittelwert.
**b)** Unter der **Spannweite** einer Messreihe versteht man die Differenz von größtem und kleinstem Messwert. Welche Bedeutung messen Sie hier der Spannweite zu?

**15** In einer Umfrage wird ermittelt, welche Anzahl von Fernsehgeräten pro Haushalt die befragten Personen für angemessen halten. Die 1000 befragten Personen antworteten wie folgt:
keinen: 21; einen: 227; zwei: 630; drei und mehr: 122.
**a)** Wie viele Fernseher pro Haushalt halten die befragten Personen im Mittel für angemessen?
**b)** Welche Bedeutung hat hier der Mittelwert?

**16** Der Vater einer vierköpfigen Familie erklärt, wie der Kauf eines Autos zu finanzieren sei. Er selbst könne 7500 €, die Mutter 5000 € beisteuern. Der Kauf werde möglich, wenn jedes Mitglied der Familie im Mittel 4000 € beitragen würde.
**a)** Wie viel Geld müssten die beiden Kinder zusammen aufbringen?
**b)** Wie viel € kostet das Auto?

**17** Bei der automatischen Produktion von Werkstücken treten oft Abweichungen auf, die bei den einzelnen Maschinen unterschiedlich sind. Die Produkte von zwei Maschinen werden verglichen, wobei die Länge von hergestellten Bolzen in mm (Sollwert 100 mm) gemessen wird.

Maschine A: 99; 100; 99; 103; 97; 93; 101; 94; 100; 92; 109; 98; 108; 100; 105
Maschine B: 100; 99; 101; 97; 98; 100; 103; 101; 100; 98; 99; 100; 99; 101; 102

**a)** Berechnen Sie für jede Maschine den Mittelwert und den Median.
**b)** Zeichnen Sie ein zweiseitiges Stängel-Blatt-Diagramm.
**c)** Vergleichen Sie die Differenz zwischen dem größten und dem kleinsten Messwert (Spannweite) bei jeder Maschine.
**d)** Machen Sie eine Aussage hinsichtlich der Präzision der beiden Automaten.

**18** Bei einem Automaten zur Herstellung von Bolzen wurde als Sollwert ein Maß von 100 mm eingestellt. Bei der Untersuchung einer Kiste Bolzen ergeben sich folgende Stichprobenwerte:
92; 97; 96; 99; 98; 101; 102; 103; 101; 94; 99; 100; 92; 98; 101; 97; 102; 99; 104; 97.
**a)** Berechnen Sie den Mittelwert.
**b)** Als Toleranzgrenze ist jeweils 1 mm zulässig. Ist es zweckmäßig, den Sollwert zu ändern?
**c)** Machen Sie eine Aussage über die Qualität der Sollwerteinstellung.

**19** Eine Wetterstation ermittelte in einem Jahr die folgenden Monatsmitteltemperaturen:

| Monat | Jan. | Febr. | März | Apr. | Mai | Juni | Juli | Aug. | Sept. | Okt. | Nov. | Dez. |
|---|---|---|---|---|---|---|---|---|---|---|---|---|
| Temperatur in °C | 1,2 | 1,8 | 4,9 | 8,8 | 12,9 | 16,1 | 18,2 | 17,4 | 14,7 | 9,7 | 5,6 | 2,7 |

**a)** Berechnen Sie den Mittelwert.
**b)** Berechnen Sie den Median.
**c)** Vergleichen Sie Mittelwert und Median. Was fällt Ihnen auf?
**d)** Überlegen Sie, ob sich der unter a) berechnete Mittelwert ändern würde, wenn Sie einen Mittelwert aus allen täglichen Messwerten berechnen würden.
**e)** Berechnen Sie die Abweichungen von Mittelwert und Median.

**20** Sie lesen, dass es im deutschen Straßenverkehr „durchschnittlich" 10,6 Unfalltote je Milliarde Personenkilometer gebe. Inwiefern handelt es sich bei dieser Angabe um einen Mittelwert?

**21** Das folgende Bild zeigt fünf an einer Straße liegende Geschäfte, die jeweils einzeln einmal pro Woche von einem Großhändler beliefert werden. Wo sollte der Großhändler sein Lager einrichten, um insgesamt mit möglichst kurzer Transportstrecke auszukommen?

**22** Weit über 50% der deutschen Autofahrer halten sich für überdurchschnittlich gute Autofahrer. Könnten diese Autofahrer mit ihrer Selbsteinschätzung recht haben, oder wäre dies mathematisch zweifelhaft?

**23** **a)** Berechnen Sie auf der Basis der Rohwerte in der Urliste auf Seite 122 die durchschnittliche Körpergröße.
**b)** Wenn Sie nicht die Rohwerte zur Verfügung hätten, sondern nur die Häufigkeitsverteilung, also die Häufigkeiten der Klassen wie etwa im Säulendiagramm auf Seite 105 wie würden Sie dann den Mittelwert der Körpergrößen so genau wie möglich berechnen? Welche Gründe gibt es für den Unterschied zu a)?
**c)** Viele statistische Erhebungen benutzen an den Rändern nach oben bzw. unten offene Klassen, wie beispielsweise „Körpergröße unter 150 cm" bzw. „Körpergröße mindestens 210 cm". Was bedeutet das für die Bestimmung von Mittelwerten aus Häufigkeitsverteilungen?

**24** Zur Planung einer Kläranlage geht die Stadtverwaltung von den Wassermengen aus, die Betriebe und Haushalte verbrauchen. Weitere Wassermengen müssen bei der Dimensionierung der Kläranlage nicht berücksichtigt werden, da das Regenwasser über besondere Abwasserleitungen entsorgt werden soll (Trennsystem). Man kann deshalb von folgenden Zahlen ausgehen:

| Wasserverbrauch $V$ pro Tag in Mill. Liter | relative Häufigkeit |
|---|---|
| $0 < V \leq 100$ | 0,08 |
| $100 < V \leq 200$ | 0,09 |
| $200 < V \leq 300$ | 0,19 |
| $300 < V \leq 400$ | 0,31 |
| $400 < V \leq 500$ | 0,12 |
| $500 < V \leq 600$ | 0,08 |
| $600 < V \leq 700$ | 0,06 |
| $700 < V \leq 800$ | 0,03 |
| $800 < V \leq 900$ | 0,02 |
| $900 < V \leq 1000$ | 0,02 |

**a)** Bestimmen Sie einen Näherungswert für den Mittelwert.
**b)** Geben Sie eine obere und eine untere Grenze für den Mittelwert an.
**c)** Was muss beachtet werden, wenn die Stadt kein Trennsystem vorsehen würde?

**25** Die Untersuchung über die Aufenthaltsdauer der Patienten (Aufgabe 11, Seite 147) wurde fortgeführt. Dabei ergaben sich folgende Häufigkeiten für Aufenthalte bis zu 30 Tagen:

| 1 | 2 | 3 | 4 | 5 | 6 | 7 | 8 | 9 | 10 | 11 | 12 | 13 | 14 | 15 | 16 | 17 | 18 | 19 | 20 | 21 | 22 | 23 | 24 | 25 | 26 | 27 | 28 | 29 | 30 |
|---|---|---|---|---|---|---|---|---|---|---|---|---|---|---|---|---|---|---|---|---|---|---|---|---|---|---|---|---|---|
| 0 | 2 | 6 | 8 | 9 | 7 | 6 | 5 | 4 | 3 | 2 | 2 | 1 | 1 | 1 | 1 | 1 | 0 | 0 | 3 | 4 | 4 | 6 | 7 | 8 | 6 | 4 | 3 | 2 | 1 |

**a)** Fertigen Sie ein Stängel-Blatt-Diagramm an.
**b)** Berechnen Sie den Mittelwert und bewerten Sie das Ergebnis.
**c)** Berechnen Sie den Median und bewerten Sie das Ergebnis.
**d)** Zerlegen Sie die Ergebnisse geschickt in zwei Messreihen. Führen Sie a) – c) für diese beiden Reihen aus. Was hat sich verändert?

**26** Sie legen den 5 km langen Weg zur Schule auf dem Fahrrad in 20 Minuten zurück.
**a)** Wie groß ist Ihre Durchschnittsgeschwindigkeit?
**b)** Wieso handelt es sich bei einer Durchschnittsgeschwindigkeit um ein arithmetisches Mittel?

## Wie würden Sie entscheiden?

**27** Nach einem Sportwettkampf zwischen zwei Mannschaften gab es unter den Zuschauern eine rege Diskussion darüber, wie die Ergebnisse zu werten seien.
Achim vertrat folgende Meinung: „Beim Sprint ist die Mannschaft am besten, in der ein Teilnehmer die beste Zeit erzielt.“
Bernd entgegnete: „Diese Mannschaft kann nicht Sieger sein, da sie auch den schwächsten Teilnehmer hatte.“
Cornelius meinte: „Da es ein Mannschaftswettkampf war, sollte die Mannschaft Sieger sein, die den kleinsten Mittelwert der erreichten Zeiten aufweist.“
Diskutieren Sie diese Meinungen. Wie würden Sie entscheiden?

**28** Bei einem Kegelwettbewerb einer Klasse kämpfen die Jungen gegen die Mädchen. Folgende Ergebnisse wurden bei jeweils 10 Kugeln erreicht:

| | | | | | | | | | | |
|---|---|---|---|---|---|---|---|---|---|---|
| Jungen: | 47 | 31 | 56 | 61 | 34 | 29 | 40 | 26 | | |
| Mädchen: | 46 | 34 | 49 | 32 | 23 | 21 | 35 | 41 | 36 | 34 |

Der Sportlehrer verkündet, dass die Mädchen Sieger seien. Dagegen hält der ebenfalls anwesende Klassenlehrer die Jungen für die Sieger.
Erklären Sie die unterschiedlichen Standpunkte.

**29** Bei einem Manschaftswettkampf im Turnen gehörten zu jeder Mannschaft sieben Aktive, von denen allerdings nur die sechs Besten für das Endergebnis berücksichtigt wurden. Folgende Ergebnisse wurden von den Aktiven erzielt:

| | | | | | | | |
|---|---|---|---|---|---|---|---|
| Mannschaft A: | 32,4 | 33,5 | 29,6 | 34,1 | 32,1 | 26,8 | 33,6 |
| Mannschaft B: | 33,5 | 31,5 | 32,0 | 33,8 | 29,9 | 32,3 | 32,1 |

**a)** Welche Mannschaft hat gewonnen?
**b)** Welche Mannschaft turnte im Mittel besser?
**c)** Nehmen Sie zu den Ergebnissen von a) und b) Stellung.

**30** Ein Architekt erklärt einem Bauherrn, dass für seine kleinen Kinder der Bau eines Swimmingpools völlig ungefährlich ist, da das Wasser im Mittel nur 60 cm tief sei. Kann dieses Argument den Bauherrn überzeugen?

**31** Beim Durchlesen von Werbebroschüren findet ein Schüler folgende Anzeigen:

Welche Informationen sollen hier übermittelt werden?

## Vertiefende Überlegungen und weiterführende Aufgaben

**32** Angenommen, in einem Land gebären 30% der Frauen während ihres Lebens kein Kind, 45% genau ein Kind, 15% genau zwei Kinder, 5% genau drei Kinder, 3% genau vier Kinder, 1% genau fünf Kinder, 0,5% genau sechs Kinder, 0,3% genau sieben Kinder, 0,1% genau acht Kinder, 0,1% genau neun Kinder und 0% mehr als neun Kinder. Wie viel Kinder gebären die Frauen dieses Landes im Schnitt?

**33** **a)** In einem Land betrage das jährliche Durchschnittseinkommen erwerbstätiger Frauen 30 000 Euro, das der erwerbstätigen Männer 40 000 Euro. 45% der Erwerbstätigen sind weiblich, 55% männlich. Wie hoch ist das Durchschnittseinkommen der Erwerbstätigen insgesamt?

**b)** In der einen Teilgruppe mit der Größe $n_1$ gibt es den Mittelwert $\bar{x}_1$, in der anderen Teilgruppe mit der Größe $n_2$ den Mittelwert $\bar{x}_2$. Entwickeln Sie eine Formel zur Berechnung des Gesamtmittelwerts $\bar{x}$ in der Gesamtgruppe vom Umfang $n = n_1 + n_2$.

**c)** Verallgemeinern Sie: Eine Gruppe der Größe $n$ sei vollständig zerlegt in $k$ Gruppen mit den Größen $n_1, n_2, \ldots, n_k$ und den bekannten Mittelwerten $\bar{x}_1, \bar{x}_2, \ldots, \bar{x}_k$. Mit welcher Formel lässt sich dann der Mittelwert $\bar{x}$ in der Gesamtgruppe berechnen? Nutzen Sie das Summenzeichen $\Sigma$.

**d)** Versuchen Sie, die in c) gefundene Berechnungsvorschrift in Worte zu fassen.

**34** Entwickeln Sie für den Beweis, dass das arithmetische Mittel die Summe der quadrierten Abweichungen minimiert, eine dritte Variante, und zwar in Form eines indirekten Beweises: Nehmen Sie zunächst an, es gäbe eine von $\bar{x}$ verschiedene Zahl $c$, sodass

$$\sum_{i=1}^{n}(x_i - c)^2 < \sum_{i=1}^{n}(x_i - \bar{x})^2.$$

Führen Sie dann diese Annahme zu einem Widerspruch.

*Anleitung:* Beginnen Sie mit: $\sum_{i=1}^{n}(x_i - c)^2 = \sum_{i=1}^{n}\left((x_i - \bar{x}) + (\bar{x} - c)\right)^2.$

**35** **a)** Wie hätten sich beim Beispiel im Lehrtext (Seite 137, **A2**) Mittelwert und Median der Einkommensverteilung der fünf Bürger verändert, wenn der Bestverdienende nicht 6000, sondern 60 000 Euro verdiente?

**b)** Der Mittelwert gilt als empfindlich gegenüber Ausreißern, der Median indessen als **robust** gegenüber Ausreißern. Was ist damit wohl gemeint?

**c)** Statistische Daten liegen häufig nur aus Stichproben vor, charakterisiert werden sollen aber Populationen. Wie hängt die Ausreißerempfindlichkeit des Mittelwerts von der Stichprobengröße ab?

**d)** Der Median ist zwar bezüglich der Ausreißerempfindlichkeit robuster als der Mittelwert, aber auch nicht ganz frei von vergleichbaren Problemen. Skizzieren Sie eine Verteilung, bei der die Änderung eines einzigen Wertes den Median massiv verändert.

**36** Manchmal wird in statistischen Erhebungen das Vorliegen einer bestimmten Merkmalsausprägung mit der Zahl 1, ihr Fehlen mit der Zahl 0 kodiert. Man spricht dann von einem **0-1-Merkmal**. Beispiel: Antworten zweckmäßigerweise anonym befragte Steuerpflichtige auf die Frage „Haben Sie schon einmal Steuern hinterzogen?“ mit „Ja“, so wird dies durch die Ziffer 1 festgehalten; antworten sie mit „Nein“, so steht dafür die Ziffer 0. Wie lässt sich das arithmetische Mittel interpretieren, obwohl es sich hier nicht um ein quantitatives Merkmal handelt?

# 4.3 Die Streuung



## A1 Offensive Pünktlichkeit

Die Deutsche Bahn ist bestrebt, durch Verbesserung der Pünktlichkeit die Attraktivität ihres Angebots zu erhöhen. Im Rahmen der Aktion „Offensive Pünktlichkeit" wurde deshalb auf einer Strecke, auf der wochentags 5 und sonntags 3 Regionalbahnen verkehren, durch entsprechende Maßnahmen eine Reduzierung der Anzahl der Verspätungen in Angriff genommen mit den folgenden Ergebnissen an einem Wochentag bzw. an einem Sonntag:

| | Anzahl der Verspätungen | |
|---|---|---|
| | vorher | nachher |
| Zug A | 1 | 2 |
| Zug B | 1 | 3 |
| Zug C | 3 | 3 |
| Zug D | 5 | 3 |
| Zug E | 5 | 4 |

| | Anzahl der Verspätungen | |
|---|---|---|
| | vorher | nachher |
| Zug X | 3 | 2 |
| Zug Y | 3 | 3 |
| Zug Z | 3 | 4 |

Wie hat sich die Verteilung der Verspätungen geändert? Ist eine Verbesserung eingetreten? Versuchen Sie, entsprechende Maßzahlen zu entwickeln.

## A2 Präzision

Ein Automobilunternehmen will bei einem Zulieferer Teile zum Einbau beziehen, die möglichst genau gleich lang sein sollen. Jeder Lieferung soll eine Zufallsstichprobe von $n$ Teilen entnommen werden, deren Länge genau nachgemessen wird. Zeigt die Lieferung zu geringe Präzision – also zuviel Ungleichheit in den Längen –, so soll das Automobilunternehmen das Recht haben, die Lieferung zurückzuweisen. Für die Vertragsgestaltung benötigt man also ein Maß für die mangelnde Präzision oder Ungenauigkeit einer Lieferung. Entwickeln Sie ein solches Maß.

Verwenden Sie zur Veranschaulichung die folgenden beiden Stichproben vom Umfang 10:

| | Längen in mm | | | | | | | | | |
|---|---|---|---|---|---|---|---|---|---|---|
| **1. Lieferung** | 104 | 103 | 107 | 102 | 108 | 103 | 105 | 102 | 105 | 107 |
| **2. Lieferung** | 106 | 106 | 104 | 105 | 104 | 108 | 105 | 107 | 104 | 105 |

AUFTRÄGE

**A3 Einkommensverteilung**

Im Zuge einer Steuerreform, die die unteren Einkommen stärker entlasten und Steuerschlupflöcher schließen soll, und durch Veränderungen beim Kindergeld ergeben sich in einem Kleinunternehmen mit fünf Beschäftigten die folgenden Veränderungen in den Nettoeinkommen:

| | Nettoeinkommen in € | |
|---|---|---|
| | vor der Reform | nach der Reform |
| Beschäftigter A | 1010 | 1060 |
| Beschäftigter B | 1600 | 1550 |
| Beschäftigter C | 1000 | 1100 |
| Beschäftigter D | 1250 | 1300 |
| Beschäftigter E | 1490 | 1440 |

Die Opposition spricht von Gleichmacherei. Untersuchen Sie das.

## Abweichungen der Messwerte voneinander und vom Mittelwert

Wir bearbeiten A3. Die Reform hat bei den unteren Einkommen in der Tat eine gewisse Verbesserung gebracht. Dabei hat sich der Mittelwert der Nettoeinkommen nur leicht von 1270 € auf 1290 € erhöht, denn durch den Wegfall von Steuervergünstigungen wurden auch die Nettoeinkommen im oberen Bereich geschmälert. Es hat sich also die Ungleichheit, die Verschiedenheit, die Streuung der Nettoeinkommen verringert. Wie kann man dies bemessen?

Die Streuung von Messwerten ist umso größer, je größer die Summe der absoluten Abweichungen der Messwerte voneinander ist. Anstelle der Summe aller absoluten Abweichungen kann man auch die Summe der quadrierten Abweichungen der Messwerte voneinander als Streuungsmaß verwenden.

Zum Vergleich von Streuungen verschiedener Messreihen ist die Summe der absoluten bzw. der quadrierten Abweichungen jeweils noch durch die Anzahl der Differenzen zu dividieren; man erhält schließlich die **mittlere absolute Abweichung** von 5 Messwerten $x_1, \ldots, x_5$:

$$\begin{aligned} D = \tfrac{1}{5^2}\big[ & |x_1 - x_1| + |x_1 - x_2| + |x_1 - x_3| + |x_1 - x_4| + |x_1 - x_5| \\ + & |x_2 - x_1| + |x_2 - x_2| + |x_2 - x_3| + |x_2 - x_4| + |x_2 - x_5| \\ + & |x_3 - x_1| + |x_3 - x_2| + |x_3 - x_3| + |x_3 - x_4| + |x_3 - x_5| \\ + & |x_4 - x_1| + |x_4 - x_2| + |x_4 - x_3| + |x_4 - x_4| + |x_4 - x_5| \\ + & |x_5 - x_1| + |x_5 - x_2| + |x_5 - x_3| + |x_5 - x_4| + |x_5 - x_5| \big]. \end{aligned}$$

Entsprechend ergibt sich die **mittlere quadratische Abweichung** von 5 Messwerten $x_1, \ldots, x_5$:

$$\begin{aligned} S^2 = \tfrac{1}{5^2}\big[ & (x_1 - x_1)^2 + (x_1 - x_2)^2 + (x_1 - x_3)^2 + (x_1 - x_4)^2 + (x_1 - x_5)^2 \\ + & (x_2 - x_1)^2 + (x_2 - x_2)^2 + (x_2 - x_3)^2 + (x_2 - x_4)^2 + (x_2 - x_5)^2 \\ + & (x_3 - x_1)^2 + (x_3 - x_2)^2 + (x_3 - x_3)^2 + (x_3 - x_4)^2 + (x_3 - x_5)^2 \\ + & (x_4 - x_1)^2 + (x_4 - x_2)^2 + (x_4 - x_3)^2 + (x_4 - x_4)^2 + (x_4 - x_5)^2 \\ + & (x_5 - x_1)^2 + (x_5 - x_2)^2 + (x_5 - x_3)^2 + (x_5 - x_4)^2 + (x_5 - x_5)^2 \big]. \end{aligned}$$

Bei 5 Messwerten sind in beiden Fällen insgesamt $5^2 = 25$ Differenzen zu bearbeiten. Bei $n$ Messwerten gibt es $n^2$ Differenzen der Messwerte voneinander; das sind bei 100 Messwerten schon 10 000 Differenzen! Als Ersatz bietet sich an, nur mit den $n$ Abweichungen der Werte vom Mittelwert $\bar{x}$ zu rechnen, also mit der **mittleren absoluten Abweichung der Messwerte vom Mittelwert**:

$$d = \tfrac{1}{n}[|x_1 - \bar{x}| + |x_2 - \bar{x}| + \ldots + |x_n - \bar{x}|] = \tfrac{1}{n}\sum_{i=1}^{n} |x_i - \bar{x}|.$$

Bereits im Abschnitt 4.2 (Seite 142) wurde gezeigt, dass unter allen Summen $\sum_{i=1}^{n}(x_i - c)^2$ diejenige mit $c = \bar{x}$ die kleinste ist. Es liegt also nahe, auch die **mittlere quadratische Abweichung der Messwerte vom Mittelwert** zu betrachten:

$$s^2 = \tfrac{1}{n}[(x_1 - \bar{x})^2 + (x_2 - \bar{x})^2 + \ldots + (x_n - \bar{x})^2] = \tfrac{1}{n}\sum_{i=1}^{n}(x_i - \bar{x})^2.$$

Für die Nettoeinkommen des Beispiels erhält man folgende Streuungsmaßzahlen:

| mittlere absolute Abweichung der Werte ... | vor der Reform | nach der Reform |
|---|---|---|
| ... voneinander: | $D = \frac{6720}{25} = 268{,}8$ | $D = \frac{5280}{25} = 211{,}2$ |
| ... vom Mittelwert: | $d = \frac{1100}{5} = 220$ | $d = \frac{840}{5} = 168$ |

| mittlere quadratische Abweichung der Werte ... | vor der Reform | nach der Reform |
|---|---|---|
| ... voneinander: | $S^2 = \frac{2982000}{25} = 119280$ | $S^2 = \frac{1792000}{25} = 71680$ |
| ... vom Mittelwert: | $s^2 = \frac{298200}{5} = 59640$ | $s^2 = \frac{179200}{5} = 35840$ |

Alle vier Streuungsmaße geben erwartungsgemäß wieder, dass die Unterschiedlichkeit der Einkommen nach der Reform kleiner geworden ist.

Bei genauer Betrachtung der Zahlenwerte fällt auf, dass bei beiden Messreihen die mittlere quadratische Abweichung $S^2$ der Werte voneinander exakt doppelt so groß ist wie die mittlere quadratische Abweichung $s^2$ der Werte vom Mittelwert. Überprüfen Sie diesen Sachverhalt anhand von weiteren Beispielen!

Im Folgenden werden wir zeigen, dass die Beziehung $S^2 = 2s^2$ in der Tat für jede Messreihe gilt. Man ist also nicht auf die mühevolle Berechnung aller Abweichungen $x_i - x_j$ der Werte voneinander angewiesen, sondern braucht nur die Abweichungen $x_i - \bar{x}$ der Werte $x_i$ vom Mittelwert $\bar{x}$ zu ermitteln. Die mittlere quadratische Abweichung der Messwerte vom Mittelwert

$$s^2 = \tfrac{1}{n}\sum_{i=1}^{n}(x_i - \bar{x})^2$$

hat sich daher als weitestverbreitetes Streuungsmaß etablieren können und einen eigenen Namen bekommen, nämlich **Varianz**.

## Der allgemeine Zusammenhang

Im Folgenden wird gezeigt, dass bei einer Messreihe $x_1, \ldots, x_n$ die mittlere quadratische Abweichung der Werte voneinander exakt doppelt so groß ist wie die mittlere quadratische Abweichung der Werte vom Mittelwert. Der Beweis wird nur für eine Messreihe aus 5 beliebigen Werten $x_1, \ldots, x_5$ aufgeschrieben.

Für die mittlere quadratische Abweichung $S^2$ von 5 Messwerten $x_1, \ldots, x_5$ untereinander gilt:

$$\begin{aligned} S^2 = \tfrac{1}{5^2}\big[ & (x_1-x_1)^2+(x_1-x_2)^2+(x_1-x_3)^2+(x_1-x_4)^2+(x_1-x_5)^2 \\ + & (x_2-x_1)^2+(x_2-x_2)^2+(x_2-x_3)^2+(x_2-x_4)^2+(x_2-x_5)^2 \\ + & (x_3-x_1)^2+(x_3-x_2)^2+(x_3-x_3)^2+(x_3-x_4)^2+(x_3-x_5)^2 \\ + & (x_4-x_1)^2+(x_4-x_2)^2+(x_4-x_3)^2+(x_4-x_4)^2+(x_4-x_5)^2 \\ + & (x_5-x_1)^2+(x_5-x_2)^2+(x_5-x_3)^2+(x_5-x_4)^2+(x_5-x_5)^2\big]. \end{aligned}$$

Um den Mittelwert $\bar{x}$ ins Spiel zubringen, subtrahiert man in jedem Klammerausdruck den Mittelwert $\bar{x}$ und addiert diesen sofort wieder. Dies ändert nichts, denn es gilt beispielsweise $x_1 - x_2 = x_1 - \bar{x} + \bar{x} - x_2 = (x_1 - \bar{x}) - (x_2 - \bar{x})$; also:

$$\begin{aligned} S^2 = \tfrac{1}{5^2}\big[ & ((x_1-\bar{x})-(x_1-\bar{x}))^2+((x_1-\bar{x})-(x_2-\bar{x}))^2+\ldots+((x_1-\bar{x})-(x_5-\bar{x}))^2 \\ + & ((x_2-\bar{x})-(x_1-\bar{x}))^2+((x_2-\bar{x})-(x_2-\bar{x}))^2+\ldots+((x_2-\bar{x})-(x_5-\bar{x}))^2 \\ + & ((x_3-\bar{x})-(x_1-\bar{x}))^2+((x_3-\bar{x})-(x_2-\bar{x}))^2+\ldots+((x_3-\bar{x})-(x_5-\bar{x}))^2 \\ + & ((x_4-\bar{x})-(x_1-\bar{x}))^2+((x_4-\bar{x})-(x_2-\bar{x}))^2+\ldots+((x_4-\bar{x})-(x_5-\bar{x}))^2 \\ + & ((x_5-\bar{x})-(x_1-\bar{x}))^2+((x_5-\bar{x})-(x_2-\bar{x}))^2+\ldots+((x_5-\bar{x})-(x_5-\bar{x}))^2\big]. \end{aligned}$$

Nach Anwendung der zweiten binomischen Formel erhält man:

$$\begin{aligned} S^2 = \tfrac{1}{5^2}\big(& 2\cdot 5\cdot[(x_1-\bar{x})^2+(x_2-\bar{x})^2+(x_3-\bar{x})^2+(x_4-\bar{x})^2+(x_5-\bar{x})^2] \\ -2\cdot\big[ & (x_1-\bar{x})(x_1-\bar{x})+(x_1-\bar{x})(x_2-\bar{x})+(x_1-\bar{x})(x_3-\bar{x})+(x_1-\bar{x})(x_4-\bar{x})+(x_1-\bar{x})(x_5-\bar{x}) \\ & +(x_2-\bar{x})(x_1-\bar{x})+(x_2-\bar{x})(x_2-\bar{x})+(x_2-\bar{x})(x_3-\bar{x})+(x_2-\bar{x})(x_4-\bar{x})+(x_2-\bar{x})(x_5-\bar{x}) \\ & +(x_3-\bar{x})(x_1-\bar{x})+(x_3-\bar{x})(x_2-\bar{x})+(x_3-\bar{x})(x_3-\bar{x})+(x_3-\bar{x})(x_4-\bar{x})+(x_3-\bar{x})(x_5-\bar{x}) \\ & +(x_4-\bar{x})(x_1-\bar{x})+(x_4-\bar{x})(x_2-\bar{x})+(x_4-\bar{x})(x_3-\bar{x})+(x_4-\bar{x})(x_4-\bar{x})+(x_4-\bar{x})(x_5-\bar{x}) \\ & +(x_5-\bar{x})(x_1-\bar{x})+(x_5-\bar{x})(x_2-\bar{x})+(x_5-\bar{x})(x_3-\bar{x})+(x_5-\bar{x})(x_4-\bar{x})+(x_5-\bar{x})(x_5-\bar{x})\big]\big). \end{aligned}$$

Der Term auf der rechten Seite der letzten Gleichung kann nun mittels des Distributivgesetzes und teilweisen Kürzens geeignet umgeformt werden. Insbesondere kann innerhalb der zweiten eckigen Klammer in der ersten Zeile das Binom $(x_1 - \bar{x})$, in der zweiten Zeile das Binom $(x_2 - \bar{x})$, ..., in der fünften Zeile das Binom $(x_5 - \bar{x})$ ausgeklammert werden; man erhält:

$$\begin{aligned} S^2 = 2\cdot\tfrac{1}{5}\cdot & [(x_1-\bar{x})^2+(x_2-\bar{x})^2+(x_3-\bar{x})^2+(x_4-\bar{x})^2+(x_5-\bar{x})^2] \\ -\tfrac{2}{5^2}\cdot\big[ & (x_1-\bar{x})\cdot((x_1-\bar{x})+(x_2-\bar{x})+(x_3-\bar{x})+(x_4-\bar{x})+(x_5-\bar{x})) \\ & +(x_2-\bar{x})\cdot((x_1-\bar{x})+(x_2-\bar{x})+(x_3-\bar{x})+(x_4-\bar{x})+(x_5-\bar{x})) \\ & +(x_3-\bar{x})\cdot((x_1-\bar{x})+(x_2-\bar{x})+(x_3-\bar{x})+(x_4-\bar{x})+(x_5-\bar{x})) \\ & +(x_4-\bar{x})\cdot((x_1-\bar{x})+(x_2-\bar{x})+(x_3-\bar{x})+(x_4-\bar{x})+(x_5-\bar{x})) \\ & +(x_5-\bar{x})\cdot((x_1-\bar{x})+(x_2-\bar{x})+(x_3-\bar{x})+(x_4-\bar{x})+(x_5-\bar{x}))\big] \end{aligned}$$

Auf Seite 138 wurde gezeigt, dass die Summe der einfachen Abweichungen aller Messwerte einer Messreihe von ihrem Mittelwert gleich null ist; es gilt also

$$(x_1 - \bar{x}) + (x_2 - \bar{x}) + (x_3 - \bar{x}) + (x_4 - \bar{x}) + (x_5 - \bar{x})) = \sum_{i=1}^{n} (x_i - \bar{x}) = 0.$$

Damit ergibt sich schließlich für die Summe der quadrierten Abweichungen der Messwerte $x_1, \ldots, x_5$ voneinander der Ausdruck

$$S^2 = 2 \cdot \tfrac{1}{5} \cdot [(x_1 - \bar{x})^2 + (x_2 - \bar{x})^2 + (x_3 - \bar{x})^2 + (x_4 - \bar{x})^2 + (x_5 - \bar{x})^2] = 2 \cdot \tfrac{1}{5} \sum_{i=1}^{5} (x_i - \bar{x})^2.$$

Führt man nun dieselben Betrachtungen beispielsweise mit einer Messreihen aus 6 Messwerten $x_1, \ldots, x_6$ durch, so erhält man für die mittlere quadratische Abweichung der Messwerte voneinander den Term $S^2 = 2 \cdot \frac{1}{6} \cdot [(x_1 - \bar{x})^2 + \ldots + (x_6 - \bar{x})^2]$.

Es ist unmittelbar ersichtlich, dass auch die Verallgemeinerung für beliebig viele Messwerte $x_1, \ldots, x_n$ gilt. Die mittlere quadratische Abweichung dieser $n$ Messwerte voneinander ist genau das Doppelte der Varianz der $n$ Messwerte $x_1, \ldots, x_n$:

$$S^2 = 2 \cdot \tfrac{1}{n} \sum_{i=1}^{n} (x_i - \bar{x})^2 = 2 \cdot s^2.$$

# Zwei Tasten?

Auf vielen Taschenrechnern findet man die Taste $\boxed{\sigma n}$, bei deren Betätigung im Anschluss an die Eingabe der Messwerte sofort der Wert der so genannten **Standardabweichung**

$$s = \sqrt{\tfrac{1}{n} \sum_{i=1}^{n} (x_i - \bar{x})^2}$$

ausgegeben wird. Dabei handelt es sich also um die Quadratwurzel aus der Varianz $s^2$. Die Varianz $s^2$ einer Messreihe kann dann einfach durch Quadrieren dieser vom Taschenrechner gelieferten Standardabweichung ermittelt werden.

Auf demselben Taschenrechner gibt es eine weitere „ähnliche“ Taste: $\boxed{\sigma n - 1}$. Was hat es damit auf sich?

Statistische Maßzahlen wie Mittelwert und Varianz werden häufig in einer „kleinen“ Stichprobe ermittelt, um die entsprechenden Maßzahlen in einer „großen“ Population zu **schätzen**.

Man befragt beispielsweise $n = 5$ zufällig ausgesuchte Bürger eines Landes nach ihrem Einkommen und berechnet aufgrund der erhaltenen Daten Mittelwert und Varianz in der Stichprobe, ist aber eigentlich an Mittelwert und Varianz der vielen Millionen Einkommen in dem betreffenden Land interessiert. Sind die in der Stichprobe vom Umfang $n = 5$ ermittelten Maßzahlen dafür „gute“ Schätzwerte? Oder werden zum Beispiel die Populationsmaßzahlen durch die Stichprobenmaßzahlen systematisch über- oder unterschätzt?

Der Mittelwert scheint hier unproblematisch. Anders steht es mit der Varianz, also der halben mittleren quadratischen Abweichung der Einzelwerte voneinander.

Bei $n$ Werten gibt es $n^2$ Abweichungen der Werte voneinander. Von diesen Abweichungen sind aber genau $n$ „von vornherein" gleich null, nämlich die Abweichungen der Einzelwerte jeweils von sich selbst. Der relative Anteil dieser „Von-vornherein-Nulldifferenzen" beträgt bei $n$ Werten $\frac{n}{n^2} = \frac{1}{n}$.

In einer Population mit „riesigem" $n$ ist dieser Anteil $\frac{1}{n}$ verschwindend gering; die „Von-vornherein-Nulldifferenzen" spielen also für die mittlere quadratische Abweichung der Einzelwerte voneinander und damit für die Varianz in der Population so gut wie keine Rolle.

In einer kleinen Stichprobe aber mit dem Umfang $n = 5$ ist der Anteil der „Von-vornherein-Nulldifferenzen" mit $\frac{1}{5}$ recht groß; die relativ vielen „Von-vornherein-Nulldifferenzen" machen sich hier bei der Berechnung der mittleren quadratischen Abweichung der Messwerte voneinander und deren Hälfte, also der Varianz, deutlich bemerkbar.

Sie machen (oder lassen) nämlich klein. Kurzum: Die in der Stichprobe berechnete mittlere quadratische Abweichung der Messwerte voneinander bzw. Varianz ist „systematisch" kleiner als – und unterschätzt daher – die mittlere Abweichung bzw. Varianz in der Population. Denn der relative Anteil der – zur Streuung nichts beitragenden – „Von-vornherein-Nulldifferenzen" in der Stichprobe ist viel größer als in der Population.

Will man diese Unterschätzung vermeiden, muss man dafür sorgen, dass in der Stichprobe der relative Anteil der „Von-vornherein-Nulldifferenzen" genauso groß ist wie in der Population, nämlich praktisch null. Das aber heißt: Man muss für die Berechnung von mittlerer quadratischer Abweichung der Messwerte voneinander die $n$ „Von-vornherein-Nulldifferenzen" von vornherein unberücksichtigt lassen. Der Nenner $n^2$ der mittleren quadratischen Abweichung der Messwerte voneinander reduziert sich dann auf $n^2 - n = n \cdot (n-1)$.

Beginnt man mit dieser Veränderung die Ableitung auf Seite 156, schreibt man also anstelle des Faktors $\frac{1}{5^2}$ den Faktor $\frac{1}{5 \cdot 4}$, so ergibt sich bei 5 Messwerten für den Nenner der Varianz statt 5 nur noch 4. Rechnen Sie nach!

Auch hier gilt entsprechend die Verallgemeinerung, dass sich für den Nenner der Varianz von $n$ Werten anstelle von $n$ nur noch $n-1$ ergibt:

$$\frac{1}{n-1}\sum_{i=1}^{n}(x_i - \bar{x})^2.$$

Die Taste $\boxed{\sigma n - 1}$ liefert die Quadratwurzel aus dieser Varianz, also den Term

$$\sqrt{\frac{1}{n-1}\sum_{i=1}^{n}(x_i - \bar{x})^2}$$

zur Schätzung der Standardabweichung in der Population auf der Grundlage einer Stichprobe $x_1, \ldots, x_n$ vom Umfang $n$.

Da es in diesem Buch aber (noch) nicht auf den Schluss von der Stichprobe auf eine Population ankommt, soll es hier für die Varianz bei dem Nenner $n$ bleiben.

## Wir fassen zusammen



Die Unterschiedlichkeit oder Streuung von $n$ quantitativen Messwerten $x_1, x_2, \ldots, x_n$ lässt sich durch die **mittlere absolute Abweichung der Messwerte voneinander**

$$\begin{aligned} D = \frac{1}{n^2} \cdot [\, & |x_1 - x_1| + |x_1 - x_2| + \ldots + |x_1 - x_n| \\ + \; & |x_2 - x_1| + |x_2 - x_2| + \ldots + |x_2 - x_n| \\ & \quad \vdots \qquad\qquad \vdots \qquad\qquad \vdots \\ + \; & |x_n - x_1| + |x_n - x_2| + \ldots + |x_n - x_n| \,] \\ = \frac{1}{n^2} & \sum_{i=1}^{n} \sum_{j=1}^{n} |x_i - x_j|, \end{aligned}$$

durch die **mittlere quadratische Abweichung der Messwerte voneinander**

$$\begin{aligned} S^2 = \frac{1}{n^2} \cdot [\, & (x_1 - x_1)^2 + (x_1 - x_2)^2 + \ldots + (x_1 - x_n)^2 \\ + \; & (x_2 - x_1)^2 + (x_2 - x_2)^2 + \ldots + (x_2 - x_n)^2 \\ & \quad \vdots \qquad\qquad \vdots \qquad\qquad \vdots \\ + \; & (x_n - x_1)^2 + (x_n - x_2)^2 + \ldots + (x_n - x_n)^2 \\ = \frac{1}{n^2} & \sum_{i=1}^{n} \sum_{j=1}^{n} (x_i - x_j)^2, \end{aligned}$$

durch die **mittlere absolute Abweichung der Messwerte vom Mittelwert**

$$d = \frac{1}{n}[|x_1 - \bar{x}| + |x_2 - \bar{x}| + \ldots + |x_n - \bar{x}|] = \frac{1}{n} \sum_{i=1}^{n} |x_i - \bar{x}| \quad \text{und}$$

durch die **Varianz** (mittlere quadratische Abweichung der Messwerte vom Mittelwert)

$$s^2 = \frac{1}{n}[(x_1 - \bar{x})^2 + (x_2 - \bar{x})^2 + \ldots + (x_n - \bar{x})^2] = \frac{1}{n} \sum_{i=1}^{n} (x_i - \bar{x})^2,$$

erfassen. Die Quadratwurzel aus der Varianz, also

$$s = \sqrt{\frac{1}{n} \sum_{i=1}^{n} (x_i - \bar{x})^2},$$

heißt **Standardabweichung**.

**Satz 4.2** Die mittlere quadratische Abweichung der Messwerte einer Messreihe voneinander ist stets das Doppelte der Varianz der Messreihe:

$$S^2 = 2 \cdot s^2. \quad ■$$

AUFGABEN

## Berechnung von Streuungsmaßen

**1** Berechnen Sie Mittelwert, Varianz und Standardabweichung der folgenden Messwerte: 8; 10; 4; 6; 7; 2; 5; 9; 7; 4, 3, 4; 5; 2; 1.

**2** Bei einer Qualitätskontrolle ergaben sich für die Länge von 15 Bolzen folgende Werte: 82; 81; 79; 80; 82; 81; 80; 79; 83; 84, 81; 79; 78; 80; 81. (Längeneinheit: mm)
Berechnen Sie den Mittelwert und die Standardabweichung.

**3** Eine Wetterstation ermittelte in einem Jahr die folgenden Monatsmitteltemperaturen:

| Monat | Jan. | Febr. | März | Apr. | Mai | Juni | Juli | Aug. | Sept. | Okt. | Nov. | Dez. |
|---|---|---|---|---|---|---|---|---|---|---|---|---|
| Temperatur in °C | 1,2 | 1,8 | 4,9 | 8,8 | 12,9 | 16,1 | 18,2 | 17,4 | 14,7 | 9,7 | 5,6 | 2,7 |

**a)** Berechnen Sie den Mittelwert $\bar{x}$ und die Standardabweichung $s$.
**b)** Für welche Monate liegen die Monatsmitteltemperaturen außerhalb des Temperaturintervalls $[\bar{x} - 2s\,; \bar{x} + 2s]$?

**4** In einer Betonfabrik wurde die Länge von Straßenbordsteinen gemessen. Als Ausschuss gilt, wenn bei einem Meterstück mehr als 1 cm Abweichung auftritt. Für die Messung ergab sich folgende Messreihe: 99,4; 98,5; 100,2; 100,4; 99,9, 99,8; 99,1; 99,9; 100,2; 100,3 (jeweils cm).
**a)** Berechnen Sie den Mittelwert $\bar{x}$ und die Standardabweichung $s$.
**b)** Berechnen Sie den Faktor $c$, für den gilt: $\bar{x} + c \cdot s \leq 101$ cm.

**5** Berechnen Sie für die Datensätze in Aufgabe 2 auf Seite 146 jeweils die mittlere absolute Abweichung vom Mittelwert, die Varianz und die Standardabweichung.

**6** Berechnen Sie für die Datensätze in Aufgabe 2 auf Seite 146 jeweils die mittlere absolute Abweichung der Werte voneinander und die mittlere absolute Abweichung der Werte vom Median. Gibt es einen allgemeinen Zusammenhang zwischen beiden Streuungsmaßen?

**7** Berechnen Sie mithilfe eines PC und eines Tabellenkalkulationsprogramms für die Körpergrößen und Körpergewichte in der Urliste auf Seite 122 folgende Streuungsmaße:
**a)** Varianz und Standardabweichung, und zwar jeweils sowohl für alle Daten gemeinsam, als auch getrennt nach Geschlechtern;
**b)** mittlere absolute Abweichung der Messwerte voneinander, mittlere absolute Abweichung der Messwerte vom Mittelwert wie vom Median,
**c)** mittlere quadratische Abweichung der Messwerte voneinander, mittlere quadratische Abweichung der Messwerte vom Mittelwert wie vom Median.

**8** Im Physikunterricht führten Maria und Stephan einen Versuch durch, wobei sie folgende Messwerte erhielten:

| | | | | | | | | | | |
|---|---|---|---|---|---|---|---|---|---|---|
| Maria | 124 | 123 | 122 | 124 | 119 | 120 | 121 | 120 | 119 | 118 |
| Stephan | 120 | 121 | 119 | 120 | 121 | 122 | 122 | 121 | 122 | 122 |

Wer arbeitete sorgfältiger?

**9** An einem Sommertag wurde mehrmals die Temperatur gemessen.

| Uhrzeit | 03:00 | 06:00 | 09:00 | 12:00 | 15:00 | 18:00 | 21:00 | 24:00 |
|---|---|---|---|---|---|---|---|---|
| Temperatur in °C | 12 | 14 | 19 | 23 | 27 | 23 | 18 | 14 |

**a)** Berechnen Sie den Mittelwert und die Standardabweichung der Temperaturen.
**b)** Geben Sie einen Temperaturverlauf an, welcher den gleichen Mittelwert und eine größere Standardabweichung hat.
**c)** Wie könnte eine Messreihe mit gleichem Mittelwert und Standardabweichung 1 aussehen?

**10** In einem Betrieb wird stündlich eine Qualitätskontrolle durchgeführt. Dazu werden an zwei Automaten jeweils 5 hergestellte Teile kontrolliert. Die Teile sollen einen Durchmesser von 100 mm aufweisen. Folgende Durchmesser wurden gemessen (in mm).

**Automat A**

| | $d_1$ | $d_2$ | $d_3$ | $d_4$ | $d_5$ |
|---|---|---|---|---|---|
| 7 Uhr | 101 | 99 | 102 | 100 | 98 |
| 8 Uhr | 100 | 99 | 101 | 100 | 98 |
| 9 Uhr | 98 | 100 | 100 | 101 | 98 |
| 10 Uhr | 97 | 98 | 100 | 101 | 100 |
| 11 Uhr | 100 | 98 | 99 | 101 | 98 |

**Automat B**

| | $d_1$ | $d_2$ | $d_3$ | $d_4$ | $d_5$ |
|---|---|---|---|---|---|
| 7 Uhr | 101 | 99 | 101 | 100 | 99 |
| 8 Uhr | 102 | 99 | 101 | 100 | 98 |
| 9 Uhr | 98 | 102 | 99 | 101 | 100 |
| 10 Uhr | 97 | 99 | 100 | 102 | 102 |
| 11 Uhr | 100 | 97 | 98 | 103 | 102 |

Berechnen Sie für beide Automaten Mittelwert und Standardabweichung.

**11** Bei einem Schießwettkampf gab es einen Stichkampf zwischen zwei Schützinnen. Das Ergebnis lautete:

| | | | | | | | | | | |
|---|---|---|---|---|---|---|---|---|---|---|
| Schützin A | 9 | 10 | 9 | 9 | 10 | 10 | 8 | 8 | 9 | 9 |
| Schützin B | 10 | 9 | 9 | 9 | 8 | 10 | 9 | 9 | 9 | 9 |

**a)** Berechen Sie Mittelwert und Standardabweichung.
**b)** Welche Schützin hat gewonnen?
**c)** Welche Schützin schoss gleichmäßiger?

**12** Nach Abschluss einer Stoffeinheit wurde dieselbe Klausur wie im Vorjahr geschrieben. Der Fachlehrer vergleicht die Ergebnisse mit denen des letzten Jahrgangs.

| Note | 1 | 2 | 3 | 4 | 5 | 6 |
|---|---|---|---|---|---|---|
| aktuelles Ergebnis | 2 | 6 | 6 | 5 | 1 | 0 |

| Note | 1 | 2 | 3 | 4 | 5 | 6 |
|---|---|---|---|---|---|---|
| Vorjahresergebnis | 1 | 2 | 5 | 5 | 4 | 3 |

Berechnen Sie jeweils Mittelwert und Standardabweichung. Beurteilen Sie die Ergebnisse. Welche Schlussfolgerung sollte der Fachlehrer ziehen?

**13** Eine Firma bezieht von zwei Zulieferern A und B Schrauben in Paketen von 100 Stück. Beim Wareneingang werden jeweils in fünf Paketen die Schrauben gezählt.

| Lieferant A | 99 | 102 | 99 | 99 | 101 |
|---|---|---|---|---|---|
| Lieferant B | 100 | 103 | 97 | 100 | 100 |

**a)** Berechnen Sie den Mittelwert und die mittlere Abweichung vom Mittelwert.
**b)** Welchen Lieferanten würden Sie wählen? Begründen Sie Ihre Entscheidung.

**14** Für eine Stichprobe ergaben sich die folgenden Werte:

| $x_j$ | 96 | 97 | 98 | 99 | 100 | 101 | 102 | 103 | 104 |
|---|---|---|---|---|---|---|---|---|---|
| $h_j$ | 4 | 5 | 6 | 7 | 6 | 5 | 4 | 3 | 2 |

**a)** Zeichnen Sie ein Stabdiagramm.
**b)** Berechnen Sie Mittelwert und Standardabweichung der Stichprobe.

**15** Zwei Automaten A und B stellen Bolzen mit einer Solllänge von 100 mm her. Zur Kontrolle der Automaten werden Stichproben gemacht.

| Messwert | 99,4 | 99,5 | 99,6 | 99,7 | 99,8 | 99,9 | 100,0 | 100,1 | 100,2 | 100,3 | 100,4 | 100,5 |
|---|---|---|---|---|---|---|---|---|---|---|---|---|
| Häufigkeit A | 1 | 2 | 3 | 5 | 7 | 8 | 10 | 8 | 3 | 2 | 1 | 0 |
| Häufigkeit B | 0 | 2 | 4 | 6 | 6 | 7 | 8 | 8 | 7 | 1 | 0 | 1 |

**a)** Berechnen Sie Mittelwerte und Standardabweichungen.
**b)** Welcher Automat arbeitet genauer?

**16** Eine Mathematikklausur hat folgenden Ausfall:

| $x_j$ | 1 | 2 | 3 | 4 | 5 | 6 |
|---|---|---|---|---|---|---|
| $h_j$ | 4 | 5 | 6 | 3 | 2 | 1 |

**a)** Berechnen Sie den Mittelwert und die Standardabweichung.
**b)** Was bedeutet eine große Standardabweichung für die Anforderungen der Klausur?

**17** In einem Kursheft stehen in einer Spalte untereinander die folgenden Noten der letzten Klausur, in der es um beschreibende Statistik ging:
1, 2, 5, 3, 2, 4, 3, 2, 1, 4, 6, 4, 3, 2, 3, 2, 1, 2, 5, 3, 3, 2, 1, 1, 2.
**a)** Stellen Sie diese Notenliste in einer Häufigkeitstabelle zusammen.
**b)** Berechnen Sie den Mittelwert und die Standardabweichung.
**c)** Können Sie Aussagen auch mit Hilfe der Varianz treffen?
**d)** Machen Sie eine Aussage, wie die Mehrheit der Schüler das Thema „Beschreibende Statistik" verstanden hat.

**18** Barbara fährt mit dem Bus zur Schule, Peter aus dem Nachbarhaus wird von seiner Mutter mit dem Auto zur Schule gefahren. Barbara meint zu Peter, sie komme mit dem Bus schneller zur Schule. Um das zu überprüfen, notieren beide an 30 Schultagen die Fahrzeiten. Die folgende Tabelle zeigt, wie oft die notierten Fahrzeiten mit dem Bus bzw. mit dem Pkw erreicht wurden:

| Zeit in min | 20 | 21 | 22 | 23 | 24 | 25 | 26 | 27 | 28 | 29 | 30 | 31 |
|---|---|---|---|---|---|---|---|---|---|---|---|---|
| Bus | 0 | 0 | 3 | 1 | 4 | 2 | 8 | 3 | 5 | 4 | 0 | 0 |
| Pkw | 1 | 2 | 4 | 6 | 0 | 5 | 2 | 4 | 3 | 0 | 0 | 3 |

**a)** Berechnen Sie jeweils Mittelwert und Standardabweichung für Bus und Pkw.
**b)** Vergleichen Sie und ziehen Sie eine Schlussfolgerung.

**19** Ein Sportartikelgeschäft ermittelte die Umsatzzahlen für Badehosen und Rodelschlitten.

| Monat | Jan. | Febr. | März | Apr. | Mai | Juni | Juli | Aug. | Sept. | Okt. | Nov. | Dez. |
|---|---|---|---|---|---|---|---|---|---|---|---|---|
| Badehosen | 0 | 0 | 1 | 5 | 20 | 45 | 78 | 59 | 12 | 6 | 3 | 1 |
| Rodelschlitten | 67 | 75 | 30 | 0 | 0 | 0 | 0 | 0 | 0 | 0 | 4 | 105 |

**a)** Ist es sinnvoll, immer den Mittelwert pro Artikel als Bestand zu führen?
**b)** Welche Bedeutung hat hier der Begriff Standardabweichung?

## Weitere Anwendungen

**20** **a)** Vergleichen Sie folgende Armutsdefinitionen:
1. Arm ist, wer weniger als die Hälfte des Durchschnittseinkommens verdient.
2. Arm ist, wer weniger als die Hälfte des Medians der Einkommen verdient.
3. Arm ist, wer mit seinem Einkommen zwei (drei) Standardabweichungen unterhalb des Durchschnittseinkommens liegt.
4. Arm ist, wer weniger als das 5. Perzentil der Einkommen verdient.

**b)** Diskutieren Sie die politischen Konsequenzen dieser unterschiedlichen Definitionen.

**21** Angenommen, 1950 habe das Durchschnittseinkommen einer bestimmten Berufsgruppe 500 DM pro Monat betragen bei einer Standardabweichung von 100 DM. 1990, also vierzig Jahre mit kontinuierlicher Geldentwertung später, habe das monatliche Durchschnittseinkommen dieser Berufsgruppe 5000 DM betragen bei einer Standardabweichung von nach wie vor 100 DM.
**a)** Würden Sie sagen, die Einkommensunterschiede in dieser Berufsgruppe sind konstant geblieben, oder eher, sie haben sich verringert?
**b)** Für Situationen wie diese ist der **Variationskoeffizient** $v = \frac{s}{\bar{x}}$ vorgeschlagen worden. Diskutieren Sie diesen Vorschlag.
**c)** Wie groß müsste in a) die Standardabweichung nach vierzig Jahren sein, damit der Variationskoeffizient unverändert bleibt?
**d)** Diskutieren Sie die fiktive Schlagzeile: „Deutschland immer ungerechter: Streuung der Einkommen binnen vierzig Jahren verzehnfacht!“

**22** Beschaffen Sie sich – z. B. beim Arbeitsamt – die Arbeitslosenstatistik der Bundesrepublik Deutschland für das letzte Kalenderjahr. Berechnen Sie Mittelwert und Standardabweichung für das Jahr und für die beiden Halbjahre. Was fällt Ihnen auf?

**23** Beschaffen Sie sich – z. B. über das Internet – eine Übersicht über Heizölpreise in den letzten 12 Monaten. Berechnen Sie Mittelwert und Standardabweichung.

## Vertiefende Überlegungen

**24** Zeigen Sie: Die Standardabweichung entspricht nicht der mittleren absoluten Abweichung vom Mittelwert.

**25** Zeigen Sie: Das $n$-fache der Varianz ist Minimum der Funktion $f$ zu $SAQ = f(c)$ aus dem vorigen Abschnitt.

**26** Inwiefern lässt sich die Varianz als ein Maß dafür interpretieren, wie typisch ein Mittelwert ist, wie gut er also die Daten repräsentiert?

**27** Woran erkennt man in Säulendiagrammen und Box-plots unterschiedliche Streuungen?

**28** Zeigen Sie an zwei selbstgewählten Datensätzen, dass die mittlere quadratische Abweichung der Messwerte voneinander nicht zur mittleren quadratischen Abweichung der Messwerte vom Median proportional ist.

## Weiterführende Aufgaben

**29** Lehrerin A erteilt Noten mit einem Schnitt von 3,0 und einer Varianz von 1,0. Lehrer B gibt Noten mit einem Schnitt von 3,0 und einer Varianz von 1,5.

**a)** Schüler a bekam die Note 2 von Lehrerin A, Schülerin b ebenfalls die Note 2 von Lehrer B. Wessen Leistung war „relativ besser“?

**b)** Wie sähe es in a) aus, wenn Schüler wie Schülerin beide die Note 5 bekommen hätten?

**c)** Ein Merkmal $Z$ ist definiert durch $z_i = \frac{x_i - \bar{x}}{s_X}$. Zeigen Sie: Das Merkmal $Z$ hat den Mittelwert $\bar{z} = 0$ und die Varianz $s_Z^2 = 1$. Man nennt diesen Übergang von einem Merkmal $X$ zu dem Merkmal $Z$ **z-Standardisierung**.

**d)** Führen Sie eine solche z-Standardisierung für die in a) und b) genannten Noten durch. Was fällt auf?

**30** Das Merkmal $Y$ sei definiert durch $y_i = (x_i - \bar{x})^2$. Zeigen Sie: $\bar{y} = s_X^2$.

**31** Das Merkmal $Y$ sei definiert durch $y_i = ax_i + b$. Zeigen Sie: $s_Y^2 = a^2 s_X^2$.

**32** **a)** Begründen Sie die folgende Formel: $s^2 = \frac{1}{n}\sum_{i=1}^{n} x_i^2 - \bar{x}^2$.

*Hinweis:* Betrachten Sie noch einmal die Scheitelpunktkoordinaten des Graphen der Funktion $f$ zu $SAQ = f(c)$ auf Seite 143.

**b)** Worin liegt der praktische Nutzen dieser Formel für die Berechnung von Varianzen?

# 4.4 Lineare Regression und Korrelation



**A1 Physik**

Eine Schülerin macht Versuche zum freien Fall. In Abhängigkeit von der Falldauer $t$ notiert sie im Versuchsprotokoll folgende Geschwindigkeiten $v$:

| $t$ (in s) | 0,1 | 0,2 | 0,3 | 0,4 | 0,5 | 0,6 | 0,7 | 0,8 | 0,9 | 1,0 |
|---|---|---|---|---|---|---|---|---|---|---|
| $v$ (in $\frac{m}{s}$) | 1,02 | 2,00 | 2,82 | 4,12 | 5,00 | 5,99 | 7,03 | 8,22 | 8,94 | 9,80 |

| $t$ (in s) | 1,1 | 1,2 | 1,3 | 1,4 | 1,5 | 1,6 | 1,7 | 1,8 | 1,9 | 2,0 |
|---|---|---|---|---|---|---|---|---|---|---|
| $v$ (in $\frac{m}{s}$) | 10,91 | 11,96 | 12,89 | 13,98 | 15,08 | 16,15 | 16,83 | 18,01 | 19,05 | 20,25 |

Gesucht ist eine einfache Funktion, die den Zusammenhang zwischen Falldauer und erreichter Geschwindigkeit möglichst gut beschreibt.

**A2 Prognose**

An einer neuen Maschine wird ein Testlauf durchgeführt. Die Ingenieure messen, wie viele Teile in verschiedenen Testzeiten hergestellt werden.

| Testzeit (in Minuten) | 2 | 4 | 5 | 7 | 4 | 8 | 10 | 5 | 5 | 8 |
|---|---|---|---|---|---|---|---|---|---|---|
| Anzahl der produzierten Teile | 5 | 9 | 9 | 14 | 7 | 19 | 23 | 11 | 10 | 21 |

Welche tägliche Bestellmenge ist mit den Zulieferern vertraglich zu vereinbaren, wenn die Maschine täglich 22 Stunden laufen und just-in-time (also ohne Lagerung von Vorräten) versorgt werden soll?

**A3 Vermutung**

In einem Betrieb wird die Qualität der Produkte laufend überprüft. Dabei stellt man fest, dass beim Glasieren von Tassen ständig die Fehlerarten „Läufer" und „Blasen" auftreten, wodurch die Qualität beieinträchtigt wird. Beim Verpacken von jeweils 1000 Tassen beobachtet man:

| Anzahl der Tassen mit Läuferfehler | 21 | 24 | 23 | 19 | 17 | 18 | 16 | 21 | 25 | 20 |
|---|---|---|---|---|---|---|---|---|---|---|
| Anzahl der Tassen mit Blasenfehler | 10 | 11 | 12 | 10 | 9 | 9 | 7 | 11 | 10 | 8 |

Eine Änderung der Dichte der Glasur ermöglicht es, die Anzahl der Läuferfehler zu halbieren. Kann man erwarten, dass dies auch Auswirkungen auf die Anzahl der Blasenfehler hat?

**A4** **Vorhersage**

Während der Urlaubsfahrt einer Familie mit dem PKW auf der Autobahn verfolgen die Kinder die zurückgelegte Autobahnstrecke. Sie notieren sich die Abstände der einzelnen Autobahnabfahrten und die für diese Strecke benötigte Zeit.

| | | | | | | | | | | |
|---|---|---|---|---|---|---|---|---|---|---|
| Abstand (in Kilometern) | 21 | 24 | 23 | 19 | 37 | 18 | 16 | 11 | 5 | 26 |
| Zeit (in Minuten) | 10 | 11 | 12 | 10 | 19 | 9 | 7 | 6 | 3 | 14 |

Der ältere Bruder meint, dass man noch mindestens 5 Stunden brauche, bis die insgesamt 800 km lange Autobahnstrecke zurückgelegt sei. Was halten Sie von dieser Meinung?

**A5** **Körpergröße und Gewicht**

| Nr. | G | Gr | Ge | H |
|---|---|---|---|---|
| 1 | w | 179 | 63 | sch |
| 2 | m | 180 | 71 | rot |
| 3 | w | 196 | 74 | blo |
| 4 | m | 178 | 73 | blo |
| 5 | m | 182 | 75 | brü |
| 6 | w | 172 | 58 | blo |
| 7 | w | 178 | 68 | brü |
| 8 | m | 205 | 88 | rot |
| 9 | m | 183 | 75 | blo |
| 10 | m | 176 | 67 | sch |
| 11 | m | 179 | 75 | rot |
| 12 | w | 183 | 70 | blo |
| 13 | w | 157 | 45 | rot |
| 14 | w | 180 | 70 | brü |
| 15 | m | 188 | 76 | blo |
| 16 | w | 174 | 63 | brü |
| 17 | m | 202 | 90 | sch |
| 18 | m | 189 | 81 | blo |
| 19 | w | 170 | 60 | gra |
| 20 | m | 172 | 56 | blo |

Die nebenstehende Tabelle enthält die ersten 20 Datensätze der Urliste auf Seite 102.

Körpergewicht
gleich
Körpergröße minus 100
abzüglich 15 Prozent

Untersuchen Sie, ob diese Faustformel für die gegebenen Daten zutrifft.

Führen Sie die Untersuchung auch getrennt nach Geschlechtern durch. Gibt es Unterschiede?

## Graphische Lösung

Wir bearbeiten **A5**. Dabei geht es im Kern darum, aufgrund der Körpergröße das Körpergewicht so vorherzusagen, dass die vorhergesagten Werte von den tatsächlichen Werten möglichst wenig abweichen.

Müsste ein Körpergewicht ohne Kenntnis der Körpergröße vorhergesagt werden, so wäre es am besten, den Median beziehungsweise den Mittelwert der Körpergewichte zu wählen, denn sie minimieren die Summe der absoluten beziehungsweise quadratischen Abweichungen, also die Summe der absoluten beziehungsweise quadratischen „Vorhersagefehler“.

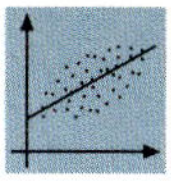

Die Kenntnis der Körpergröße sollte die Vorhersage verbessern, da zwischen der Körpergröße und dem Körpergewicht ein „statistischer" Zusammenhang besteht:

Je größer ein Mensch ist, desto schwerer ist er tendenziell – trotz aller Abweichungen im Einzelfall.

Wir stellen zunächst die durch die Urliste gegebenen Wertepaare in einem Koordinatensystem dar und erhalten dadurch eine Punktwolke. Wir zeichnen dann eine Gerade so ein, dass sie möglichst gut mit der „Richtung" der Punktwolke übereinstimmt (Bild 167/1). Eine solche Gerade nennt man **Regressionsgerade**. Die aus der Punktwolke und der Regressionsgeraden bestehende Grafik heißt **Streudiagramm**.

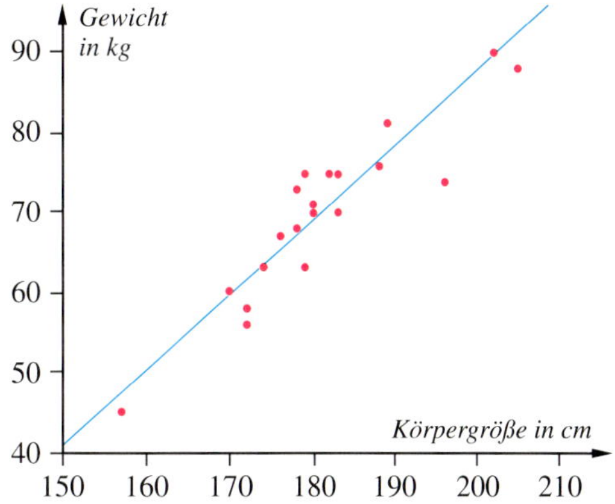


*Bild 167/1: Untersuchung aller Daten*

In den Bildern 167/2 und 167/3 sind die Wertepaare getrennt nach Geschlechtern dargestellt. Offensichtlich unterscheiden sich die Anstiege der beiden Regressionsgeraden. Es ist somit sinnvoll, die Vorhersage des Körpergewichts von männlichen und weiblichen Personen getrennt durchzuführen.

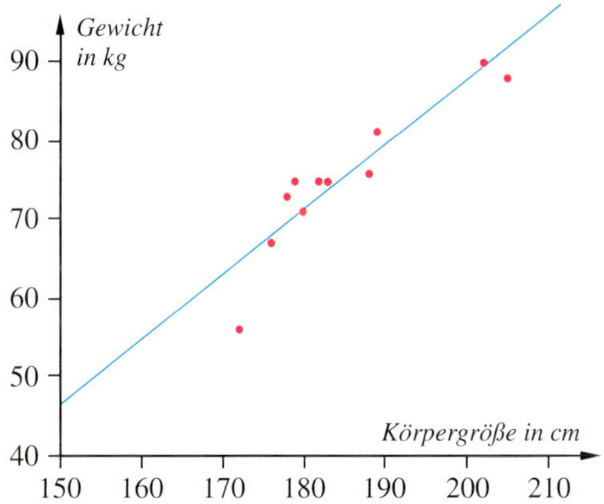


*Bild 167/2: Daten der Schüler*

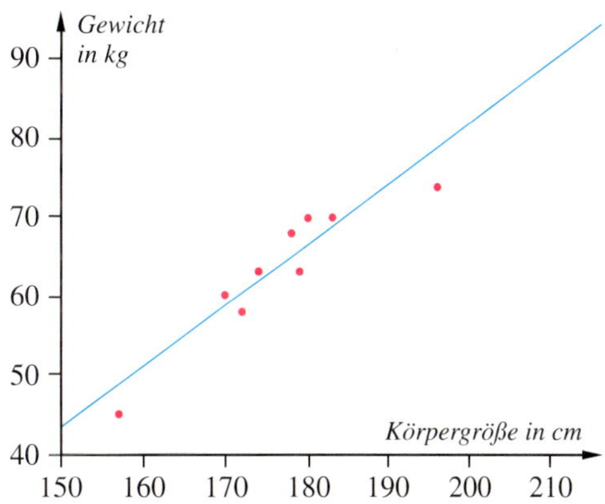


*Bild 167/3: Daten der Schülerinnen*

## Die Regressionsgerade

Um die Regressionsgerade genauer zu bestimmen als bei dem bisher angewandten Probierverfahren, suchen wir nach einer rechnerischen Lösung – und zwar sofort allgemein.

Durch die Wertepaare $(x_1|y_1)$, $(x_2|y_2)$, …, $(x_n|y_n)$ ist in einem Koordinatensystem eine Punktwolke gegeben, zu der eine Regressionsgerade bestimmt werden soll. Für diese Gerade macht man den Ansatz $y = ax + b$. Zu bestimmen sind die Koeffizienten $a$ und $b$.

Die Forderung, dass die gegebenen Punkte in $y$-Richtung insgesamt möglichst wenig von der Regressionsgeraden abweichen sollen (Bild 168/1), führt mit Hilfe der Methode der kleinste Quadrate auf eine erste Forderung: Die Summe der Abweichungs-Quadrate

$$SAQ = \sum_{i=1}^{n} \Big(y_i - (a x_i + b)\Big)^2$$

soll einen minimalen Wert annehmen.

Diese Summe ist jedoch eine Funktion mit **zwei** Variablen $a$ und $b$

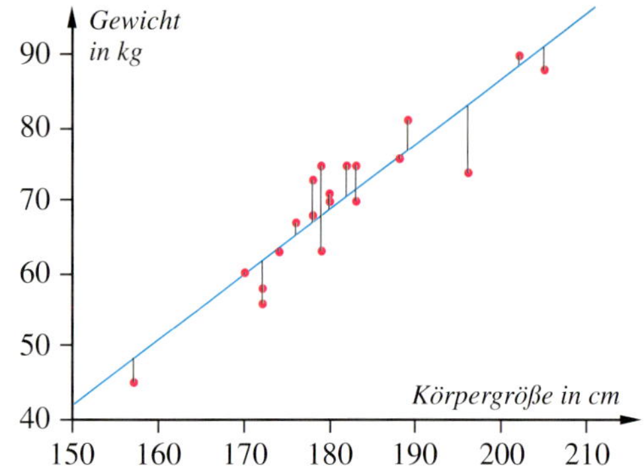


*Bild 168/1: Abweichungen der gegebenen Punkte von der Regressionsgeraden in y-Richtung*

Wir kennen noch keine Methode, um das Minimum einer solchen Funktion zu bestimmen.

Das Minimum einer quadratischen Funktion **einer** Variablen ist dagegen leicht zu bestimmen, weil der Graph einer solchen Funktion eine Parabel ist. Es wäre daher von Vorteil, wenn man eine der beiden Variablen – $a$ oder $b$ – „verschwinden" lassen könnte. Das wäre möglich, wenn man einen Punkt der gesuchten Regressionsgeraden kennen würde.

Die grafisch grob bestimmten Regressionsgeraden auf Seite 167 erwecken den Eindruck, als gingen sie ungefähr durch den Punkt mit den Koordinaten $\bar{x}$ und $\bar{y}$, den so genannten **Schwerpunkt** ***S*** des Streudiagramms. Wir wollen daher zur Vereinfachung unseres Problems zunächst **zusätzlich** fordern, dass die Regressionsgerade durch den Schwerpunkt $S(\bar{x}|\bar{y})$ geht.

Dann ist $b = \bar{y} - a\bar{x}$ und man erhält eine nur noch von $a$ abhängige Funktion mit der Gleichung

$$SAQ = f(a) = \sum_{i=1}^{n} \Big(y_i - (a x_i + \bar{y} - a\bar{x})\Big)^2.$$

**Beispiel**

Für die Messwerte $(1|1)$, $(2|1)$, $(2|3)$ und $(3|3)$ ergibt sich $\bar{x} = 2$, $\bar{y} = 2$ und damit $b = \bar{y} - a\bar{x} = 2 - 2a$. Ersetzt man in der Gleichung

$$SAQ = (1 - a - b)^2 + (1 - 2a - b)^2 + (3 - 2a - b)^2 + (3 - 3a - b)^2$$

nun $b$ durch den Term $2 - 2a$, so ergibt sich:

$$SAQ = f(a) = 2(a-1)^2.$$

Das Minimum liegt bei $a = 1$ und damit ergibt sich $b = 2 - 2 \cdot 1 = 0$. Die Regressionsgerade ist also durch die Gleichung

$$y = x$$

gegeben. Für die Summe der Abweichungs-Quadrate erhält man:

$$SAQ = f(1) = 2.$$

Das ist genau die Summe der Abstandsquadrate von $(2|1)$ und $(2|3)$ zu $(2|2)$, während die Punkte zu $(1|1)$ und $(3|3)$ auf der Regressionsgerade liegen.

Allgemein erhält man für die Summe *SAQ* der Abweichungsquadrate:

$$\begin{aligned} f(a) &= \sum_{i=1}^{n}\Big(y_i-(ax_i+\bar{y}-a\bar{x})\Big)^2 \\ &= \sum_{i=1}^{n}\Big((y_i-\bar{y})-a(x_i-\bar{x})\Big)^2 \\ &= \sum_{i=1}^{n}\Big((y_i-\bar{y})^2-2a(y_i-\bar{y})(x_i-\bar{x})+a^2(x_i-\bar{x})^2\Big) \\ &= \sum_{i=1}^{n}(y_i-\bar{y})^2-2a\sum_{i=1}^{n}(x_i-\bar{x})(y_i-\bar{y})+\sum_{i=1}^{n}(x_i-\bar{x})^2. \end{aligned}$$

Die Summe $\sum\limits_{i=1}^{n}(y_i-\bar{y})^2$ ist das $n$-fache der Varianz $s_y^2$ der Messgröße $Y$.

Die Summe $\sum\limits_{i=1}^{n}(x_i-\bar{x})^2$ ist das $n$-fache der Varianz $s_x^2$ der Messgröße $X$.

Damit ergibt sich:

$$\begin{aligned} f(a) &= ns_y^2-2a\sum_{i=1}^{n}(x_i-\bar{x})(y_i-\bar{y})+a^2ns_x^2 \\ &= n\Big(s_y^2-2a\cdot\tfrac{1}{n}\sum_{i=1}^{n}(x_i-\bar{x})(y_i-\bar{y})+a^2s_x^2\Big). \end{aligned}$$

Für den Term $\frac{1}{n}\sum\limits_{i=1}^{n}(x_i-\bar{x})(y_i-\bar{y})$ schreiben wir zur Abkürzung $s_{xy}$ und erhalten damit

$$f(a)=n\Big(s_y^2-2as_{xy}+a^2s_x^2\Big).$$

Um das Minimum der quadratischen Funktion $f$ zu bestimmen, führt man eine quadratische Ergänzung durch:

$$f(a)=n\left[\left(as_x-\tfrac{s_{xy}}{s_x}\right)^2-\tfrac{s_{xy}^2}{s_x^2}+s_y^2\right].$$

Das Minimum wird genau dann erreicht, wenn die erste Klammer verschwindet, wenn also gilt

$$as_x-\tfrac{s_{xy}}{s_x}=0.$$

Damit ergibt sich:

$$a=\tfrac{s_{xy}}{s_x^2} \quad \textit{und} \quad b=\bar{y}-a\bar{x}=\bar{y}-\tfrac{s_{xy}}{s_x^2}\bar{x}.$$

Die **Gleichung der Regressionsgeraden** lautet daher:

$$y=\bar{y}+\tfrac{s_{xy}}{s_x^2}(x-\bar{x}).$$

Ihre Steigung $a=\frac{s_{xy}}{s_x^2}$ der Regressionsgeraden heißt auch **Regressionskoeffizient**.

## Die Regressionsgeraden zu Körpergröße und Gewicht

Für die bei A5 auf Seite 166 gegebenen Daten erhält man folgende Ergebnisse:

| Daten | Regressionsgerade | Schnittstellen mit der $x$-Achse |
|---|---|---|
| gesamt | $y = 0,8885x - 91,0469$ | $x = 102,47$ |
| weiblich | $y = 0,7675x - 72,06$ | $x = 93,89$ |
| männlich | $y = 0,8236x - 77,109$ | $x = 93,62$ |

Der angegebene Faustformel entspricht eine Gerade mit der Gleichung

$$y = (100\% - 15\%)(x - 100) = 0,85(x - 100) = 0,85x - 85.$$

Diese Gerade schneidet die $x$-Achse bei $x = 100$.

Die Faustformel ermöglicht also am ehesten für die Gesamtdaten eine Abschätzung des Körpergewichts durch die Körpergröße. Für eine getrennte Auswertung ist sie kaum geeignet.

## Kovarianz und Korrelationskoeffizient

In der Gleichung der Regressionsgeraden taucht der Term

$$s_{xy} = \frac{1}{n}\sum_{i=1}^{n}(x_i - \bar{x})(y_i - \bar{y})$$

auf, dessen Bedeutung jetzt untersucht werden soll.

Die Summe $\sum_{i=1}^{n}(x_i - \bar{x})(y_i - \bar{y})$ enthält die Differenzen der $x_i$-Werte zu ihrem Mittelwert $\bar{x}$ sowie die Differenzen der $y_i$-Werte zu ihrem Mittelwert $\bar{y}$.

Die Differenz der $x_i$-Werte zu ihrem Mittelwert $\bar{x}$ ist für kleine $x_i$-Werte negativ, für große dagegen positiv. Dies trifft natürlich auch auf die $y_i$-Werte zu.

Entsprechen kleinen $x_i$-Werten kleine $y_i$-Werte und großen $x_i$-Werten große $y_i$-Werte, so ist das Produkt $(x_i - \bar{x})(y_i - \bar{y})$ positiv, da beide Klammern für einen Messwert das gleiche Vorzeichen haben; die Punktwolke hat „steigende Tendenz".

Ist das Produkt negativ, entsprechen kleinen $x_i$-Werten große $y_i$-Werte und großen $x_i$-Werten kleine $y_i$-Werte; die Punktwolke hat „fallende Tendenz".

Sind für kleine $x_i$-Werte die Produkte sowohl positiv als auch negativ, kann man kaum einen Zusammenhang vermuten, da die Schwankung in den $y_i$-Werten sehr groß ist.

Betrachtet man nun alle Produkte $(x_i - \bar{x})(y_i - \bar{y})$ und summiert, erhält man ein Maß für diesen Zusammenhang. Betragsmäßig große positive oder negative Werte dieser Summe sprechen für einen starken Zusammenhang, Werte nahe Null nicht.

Dividiert man diese Summe durch die Anzahl $n$ der Messwerte, so erhält man ein Maß für den Zusammenhang der Messwerte, die **Kovarianz** der beiden Messreihen $X$ und $Y$.

**Definition 4.2** $s_{xy} = \frac{1}{n}\sum_{i=1}^{n}(x_i - \bar{x})(y_i - \bar{y})$ heißt **Kovarianz** der Messreihe mit den Wertepaaren $(x_1|y_1), (x_2|y_2), \ldots, (x_n|y_n)$. ■

Wie bei der Varianz (vergleiche Aufgabe 32, Seite 164) kann man diesen Ausdruck umformen zu $s_{xy} = \frac{1}{n}\sum_{i=1}^{n} x_i y_i - \bar{x}\bar{y}$.

Zum besseren Verständnis des Begriffs der Kovarianz betrachten wir vier einfache Messreihen mit gleichen Mittelwerten ($\bar{x} = \bar{y} = 2$) und bilden jeweils die Varianzen $s_x^2$ und $s_y^2$ sowie die Kovarianz $s_{xy}$.

**Beispiel 1**

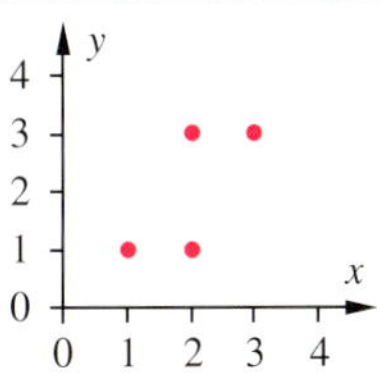


| $i$ | $(x_i \mid y_i)$ | $x_i - \bar{x}$ | $(x_i - \bar{x})^2$ | $y_i - \bar{y}$ | $(y_i - \bar{y})^2$ | $(x_i - \bar{x})(y_i - \bar{y})$ |
|---|---|---|---|---|---|---|
| 1 | (1\|1) | –1 | 1 | –1 | 1 | 1 |
| 2 | (2\|1) | 0 | 0 | –1 | 1 | 0 |
| 3 | (2\|3) | 0 | 0 | 1 | 1 | 0 |
| 4 | (3\|3) | 1 | 1 | 1 | 1 | 1 |
| | | 0 | $s_x^2 = \frac{2}{4}$ | 0 | $s_y^2 = \frac{4}{4}$ | $s_{xy} = \frac{2}{4}$ |

**Beispiel 2**

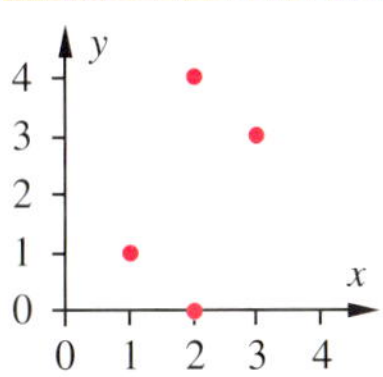


| $i$ | $(x_i \mid y_i)$ | $x_i - \bar{x}$ | $(x_i - \bar{x})^2$ | $y_i - \bar{y}$ | $(y_i - \bar{y})^2$ | $(x_i - \bar{x})(y_i - \bar{y})$ |
|---|---|---|---|---|---|---|
| 1 | (1\|1) | –1 | 1 | –1 | 1 | 1 |
| 2 | (2\|0) | 0 | 0 | –2 | 4 | 0 |
| 3 | (2\|4) | 0 | 0 | 2 | 4 | 0 |
| 4 | (3\|3) | 1 | 1 | 1 | 1 | 1 |
| | | 0 | $s_x^2 = \frac{2}{4}$ | 0 | $s_y^2 = \frac{10}{4}$ | $s_{xy} = \frac{2}{4}$ |

**Beispiel 3**

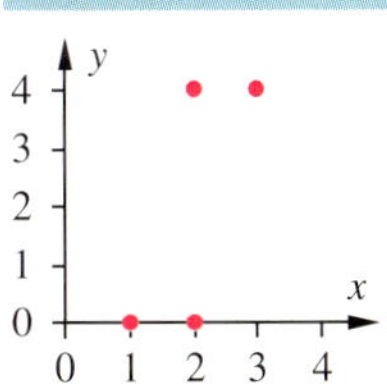


| $i$ | $(x_i \mid y_i)$ | $x_i - \bar{x}$ | $(x_i - \bar{x})^2$ | $y_i - \bar{y}$ | $(y_i - \bar{y})^2$ | $(x_i - \bar{x})(y_i - \bar{y})$ |
|---|---|---|---|---|---|---|
| 1 | (1\|0) | –1 | 1 | –2 | 4 | 2 |
| 2 | (2\|0) | 0 | 0 | –2 | 4 | 0 |
| 3 | (2\|4) | 0 | 0 | 2 | 4 | 0 |
| 4 | (3\|4) | 1 | 1 | 2 | 4 | 2 |
| | | 0 | $s_x^2 = \frac{2}{4}$ | 0 | $s_y^2 = \frac{16}{4}$ | $s_{xy} = \frac{4}{4}$ |

**Beispiel 4**

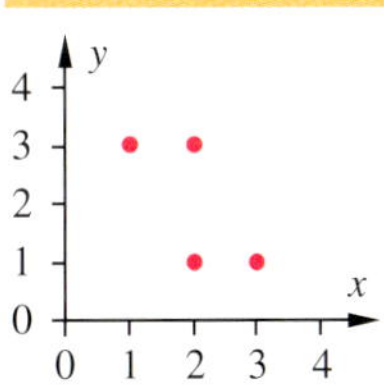


| $i$ | $(x_i \mid y_i)$ | $x_i - \bar{x}$ | $(x_i - \bar{x})^2$ | $y_i - \bar{y}$ | $(y_i - \bar{y})^2$ | $(x_i - \bar{x})(y_i - \bar{y})$ |
|---|---|---|---|---|---|---|
| 1 | (1\|3) | –1 | 1 | 1 | 1 | –1 |
| 2 | (2\|3) | 0 | 0 | 1 | 1 | 0 |
| 3 | (2\|1) | 0 | 0 | –1 | 1 | 0 |
| 4 | (3\|1) | 1 | 1 | –1 | 1 | –1 |
| | | 0 | $s_x^2 = \frac{2}{4}$ | 0 | $s_y^2 = \frac{4}{4}$ | $s_{xy} = \frac{-2}{4}$ |

Vergleicht man Beispiel 1 und 2, so fällt auf, dass trotz stärkerer Streuung der $y$-Werte in Beispiel 2 die Kovarianzen gleich sind, während sich in Beispiel 3 auch die Kovarianz ändert. Beispiel 4 zeigt einen negativen Wert für die Kovarianz.

Das liegt daran, dass die Kovarianz die Einzelschwankung in den Messwerten nicht berücksichtigt. Deshalb führt man den **Korrelationskoeffizienten** $r_{xy}$ als ein weiteres Streuungsmaß ein, indem man die Kovarianz $s_{xy}$ durch die Standardabweichungen $s_x$ und $s_y$ dividiert:

**Definition 4.3** $r_{xy} = \frac{s_{xy}}{s_x s_y}$ heißt **Korrelationskoeffizient** der Messreihe mit den Wertepaaren $(x_1|y_1), (x_2|y_2), \ldots, (x_n|y_n)$. ■

Der Korrelationskoeffizient $r_{xy}$ ist ein Maß für die Stärke und die Richtung des linearen Zusammenhanges zwischen den $x$-Werten und den $y$-Werten der gegebenen Messreihe. Für die behandelten Beispiele haben die Korrelationskoeffizienten folgende Werte:

**Beispiel 1:** $r_{xy} = \frac{\frac{2}{4}}{\sqrt{\frac{2}{4}}\sqrt{\frac{4}{4}}} = 0{,}707$

**Beispiel 3:** $r_{xy} = \frac{\frac{4}{4}}{\sqrt{\frac{2}{4}}\sqrt{\frac{16}{4}}} = 0{,}707$

**Beispiel 2:** $r_{xy} = \frac{\frac{2}{4}}{\sqrt{\frac{2}{4}}\sqrt{\frac{10}{4}}} = 0{,}447$

**Beispiel 4:** $r_{xy} = \frac{-\frac{2}{4}}{\sqrt{\frac{2}{4}}\sqrt{\frac{4}{4}}} = -0{,}707$

Ist $r_{xy} > 0$, so ist auch $s_{xy} > 0$; es entsprechen dann großen $x$-Werten meistens auch große $y$-Werte. Man spricht bei solchen Messwerten von positiver oder gleichsinniger Korrelation. Dies ist in den Beispielen 1 bis 3 der Fall.

Ist dagegen $r_{xy} < 0$ und damit auch $s_{xy} < 0$, so spricht man von negativer oder ungleichsinniger Korrelation. Große $x$-Werte haben dann meist kleine $y$-Werte zur Folge wie in Beispiel 4.

Der Korrelationskoeffizient gibt an, wie gut (oder schlecht) sich der Zusammenhang zwischen den Werten einer Messgröße $X$ und den Werten einer zweiten Messgröße $Y$ durch eine lineare Funktion erfassen lässt. Er belegt aber keinen kausalen Zusammenhang (siehe zum Beispiel Aufgabe 11 auf Seite 178).

Liegt der Korrelationskoeffizient nahe bei 1 beziehungsweise –1, dann lässt sich der Zusammenhang zwischen den Messgrößen gut durch eine lineare Funktion mit positiver beziehungsweise mit negativer Steigung beschreiben. Ist der Korrelationskoeffizient dagegen betragsmäßig klein, d. h. liegt er nahe bei 0, dann lässt sich der Zusammenhang der Messgrößen nur schlecht oder gar nicht durch eine lineare Funktion erfassen.

Abschließend ein Beispiel, bei dem Kovarianz und Korrelationskoeffizient den Wert null haben.

**Beispiel 5**

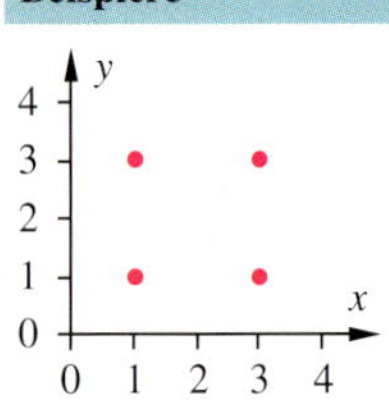


| $i$ | $(x_i\|y_i)$ | $x_i-\bar{x}$ | $(x_i-\bar{x})^2$ | $y_i-\bar{y}$ | $(y_i-\bar{y})^2$ | $(x_i-\bar{x})(y_i-\bar{y})$ |
|---|---|---|---|---|---|---|
| 1 | (1\|1) | –1 | 1 | –1 | 1 | 1 |
| 2 | (1\|3) | –1 | 1 | 1 | 1 | –1 |
| 3 | (3\|1) | 1 | 1 | –1 | 1 | –1 |
| 4 | (3\|3) | 1 | 1 | 1 | 1 | 1 |
| | | 0 | $s_x^2 = \frac{4}{4}$ | 0 | $s_y^2 = \frac{4}{4}$ | $s_{xy} = \frac{0}{4}$ |

Man sagt in einem solchen Fall, dass die Merkmale **unkorreliert** sind. Das heißt aber nicht, dass dann überhaupt kein Zusammenhang besteht.

# Abschätzung der Größe des Korrelationskoeffizienten

Die bisher berechneten Korrelationskoeffizienten $r_{xy}$ erfüllten jeweils die Ungleichung

$$-1 \leq r_{xy} \leq 1.$$

Im Folgenden wird gezeigt, dass diese Ungleichung für jede Verteilung mit zwei Merkmalen $x_i$ und $y_i$ erfüllt ist, sofern die Varianzen $s_x$ und $s_y$ von Null verschieden sind. Zum Beweis betrachten wir für beliebige Zahlen u und v den **nichtnegativen** Ausdruck

$$\frac{1}{n}\sum_{i=1}^{n}[u(x_i-\bar{x})+v(y_i-\bar{y})]^2.$$

Durch Umformen ergibt sich:

$$\frac{1}{n}\sum_{i=1}^{n}[u(x_i-\bar{x})+v(y_i-\bar{y})]^2$$

$$=\frac{1}{n}\sum_{i=1}^{n}[u^2(x_i-\bar{x})^2+2uv(x_i-\bar{x})(y_i-\bar{y})+v^2(y_i-\bar{y})^2]$$

$$=u^2\frac{1}{n}\sum_{i=1}^{n}(x_i-\bar{x})^2+2uv\frac{1}{n}\sum_{i=1}^{n}(x_i-\bar{x})(y_i-\bar{y})+v^2\frac{1}{n}\sum_{i=1}^{n}(y_i-\bar{y})^2$$

$$=u^2s_x^2+2uv\,s_{xy}+v^2s_y^2 \geq 0.$$

Diese Ungleichung gilt für alle $u$ und $v$, also auch für $u=s_y$ und $v=-s_x$:

$$s_y^2s_x^2+2s_y(-s_x)s_{xy}+s_x^2s_y^2 \geq 0.$$

Daraus folgt:

$$s_x s_y s_{xy} \leq s_x^2 s_y^2$$

und nach Division durch $s_x^2 s_y^2$ erhält man:

$$r_{xy} \leq 1.$$

Setzt man $u=s_y$ und $v=s_x$, geht die Ungleichung über in:

$$s_x^2 + s_x s_y s_{xy} \geq 0$$

und bei Division durch $s_x^2 s_y^2$ in

$$-1 \leq r_{xy}.$$

Beide Ungleichungen zusammengefasst liefern:

$$-1 \leq r_{xy} \leq 1.$$

# Ein Nachtrag zur Bestimmung der Regressionsgeraden

Zur Bestimmung der Regressionsgeraden haben wir zwei Forderungen gestellt:

1. Die gegebenen Punkte sollen in $y$-Richtung möglichst wenig von der Regressionsgeraden abweichen: $SAQ$ soll minimal sein.

2. Die Regressionsgerade soll durch den Schwerpunkt $S(\bar{x}|\bar{y})$ der Punktmenge gehen.

Beide Forderungen sind sicher plausibel; es fragt sich aber, ob die zweite Forderung, die wir zur Vereinfachung der Rechnung gemacht haben, tatsächlich notwendig ist.

Wir ersetzen deshalb den Schwerpunkt $S(\bar{x}|\bar{y})$ durch einen Punkt $T(\bar{x}|\bar{y}+c)$, der oberhalb oder unterhalb von $S$ liegt.

Ist die zweite Forderung eine Konsequenz der ersten Forderung, muss sich $c=0$ und daher $T=S$ ergeben.

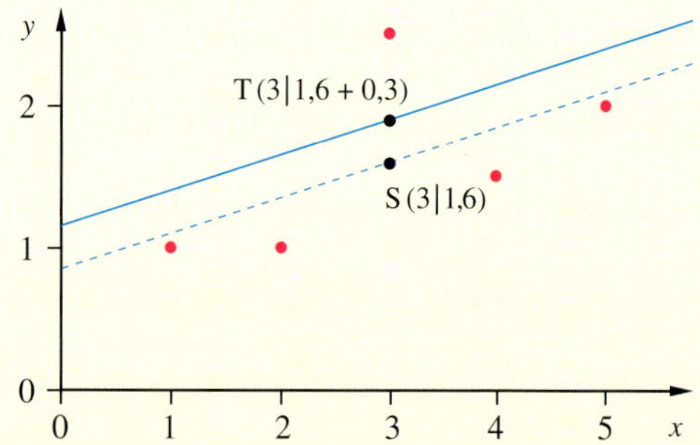


*Bild 174/1: Regressionsgerade durch* $T(\bar{x}|\bar{y}+c)$

Aus der Bedingung, dass der Punkt $T(\bar{x}|\bar{y}+c)$ auf der Regressionsgeraden zu $y=ax+b$ liegen soll, erhält man:

$$\bar{y}+c=a\bar{x}+b, \text{ also } b=\bar{y}+c-a\bar{x} \text{ und daher } y=ax+\bar{y}+c-a\bar{x}=\bar{y}+c+a(x-\bar{x}).$$

Für die Summe der Abweichungs-Quadrate ergibt sich damit:

$$\begin{aligned}
SAQ &= \sum_{i=1}^{n}\Big(y_i-(\bar{y}+c+a(x_i-\bar{x}))\Big)^2\\
&= \sum_{i=1}^{n}\Big((y_i-\bar{y})-(c+a(x_i-\bar{x}))\Big)^2\\
&= \sum_{i=1}^{n}\Big((y_i-\bar{y})^2-2c(y_i-\bar{y})-2a(x_i-\bar{x})(y_i-\bar{y})+c^2+2ac(x_i-\bar{x})+a^2(x_i-\bar{x})^2\Big)\\
&= \underbrace{\sum_{i=1}^{n}(y_i-\bar{y})^2}_{=n\cdot s_y^2}-2c\underbrace{\sum_{i=1}^{n}(y_i-\bar{y})}_{=0}-2a\underbrace{\sum_{i=1}^{n}(x_i-\bar{x})(y_i-\bar{y})}_{=n\cdot s_{xy}}+nc^2+2ac\underbrace{\sum_{i=1}^{n}(x_i-\bar{x})}_{=0}+a^2\underbrace{\sum_{i=1}^{n}(x_i-\bar{x})^2}_{=n\cdot s_x^2}\\
&= ns_y^2-2ans_{xy}+a^2ns_x^2+nc^2.
\end{aligned}$$

Die Summe der Abweichungsquadrate wird also minimal für $c=0$. Damit ist gezeigt, dass sich die zweite Forderung tatsächlich aus der ersten ergibt: Die Regressionsgerade geht durch den Schwerpunkt $S(\bar{x}|\bar{y})$.

## Wir fassen zusammen

Gegeben sind $n$ Messwertpaare $(x_i|y_i)$ mit $s_x^2 > 0$. Das Merkmal $Y$ soll aufgrund des Merkmals $X$ mittels einer **Regressionsgeraden** mit dem Funktionsterm $ax+b$ so „vorhergesagt" werden, dass die Summe der Abweichungs-Quadrate

$$SAQ = \sum_{i=1}^{n} \Big(y_i - (ax_i + b)\Big)^2$$

minimal ist. Dann gilt für die Steigung $a$ der Regressionsgeraden:

$$a = \frac{s_{xy}}{s_x^2} = \frac{\frac{1}{n}\sum_{i=1}^{n}(y_i - \bar{y})(x_i - \bar{x})}{\frac{1}{n}\sum_{i=1}^{n}(x_i - \bar{x})^2} = \frac{\sum_{i=1}^{n}(y_i - \bar{y})(x_i - \bar{x})}{\sum_{i=1}^{n}(x_i - \bar{x})^2}.$$

Die Steigung $a$ wird als **Regressionskoeffizient** bezeichnet.

Der Achsenabschnitt ergibt sich aus $b = \bar{y} - a\bar{x}$.

Die **Gleichung der Regressionsgeraden** lautet damit: $y = \bar{y} + \frac{s_{xy}}{s_x^2}(x - \bar{x})$.

Der Term $s_{xy} = \frac{1}{n}\sum_{i=1}^{n}(y_i - \bar{y})(x_i - \bar{x})$ heißt **Kovarianz** von $X$ und $Y$.

Die Güte dieser linearen Vorhersage von $Y$ durch $X$ charakterisiert – falls auch $s_y^2 > 0$ ist – der zwischen $-1$ und $+1$ liegende **Korrelationskoeffizient** $r_{xy}$:

$$r_{xy} = \frac{s_{xy}}{s_x s_y} = \frac{\sum_{i=1}^{n}(y_i - \bar{y})(x_i - \bar{x})\%}{\sqrt{\sum_{i=1}^{n}(x_i - \bar{x})^2 \cdot \sum_{i=1}^{n}(y_i - \bar{y})^2}}.$$

Das Vorzeichen des Korrelationskoeffizienten informiert darüber, ob die Steigung der Regressionsgeraden positiv oder negativ ist, ob also für wachsendes $X$ wachsendes oder fallendes $Y$ vorhergesagt wird. Ist $|r|$ groß, also nahe bei 1, gelingt die Vorhersage gut; ist $|r|$ klein, also nahe bei 0, so gelingt die Vorhersage schlecht.

Man kann die Summe der Abweichungs-Quadrate $SAQ$ auch geometrisch veranschaulichen:

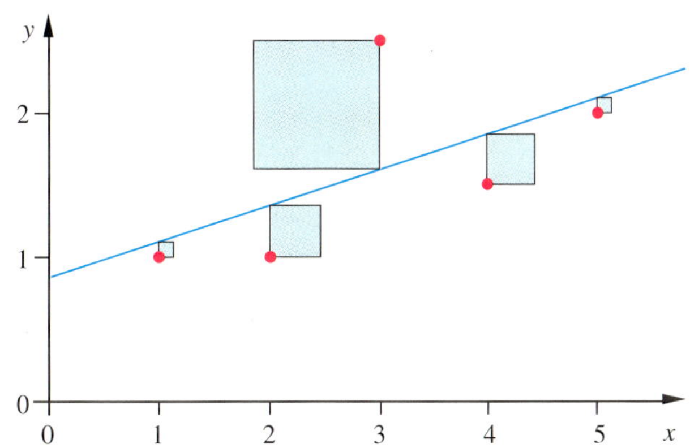

AUFGABEN

## Streudiagramme und Regressionsgeraden

**1** **a)** Zeichnen Sie ein Streudiagramm zu den drei Messwerten (1|2), (4|4) und (4|6). Berechnen Sie $\bar{x}$, $\bar{y}$, $s_x^2$, $s_y^2$, $s_{xy}$ und $r_{xy}$ und zeichnen Sie die Regressionsgerade nach Berechnung von Steigung $a$ und Achsenabschnitt $b$ ein.

**b)** Verfahren Sie entsprechend mit dem Streudiagramm zu (1|2), (4|3) und (4|7), das sich aus dem Ausgangsstreudiagramm durch leichte Änderungen ergibt. Stellen Sie vor Ihrer Berechnung eine Vermutung an, wie sich diese Änderungen auswirkt.

**c)** Verfahren Sie wie in b) mit den Messwerten (1|2), (4|5) und (4|5).

**d)** Verfahren Sie wie in b) mit den Messwerten (1|5), (4|4) und (4|6).

**2** Gegeben ist folgende Wertetabelle:

| $i$ | 1 | 2 | 3 | 4 | 5 | 6 | 7 | 8 | 9 | 10 |
|---|---|---|---|---|---|---|---|---|---|---|
| $x_i$ | 1 | 2,5 | 5,5 | 8,5 | 9,5 | 11,5 | 13 | 15,5 | 19 | 22 |
| $y_i$ | 2,1 | 4,4 | 6,0 | 20 | 25 | 29 | 32 | 39 | 48 | 56 |

**a)** Bestimmen Sie die Streuungen ($s_x^2$ und $s_y^2$) in den Messwerten.

**b)** Welche Regressionsgerade ergibt sich?

**c)** Zeichnen Sie die Regressionsgerade und das Streudiagramm in ein Koordinatensystem.

**d)** Wie beurteilen Sie den Zusammenhang?

**3** Die Wertetabelle aus Aufgabe 2 wird wie folgt verändert:

| $i$ | 1 | 2 | 3 | 4 | 5 | 6 | 7 | 8 | 9 | 10 |
|---|---|---|---|---|---|---|---|---|---|---|
| $x_i$ | 1 | 2,5 | 5,5 | 8,5 | 9,5 | 11,5 | 13 | 15,5 | 19 | 22 |
| $y_i$ | 10 | 9,5 | 5 | 6 | 5 | 4 | 4 | 2 | 0 | 0 |

Führen Sie a) bis d) wie in Aufgabe 2 durch.

**4** Betrachten Sie noch einmal die Streudiagramme zu den Aufgaben 2 und 3.

**a)** Passen Sie jeweils freihändig eine Gerade an und ermitteln Sie die zugehörige Gleichung.

**b)** Stellen Sie Unterschiede gegenüber den berechneten Regressionsgeraden fest?

**c)** Wenn es Unterschiede geben sollte, worauf würden Sie diese zurückführen?

**5** In einer Klasse wird eine Übersicht der Notenpunkte in Mathematik, Physik und Sport erstellt.

| | 0 | 1 | 2 | 3 | 4 | 5 | 6 | 7 | 8 | 9 | 10 | 11 | 12 | 13 | 14 | 15 |
|---|---|---|---|---|---|---|---|---|---|---|---|---|---|---|---|---|
| Mathe | 1 | 1 | 2 | 3 | 3 | 1 | 5 | 4 | 2 | 2 | 6 | 3 | 3 | 3 | 3 | 1 |
| Physik | 1 | 0 | 3 | 3 | 2 | 1 | 3 | 4 | 3 | 2 | 5 | 3 | 1 | 3 | 2 | 2 |
| Sport | 0 | 1 | 1 | 2 | 2 | 3 | 3 | 1 | 3 | 1 | 2 | 4 | 2 | 1 | 5 | 4 |

**a)** Berechnen Sie Regressionsgeraden bezüglich Mathematik und Physik.

**b)** Berechnen Sie Regressionsgeraden bezüglich Mathematik und Sport.

**c)** Berechnen Sie Regressionsgeraden bezüglich Sport und Physik.

**d)** Machen Sie eine Aussage über die Zusammenhänge.

**6** Gegeben sei die nebenstehende Messreihe

| $i$ | 1 | 2 | 3 | 4 | 5 |
|---|---|---|---|---|---|
| $x_i$ | 1 | 2 | 3 | 4 | 5 |
| $y_i$ | 3,7 | 6,1 | 7,9 | 6 | 1 |

**a)** Bestimmen Sie den Korrelationskoeffizienten und die Regressionsgerade für die Messwerte $(x_1|y_1), \ldots, (x_4|y_4)$.

**b)** Benutzen Sie nun zusätzlich das Wertepaar $(x_5|y_5)$ für Ihre Rechnung.

**c)** Zeichnen Sie das Streudiagramm und die beiden Regressionsgeraden. Nehmen Sie zu den Ergebnissen Stellung.

**7** Eine Baumarktkette vergleicht die Einwohnerzahl (in Tausend) in einzelnen Landkreisen mit der Zahl ihrer registrierten Kunden (in Tausend).

| Landkreis | 1 | 2 | 3 | 4 | 5 | 6 | 7 |
|---|---|---|---|---|---|---|---|
| Einwohner | 60 | 82 | 74 | 96 | 56 | 79 | 86 |
| Kunden | 2 | 3 | 5 | 2 | 3 | 4 | 5 |

**a)** Bestimmen Sie den Korrelationskoeffizienten und die Regressionsgerade.

**b)** Bewerten Sie Ihr Ergebnis. Stellen Sie Vermutungen auf, wie es zu erklären sein könnte.

**8** Bei einem Leichtathletikdreikampf für Jungen der 11. Klasse müssen für die volle Punktzahl in den einzelnen Disziplinen folgende Ergebnisse erreicht werden:
100-m-Lauf 12,8 s, Weitsprung 5,20 m und Kugelstoß 8,70 m.
In der folgenden Tabelle sind für die Schüler mit den Startnummern 1 bis 11 die erreichten Leistungen angegeben.

| Startnummer | 1 | 2 | 3 | 4 | 5 | 6 | 7 | 8 | 9 | 10 | 11 |
|---|---|---|---|---|---|---|---|---|---|---|---|
| 100-m-Lauf | 14,2 | 13,1 | 12,4 | 12,8 | 13,3 | 14,6 | 15,2 | 14,7 | 13,5 | 12,4 | 13,8 |
| Weitsprung | 5,01 | 5,15 | 5,50 | 5,64 | 4,98 | 4,87 | 4,65 | 4,90 | 5,01 | 5,97 | 5,12 |
| Kugelstoß | 7,23 | 8,57 | 7,67 | 9,10 | 8,95 | 10,34 | 9,87 | 9,12 | 8,97 | 8,92 | 7,28 |

**a)** Untersuchen Sie das Datenmaterial rechnerisch mit geeigneten statistischen Verfahren.

**b)** Werten Sie das Datenmaterial graphisch aus.

**c)** In welcher Disziplin wurden die besten Leistungen erbracht? Begründen Sie Ihre Antwort.

**9** Das Wirtschaftsministerium eines Bundeslandes ermittelt die Anzahl der Firmengründungen und Firmenpleiten innerhalb eines Jahres:

| Monat | 1 | 2 | 3 | 4 | 5 | 6 | 7 | 8 | 9 | 10 | 11 | 12 |
|---|---|---|---|---|---|---|---|---|---|---|---|---|
| Gründungen | 237 | 189 | 321 | 487 | 659 | 659 | 489 | 437 | 512 | 349 | 211 | 187 |
| Pleiten | 221 | 195 | 341 | 367 | 512 | 327 | 287 | 311 | 492 | 251 | 224 | 234 |

**a)** Untersuchen Sie, ob ein Zusammenhang zwischen der Zahl der Firmengründungen und der der Pleiten besteht.

**b)** Bewerten Sie Ihr Ergebnis.

**c)** Kann man sagen, dass die wirtschaftliche Entwicklung erfolgreich verläuft?

**10** An einer Tankstelle wird notiert, welche Auswirkungen der mittlere monatliche Benzinpreis (in €) auf die Absatzmenge (in 1000 $l$) hat.

| Monat | 1 | 2 | 3 | 4 | 5 | 6 | 7 | 8 | 9 | 10 | 11 | 12 |
|---|---|---|---|---|---|---|---|---|---|---|---|---|
| Preis | 0,89 | 0,87 | 0,84 | 0,82 | 0,79 | 0,81 | 0,88 | 0,91 | 0,83 | 0,79 | 0,78 | 0,76 |
| Menge | 142 | 136 | 148 | 141 | 147 | 151 | 148 | 149 | 142 | 151 | 143 | 136 |

**a)** Zeichnen Sie ein Streudiagramm.
**b)** Berechnen Sie den Korrelationskoeffizienten und interpretieren Sie ihn.
**c)** Berechnen Sie die Regressionsgerade und zeichnen Sie diese in das Streudiagramm ein. Was stellen Sie fest?

**11** Die Tabelle gibt Daten aus seriösen Quellen über die Anzahl der Storchenpaare und die Einwohnerzahl in den Jahren 1930 bis 1936 in Oldenburg wieder.

| Jahr | 1930 | 1931 | 1932 | 1933 | 1934 | 1935 | 1936 |
|---|---|---|---|---|---|---|---|
| Anzahl der Storchenpaare | 132 | 142 | 166 | 188 | 240 | 250 | 252 |
| Anzahl der Einwohner | 55400 | 55400 | 65000 | 67700 | 69800 | 72300 | 76000 |

Bestimmen Sie die Regressionsgerade und den Korrelationskoeffizienten. Belegen Ihre Ergebnisse, dass Störche den Einwohnerzuwachs verursachen?

## Vertiefende Überlegungen

**12 a)** Gegeben sind $n = 2$ Messwertpaare $(x_1|y_1)$ und $(x_2|y_2)$ mit $x_1 \neq x_2$ und $y_1 \neq y_2$. Zeigen Sie: $|r_{xy}| = 1$.
**b)** Warum ist der Begriff der Korrelation erst bei mindestens drei Messwerten sinnvoll?

**13 a)** Entwickeln Sie Berechnungsformeln für die Steigung $a$ und den Achsenabschnitt $b$ der Regressionsgeraden zur „umgekehrten" Vorhersage von $X$ durch $Y$.
**b)** Welchen Punkt haben die Regressionsgeraden für die Vorhersage von $Y$ durch $X$ und die „umgekehrte" Vorhersage von $X$ durch $Y$ gemeinsam, wenn man die beiden Regressionsgeraden in **ein** Koordinatensystem einzeichnet?
**c)** Wann sind diese beiden Regressionsgeraden deckungsgleich?
**d)** Wann stehen diese beiden Regressionsgeraden senkrecht aufeinander?
**e)** Welche Beziehung scheint zwischen dem Schnittwinkel dieser beiden Regressionsgeraden und dem Korrelationskoeffizienten zu bestehen?

**14 a)** Stellen Sie sich vor, das Körpergewicht unseres Lehrtextbeispiels sei nicht in Kilogramm, sondern in Pfund gemessen worden. Wie groß wäre dann der Regressionskoeffizient?
**b)** Und wie groß wäre dann der Korrelationskoeffizient?

**15** Diskutieren Sie die möglichen Gründe oder Ursachen für die hohe positive Korrelation zwischen Körpergröße und Körpergewicht.

**16** Betrachten Sie die Streudiagramme in Bild 179/1 und geben Sie jeweils eine grobe Schätzung für den Regressionskoeffizienten $a$ und den Korrelationskoeffizienten $r_{xy}$ an. Beschreiben Sie dann mit eigenen Worten anhand dieser Streudiagramme, wofür $a$ und wofür $r_{xy}$ stehen.

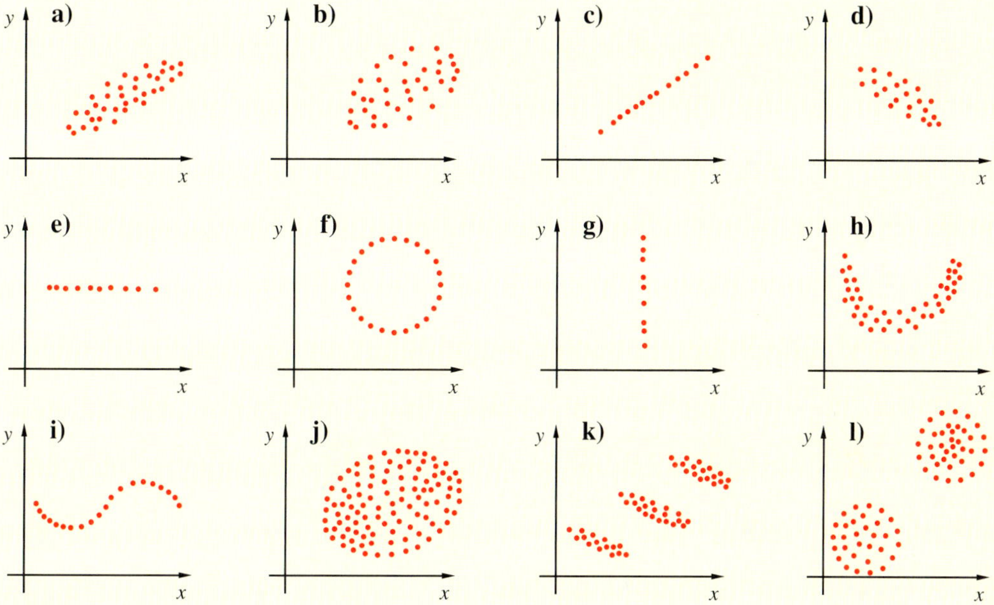


*Bild 179/1: Verschiedene Streudiagramme*

**17** **a)** Betrachten Sie noch einmal das Streudiagramm k) in Bild 179/1. Hier fällt auf, dass die Punktwolke in drei Teilwolken zerfällt. Während für die Gesamtgruppe ein positiver Regressions- und ein positiver Korrelationskoeffizient resultieren, gilt für die getrennte Betrachtung der Teilgruppen Gegenteiliges: Hier sind jeweils Regressions- und Korrelationskoeffizient negativ. Was bedeutet das für die praktische Interpretierbarkeit der Koeffizienten der Gesamtgruppe?

**b)** Stellen Sie sich vor, Sie läsen in der Zeitung die Schlagzeile: „Intelligenz zahlt sich aus – zumindest für Beamte“. In dem nachfolgenden Artikel wird dann von einer Studie im Öffentlichen Dienst berichtet, die eine positive Korrelation zwischen Intelligenz und Einkommen ergeben habe. Wäre dies mit einer Situation wie im Streudiagramm k) vereinbar, also damit, dass die untersuchte Beamtenstichprobe in drei Teilgruppen zerfällt – etwa mittlerer, gehobener und höherer Dienst –, in denen jeweils die Korrelation zwischen Intelligenz und Einkommen nicht positiv, sondern negativ ist? Wäre es dann noch sinnvoll, als Beamter seine Intelligenz zu mehren in der Hoffnung, dadurch auch sein Einkommen zu mehren?

**c)** Mit welchem Merkmal, mit welcher „Drittvariablen“ ließe sich die berichtete positive Korrelation zwischen Intelligenz und Einkommen in b) erklären?

**d)** Versuchen Sie, die hier auftauchende Problematik der sogenannten *Teilgruppenspezifität der Korrelationsrechnung* in eigenen Worten zu verallgemeinern, indem Sie benennen, welche Korrelationen in einer Gesamtgruppe mit welchen Korrelationen in Teilgruppen vereinbar sind – und umgekehrt.

**e)** Betrachten Sie unter dieser Perspektive auch noch einmal das Streudiagramm l) in Bild 179/1 und versuchen Sie, auch hier ein passendes inhaltliches Beispiel zu finden.

**18** In einer Punktwolke gibt es mehrere Punkte mit derselben $x$-Koordinate. Wird für diesen identischen $x$-Wert durch die übliche Regressionsgerade der Mittelwert aller $y$-Werte mit dieser $x$-Koordinate vorhergesagt? Falls nein: Welche zusätzlichen Bedingungen müsste die Punktwolke erfüllen, damit dies doch gilt?

**19** **a)** Betrachten Sie noch einmal das Streudiagramm j) in Bild 179/1. Die Punktwolke hat die Form einer Ellipse mit einer von links unten nach rechts oben ansteigenden Symmetrieachse. Zeigen Sie: Die Regressionsgerade stimmt mit dieser Symmetrieachse *nicht* überein. Teilen Sie dazu die $x$-Achse in viele schmale Klassen oder Intervalle und entsprechend das Diagramm in viele vertikale Streifen und markieren Sie jeweils den Mittelwert der $y$-Werte innerhalb eines solchen schmalen Streifens. Verbinden Sie diese klassenspezifischen $y$-Mittelwerte – und Sie erhalten ungefähr die Regressionsgerade. (Warum eigentlich?) Ist deren Steigung kleiner oder größer als die der Symmetrieachse? Und wie sähe dies bei einer ellipsenförmigen Punktwolke aus, die nach unten geneigt ist? Spielt es hier eine Rolle, ob es sich um eine übliche Regressionsgerade handelt oder eine solche, die die absoluten Vorhersagefehler minimiert?

**b)** Die Symmetrieachse einer Punktwolke minimiert also nicht unbedingt die Summe der quadratischen Vorhersagefehler. Was minimiert die Symmetrieachse denn dann?

**20** **a)** Zeichnen Sie in das Streudiagramm zu den drei Messwerten $(1|1)$, $(2|4)$ und $(3|2)$ die übliche Regressionsgerade sowie die Regressionsgerade, die die Summe der absoluten Vorhersagefehler minimiert.

**b)** Verfahren Sie ebenso für das Streudiagramm zu den Messwerten $(1|1)$, $(2|6)$ und $(3|2)$ und vergleichen Sie mit a). Wie hat sich die Verschiebung des mittleren Messwertes jeweils ausgewirkt? Begründen Sie Ihre Antwort.

**21** Entwerfen Sie die Grundstruktur eines Computerprogrammes zur (angenäherten) Berechnung von Regressionsgeraden, die nicht die Summe der quadrierten, sondern die Summe der absoluten Vorhersagefehler minimieren. Welche Probleme ergeben sich dabei?

**22** **a)** Ist durch die Forderung nach Minimierung der Summe der quadrierten Vorhersagefehler – oder einfacher: des mittleren quadratischen Vorhersagefehlers – die übliche Regressionsgerade eindeutig festgelegt? Oder könnte es zu manchen Punktwolken mehrere verschiedene Geraden geben, die diese Forderung erfüllen?

**b)** Ist die übliche Regressionsgerade eindeutig festgelegt, wenn man fordert, der mittlere absolute Vorhersagefehler solle minimal sein?

**c)** Falls Sie nicht weiterkommen: Untersuchen Sie das Streudiagramm aus den Messwerten $(0|1)$, $(0|3)$, $(2|2)$, $(2|4)$.

## Weiterführende Aufgaben

**23** Bei symmetrischen Verteilungen stimmen Mittelwert und Median überein. Naheliegend wäre daher folgende Vermutung: Sind die Vorhersagefehler der üblichen Regressionsgeraden symmetrisch um 0 verteilt, so stimmt die übliche Regressionsgerade mit der Regressionsgeraden zur Minimierung der absoluten Vorhersagefehler überein. Trifft diese Vermutung zu?
*Anleitung:* Wenn Sie nicht weiterkommen, so untersuchen Sie zunächst das Streudiagramm zu den Messwerten $(0|0)$, $(1|2)$, $(2|1)$ und $(3|3)$.

**24** **a)** Stellen Sie sich vor, die Punkte eines Streudiagrammes hätten alle dieselbe Masse und lägen auf einer (masselosen) Scheibe. Begründen Sie, warum Sie diese Scheibe auf dem Punkt $(\bar{x}|\bar{y})$ balancieren könnten.

**b)** Im Lehrtext wurde gezeigt, dass die übliche Regressionsgerade zur Minimierung der quadratischen Vorhersagefehler durch den Schwerpunkt geht. Gilt dies auch für die Regressionsgerade zur Minimierung der absoluten Vorhersagefehler?

**c)** Geht die Regressionsgerade zur Minimierung der absoluten Vorhersagefehler durch den Schnittpunkt der beiden Mediane, also durch den Punkt $P(\tilde{x}|\tilde{y})$?

**25** In der Regressionsrechnung spielt die Kovarianz $s_{xy}$ eine wichtige Rolle. Untersuchen Sie hierzu folgende Fragen.

**a)** Wann wird $s_{xy}$ null, wann positiv, wann negativ?

**b)** Gibt es Schranken nach oben oder unten?

**c)** Begründen Sie die folgende Formel: $s_{xy} = \frac{1}{n}\sum_{i=1}^{n} x_i y_i - \bar{x}\bar{y}$.

**26** **a)** Zeigen Sie: Ist $r_{xy} = 0$, so ist die Varianz für die Summenwerte $x_i + y_i$ gleich der Summe der Varianzen der Summanden: $s_{x+y}^2 = s_x^2 + s_y^2$.

**b)** In einem Land betrage die Standardabweichung der Einkommen verheirateter Männer 400 €, die verheirateter Frauen 300 €. Unter welcher Annahme ließe sich daraus schließen, die Standardabweichung der Gesamteinkommen von Ehepaaren betrage 500 €?

**27** Die Variablen $x$ und $y$ werden jeweils linear transformiert zu $ax+b$ und $cy+d$, d.h. die Messwerte $(x_i|y_i)$ werden durch die Messwerte $(ax_i+b|cy_i+d)$ ersetzt.

**a)** Was bedeutet diese Transformation geometrisch? Was geschieht mit der Punktwolke?

**b)** Zeigen Sie für die Kovarianz der neuen Messwerte: $s_{(ax+b)(cy+d)} = ac\,s_{xy}$.

**c)** Zeigen Sie: $r_{(ax+b)(cy+d)}^2 = r_{xy}^2$. Man sagt: Der Betrag des Korrelationskoeffizienten ist „invariant" gegenüber linearen Transformationen.

**d)** Die Korrelation zwischen oral und rektal in Grad Celsius gemessener Körpertemperatur betrage 0,97. Wie groß ist die Korrelation zwischen oral und rektal in Grad Fahrenheit gemessener Körpertemperatur?

**28** Erfassen Sie für die männlichen Mitglieder Ihrer Jahrgangsstufe nicht nur die eigene Körpergröße, sondern auch die Körpergröße des leiblichen Vaters.

**a)** Stellen Sie zunächst Vermutungen an über die Größe des Regressions- und Korrelationskoeffizienten bei Vorhersage der Körpergröße der Söhne durch die ihrer Väter.

**b)** Zeichnen Sie aufgrund Ihrer Daten die Punktwolke mit Regressionsgerade, berechnen Sie neben dem Regressions- auch den Korrelationskoeffizienten und vergleichen Sie mit Ihren Vermutungen.

**c)** Berechnen Sie für das hinsichtlich der Körpergröße größte und kleinste Zehntel der Väter jeweils die Durchschnittsgröße und vergleichen Sie diese mit der Durchschnittsgröße derer Söhne. Was fällt auf?

**d)** Vermutlich begegnet Ihnen hier ein sogenannter „Regressionseffekt", nämlich die „Regression zur Mitte": Die Söhne großer Väter sind im Schnitt nicht mehr ganz so groß, die Söhne kleiner Väter sind im Schnitt nicht mehr ganz so klein. Welche Ursachen dürfte es für dieses Phänomen geben?

**e)** Woran lässt sich dieser Regressionseffekt in der Punktwolke erkennen?

## 4.5 Interpretation und Manipulation

AUFTRÄGE

### A1 Ein Fall von Diskriminierung?

Eine Tageszeitung berichtet unter der Schlagzeile **Frauenfeindliche Universität** über einen Fall von Frauendiskriminierung:

**An der Hochschule in B. wurden dieses Jahr von den männlichen Bewerbern fast 50% angenommen, von den Bewerberinnen aber nur 38%!**

In der nächsten Ausgabe der Hochschulzeitung findet man unter der Schlagzeile **Alle unsere Fachbereiche sind frauenfreundlich** die Zahlen für die einzelnen Fachbereiche:

| Fachbereich | Anzahl Bewerber | davon angenommen | Anzahl Bewerberinnen | davon angenommen |
|---|---|---|---|---|
| A | 810 | 502 | 113 | 92 |
| B | 641 | 403 | 25 | 17 |
| C | 312 | 106 | 591 | 218 |
| D | 419 | 138 | 425 | 144 |
| E | 218 | 26 | 119 | 16 |

Welches Etikett würden Sie dieser Hochschule geben?

### A2 Langlebigkeit?

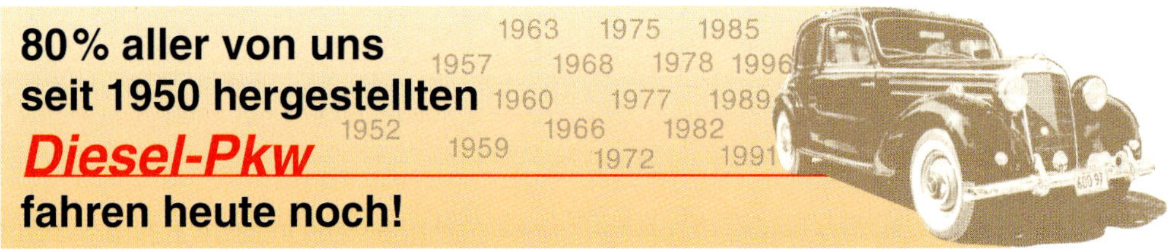


### A3 Der große Blackout

Durch einen Stromausfall gingen am 9. 11. 1965 in New York die Lichter für eine Nacht aus. Neun Monate später berichtete die Weltpresse mit fetten Schlagzeilen über einen Babyboom in Folge dieses Blackouts, nach dem Reporter der New York Times am 8. 8. und 9. 8. 1966 Kliniken über einen Anstieg der Geburtenzahlen befragt hatten.

Die Tabelle zeigt die Geburtenzahlen in New York für die ersten drei Wochen im August 1966.

| Woche | Montag | Dienstag | Mittwoch | Donnerstag | Freitag | Samstag | Sonntag |
|---|---|---|---|---|---|---|---|
| 1. bis 7. 8. | 451 | 468 | 429 | 448 | 466 | 377 | 344 |
| 8. bis 14. 8. | 448 | 438 | 455 | 468 | 462 | 405 | 377 |
| 15. bis 21. 8. | 451 | 497 | 458 | 429 | 434 | 410 | 351 |

# Interpretation von Daten

Wir bearbeiten den Auftrag **A1**. Mit einem Taschenrechner ermittelt man leicht, dass an dieser Hochschule von den 2400 Bewerbern 1175, also etwa 49,0%, angenommen wurden, während von den 1273 Bewerberinnen 487, als nur etwa 38,3%, angenommen wurden. In der Tageszeitung wurde also etwas großzügig gerundet, aber die Angaben der Zeitung sind im Prinzip richtig.

Berechnet man nun die Annahmequoten der einzelnen Fachbereiche für Männer und Frauen getrennt, so erhält man die folgenden auf eine Stelle gerundeten Prozentzahlen.

| Fachbereich | Annahmequote Bewerber | Annahmequote Bewerberinnen |
|---|---|---|
| A | 62,0% | 81,4% |
| B | 62,9% | 68,0% |
| C | 34,0% | 36,9% |
| D | 32,9% | 33,9% |
| E | 11,9% | 13,4% |

Die Angaben der Hochschulzeitung sind also auch richtig: in allen Fachbereiche liegt die Annahmequote der Bewerber unter der der Bewerberinnen.

Damit ergibt sich folgendes paradoxe Resultat: Während die Hochschule sich insgesamt den Vorwurf der Frauendiskriminierung gefallen lassen muss, gilt dies für keinen ihrer Fachbereiche. Die Schlagzeilen der Tageszeitung und der Hochschulzeitung widersprechen sich, obwohl sie auf den gleichen Daten beruhen.

Um zu klären, wie es zu der widersprüchlichen Bewertung durch die Tageszeitung und durch die Hochschule selbst kommt, untersuchen wir die Studienwahl der Männer und der Frauen. Im Fachbereich A wollen sich 810 der insgesamt 2400 Bewerber, also 33,8%, einschreiben, während sich von den 1263 Bewerberinnen dort nur 113, also 8,9%, einschreiben wollen. Für die anderen Fachbereiche ergeben sich entsprechend folgende Quoten.

| Fachbereich | Bewerberquote | Bewerberinnenquote |
|---|---|---|
| A | 33,8% | 8,9% |
| B | 26,7% | 2,0% |
| C | 13,0% | 46,4% |
| D | 17,5% | 33,4% |
| E | 9,1% | 9,3% |

Die Bewerber wählen also bevorzugt die Fachbereiche A und B, die Bewerberinnen die Fachbereiche C und D. Da in den Fachbereichen A und B die Annahmequote (bei Männer und Frauen) über 60% liegt, können viele der Bewerber studieren. In den Fachbereichen C und D, die von Frauen bevorzugt gewählt werden, liegt die Annahmequote deutlich tiefer (unter 40%), so dass nur wenige Bewerberinnen zum Zug kommen.

Die von den Frauen gewählten Fachbereiche bieten also nicht ausreichend viele Studienplätze an. Insofern ist der Vorwurf der Frauendiskriminierung der Universität gegenüber nachzuvollziehen. Ihr Studien- und Platzangebot bevorzugt die Interessen der Bewerber stärker als die der Bewerberinnen, während die Aufnahmepraxis der einzelnen Fachbereiche Frauen anteilmäßig nicht benachteiligt.

# Manipulation

An dem behandelten Hochschulbeispiel wird deutlich, dass Daten stets interpretiert werden müssen und dass dies bei unterschiedlichen Blickwinkeln zu unterschiedlichen Aussagen, Ergebnissen und Bewertungen führt. Werden Daten vorsätzlich so erhoben, dargestellt und benutzt, dass deren einseitige und fragwürdige Wertung der Durchsetzung eigener Sichtweisen und Interessen dient, spricht man von Manipulation.

# Falsche Schlussfolgerungen aus Daten

Mit Daten kann manipuliert werden, indem aus ihnen falsche Schlussfolgerungen gezogen werden. Dazu gibt es vielfältige Möglichkeiten; häufig wird beispielsweise aus der korrelative Abhängigkeit zweier Messgrössen auf eine lineare Abhängigkeit geschlossen.

**Beispiele**

1. Die Beziehung zwischen der Anzahl der in den neuen Bundesländern gebauten Einfamilienhäuser und der Anzahl der Reisen von Bürgern aus diesen Ländern nach Mallorca ab 1990. Hier ist eindeutig eine Drittgrösse verantwortlich, nämlich die Veränderung der politischen und ökonomischen Verhältnisse durch die Wiedervereinigung.
2. Kurios ist es sicher, wenn – wie in der Literatur erwähnt – ein korrelativer Zusammenhang zwischen der Anzahl der Geburten in Schweden und dem Volumen des Apfelsinenimports hergestellt wird.
3. Kurios ist auch der Versuch, einen Zusammenhang zwischen der Anzahl der schweren Erdbeben und der Anzahl von Flugzeugabstürzen in Deutschland herzustellen.
4. Auch die kritiklose Verwendung von Messreihen mit stark saisonalen Einflüssen und starker Veränderung des Mittelwertes (Trend) kann zu falschen Schlüssen führen. Deshalb gibt es neben der linearen Regression eine Reihe weiterer Verfahren zur Auswertung von Messreihen.

# Manipulation bei der Datenerhebung

Bisher sind wir davon ausgegangen, dass aus Daten falsche Schlüsse gezogen bzw. die Daten falsch dargestellt wurden. Manipulation kann jedoch viel früher beginnen, nämlich bei der Auswahl des Datenmaterials; es kommt nicht selten vor, dass der Umfang oder die Art der Auswahl manipuliert werden.

Besonders häufig werden Schlüsse aus einer viel zu kleinen Anzahl von Daten gezogen.

Ein klassisches Beispiel für Manipulation besteht in der Auswahl der verwendeten Daten. Diese Auswahl ist oft sehr subjektiv und vom Ziel geprägt.

Als Beispiel betrachten wir die Aussage eines Reifenherstellers, der angibt, dass seine Reifen mindestens 60 000 km gefahren werden könnten. Solche Angaben werden auf Teststrecken ermittelt, die nicht unbedingt den Fahrgewohnheiten (lange Autobahnstrecken oder Stadtfahrten) der späteren Reifenkäufer entsprechen.

Man kann auch Testdaten weglassen, die das gewünschte Ergebnis negativ beeinflussen. In die Messreihe gehen dann unvollständige und damit nicht repräsentative Daten ein.

## Manipulation und Rechtsprechung

Die Veröffentlichung irreführender Statistiken ist nahezu risikolos – und vermutlich daher so weit verbreitet, zumal mit ihrer Hilfe Interessensgruppen in der Öffentlichkeit den jeweils von ihnen gewünschten Eindruck erwecken können.

Ein bisschen risikoreich wird es allenfalls dann, wenn konkurrierende Interessensgruppen die publizistische Macht besitzen, die Öffentlichkeit auf die Manipulation hinzuweisen. Aber selbst dann steht üblicherweise Aussage gegen Aussage – wie man in jedem Wahlkampf erleben kann, wenn sich Regierung und Opposition darum streiten, welches denn die „richtigen" Statistiken über Arbeitslosigkeit, Konjunktur usw. sind.

Juristisch ist der Publikation falscher Statistiken aus mehreren Gründen kaum beizukommen:

1. Grundsätzlich – von wenigen Ausnahmen abgesehen – ist die Publikation unwahrer Behauptungen weder strafbar, noch unerlaubt. Dies gilt übrigens auch für wissenschaftliche Veröffentlichungen.
2. Eine Ausnahme ist die Veröffentlichung unwahrer Behauptungen zum Nachteil Einzelner („üble Nachrede", „Kreditgefährdung"). In diesem Fall können die Betroffenen die Veröffentlichung einer Gegendarstellung oder gar Schadenersatz wegen finanzieller Nachteile fordern. Da sich aber statistische Angaben nicht auf Einzelne, sondern auf Vielheiten beziehen, dürfte es für einen Betroffenen ausgesprochen schwierig sein nachzuweisen, dass ihm durch eine unwahre Statistik ein Schaden droht oder geschehen ist. Eine solche Statistik bezieht sich nämlich nicht auf ihn allein, sondern auf eine Vielheit, zu der er gehört.
3. Die Publikation unwahrer statistischer Aussagen bliebe selbst dann risikolos, wenn grundsätzlich die Veröffentlichung unwahrer Behauptungen verboten wäre und es für den, der im Vertrauen auf diese Behauptungen einen Schaden erleidet, einen Schadenersatzanspruch gäbe. Der Kausalitätsbegriff des deutschen Schadenersatzrechts ist nämlich kein statistischer Begriff. Schadenersatzpflicht erfordert den Nachweis, dass Schadensursache „so gut wie sicher" oder „aller Wahrscheinlichkeit nach" eine unerlaubte Handlung ist.

Haben also die bei der Firma gekauften Reifen nur 40 000 km Laufleistung, so hat der Kunde keinen Anspruch auf Schadensersatz.

## Wir fassen zusammen

1. **Interpretation** statistischer Daten setzt voraus, dass die Ausgangsdaten richtig dargestellt bzw. ausgewertet werden. Die Darstellung muss übersichtlich sein; sie soll das Erkennen von Zusammenhängen ermöglichen. Dazu gehören die Abhängigkeiten zwischen zwei Merkmalen, Trends in den Messwerten und saisonale Einflüsse.

2. Werden diese Voraussetzungen nicht beachtet, sind die ermittelten Angaben oder Darstellungen wertlos.

3. Jede bewußte Missachtung dieser Voraussetzungen ist eine **Manipulation**. Darunter versteht man allgemein eine gezielte Veränderung von Daten oder gezielt falsche Anwendung statistischer Methoden bei der Auswertung bzw. Darstellung der Daten

   Datenmanipulation dient der Durchsetzung von Interessen der Veranlasser. Oft ist es nicht leicht, die Grenze zwischen Interpretation und Manipulation zu ziehen. Durch Manipulation angerichteter Schaden ist selten nachweisbar und daher kaum juristisch einzuklagen.

4. Manipulation kann bereits bei der Datenbeschaffung beginnen: Die Datenauswahl kann unvollständig sein, benutzte Daten können nicht repräsentativ (statistisch nicht gesichert) sein oder die Daten können im Sinne der Zielstellung gemessen sein.

5. Zahlreiche Möglichkeiten für Manipulationen gibt es im Bereich der Verarbeitung statistischer Daten. Schon die Auswahl der Verfahren und Methoden kann im Sinne der Zielstellung vorgenommen werden.

6. Die Darstellungen statistischer Ergebnisse können auch manipuliert sein. Beliebt sind dabei falsche grafische Darstellungen und unzulässige Schlussfolgerungen.

7. Datenveränderungen werden oft bewusst durch Dritte vorgenommen. Deshalb muss die Datensicherheit statistischer Untersuchungen unbedingt gewährt sein.

8. Zugang durch Dritte zu statistischen Einzeldaten können für den Betroffenen nachteilig sein. Deshalb ist ein zuverlässiger Datenschutzes unabdingbar.

9. Glaubwürdige Untersuchungen geben immer einen Hinweis auf die Art und Weise der Datenbeschaffung sowie die verwendeten Methoden.

## Interpretation und Manipulation von Statistiken

**1** Kommentieren Sie folgende Aussagen:

**a)** „Es gibt drei Arten von Lügen – Lügen, verdammte Lügen und Statistiken." So jedenfalls wird seit nunmehr über hundert Jahren der englische Staatsmann Benjamin Disraeli zitiert.

**b)** „Ich traue nur der Statistik, die ich selbst gefälscht habe."

**c)** „Es gibt drei Arten von Lügen – die Notlüge, die Zwecklüge und die Statistik."

**d)** „Statistik ist die Wissenschaft von der Erfassung von Massenerscheinungen und von ihrer zahlenmäßigen Beschreibung."

**e)** „Statistik lügt."

**2** Eine bekannte Firma für Telekommunikation veröffentlicht jährlich ihre Geschäftsdaten. Jedes Jahr ist dabei ein kräftiger Zuwachs enthalten. Das Firmenmotto lautet: „Wachstum ist uns eigen". Ist dieses Firmenmotto realistisch?

**3** In einer Zeitschrift erscheint ein Artikel über die Entwicklung des Bevölkerungswachstums auf der Erde. Es wird festgestellt, dass sich das Wachstum in den letzten 10 Jahren um 2 Prozent verringert hat und damit alle Ernährungsprobleme gelöst werden können. Ist die Schlussfolgerung aus dieser Zahl berechtigt?

**4** Bild 187/1 zeigt eine Grafik über Tierversuche in Deutschland. Warum ist in dieser Darstellung kein Koordinatensystem eingezeichnet? Beurteilen Sie die Grafik!

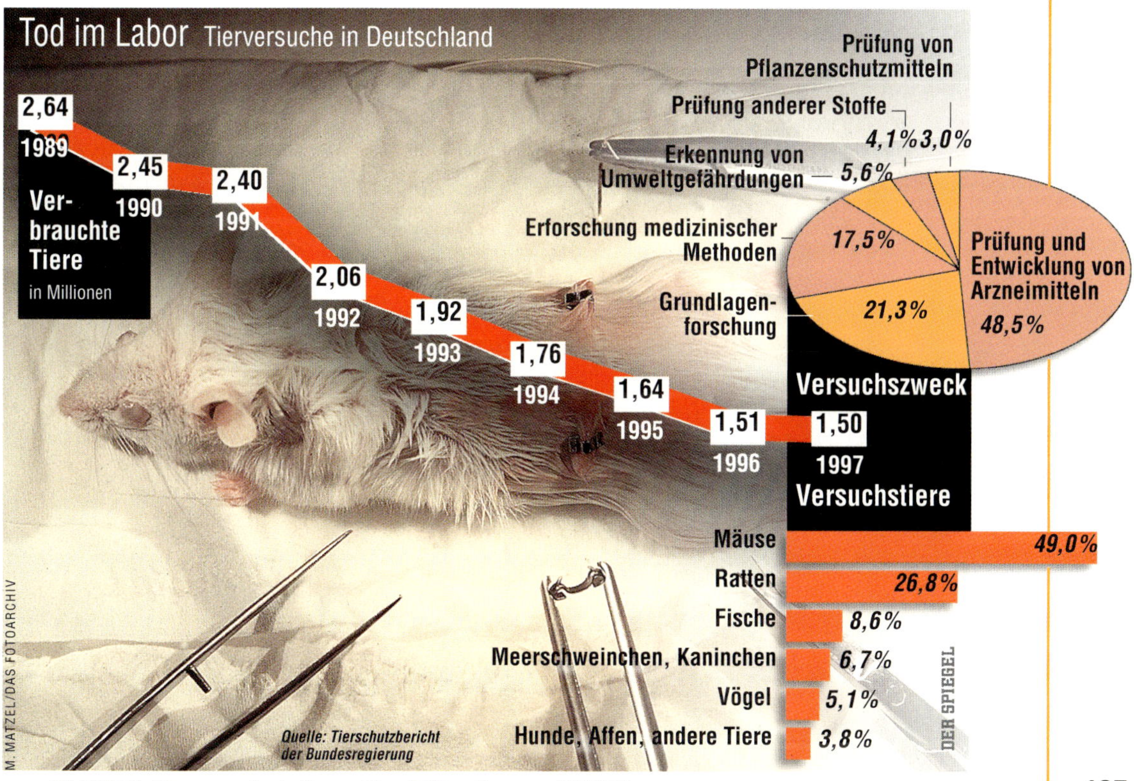


*Bild 187/1: Tierversuche in Deutschland (Der Spiegel 40/1999)*

AUFGABEN

**5** Folgende Tabelle zeigt für die Jahre 1990 bis 1997 die Anzahl der Verkehrstoten auf deutschen Straßen.

| Jahr | 1990 | 1991 | 1992 | 1993 | 1994 | 1995 | 1996 | 1997 |
|---|---|---|---|---|---|---|---|---|
| Getötete | 11046 | 11300 | 10631 | 9949 | 9814 | 9454 | 8758 | 8511 |

Vergleichen Sie die verschiedenen Darstellungen auf dieser einen statistischen Basis in Bild 188/1. Wodurch wird der unterschiedliche optische Eindruck erweckt?

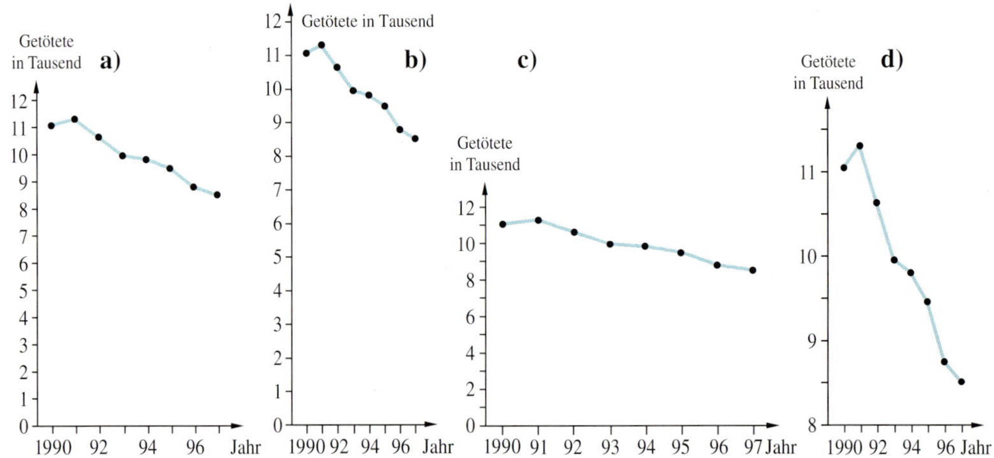


*Bild 188/1: Unterschiedliche Darstellungen ein und desselben statistischen Sachverhaltes*

**6** Eine Firma führt zu unterschiedlichen Zeitpunkten im Jahr Messungen am gleichen Gegenstand durch. Der Messtechniker vermerkt zusätzlich die jeweiligen Temperaturen (in Grad Celsius):

| | 1 | 2 | 3 | 4 | 5 | 6 | 7 | 8 | 9 | 10 |
|---|---|---|---|---|---|---|---|---|---|---|
| Messwert | 1 | 2,5 | 1,4 | 10,5 | 13 | 11,5 | 13 | 15,5 | 19 | 22 |
| Temperatur | 10 | 22 | 28 | 21 | 29 | 24 | 27 | 32 | 36 | 40 |

**a)** Sollte die Firma für ihre Aufgaben ein neues Messgerät anschaffen?
**b)** Der Techniker behauptet, dass das Messgerät auf den Schrott gehört. Worauf stützt sich seine Meinung?
**c)** Versucht der Techniker zu interpretieren oder zu manipulieren?

**7** Immer wieder werden Statistiken erwähnt, nach denen die Ehe das Leben verlängere.
**a)** Das durchschnittliche Alter zum Todeszeitpunkt ist bei ledigen Sterbenden niedriger als bei verheirateten, verwitweten oder geschiedenen Sterbenden. Muss dies an einer lebensverlängernden Wirkung der Ehe liegen?
**b)** Wer könnte ein Interesse daran haben, den in a) erwähnten Unterschied auf die Ehe zurückzuführen?
**c)** Nehmen Sie Stellung zu folgender fiktiven Schlagzeile: „Der Lohn von Würde und Enthaltsamkeit: Bischöfe leben im Mittel 7 Jahre länger als Durchschnittsgläubige."

**8** Erkundigen Sie sich nach der Definition des Bruttosozialprodukts. Warum eignet sich diese Statistik nur sehr vage als Indikator für das Wohlergehen einer Bevölkerung?

**9** „‚Schamlos' sei es, ‚Renten von 900 Mark, wie sie die älteren Frauen im Durchschnitt erhalten, zu kürzen', poltert beispielsweise SPD-Parteichef Oskar Lafontaine bei seinen Wahlkampfauftritten – und macht so aus einer richtigen Zahl eine falsche Botschaft. Von Rente plus Wohngeld allein lebt schließlich nur ein kleiner Teil der Rentnerinnen. ... Nach einer Infratest-Untersuchung aus dem Jahr 1995 verfügen alleinlebende westdeutsche Rentnerinnen über ein Durchschnittseinkommen von 2075 Mark."
Diskutieren Sie diesen Auszug aus dem Nachrichtenmagazin DER SPIEGEL 32/1998.

**10** **a)** Folgende fiktive Schlagzeile: „Medizin versagt: Immer mehr Krebstote!" Nehmen Sie kritisch Stellung.
**b)** Ein Lobbyist der deutschen Industrie wirft in einer Talkshow ein: „Aber Deutschland ist doch nur mit 4% am weltweiten $CO_2$-Ausstoß beteiligt!" Welchen Eindruck erweckt diese Bemerkung, und ist dieser Eindruck gerechtfertigt?

**11** Nehmen Sie kritisch Stellung zu folgenden fiktiven Schlagzeilen:
**a)** „Meiden Sie Ihr Zuhause! 70% aller Gewaltverbrechen geschehen in der eigenen Wohnung."
**b)** „Alkohol doch nicht verkehrsgefährdend! 85% aller Unfallverursacher nüchtern."
**c)** „Jugend besonders selbstmordgefährdet! Die meisten Selbstmörder unter 40."

**12** Die Polizeibehörde einer Stadt in einem fernen Land veröffentlich auf ihrer Jahrespressekonferenz folgende Daten über die so bezeichnete Kriminalitätsbelastung der Einwohnerschaft, die auch nach deren Herkunft und Geschlecht aufgeschlüsselt wurden. 4000 der 100000 eingesessenen Einwohnern wurden im letzten Jahr einer Straftat verdächtigt, 270 der 9000 zugewanderten Einwohner. Von den 100000 eingesessenen Einwohnerinnen wurden im gleichen Zeitraum 400 einer Straftat verdächtigt, von den 1000 zugewanderten Einwohnerinnen 30. Eine Zeitung berichtet darüber unter der Schlagzeile „Zugereiste deutlich krimineller als Eingesessene". Untersuchen Sie die Daten und schreiben Sie einen Leserbrief an die Zeitung.

**13** Es wird die Wirksamkeit eines neuen Medikamentes an einer Stichprobe von 104 Patienten geprüft. Diese Patientenstichprobe wird in zwei Gruppen aufgeteilt, nämlich in eine „Experimentalgruppe" von 80 Patienten und eine „Kontrollgruppe" von 24 Patienten. Die Patienten der Experimentalgruppe erhalten das neue Medikament, die Patienten der Kontrollgruppe stattdessen ein pharmakologisch wirkungsloses Placebo. Von den 80 „behandelten" Patienten der Experimentalgruppe werden 40 „geheilt", von den 24 „unbehandelten" Patienten der Kontrollgruppe 12.
**a)** Spricht diese Statistik für die Wirksamkeit des neuen Medikamentes?
In einer weiteren Analyse der Daten wird zusätzlich auch das Geschlecht der Patienten berücksichtigt. Von den 26 „behandelten" Männern in der Experimentalgruppe wurden 16 „geheilt", von den 54 „behandelten" Frauen in der Experimentalgruppe 24. Von den 14 „unbehandelten" Männern in der Kontrollgruppe wurden 8 „geheilt", von den 10 „unbehandelten" Frauen in der Kontrollgruppe 4.
**b)** Spricht dies für die Wirksamkeit des Medikamentes bei den Männern?
**c)** Spricht dies für die Wirksamkeit des Medikamentes bei den Frauen?
**c)** Was nun? Hilft das Medikament bei Männern und bei Frauen, nicht aber bei Menschen?

**14** Ein Unternehmen gerät in den Verdacht, bei der Vergabe von Ausbildungsplätzen Männer gegenüber Frauen zu bevorzugen: Von 500 männlichen Bewerbern für einen bestimmten Beruf wurden nämlich 104 eingestellt, von 500 Bewerberinnen jedoch nur 70. Die Tabelle gibt einen Überblick, unterschieden zusätzlich nach dem Ergebnis der Einstellungsuntersuchung.

| | weiblich | männlich | |
|---|---|---|---|
| eingestellt | „geeignet": 10<br>„nicht geeignet": 60 | „geeignet": 72<br>„nicht geeignet": 32 | 174 |
| abgewiesen | „geeignet": 10<br>„nicht geeignet": 420 | „geeignet": 108<br>„nicht geeignet": 288 | 826 |
| | 500 | 500 | 1000 |

**a)** Berechnen Sie die relativen Häufigkeiten, mit denen „geeignete" bzw. „nicht geeignete" männliche bzw. weibliche Bewerber eingestellt wurden.

**b)** Wie könnte das Unternehmen argumentieren, um den Verdacht zurückzuweisen?

**15** „Die Chance, gesund zu sein, sinkt mit dem Einkommen. ‚Einfache Arbeiter haben im Vergleich zu Managern ein dreimal so hohes Risiko, einen Herzinfarkt zu erleiden', sagt Johannes Siegrist, Medizinsoziologe an der Universität Düsseldorf. Und die große, etwa 10 000 Menschen einbeziehende Herz-Kreislauf-Präventionsstudie ergab, daß im unteren Fünftel der Bevölkerung Herz- und Kreislauferkrankungen doppelt so häufig vorkommen wie im oberen Fünftel. Die Wissenschaft spricht vom ‚sozialen Gradienten', der unsere Gesellschaft in eine gesunde Oberschicht und morbide Mittel- bis Unterschicht spaltet. Ihn beobachten Epidemiologen auch bei Asthma, Diabetes, Fettsucht, Depressionen und Bandscheibenschäden." Welche Ursachen vermuten Sie für den ‚sozialen Gradienten', von dem in diesem Artikel aus Die Zeit 43/1997 berichtet wird?

**16** „Städte mit ausgeprägten Einkommensunterschieden zwischen Arm und Reich verzeichnen deutlich mehr Todesfälle pro Einwohner als sozial ausgeglichene Metropolen. Zu diesem Ergebnis kommt eine Studie im Juliheft des *American Journal of Public Health*, die 34 amerikanische Großstädte vergleicht. Hierbei sei nicht die Armut selber, sondern das Nebeneinander von Armut und Reichtum für die höhere Sterblichkeit verantwortlich. Wo das stärkste Wohlstandsgefälle herrsche, stürben jährlich 140 Menschen mehr pro 100 000 Einwohner als in den Städten mit der gleichmäßigsten Einkommensverteilung. Das seien mehr Tote als die Summe der Opfer von Lungenkrebs, Diabetes, Verkehrsunfällen, Aids, Mord und Selbstmord zusammen." Diskutieren Sie diese Meldung aus Die Zeit 30/1998.

**17** „Eine schwedische Studie", so Der Spiegel 30/1998, „mit 13 000 Menschen belegt nun, daß das Interesse an Kultur – Lesen, Konzert-, Museen-, Kino- und Theaterbesuche – lebensverlängernd wirkt. In der Studienlaufzeit von neun Jahren war die Sterbewahrscheinlichkeit der Menschen, die sich nur gelegentlich einem Kulturgenuß hingaben, eineinhalb mal größer als bei denen, die regelmäßigem Kunstgenuß frönten. Vielleicht, so die Forscher, sind die heftigen Emotionen während eines Films oder einer Sinfonie schuld, vielleicht die Inspiration und Kraft, die von Romanen ausgeht. Seelische und geistige Stimulation jedenfalls wirkt sich günstig aufs Hormon- und Immunsystem aus. Möglich ist aber auch, daß die Kulturbanausen ungesunden Hobbys nachgehen: essen, trinken, rauchen, in der Kneipe palavern, auf der Kirmes Karussell fahren. Solche netten Zeitgenossen werden selten alt." Sehen Sie weitere Gründe, mit denen man den berichteten Befund erklären könnte, ohne eine lebensverlängernde Wirkung des Kulturinteresses annehmen zu müssen?

# 5 Der Grenzwertbegriff

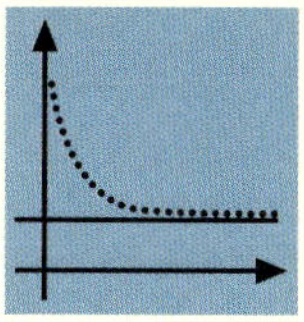

*In diesem Kapitel wird der für die Differentialrechnung grundlegende Grenzwertbegriff behandelt. Es hat in der Geschichte der Analysis mehr als zweihundert Jahre gedauert, bis dieser Begriff im letzten Jahrhundert seine heutige Fassung erhalten hat. Bei einer ersten Begegnung mit der Differentialrechnung kann man deren wesentliche Begriffe und Sätze auch ohne einen „ausgereiften" Grenzwertbegriff erarbeiten. Innermathematisch war es aber von großer Bedeutung, dass und wie es schließlich gelang, diesem Begriff eine – auch die Ansprüche eines modernen Zahl- und Funktionsbegriffes – befriedigende Fassung zu geben.*

## 5.1 Beschreibung von Prozessen durch Zahlenfolgen



**A1 Der Turm von Hanoi**

Bei dem Spiel „Der Turm von Hanoi" soll der Turm rechts auf den Stift links nach folgenden Regeln wandern:

- Es darf immer nur eine Scheibe von einem Stift auf einen der beiden anderen bewegt werden.
- Es darf immer nur eine kleinere Scheibe auf eine größere Scheibe gelegt werden.

Lösen Sie das Spiel für einen Turm mit fünf Scheiben.

Wie viele Umlegungen sind für einen Turm mit 5,6,7,... Scheiben wenigstens erforderlich?

**A2 Taschenrechnerfolgen**

Geben Sie die Zahl 0,5 in einen Taschenrechner ein, drücken Sie die [COS]-Taste, notieren Sie die Anzeige, drücken Sie erneut die [COS]-Taste, notieren Sie wieder die Anzeige und fahren Sie so fort.

Welche Aussagen können Sie über die sich ergebende Zahlenfolge machen?

Führen Sie die gleiche Untersuchung mit einem anderen Startwert (z. B. 0,3 statt 0,5) durch.

Führen Sie ähnliche Untersuchungen mit anderen Tasten durch, z. B. [$\sqrt{x}$], [$x^2$], [$1/x$] und [SIN].

**A1** **Schneeflocken**

Zu Beginn der Chaosforschung hat man unter anderem die sogenannten „Schneeflockenfiguren" untersucht.

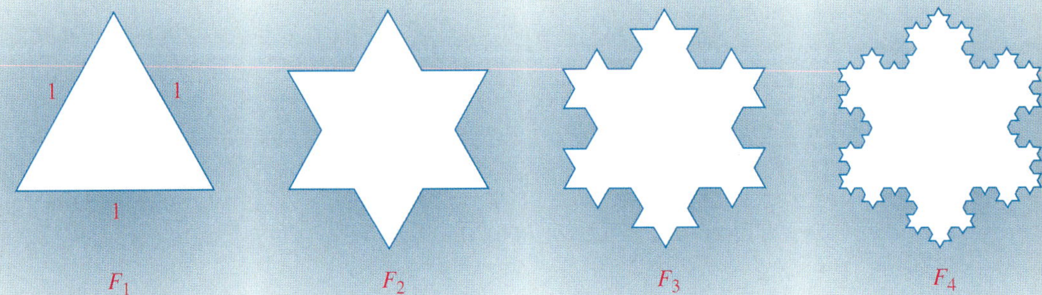


*Bild 192/1: „Schneeflockenfiguren"*

Beschreiben Sie, wie diese Figuren entstanden sind und welche Eigenschaften sie haben. Beschreiben Sie die Figuren $F_5$ und $F_6$.

Man bezeichnet die Schneeflockenfiguren auch als „selbstähnlich". Was könnte mit dieser Bezeichnung gemeint sein?

Bestimmen Sie die Umfänge und Flächeninhalte von $F_1, F_2, F_3, \ldots$.

# Folgen

Wir bearbeiten den Auftrag **A3**. Offensichtlich hat die Figur $F_1$ drei Seiten, $F_2$ hat $3 \cdot 4 = 12$ Seiten und $F_3$ hat $3 \cdot 4 \cdot 4 = 3 \cdot 4^2 = 48$ Seiten.

Die Maßzahlen der Seitenlängen sind 1 bei $F_1$, $\frac{1}{3}$ bei $F_2$ und $\frac{1}{3} \cdot \frac{1}{3} = \frac{1}{9}$ bei $F_3$. Für die entsprechenden Umfangszahlen gilt: $U_1 = 3 \cdot 1 = 3$, $U_2 = 12 \cdot \frac{1}{3} = 4$ und $U_3 = 3 \cdot 4 \cdot 4 \cdot \frac{1}{3} \cdot \frac{1}{3} = \frac{16}{3} \approx 5{,}33$ LE.

Ist $A_1$ die Flächenmaßzahl von $F_1$, dann haben die Figuren $F_2$ und $F_3$ die Flächenmaßzahlen $A_2 = A_1 + 3 \cdot \frac{1}{9} A_1$ (Bild 192/2) beziehungsweise $A_3 = A_1 + 3 \cdot \frac{1}{9} A_1 + 3 \cdot 4 \cdot \frac{1}{9} \cdot \frac{1}{9} A_1$.

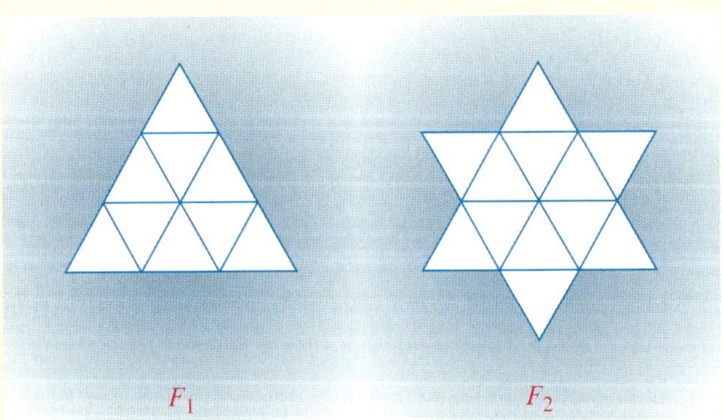


*Bild 192/2*

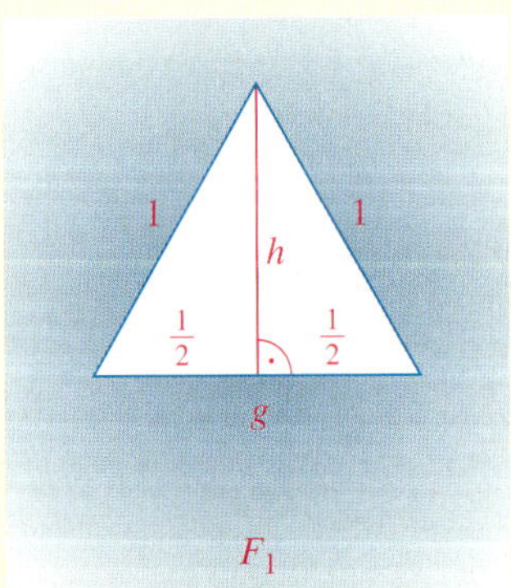


*Bild 192/3*

Sind $g$ und $h$ die Längenmaßzahlen der Grundseite und der Höhe der Figur $F_1$ (Bild 192/3), dann kann man die Flächenmaßzahl so ermitteln:

$$A_1 = \frac{g \cdot h}{2}.$$

Für $h$ erhält man mit dem Satz des Pythagoras:

$$h = \sqrt{1^2 - \left(\frac{1}{2}\right)^2} = \sqrt{\frac{3}{4}} = \frac{\sqrt{3}}{2} \approx 0{,}866.$$

Also gilt:

$$A_1 = \frac{g \cdot h}{2} \approx \frac{1 \cdot 0{,}866}{2} = 0{,}433.$$

Wir stellen die bisherigen Ergebnisse in einer Tabelle zusammen und ergänzen sie für $F_4$ und $F_5$.

| Figur | Anzahl der Seiten | Längenmaßzahl | Umfangsmaßzahl | Flächenmaßzahl |
|---|---|---|---|---|
| $F_1$ | 3 | 1 | $U_1 = 3$ | $A_1 \approx 0{,}433$ |
| $F_2$ | $3 \cdot 4 = 12$ | $\frac{1}{3}$ | $U_3 = 3 \cdot 4 \cdot \frac{1}{3} = 4$ | $A_2 = A_1 + 3 \cdot \frac{1}{9} A_1 = \left(1 + \frac{1}{3}\right) A_1 \approx 0{,}577$ |
| $F_3$ | $3 \cdot 4 \cdot 4 = 48$ | $\frac{1}{9} = \frac{1}{3^2}$ | $U_3 = 3 \cdot \frac{4^2}{3^2} \approx 5{,}33$ | $A_3 = \left(1 + \frac{1}{3}\right) A_1 + \frac{1}{3} \cdot 4 \cdot \frac{1}{9} A_1$ <br> $= \left(1 + \frac{1}{3} + \frac{1}{3} \cdot \frac{4}{9}\right) A_1 \approx 0{,}641$ |
| $F_4$ | $3 \cdot 4 \cdot 4 \cdot 4 = 194$ | $\frac{1}{27} = \frac{1}{3^3}$ | $U_4 = 3 \cdot \frac{4^3}{3^3} \approx 7{,}11$ | $A_4 = \left(1 + \frac{1}{3} + \frac{1}{3} \cdot \frac{4}{9}\right) A_1 + \frac{1}{3} \cdot \frac{4}{9} \cdot \frac{4}{9} A_1$ <br> $= \left(1 + \frac{1}{3} + \frac{1}{3} \cdot \frac{4}{9} + \frac{1}{3} \cdot \frac{4}{9} \cdot \frac{4}{9}\right) A_1 \approx 0{,}670$ |
| $F_5$ | $3 \cdot 4 \cdot 4 \cdot 4 \cdot 4 = 784$ | $\frac{1}{81} = \frac{1}{3^4}$ | $U_5 = 3 \cdot \frac{4^4}{3^4} \approx 9{,}48$ | $A_5 = \left(1 + \frac{1}{3} + \frac{1}{3} \cdot \frac{4}{9} + \frac{1}{3} \cdot \frac{4}{9} \cdot \frac{4}{9}\right.$ <br> $\left. + \frac{1}{3} \cdot \frac{4}{9} \cdot \frac{4}{9} \cdot \frac{4}{9}\right) A_1 \approx 0{,}683$ |

Die Anzahlen der Seiten der Schneeflockenfiguren sowie die Längenmaßzahlen ihrer Seiten, ihrer Umfangsmaßzahlen und ihrer Flächenmaßzahlen bilden jeweils eine **Folge** von Zahlen:

1. Für die Folge $\langle z_n \rangle$ der Anzahlen der Seiten gilt:
   $z_1 = 3;\ z_2 = 3 \cdot 4;\ z_3 = 3 \cdot 4^2;\ z_4 = 3 \cdot 4^3$, also $z_n = 3 \cdot 4^{n-1}$.
2. Für die Folge $\langle s_n \rangle$ der Längenmaßzahlen der Seiten gilt:
   $s_1 = 1;\ s_2 = \frac{1}{3};\ s_3 = \left(\frac{1}{3}\right)^2;\ s_4 = \left(\frac{1}{3}\right)^3$, also $s_n = \left(\frac{1}{3}\right)^{n-1}$.
3. Für die Folge $\langle U_n \rangle$ der Umfangsmaßzahlen gilt:
   $U_1 = 3;\ U_2 = 3\left(\frac{4}{3}\right);\ U_3 = 3\left(\frac{4}{3}\right)^2;\ U_4 = 3\left(\frac{4}{3}\right)^3$, also $U_n = 3\left(\frac{4}{3}\right)^{n-1}$.
4. Für die Folge $\langle A_n \rangle$ der Flächenmaßzahlen gilt:
   $A_1 \approx 0{,}433;$
   $A_2 = \left(1 + \frac{1}{3}\right) A_1;$
   $A_3 = \left(1 + \frac{1}{3} + \frac{1}{3} \cdot \frac{4}{9}\right) A_1;$
   $A_4 = \left(1 + \frac{1}{3} + \frac{1}{3} \cdot \frac{4}{9} + \frac{1}{3} \cdot \left(\frac{4}{9}\right)^2\right) A_1;$
   $A_5 = \left(1 + \frac{1}{3} + \frac{1}{3} \cdot \frac{4}{9} + \frac{1}{3} \cdot \left(\frac{4}{9}\right)^2 + \frac{1}{3} \cdot \left(\frac{4}{9}\right)^3\right) A_1;$
   $A_6 = A_1 + \frac{1}{3}\left(1 + \frac{4}{9} + \left(\frac{4}{9}\right)^2 + \left(\frac{4}{9}\right)^3 + \left(\frac{4}{9}\right)^4\right) A_1;$
   also $A_n = A_1 + \frac{1}{3}\left(1 + \frac{4}{9} + \left(\frac{4}{9}\right)^2 + \left(\frac{4}{9}\right)^3 + \left(\frac{4}{9}\right)^4 + \cdots + \left(\frac{4}{9}\right)^{n-2}\right) A_1.$

Wie oben kann man die einzelnen **Folgenglieder** natürlich auch berechnen. Zum Beispiel gilt: $z_3 = 48$; $s_4 = \left(\frac{1}{3}\right)^4 = \frac{1}{81} \approx 0{,}0123456$; $U_5 = 3 \cdot \left(\frac{4}{3}\right)^4 \approx 9{,}48$ und $A_4 \approx 0{,}670$.

Meist kann man Folgen durch Angabe ihres **Terms** festlegen.

**Beispiele**

**1)** Für die Folge $\langle a_n \rangle$ mit $a_n = \frac{1}{n}$ gilt: $a_1 = \frac{1}{1} = 1$; $a_2 = \frac{1}{2}$; $a_3 = \frac{1}{3}$; $a_4 = \frac{1}{4}$; $a_{10} = \frac{1}{10} = 0{,}01$; $a_{33} = \frac{1}{33} \approx 0{,}0303$.

**2)** Für die Folge $\langle b_n \rangle$ mit $b_n = (n-3)^2$ gilt: $b_1 = (1-3)^2 = 4$; $b_2 = (2-3)^2 = 1$; $b_3 = (3-3)^2 = 0$; $b_4 = (4-3)^2 = 1$; $b_5 = (5-3)^2 = 4$; $b_{10} = (10-3)^2 = 49$ und $b_{33} = (33-3)^2 = 900$.

**3)** Für die Folge $\langle c_n \rangle$ mit $c_n = 4 - n^2$ gilt: $c_1 = 4 - 1^2 = 3$; $c_2 = 4 - 2^2 = 0$; $c_3 = 4 - 3^2 = -5$; $c_4 = 4 - 4^2 = -12$; $c_{10} = 4 - 10^2 = -96$ und $c_{33} = 4 - 33^2 = 4 - 1089 = -1085$.

## Eigenschaften von Folgen

Die Maßzahlen der Umfänge $U_1$, $U_2$, $U_3$ … der Schneeflockenfiguren werden immer größer. Man nennt solche Folgen **monoton wachsend**. Auch die Seitenzahlen $z_n$ und die Maßzahlen der Flächeninhalte $A_n$ werden immer größer: Die Folgen $\langle z_n \rangle$ und $\langle A_n \rangle$ sind ebenfalls monoton wachsend. Die Folge der Maßzahlen der Seitenlängen $s_n$ der Schneeflockenfiguren ist dagegen **monoton fallend**, da ihre Glieder schrittweise kleiner werden. Auch die Folgen $\langle a_n \rangle$ mit $a_n = \frac{1}{n}$ und $\langle c_n \rangle$ mit $c_n = 4 - n^2$ sind monoton fallend.

Bei der Folge der Umfangsmaßzahlen $U_n$ wird auch der Abstand zwischen den Folgengliedern immer größer. Man kann vermuten, dass die Folge über alle Schranken wächst.

Zum Beispiel gilt für die Umfangsmaßzahl

der 10. Figur $F_{10}$: $U_{10} = 4 \cdot \left(\frac{4}{3}\right)^9 \approx 40$,

der 20. Figur $F_{20}$: $U_{20} = 4 \cdot \left(\frac{4}{3}\right)^{19} \approx 709$,

der 30. Figur $F_{30}$: $U_{30} = 4 \cdot \left(\frac{4}{3}\right)^{29} \approx 12\,599$,

der 40. Figur $F_{40}$: $U_{40} = 4 \cdot \left(\frac{4}{3}\right)^{39} \approx 22\,374$,

der 50. Figur $F_{50}$: $U_{50} = 4 \cdot \left(\frac{4}{3}\right)^{49} \approx 3\,973\,007$.

Auch die Maßzahlen der Flächeninhalte $A_1, A_2, A_3 \ldots$ der Schneeflockenfiguren werden immer größer, die Folge $\langle A_n \rangle$ ist monoton wachsend; der Abstand zwischen den Folgengliedern wird aber immer kleiner. Man kann vermuten, dass diese Folge nicht über alle Schranken wächst, sondern **nach oben beschränkt** ist. Diese Vermutung wird auch dadurch gestützt, dass alle Schneeflockenfiguren in ein Quadrat mit der Seitenlänge 2 passen.

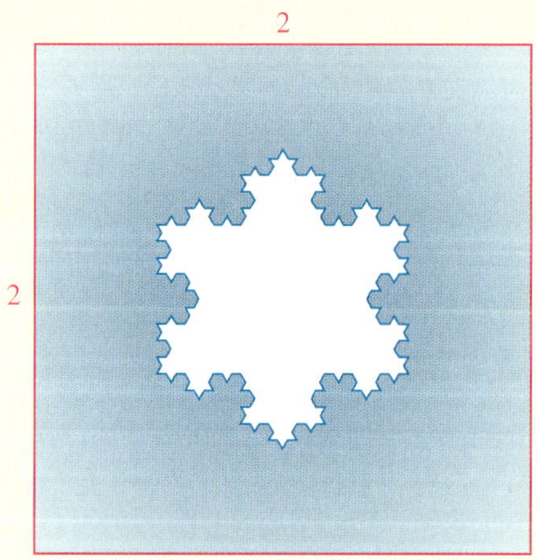


*Bild 194/1*

# Eine Summenformel

Man kann die Vermutung über die Flächenmaßzahlen auch rechnerisch bestätigen. Die Flächenmaßzahlen $A_n$, beispielsweise

$$\begin{aligned}
A_5 &= \left(1+\tfrac{1}{3}+\tfrac{1}{3}\cdot\tfrac{4}{9}+\tfrac{1}{3}\cdot\tfrac{4}{9}\cdot\tfrac{4}{9}+\tfrac{1}{3}\cdot\tfrac{4}{9}\cdot\tfrac{4}{9}\cdot\tfrac{4}{9}\right)A_1\\
&= A_1+\tfrac{1}{3}\left(1+\tfrac{4}{9}+\left(\tfrac{4}{9}\right)^2+\left(\tfrac{4}{9}\right)^3\right)A_1,\\
A_6 &= \left(1+\tfrac{1}{3}+\tfrac{1}{3}\cdot\tfrac{4}{9}+\tfrac{1}{3}\cdot\tfrac{4}{9}\cdot\tfrac{4}{9}+\tfrac{1}{3}\cdot\tfrac{4}{9}\cdot\tfrac{4}{9}\cdot\tfrac{4}{9}\cdot\tfrac{4}{9}\right)A_1\\
&= A_1+\tfrac{1}{3}\left(1+\tfrac{4}{9}+\left(\tfrac{4}{9}\right)^2+\left(\tfrac{4}{9}\right)^3+\left(\tfrac{4}{9}\right)^4\right)A_1,
\end{aligned}$$

lassen sich einfacher berechnen, wenn man jeweils den Summenterm in der Klammer zusammenfasst. Dieser hat die Form

$$1+c+c^2+c^3+c^4+\cdots+c^{n-1}.$$

Bild 195/1 zeigt, dass sich diese Summe für $c=\frac{1}{2}$ sehr einfach berechnen lässt:

$$\begin{aligned}
1+c &= 1+\tfrac{1}{2}=2-\tfrac{1}{2};\\
1+c+c^2 &= 1+\tfrac{1}{2}+\tfrac{1}{4}=2-\tfrac{1}{4};\\
1+c+c^2+c^3 &= 1+\tfrac{1}{2}+\tfrac{1}{4}+\tfrac{1}{8}=2-\tfrac{1}{8};\\
1+c+c^2+c^3+c^4 &= 1+\tfrac{1}{2}+\tfrac{1}{4}+\tfrac{1}{8}+\tfrac{1}{16}\\
&= 2-\tfrac{1}{16};\\
&\dots\\
1+c+c^2+c^3+c^4+\cdots+c^{n-1} &= 2-\left(\tfrac{1}{2}\right)^{n-1}.
\end{aligned}$$

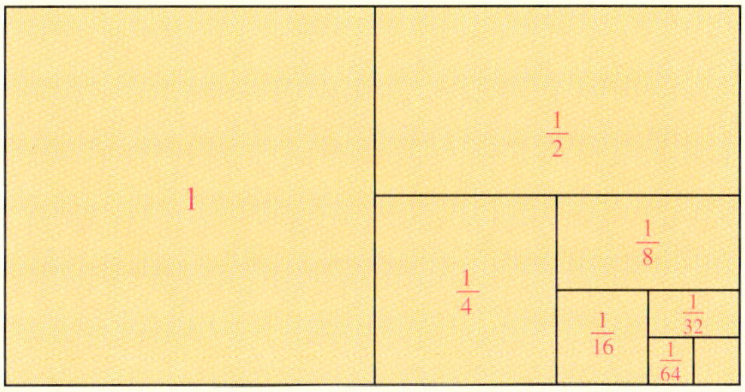

*Bild 195/1*

Auch für andere Zahlen $c$ kann man diese Summe vereinfachen, wenn man ihre „Selbstähnlichkeit“ benutzt. Fügt man zu ihr nämlich einen weiteren Summanden hinzu, dann kann man das Ergebnis auf doppelte Weise schreiben:

$$\underbrace{\left(1+c+c^2+c^3+c^4+\cdots+c^{n-1}\right)}_{S}+c^n=1+c\underbrace{\left(1+c+c^2+c^3+c^4+\cdots+c^{n-1}\right)}_{S}.$$

Für die Summe $S$ normal in der Klammer gilt also

$$\begin{aligned}
S+c^n &= 1+cS\\
S-cS &= 1-c^n\\
S(1-c) &= 1-c^n\\
S &= \tfrac{1-c^n}{1-c}\quad \text{für } c\neq 1.
\end{aligned}$$

Man bezeichnet dieses Ergebnis als **Summenformel der geometrischen Reihe**. Für $c\neq 1$ und $n>1$ gilt:

$$1+c+c^2+c^3+c^4+\cdots+c^{n-1}=\tfrac{1-c^n}{1-c}.$$

Mit dieser Summenformel (und mit einem Taschenrechner) erhält man z. B. für die Flächenmaßzahlen der Schneeflockenfiguren $F_6$ und $F_7$:

$$A_6 = A_1 + \tfrac{1}{3}\left(1 + \tfrac{4}{9} + \left(\tfrac{4}{9}\right)^2 + \left(\tfrac{4}{9}\right)^3 + \left(\tfrac{4}{9}\right)^4\right) A_1$$
$$= A_1 + \tfrac{1}{3} \cdot \frac{1 - \left(\frac{4}{9}\right)^5}{1 - \frac{4}{9}} \cdot A_1$$
$$\approx 0{,}688$$
$$A_7 = A_1 + \tfrac{1}{3} \cdot \frac{1 - \left(\frac{4}{9}\right)^6}{1 - \frac{4}{9}} \cdot A_1 \approx 0{,}346.$$

Allgemein gilt also:

$$A_n = A_1 + \tfrac{1}{3} \cdot \frac{1 - \left(\frac{4}{9}\right)^{n-1}}{1 - \frac{4}{9}} \cdot A_1 = A_1\left(1 + \tfrac{3}{5}\left(1 - \left(\tfrac{4}{9}\right)^{n-1}\right)\right).$$

Da für alle natürlichen Zahlen $n > 2$ gilt: $1 - \left(\frac{4}{9}\right)^{n-1} < 1$, ergibt sich also

$$A_n < A_1(1 + 0{,}6) < 0{,}44 \cdot 1{,}6 = 0{,}704 < 1.$$

Die Flächenmaßzahlen $A_n$ der Schneeflockenfiguren sind also alle kleiner als die Zahl 1. Man sagt daher: Die Zahl 1 ist eine **obere Schranke** der Folge $\langle A_n \rangle$. Da die Folgenglieder $A_n$ immer größer werden, ist $A_1$ das kleinste Glied der Folge. Deshalb ist $A_1 \approx 0{,}433$ eine **untere Schranke** der Folge.

## Geometrische Folgen

Bei den Folgen der Anzahlen der Seiten $z_1 = 3$; $z_2 = 3 \cdot 4$; $z_3 = 3 \cdot 4 \cdot 4$; ..., der Längenmaßzahlen der Seiten $s_1 = 1$; $s_2 = \frac{1}{3}$; $s_3 = \left(\frac{1}{3}\right)^2$; $s_3 = \left(\frac{1}{3}\right)^3$; ... und der Umfangsmaßzahlen $U_1 = 3$; $U_2 = 3 \cdot \left(\frac{4}{3}\right)$; $U_3 = 3 \cdot \left(\frac{4}{3}\right)^2$; $U_4 = 3 \cdot \left(\frac{4}{3}\right)^3$; ... tritt eine Besonderheit auf: Das nächste Folgenglied ergibt sich jeweils durch Multiplikation des letzten mit dem gleichen Faktor. Es gilt

$$\begin{array}{lllll} z_2 = z_1 \cdot 4; & z_3 = z_2 \cdot 4; & z_4 = z_3 \cdot 4; & \ldots & z_{n+1} = z_n \cdot 4; \\ s_2 = \frac{1}{3} s_1; & s_3 = \frac{1}{3} s_2; & s_4 = \frac{1}{3} s_3; & \ldots & s_{n+1} = \frac{1}{3} s_n; \\ U_2 = \frac{4}{3} U_1; & U_3 = \frac{4}{3} U_2; & U_4 = \frac{4}{3} U_3; & \ldots & U_{n+1} = \frac{4}{3} U_n. \end{array}$$

Solche Folgen, bei denen für alle Folgenglieder ab dem zweiten mit einem konstanten Faktor $c$ gilt: $a_{n+1} = c \cdot a_n$, heißen **geometrische Folgen**.

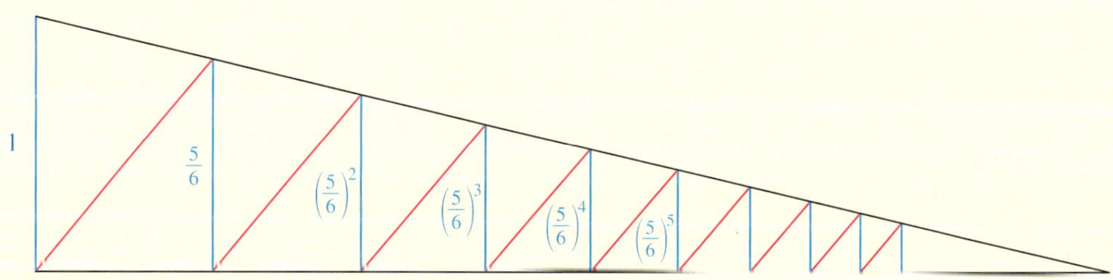


*Bild 196/1: Veranschaulichung einer geometrischen Folge mit $a_1 = 1$ und $c = \frac{5}{6}$*

## Wir fassen zusammen



Aufeinanderfolgende Zustände oder sich fortsetzende Prozesse lassen sich häufig mit Hilfe von Folgen erfassen. Folgen können durch einen **Folgenterm**, z. B. $a_n = \frac{1}{2n}$, festgelegt werden, oder so, dass man die Folgenglieder sukzessiv berechnen kann, z. B. $a_1 = 1$ und $a_{n+1} = a_n + \frac{a_n}{2}$.

Gilt bei einer Folge $\langle a_n \rangle$ stets $a_{n+1} = c \cdot a_n$, so spricht man von einer **geometrischen Folge**.

Bei geometrischen Folgen gilt: $a_n = c^{n-1} \cdot a_1$.

Addiert man die ersten $n$ Glieder einer geometrischen Folge, so erhält man eine **geometrische Reihe**:

$$s_n = a_1 + c \cdot a_1 + c^2 \cdot a_1 + c^3 \cdot a_1 + c^4 \cdot a_1 + \cdots + c^{n-1} \cdot a_1.$$

Diese lässt sich mit der **Summenformel der geometrischen Reihe** zusammenfassen. Es gilt:

$$s_n = a_1 \cdot \frac{1 - c^n}{1 - c}.$$

Folgen können verschiedene Eigenschaften haben.

**Definition 5.1** **Monotonie von Folgen**

Ist bei einer Folge $\langle a_n \rangle$ jedes Glied größer oder wenigstens gleich dem vorhergehenden, gilt also stets $a_{n+1} \geq a_n$, dann heißt $\langle a_n \rangle$ **monoton wachsend**.

Ist bei einer Folge $\langle a_n \rangle$ jedes Glied kleiner oder wenigstens gleich dem vorhergehenden, gilt also stets $a_{n+1} \leq a_n$, dann heißt $\langle a_n \rangle$ **monoton fallend**. ■

**Definition 5.2** **Beschränktheit von Folgen**

Eine Folge $\langle a_n \rangle$ heißt **nach oben beschränkt**, wenn es eine reelle Zahl $S$ gibt, so dass für alle Folgenglieder $a_n$ die Ungleichung $a_n \leq S$ gilt.

Eine Folge $\langle a_n \rangle$ heißt **nach unten beschränkt**, wenn es eine reelle Zahl $S$ gibt, so dass für alle Folgenglieder $a_n$ die Ungleichung $a_n \geq S$ gilt.

Ist eine Folge nach oben **und** unten beschränkt, so heißt sie **beschränkt**.
Andernfalls heißt sie **unbeschränkt**. ■

## Bestimmung von Zahlenfolgen

**1** Bestimmen Sie die Umfangsmaßzahl $U_{100}$ und die Flächenmaßzahl $A_{100}$ der Schneeflockenfigur $F_{100}$.

**2** Bestimmen Sie die ersten fünf Glieder der Folgen $\langle a_n \rangle$, ferner $a_{10}$, $a_{100}$ und $a_{1000}$.

**a)** $a_n = 2n - 1$ **d)** $a_n = (n+1)^3$ **g)** $a_n = \frac{n-1}{n+1}$ **j)** $a_n = 1 + (-1)^n$

**b)** $a_n = 7 - 2n$ **e)** $a_n = 1 + \frac{1}{n}$ **h)** $a_n = \frac{n^2-1}{n+1}$ **k)** $a_n = \sqrt{n}$

**c)** $a_n = \frac{1}{4}n^2$ **f)** $a_n = \frac{1}{n^2} - 2$ **i)** $a_n = (-1)^n$ **l)** $a_n = n^n$

**3** Ermitteln Sie einen Term $a_n$, durch den die angegebenen ersten fünf Folgenglieder erfasst werden. Bestimmen Sie mithilfe des Terms die nächsten fünf Folgenglieder.

**a)** 2; 5; 8; 11; 14 **c)** $0; \frac{1}{2}; \frac{2}{3}; \frac{3}{4}; \frac{4}{5}$ **e)** $\frac{1}{2}; 1; \frac{5}{4}; \frac{7}{5}; \frac{3}{2}$

**b)** 2; 5; 10; 17; 26 **d)** 1; −2; 3; −4; 5 **f)** 5; 0,5; 0,05; 0,005; 0,0005

**4** Bestimmen Sie die ersten fünf Glieder der Folgen $\langle a_n \rangle$.

**a)** $a_1 = 1;\ a_{n+1} = 2\,a_n$

**b)** $a_1 = 1;\ a_{n+1} = \frac{a_n}{1+a_n}$

**c)** $a_1 = 0;\ a_{n+1} = {a_n}^2 + 1$

**d)** $a_1 = 2;\ a_{n+1} = \frac{1}{a_n}$

**e)** $a_1 = 0{,}5;\ a_{n+1} = a_n(1 - a_n)$

**f)** $a_1 = 0{,}5;\ a_{n+1} = -a_n + 1$

**g)** $a_1 = 3;\quad a_{n+1} = 3\,a_n - 7$

**h)** $a_1 = 2;\quad a_{n+1} = 3\,a_n - 7$

**5** Der Mathematiker Leonardo von Pisa (1170 – ca. 1240), Sohn des Bonacci (lat.: *filius Bonacci*), wurde von seinen Zeitgenossen *Fibonacci* genannt. Er befasste sich unter anderem mit der Folge, die durch $a_1 = a_2 = 1$ und $a_{n+2} = a_{n+1} + a_n$ gegeben ist. Diese Folge heißt deshalb Fibonacci-Folge.

**a)** Bestimmen Sie die ersten 10 Glieder der Fibonacci-Folge.

**b)** Erläutern Sie die Folge mithilfe von Bild 198/1.

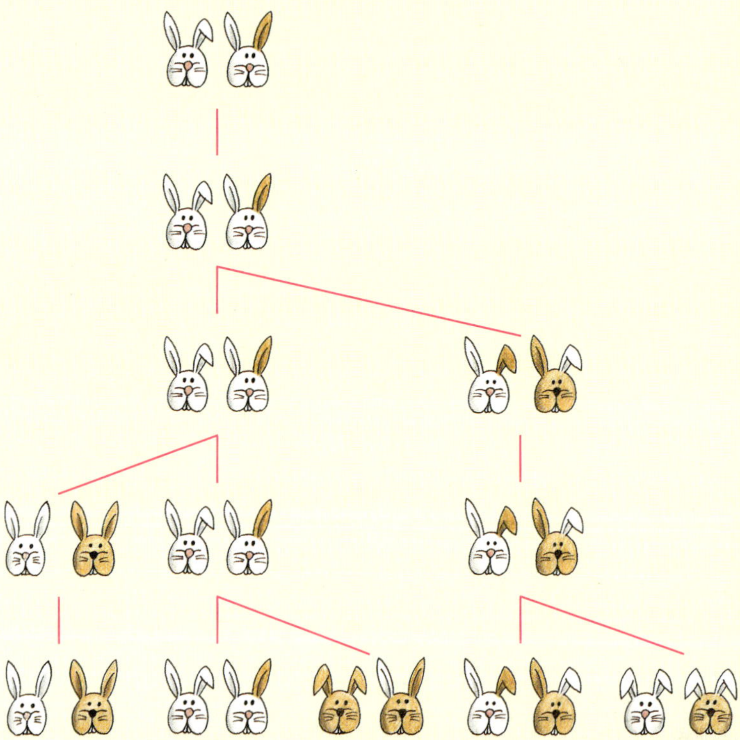

*Bild 198/1: Wie viele Hasenpaare gibt es nach einem Jahr, wenn jedes Hasenpaar ab dem Alter von zwei Monaten jeden Monat ein weiteres Hasenpaar in die Welt setzt?*

## Eigenschaften von Folgen

**6** Untersuchen Sie, ob die Folge $\langle a_n \rangle$ (streng) monoton ist.

**a)** $a_n = \frac{2}{3n}$ **d)** $a_n = \frac{1-n}{1+n}$ **g)** $a_n = \frac{1-n^2}{n}$ **j)** $a_n = 3^n - n^3$

**b)** $a_n = 1 - \frac{1}{n}$ **e)** $a_n = (n-4)^2$ **h)** $a_n = n + (-1)^n \cdot n$ **k)** $a_n = \sqrt{n+1} - \sqrt{n}$

**c)** $a_n = \frac{2n}{n+1}$ **f)** $a_n = (-2)^n$ **i)** $a_n = 2^n - n^2$ **l)** $a_n = \sin n$

**7** Untersuchen Sie, ob die Folge $\langle a_n \rangle$ nach oben oder nach unten beschränkt ist.

**a)** $a_n = n^2 - 10$ **c)** $a_n = \frac{n}{n+2}$ **e)** $a_n = \left(1 + \frac{1}{n}\right)^{10}$ **g)** $a_n = \sqrt{n+1} - \sqrt{n}$

**b)** $a_n = \frac{n^2}{10}$ **d)** $a_n = (-2)^n$ **f)** $a_n = \left(1 - \frac{1}{10}\right)^n$ **h)** $a_n = \sqrt{n^2+1} - n$

**8** Welche Eigenschaften haben die Folgen $\langle a_n \rangle$ und $\langle b_n \rangle$ mit $a_n = \left(\frac{4}{9}\right)^n$ bzw. $b_n = 1 - \left(\frac{4}{9}\right)^n$?

**9** Welche Eigenschaften hat die Folge $\langle a_n \rangle$?

**a)** $a_1 = 0{,}5;\ a_{n+1} = 2\,a_n(1 - a_n)$ **c)** $a_1 = 0{,}5;\ a_{n+1} = 4\,a_n(1 - a_n)$

**b)** $a_1 = 0{,}5;\ a_{n+1} = 3\,a_n(1 - a_n)$ **d)** $a_1 = 0;\quad a_{n+1} = 4\,a_n(1 - a_n)$

## Geometrische Folgen und Reihen

**10** Untersuchen Sie, ob die angegebenen Zahlen den Anfang einer geometrischen Folge bilden.

**a)** 1; 2; 4; 8 **c)** $1; \frac{1}{2}; \frac{1}{6}; \frac{1}{24}$ **e)** $\frac{2}{3}; \frac{4}{9}; \frac{8}{27}; \frac{16}{81}$

**b)** 2; –6; 18; –54 **d)** 1; 4; 9; 16 **f)** 1; –1; 1; –1

**11** Untersuchen Sie, für welche Zahlen $q$ die Folge $\langle q^n \rangle$ monoton steigend beziehungsweise monoton fallend ist.

**12** Untersuchen Sie, für welche Zahlen $q$ die Folge $\langle q^n \rangle$ nach oben beschränkt oder nach unten beschränkt ist.

**13** Die Vereinten Nationen haben den 12. Oktober 1999 zum „Tag der 6 Milliarden" erklärt. Wie entwickelt sich die Weltbevölkerung in den kommenden Jahrzehnten, wenn die derzeitige jährliche Wachstumsrate von 1,33 % gleich bleibt. Stellen Sie die Prognose grafisch dar.

AUFTRÄGE

# 5.2 Der Grenzwertbegriff für Zahlenfolgen

**A1 Achill und die Schildkröte**

Der berühmte trojanische Held Achill soll einen Wettlauf gegen eine Schildkröte austragen. Da Achill zehnmal so schnell wie die Schildkröte läuft, wird dieser beim Start ein Vorsprung von 100 m eingeräumt.

Nach der Argumentation des griechischen Philosophen Zenon von Elea kann Achill die Schildkröte nicht einholen. Wenn er nämlich die Vorgabe der Länge 100 m zurückgelegt hat, hat sich die Schildkröte einen neuen Vorsprung von 10 m verschafft. Bis Achill diese Strecke zurückgelegt hat, ist die Schildkröte wieder um 1 m vorangekommen. Hat Achill auch diese Strecke durcheilt, hat die Schildkröte einen Vorsprung von 0,1 m. Zwar schrumpft der Vorsprung der Schildkröte dahin, aber Achill wird sie nie einholen.

**A2 Eine Punktfolge**

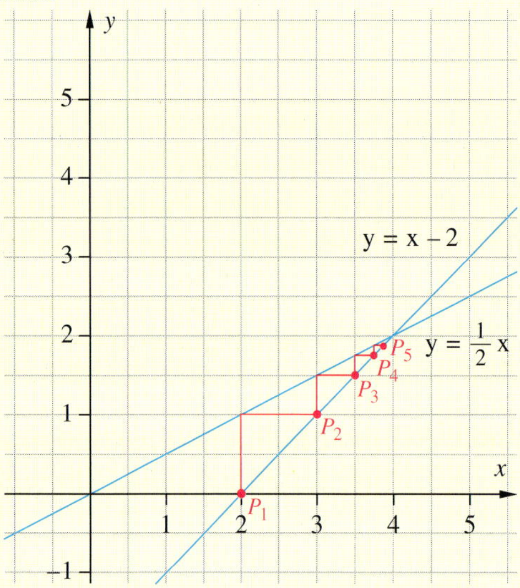


*Bild 200/1*

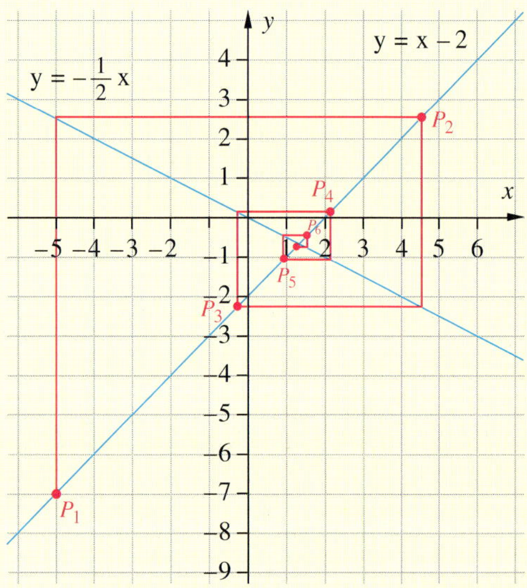


*Bild 200/2*

Bestimmen Sie die Koordinaten $(x_n|y_n)$ der Punkte $P_n$ in den Bildern  und 200/1 und 200/2. Welche Eigenschaften haben die Folgen $\langle x_n \rangle$ und $\langle y_n \rangle$?

## A3 Ölverbrauch

Die Mineralölwirtschaft veröffentlichte 1999 die folgende Statistik.

**Öl in der Welt**

| | | 1979 | 1996 | 1997 | Änd. 97/79 |
|---|---|---|---|---|---|
| Wirtschaftlich gewinnbare Reserve | Mrd. t | 87,4 | 138,4 | 138,5 | +58 % |
| Rohölförderung | Mrd. t | 3,2 | 3,4 | 3,5 | +9 % |
| davon Opec | Mio. t | 1561 | 1369 | 1436 | −8 % |
| davon EU | Mio. t | 89 | 150 | 148 | +66 % |
| Verbrauch | Mrd. t | 3,2 | 3,3 | 3,3 | +3 % |
| Raffineriekapazität | Mrd. t | 4,0 | 3,8 | 3,8 | −3 % |

**Statistische Reichweite 42 Jahre**: Sichere und wirtschaftlich gewinnbare Rohölreserven 138,5 Mrd. t, bezogen auf derzeitigen jährlichen Weltverbrauch von 3,3 Mrd. t.

Untersuchen Sie, wie lange das Öl noch reicht, wenn es gelänge, den Verbrauch Jahr für Jahr um 1 % (2 % oder 5 %) zu reduzieren.

## A4 Der Flächeninhalt eines Viertelkreises

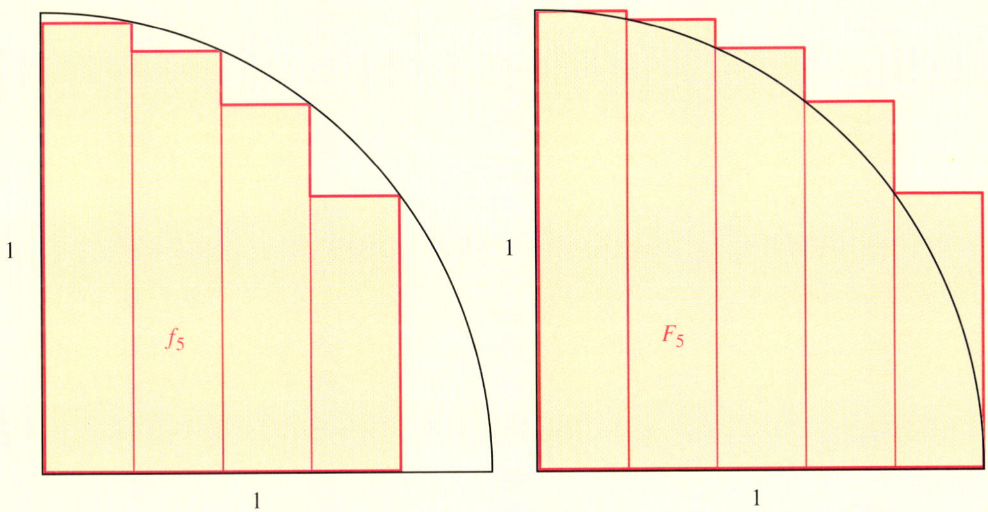


*Bild 201/1*

Wie groß sind die Flächenmaßzahlen $f_5$ und $F_5$ der roten Treppenfiguren?

Wie groß sind die Flächenmaßzahlen $f_6$ und $f_7$ bzw. $F_6$ und $F_7$ der Treppenfiguren, die man erhält, wenn man das Intervall $[0; 1]$ nicht in 5, sondern in 6 bzw. 7 gleiche Teile unterteilt?

Welche Eigenschaften haben die Folgen $\langle f_n \rangle$ und $\langle F_n \rangle$?

# Eine Modellrechnung

Wir bearbeiten den Auftrag A3 zum Ölverbrauch.

Bei einer Weltreserve $W$ von 138,5 Milliarden Tonnen Erdöl und einem Jahresverbrauch von 3,3 Milliarden Tonnen reicht dieser Rohstoff wegen $138{,}5 : 3{,}3 \approx 41{,}97$ noch etwa 42 Jahre.

Gelänge es, Jahr für Jahr den Erdölverbrauch um 1 % zu reduzieren, so beträgt der Verbrauch im ersten Jahr $V_1 = 3{,}3$ (gemessen in Mrd. t), im zweiten Jahr $V_2 = \left(1 - \frac{1}{100}\right) V_1 = 0{,}99\, V_1$, im dritten Jahr $V_3 = 0{,}99\, V_2$, im vierten Jahr $V_4 = 0{,}99\, V_3$ etc.

Es ergibt sich also eine geometrische Folge von Verbrauchswerten $V_n$ mit

$$\begin{aligned}
V_1 &= 3{,}3 \\
V_2 &= 0{,}99\, V_1 \\
V_3 &= 0{,}99\, V_2 &&= 0{,}99^2\, V_1 \\
V_4 &= 0{,}99\, V_3 &&= 0{,}99^3\, V_1 \\
V_5 &= 0{,}99\, V_4 &&= 0{,}99^4\, V_1 \\
&\dots \\
V_n &= 0{,}99\, V_{n-1} = 0{,}99^{n-1}\, V_1.
\end{aligned}$$

Würde man Jahr für Jahr den Erdölverbrauch um 2 % bzw. 5 % reduzieren, dann ergibt sich entsprechend:

$$V_n = 0{,}98^{n-1}\, V_1 \quad \text{bzw.} \quad V_n = 0{,}95^{n-1}\, V_1.$$

In allen Fällen lässt sich der Erdölverbrauch nach $n$ Jahren mit einem Term der Form

$$V_n = q^{n-1}\, V_1$$

ermitteln, wobei $q = 1 - \frac{p}{100}$ gilt, wenn pro Jahr um $p\%$ gespart wird.

Bei 1%-Sparen beträgt der Verbrauch (gemessen in Mrd. t) nach

$$\begin{aligned}
&\text{5 Jahren: } V_5 = 0{,}99^4\ V_1 \approx 0{,}96 \cdot 3{,}3 \approx 3{,}16; \\
&\text{10 Jahren: } V_{10} = 0{,}99^9\ V_1 \approx 0{,}91 \cdot 3{,}3 \approx 3{,}00; \\
&\text{20 Jahren: } V_{20} = 0{,}99^{19}\ V_1 \approx 0{,}83 \cdot 3{,}3 \approx 2{,}74; \\
&\text{50 Jahren: } V_{50} = 0{,}99^{49}\ V_1 \approx 0{,}61 \cdot 3{,}3 \approx 2{,}01.
\end{aligned}$$

Bei einer jährlichen Einsparung von 2% bzw. 5% ergibt sich entsprechend:

$$\begin{aligned}
V_5 &= 0{,}98^4\, V_1 \approx 3{,}04; & & V_5 = 0{,}95^4\, V_1 \approx 2{,}69; \\
V_{10} &\approx 2{,}75; & \text{bzw.} \quad & V_{10} \approx 2{,}08; \\
V_{20} &\approx 2{,}25; & & V_{20} \approx 1{,}25; \\
V_{50} &\approx 1{,}23. & & V_{50} \approx 0{,}27.
\end{aligned}$$

Mit Hilfe eines Tabellenkalkulationsprogrammes kann man die Entwicklung des Verbrauchs z. B. für jedes 5. Jahr bei 1 %, 2 % bzw. 5 % jährlichem Sparen darstellen.

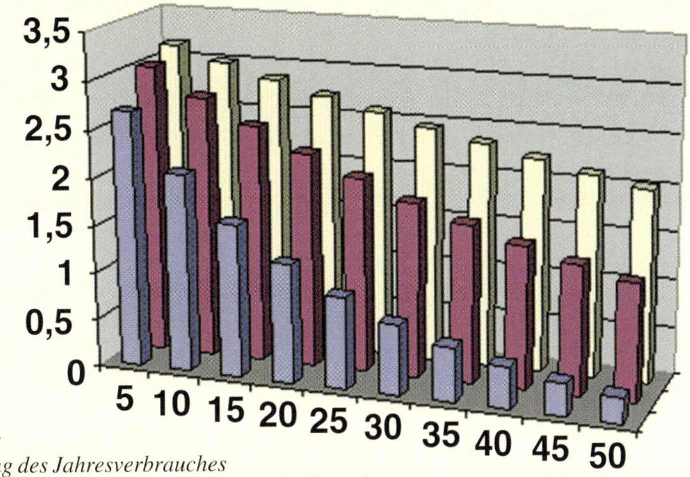


*Bild 203/1:*
*Entwicklung des Jahresverbrauches*

Wenn man nun wissen will, wieviel Erdöl nach 1, 2, 3 usw. Jahren bereits verbraucht ist, muss man diese Jahresverbräuche addieren. Für den Gesamtverbrauch gilt bei einer jährlichen Einsparung von 1%

nach einem Jahr: $G_1 = V_1;$

nach zwei Jahren: $G_2 = V_1 + V_2 = V_1 + 0{,}99\, V_1 = V_1(1 + 0{,}99);$

nach drei Jahren: $G_3 = V_1 + V_2 + V_3 = V_1 + 0{,}99\, V_1 + 0{,}99^2\, V_1 = V_1(1 + 0{,}99 + 0{,}99^2);$

nach vier Jahren: $G_4 = V_1 + V_2 + V_3 + V_4 = V_1 + 0{,}99\, V_1 + 0{,}99^2\, V_1 + 0{,}99^3\, V_1$
$= V_1(1 + 0{,}99 + 0{,}99^2 + 0{,}99^3);$

...

nach $n$ Jahren: $G_n = V_1 + V_2 + V_3 + V_4 + \cdots + V_n$
$= V_1(1 + 0{,}99 + 0{,}99^2 + 0{,}99^3 + \cdots + 0{,}99^{n-1}).$

Mit Hilfe der Summenformel für die geometrische Reihe erhält man für den Gesamtverbrauch $G_n$ nach $n$ Jahren

$$G_n = V_1 \cdot \frac{1 - 0{,}99^n}{1 - 0{,}99} = V_1 \cdot \frac{1 - 0{,}99^n}{0{,}01} = V_1 \cdot (1 - 0{,}99^n) \cdot 100.$$

Es gilt beispielsweise (in Mrd. t)

$G_5 \;= 3{,}3 \cdot (1 - 0{,}99^5) \cdot 100 \approx 16{,}17;$
$G_{10} \approx 31{,}55;$
$G_{20} \approx 60{,}09;$
$G_{50} \approx 130{,}35.$

Wenn die wirtschaftlich abbaubaren Erdölreserven 138,5 Mrd. t betragen, reicht dieser Vorrat bei einem anfänglichen Jahresverbrauch von 3,3 Mrd. t und einer jährlichen Verbrauchsreduktion um 1 % also noch länger als 50 Jahre.

Für den Gesamtverbrauch $G_n$ bei einer jährlichen Einsparung von 2% bzw. 5% ergibt sich entsprechend (in Mrd. t):

$$G_n = 3{,}3 \cdot \frac{1-0{,}98^n}{1-0{,}98} = 3{,}3 \cdot (1-0{,}98^n) \cdot 50 \quad \text{bzw.}$$

$$G_n = 3{,}3 \cdot \frac{1-0{,}95^n}{1-0{,}95} = 3{,}3 \cdot (1-0{,}95^n) \cdot 20.$$

Die Entwicklung des Gesamtverbrauches bei einer jährlichen Einsparung von 1% bzw. 5% stellen wir in einem Diagramm für die nächsten 75 Jahre dar.

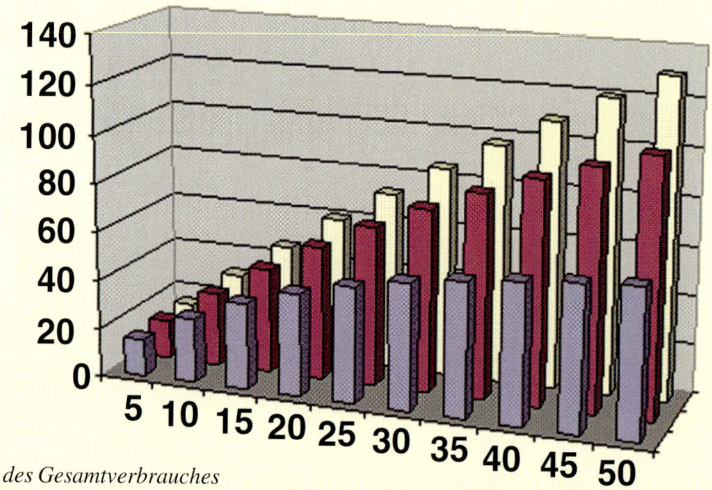


*Bild 204/1:*
*Entwicklung des Gesamtverbrauches*

Man sieht an der ersten Säulenreihe, dass bei einer jährlichen Einsparung von 1 % das Öl etwas mehr als 50 Jahre reicht; an der zweiten Säulenreihe, dass bei einer jährlichen Einsparung von 2 % die wirtschaftlich gewinnbare Weltreserve von 135,8 Mrd. Tonnen noch länger als 75 Jahre reicht. Beides kann man leicht mit Hilfe der zugehörigen Terme für den Gesamtverbrauch $G_n$ nachrechnen.

Bei der dritten Säulenreihe, also einer jährlichen Einsparung des Verbrauches um 5 % ist überhaupt nicht abzusehen, wann die Weltreserve aufgebraucht ist. Nach 75 Jahren sind erst etwas mehr als 60 Mrd. Tonnen verbraucht, also weniger als die Hälfte der heute bekannten Vorräte.

Kann es sein, dass das Öl in diesem Fall ewig reicht?

## Eine Nullfolge

In dem Folgenterm

$$G_n = 3{,}3 \cdot (1-0{,}95^n) \cdot 20$$

ist nur der Teilterm $g_n = 0{,}95^n$ von $n$ abhängig. Wir untersuchen die zugehörige Folge $\langle g_n \rangle$ und berechnen dazu ihre ersten Glieder:

$$g_1 = 0{,}95; \quad g_2 = 0{,}9025; \quad g_3 \approx 0{,}8374; \quad g_4 \approx 0{,}8145; \quad g_5 \approx 0{,}7738.$$

Die Folge $\langle g_n \rangle$ ist monoton fallend, da stets $g_{n+1} = 0{,}95 \cdot g_n$, also $g_{n+1} < g_n$ gilt. Die Folgenglieder werden immer kleiner; andererseits sind sie alle positiv. Streben sie einem kleinsten Wert zu? Welche Zahl könnte dieser Wert sein?

Die Berechnung weiterer Folgenglieder ergibt:

$$g_6 \approx 0{,}7350; \quad g_7 \approx 0{,}6983; \quad g_8 \approx 0{,}6634; \quad g_9 \approx 0{,}6302; \quad g_{10} \approx 0{,}5982;$$

$$g_{15} \approx 0{,}4633; \quad g_{20} \approx 0{,}3585; \quad g_{25} \approx 0{,}2774; \quad g_{35} \approx 0{,}1661; \quad g_{45} \approx 0{,}0994.$$

Offensichtlich strebt die Folge $\langle g_n \rangle$ der Zahl Null zu. Das lässt sich folgendermaßen begründen:

Es gilt $g_{45} \approx 0{,}0994 < 0,1$. Da die Folge monoton fällt, sind alle Folgenglieder $g_n$ ab $n = 45$ kleiner als $0,1$. Weiter gilt:

$$g_{90} = 0{,}95^{90} = 0{,}95^{45} \cdot 0{,}95^{45} < 0{,}1 \cdot 0{,}1 = 0{,}01,$$

also sind alle Folgenglieder $g_n$ ab $n = 90$ kleiner als 0,01;

$$g_{135} = 0{,}95^{135} = 0{,}95^{90} \cdot 0{,}95^{45} < 0{,}01 \cdot 0{,}1 = 0{,}001,$$

also sind alle Folgenglieder $g_n$ ab $n = 135$ kleiner als 0,001;

$$g_{180} = 0{,}95^{180} = 0{,}95^{135} \cdot 0{,}05^{45} < 0{,}001 \cdot 0{,}1 = 0{,}0001,$$

also sind alle Folgenglieder $g_n$ ab $n = 190$ kleiner als 0,0001.

Mit der gleichen Argumentation erhält man:

$$n \geq 225 \;\Rightarrow\; g_n < 0{,}0001 \cdot 0{,}1 = 0{,}00001$$

$$n \geq 270 \;\Rightarrow\; g_n < 0{,}000001$$

$$n \geq 315 \;\Rightarrow\; g_n < 0{,}0000001$$

$$n \geq 360 \;\Rightarrow\; g_n < 0{,}00000001.$$

Die Folgenglieder $g_n$ werden also „beliebig“ klein, wenn man $n$ „ausreichend“ groß wählt. Genauer kann man das so ausdrücken: Gibt man eine (noch so kleine) positive Zahl $\varepsilon > 0$ vor, so gibt es eine Zahl $N \in \mathbb{N}$, so dass für alle Folgenglieder $g_n$ gilt:

$$n \geq N \;\Rightarrow\; g_n < \varepsilon.$$

Um nicht nur Folgen mit ausschließlich positiven Gliedern betrachten zu können, definiert man allgemeiner: Eine Folge $\langle a_n \rangle$ heißt eine **Nullfolge**, wenn die Absolutbeträge der Folgenglieder $|a_n|$ „beliebig“ klein werden, wenn man $n$ „ausreichend“ groß wählt, wenn es also zu jeder positiven Zahl $\varepsilon > 0$ eine Zahl $N \in \mathbb{N}$ gibt, so dass gilt:

$$n \geq N \;\Rightarrow\; |a_n| < \varepsilon.$$

Man sagt dann auch, „die Folge $\langle a_n \rangle$ hat den **Grenzwert** null“ oder „die Folge $\langle a_n \rangle$ **konvergiert** gegen null“ und schreibt:

$$\lim_{n \to \infty} a_n = 0 \quad \text{(gelesen: „Limes } a_n \text{ für } n \text{ gegen unendlich ist gleich null“).}$$

# Konvergente Folgen

In dem Folgenterm

$$G_n = 3{,}3 \cdot (1 - 0{,}95^n) \cdot 20,$$

der den Gesamtölverbrauch nach $n$ Jahren bei einer jährlichen Einsparung von jeweils 5 % beschreibt, konvergiert also die Folge $\langle g_n \rangle$ zu dem Teilterm $g_n = 0{,}95^n$ gegen 0.

Weiter konvergiert die Folge zu $a_n = 1 - 0{,}95^n$ gegen die Zahl 1, weil die Folge zu $b_n = a_n - 1$ eine Nullfolge ist. Man schreibt deshalb:

$$\lim_{n\to\infty} a_n = 1.$$

Ebenso gilt

$$\lim_{n\to\infty} (1 - 0{,}95^n) \cdot 20 = 20,$$

weil die Folge zu $c_n - 20 = (1 - 0{,}95^n) \cdot 20 - 20 = -0{,}95^n \cdot 20$ auch eine Nullfolge ist.

Schließlich gilt für den Gesamtverbrauch $G_n$ (gemessen in Mrd. t):

$$\lim_{n\to\infty} G_n = \lim_{n\to\infty} 3{,}3 \cdot (1 - 0{,}95^n) \cdot 20$$
$$= 3{,}3 \cdot 20 = 66.$$

Das bedeutet: Gelänge es Jahr für Jahr den Ölverbrauch um 5 % zu senken, dann beträgt der Gesamtverbrauch nach „unendlich" vielen Jahren 66 Milliarden Tonnen. Halten Sie eine solche Einsparung für machbar? Was hätte sie für praktische Konsequenzen?

ZUSAMMENFASSUNG

## Wir fassen zusammen

**Definition 5.3 Nullfolge**

Eine Zahlenfolge $\langle a_n \rangle$ heißt genau dann eine Nullfolge, wenn es zu jeder Zahl $\varepsilon > 0$ eine Zahl $N \in \mathbb{N}$ gibt, so dass gilt:

$$n \geq N \quad \Rightarrow \quad |a_n| < \varepsilon.$$

Man sagt dann auch: die Folge $\langle a_n \rangle$ konvergiert gegen null und schreibt

$$\lim_{n\to\infty} a_n = 0. \quad ■$$

**Definition 5.4 Konvergente Folge**

Eine Zahlenfolge $\langle a_n \rangle$ heißt genau dann konvergent, wenn es eine reelle Zahl $g$ gibt, so dass die Folge zu $a_n - g$ eine Nullfolge ist. ■

## Nullfolgen

**1** Untersuchen Sie, ob die Folge $\langle a_n \rangle$ eine Nullfolge ist.

**a)** $a_n = \left(\frac{9}{10}\right)^n$ **b)** $a_n = \left(\frac{11}{10}\right)^n$ **c)** $a_n = \left(-\frac{1}{2}\right)^n$ **d)** $a_n = \frac{n^2}{2^n}$ **e)** $a_n = 10^{-n}$ **f)** $a_n = \frac{n}{n+1}$ **g)** $a_n = \frac{n+1}{n^2}$ **h)** $a_n = \frac{2^n}{n^2}$

**2** Zeigen Sie, dass $\langle a_n \rangle$ eine Nullfolge ist.

**a)** $a_n = \frac{1}{n+5}$ **b)** $a_n = -\frac{3}{2n^2}$ **c)** $a_n = 1 - \frac{n-1}{n+1}$ **d)** $a_n = \frac{5}{\sqrt{n+5}}$ **e)** $a_n = \frac{n}{10^n}$ **f)** $a_n = \sqrt{n+1} - \sqrt{n}$

**3** Ab welcher Zahl $n$ gilt $|a_n| < \varepsilon$?

**a)** $a_n = \frac{10}{n}$; $\varepsilon = 0{,}1$

**b)** $a_n = \frac{1-n}{n^2}$; $\varepsilon = 0{,}01$

**c)** $a_n = \left(\frac{9}{10}\right)^n$; $\varepsilon = 0{,}001$

**d)** $a_n = \frac{1\,000\,000}{n^2}$; $\varepsilon = 0{,}0000001$

**e)** $a_n = \frac{n^2-1}{n^3}$; $\varepsilon = 0{,}0001$

**f)** $a_n = \sqrt{n^2+1} - n$; $\varepsilon = 0{,}001$

**4** Welche Aussagen kann man über die Folge $\langle b_n \rangle$ machen, wenn $\langle a_n \rangle$ eine Nullfolge ist?

**a)** $b_n = 1 + a_n$ **b)** $b_n = 1 - a_n$ **c)** $b_n = 2\,a_n$ **d)** $b_n = -10\,a_n$ **e)** $b_n = n\,a_n$ **f)** $b_n = \frac{a_n}{n}$ **g)** $b_n = {a_n}^2$ **h)** $b_n = |a_n|$ **i)** $b_n = \sqrt{|a_n|}$ **j)** $b_n = {a_n}^3$ **k)** $b_n = \frac{1}{a_n}$ **l)** $b_n = \frac{1}{1+a_n}$

## Konvergente Folgen

**5** Versuchen Sie den Grenzwert $g$ der Zahlenfolge $\langle a_n \rangle$ dadurch zu erraten, dass Sie „große" Zahlen in $n$ einsetzen. Zeigen Sie dann, dass Sie richtig geraten haben.

**a)** $a_n = 2 + \frac{1}{n}$ **b)** $a_n = \frac{2-n}{1-n}$ **c)** $a_n = \frac{1-n^2}{1+n^2}$ **d)** $a_n = \frac{n^2+2}{n^2-2}$ **e)** $a_n = \frac{\sqrt{n}+3}{\sqrt{n}}$ **f)** $a_n = \frac{\sqrt{n^2+1}}{\sqrt{n}}$

**6** Konvergiert die Folge $\langle a_n \rangle$? Begründen Sie Ihre Antwort.

**a)** $a_n = \frac{n+5}{n}$ **b)** $a_n = \frac{5n}{n+5}$ **c)** $a_n = \frac{n^2}{n+1}$ **d)** $a_n = \frac{n+1}{n^2}$ **e)** $a_n = (-1) \cdot \frac{n+1}{n}$ **f)** $a_n = \frac{2n+3}{n+1}$ **g)** $a_n = \frac{n}{\sqrt{n}}$ **h)** $a_n = \frac{10^n}{n}$

AUFGABEN

**7** **a)** Berechnen Sie mit unterschiedlichen Startwerten $a_1$ die ersten Glieder der Folge $\langle a_n \rangle$ zu $a_n = \frac{1}{2} \cdot \left(a_n + \frac{2}{a_n}\right)$. Berechnen Sie daraus auch die ersten Glieder der Folge $\langle b_n \rangle$ zu $b_n = {a_n}^2$. Was vermuten Sie?

Begründen Sie Ihre Vermutung. Beachten Sie dabei: Hat die Folge $\langle a_n \rangle$ den Grenzwert $g$, dann hat auch die Folge $\langle a_{n+1} \rangle$ den Grenzwert $g$.

**b)** Führen Sie gleiche Untersuchungen für die Folgen $\langle c_n \rangle$ und $\langle d_n \rangle$ zu $c_n = \frac{1}{2} \cdot \left(c_n + \frac{3}{c_n}\right)$ beziehungsweise $d_n = \frac{1}{2} \cdot \left(d_n + \frac{5}{d_n}\right)$ durch.

## Anwendungen

**8** Was ist günstiger?
Die Einlage auf ein Sparbuch wird nach einem Jahr mit 12 % verzinst
oder jedes halbe Jahr mit 6 %
oder jedes Dritteljahr mit 4 %
oder jedes Vierteljahr mit 3 %
oder jedes Fünfteljahr mit 2,4 %
oder jedes Sechsteljahr mit 2 %
oder monatlich mit 1 %
oder wöchentlich mit $\frac{12}{52}$ %
oder täglich mit $\frac{12}{365}$ %
oder stündlich mit …
Wird man so unermesslich reich?

**9** Wie groß müsste die Weltreserve an Erdöl sein, damit das Erdöl auch bei einer jährlichen Einsparung von 2 % (1 %) „ewig reicht“?

**10** Bleibt der derzeitige jährliche Welterdgasverbrauch auch in den kommenden Jahren unverändert, so reichen die bekannten Gasvorräte noch 65 Jahre.

**a)** Wie lange reicht das Erdgas noch, wenn der jährliche Verbrauch Jahr für Jahr um 1 % (2 %; 3 %) zunimmt?

**b)** Wie lange reicht das Erdgas noch, wenn der jährliche Verbrauch Jahr für Jahr um 1 % (2 %; 3 %) abnimmt?

**c)** Um wie viel Prozent müsste man den Erdgasverbrauch Jahr für Jahr mindestens reduzieren, damit das Gas „ewig“ reicht?

**d)** Um wie viel Prozent wäre der Erdgasverbrauch dann in 10, 20, 30, 50 und 100 Jahren kleiner als heute?

**11** $A_1$ sei das Intervall $[0; 1]$, $A_2$ die rechte Hälfte von $A_1$, also das Intervall $[0{,}5; 1]$. $A_3$ sei die linke Hälfte von $A_2$, $A_4$ die rechte Hälfte von $A_3$, $A_5$ sei die linke Hälfte von $A_4$, usw.

**a)** Zeichnen Sie $A_1$, $A_2$, $A_3$, $A_4$, $A_5$ und $A_6$. Wählen Sie als Längeneinheit 16 cm.

**b)** Ermitteln Sie einen Term für die Folge $\langle l_n \rangle$ der linken Intervallenden und einen Term für die Folge $\langle r_n \rangle$ der rechten Intervallenden.

**c)** Untersuchen Sie die Folgen $\langle l_n \rangle$ und $\langle r_n \rangle$ auf Konvergenz.

**12** Das Volumen einer quadratischen Pyramide mit der Grundseitenlänge $s = 1$ LE und der Höhe $h = 1$ LE kann durch die Volumina einer inneren und einer äußeren „Treppenpyramide" abgeschätzt werden (Bild 209/1).

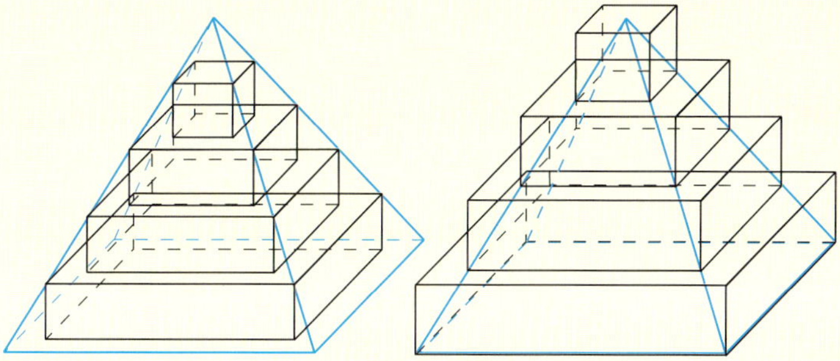

*Bild 209/1*

**a)** Berechnen Sie die Volumina solcher äußeren „Treppenpyramiden" mit 2; 4; 6; $2n$ Stufen.

**b)** Berechnen Sie die Volumina solcher inneren „Treppenpyramiden" mit 3; 5; 7; $2n - 1$ Stufen.

**c)** Bestimmen Sie mithilfe Ihrer Ergebnisse aus a) und b) die Volumenmaßzahl $V$ der Pyramide.

## Historisches

**13** Auf den Mathematiker und Philosophen Gottfried Wilhelm Leibniz (1646–1716) geht das „harmonische" Dreieck zurück.

| | | | | | | | |
|---|---|---|---|---|---|---|---|
| $\frac{1}{1}$ | $\frac{1}{2}$ | $\frac{1}{3}$ | $\frac{1}{4}$ | $\frac{1}{5}$ | $\frac{1}{6}$ | $\frac{1}{7}$ | … |
| $\frac{1}{2}$ | $\frac{1}{6}$ | $\frac{1}{12}$ | $\frac{1}{20}$ | $\frac{1}{30}$ | $\frac{1}{42}$ | … | |
| $\frac{1}{3}$ | $\frac{1}{12}$ | $\frac{1}{30}$ | $\frac{1}{60}$ | $\frac{1}{105}$ | … | | |
| $\frac{1}{4}$ | $\frac{1}{20}$ | $\frac{1}{60}$ | $\frac{1}{140}$ | … | | | |
| $\frac{1}{5}$ | $\frac{1}{30}$ | $\frac{1}{105}$ | … | | | | |
| $\frac{1}{6}$ | $\frac{1}{42}$ | … | | | | | |
| $\frac{1}{7}$ | … | | | | | | |

*Bild 209/3 Gottfried Wilhelm Leibniz*

**a)** Beschreiben Sie die Konstruktion dieses Dreiecks. Welche Zahlen stehen in der ersten Zeile, zweiten Zeile, dritten Zeile, usf.?

**b)** Addieren Sie die Zahlen der zweiten Zeile: $\frac{1}{2} + \frac{1}{6} + \frac{1}{12} + \frac{1}{20} + \frac{1}{30} + \frac{1}{42} + \cdots$
Welche Zahl ergibt sich? Begründen Sie das Ergebnis.

**c)** Addieren Sie ebenso die Zahlen der dritten (vierten, fünften) Zeile und begründen Sie Ihre Ergebnisse.

**d)** Addieren Sie auch die Zahlen der ersten Zeile. Bilden Sie dabei Teilsummen: Zunächst die ersten beiden Zahlen, dann die ersten vier Zahlen, dann die ersten acht, dann die ersten sechzehn, usf. Was fällt dabei auf?

AUFGABEN

**14** Der itallienische Physiker und Mathematiker Evangelista Torricelli (1608–1647) hat geometrisch gezeigt, dass die geometrische Reihe $\langle s_n \rangle$ zu $s_1 = a$ und $s_{n+1} = c \cdot s_n$ für $0 < c < 1$ konvergiert. Vollziehen Sie seinen Beweis anhand von Bild 210/1 nach.
Begründen Sie die einzelnen Beweisschritte und berechnen Sie den Grenzwert.

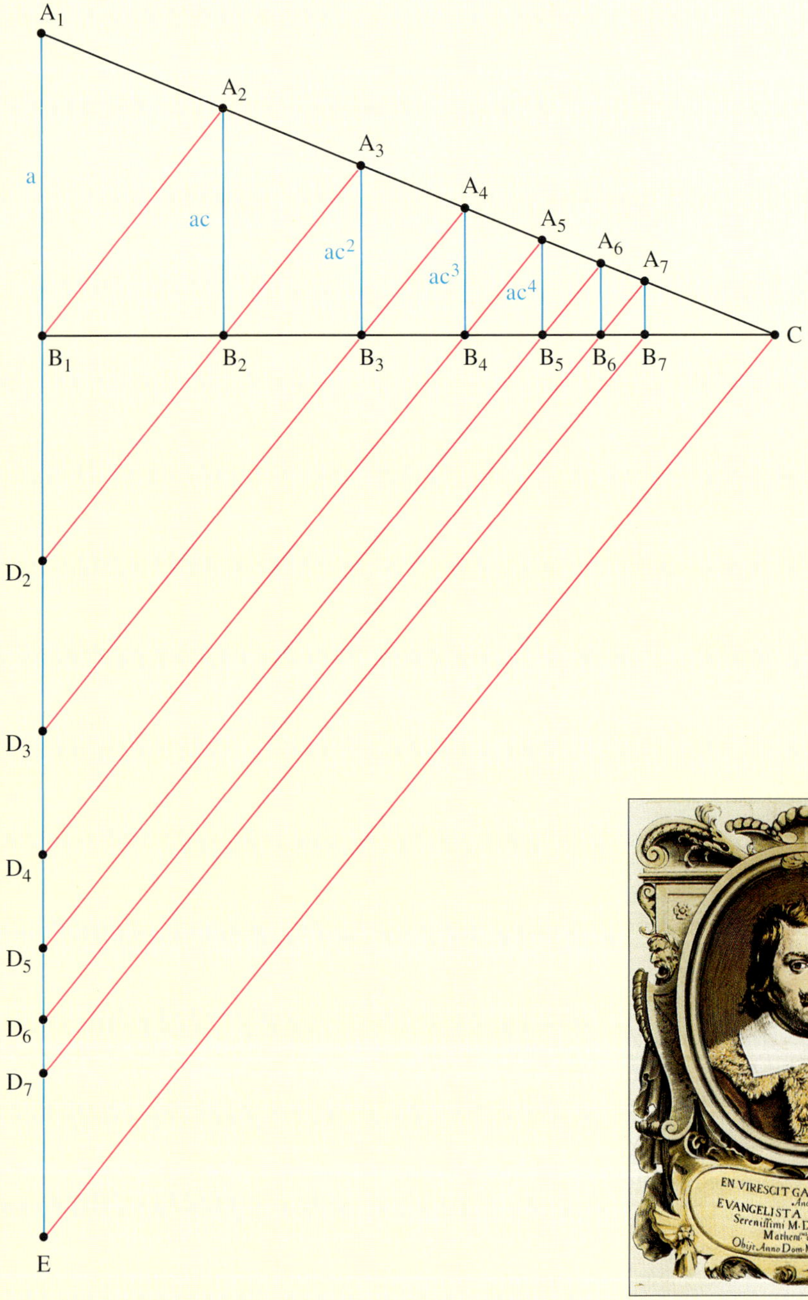


*Bild 210/1. Beweisfigur*

*Bild 210/2: Evangelista Torricelli*

# 5.3 Grenzwerte von Funktionen



**A1** **Null hoch null?**

Setzen Sie in der Funktion $f$ zu $f(x) = x^x$ für $x$ immer kleinere positive Zahlen ein.

**A2** **Passende Lückenwerte**

Die Funktion $f$ zu $f(x) = \frac{1-x^5}{1-x}$ ist für $x = 1$ nicht definiert. Wie könnte man sie an dieser Stelle passend ergänzen?

Untersuchen Sie ebenso die Funktionnen zu $g(x) = \frac{x^2-4}{(x-2)(x+3)}$ und $h(x) = \frac{x}{|x|}$ an ihren Definitionslücken.

**A3** **Ist Konvergenz übertragbar?**

Setzt man eine Folge $\langle a_n \rangle$ mit $a_n \in D(f)$ in den Term $f(x)$ einer Funktion $f$ ein, so erhält man eine Folge von Funktionswerten $\langle f(a_n) \rangle$.

Untersuchen Sie an verschiedenen Beispielen die Aussage: Ist die Folge $\langle a_n \rangle$ konvergent, dann ist auch die Folge $\langle f(a_n) \rangle$ konvergent.

## Folgen von $x$-Werten und zugehörigen Funktionswerten

Wir bearbeiten **A2**. Setzt man in den Term $f(x) = \frac{1-x^5}{1-x}$ für $x$ die Zahl 1 ein, erhält man einen Ausdruck der Form $\frac{0}{0}$, der nicht definiert ist. Man kann aber den Funktionsterm $f(x) = \frac{1-x^5}{1-x}$ in der Nähe der Stelle 1 berechnen. Es gilt:

| | | | | | | |
|---|---|---|---|---|---|---|
| $f(0{,}9)$ | $\approx$ | $4{,}0951;$ | | $f(1{,}1)$ | $\approx$ | $6{,}1051;$ |
| $f(0{,}99)$ | $\approx$ | $4{,}9010;$ | | $f(1{,}01)$ | $\approx$ | $5{,}1010;$ |
| $f(0{,}999)$ | $\approx$ | $4{,}9900;$ | und | $f(1{,}001)$ | $\approx$ | $5{,}0100;$ |
| $f(0{,}9999)$ | $\approx$ | $4{,}9990;$ | | $f(1{,}0001)$ | $\approx$ | $5{,}0010;$ |
| $f(0{,}99999)$ | $\approx$ | $4{,}9999$ | | $f(1{,}00001)$ | $\approx$ | $5{,}0001.$ |

Wenn man also in den Funktionsterm Werte einsetzt, die von unten oder von oben der Zahl 1 immer näher rücken, dann rücken die zugehörigen Funktionswerte der Zahl 5 immer näher.

Dieses „Näher Rücken“ können wir mithilfe der Begriffe des letzten Abschnittes auch so ausdrücken: Hat die Folge $\langle a_n \rangle$ den Grenzwert 1, dann hat die Folge $\langle f(a_n) \rangle$ den Grenzwert 5.

In Bild 212/1 sind die ersten zwanzig Folgenglieder der Folgen zu $a_n = 1 - \frac{1}{2^n}$ und $f(a_n)$ und in Bild 212/2 die ersten zwanzig Folgenglieder der Folgen zu $b_n = 1 + \frac{1}{2^n}$ und $f(b_n)$ mithilfe eines Tabellenkalkulationsprogramms berechnet.

| | A | B | C |
|---|---|---|---|
| 1 | 1 | 0,5 | 1,9375 |
| 2 | 2 | 0,75 | 3,05078125 |
| 3 | 3 | 0,875 | 3,89672852 |
| 4 | 4 | 0,9375 | 4,41285706 |
| 5 | 5 | 0,96875 | 4,69711399 |
| 6 | 6 | 0,984375 | 4,84617239 |
| 7 | 7 | 0,9921875 | 4,92248297 |
| 8 | 8 | 0,99609375 | 4,96108979 |
| 9 | 9 | 0,99804688 | 4,98050686 |
| 10 | 10 | 0,99902344 | 4,99024391 |
| 11 | 11 | 0,99951172 | 4,99511957 |
| 12 | 12 | 0,99975586 | 4,99755919 |
| 13 | 13 | 0,99987793 | 4,99877945 |
| 14 | 14 | 0,99993896 | 4,99938969 |
| 15 | 15 | 0,99996948 | 4,99969483 |
| 16 | 16 | 0,99998474 | 4,99984741 |
| 17 | 17 | 0,99999237 | 4,99992371 |
| 18 | 18 | 0,99999619 | 4,99996185 |
| 19 | 19 | 0,99999809 | 4,99998093 |
| 20 | 20 | 0,99999905 | 4,99999046 |
| 21 | | | |

*Bild 212/1:* $n,\ a_n = 1 - \frac{1}{2^n}$ *und* $f(a_n)$

| | A | B | C |
|---|---|---|---|
| 1 | 1 | 1,5 | 13,1875 |
| 2 | 2 | 1,25 | 8,20703125 |
| 3 | 3 | 1,125 | 6,41625977 |
| 4 | 4 | 1,0625 | 5,66529846 |
| 5 | 5 | 1,03125 | 5,32241917 |
| 6 | 6 | 1,015625 | 5,15871054 |
| 7 | 7 | 1,0078125 | 5,07873774 |
| 8 | 8 | 1,00390625 | 5,03921539 |
| 9 | 9 | 1,00195313 | 5,01956943 |
| 10 | 10 | 1,00097656 | 5,00977517 |
| 11 | 11 | 1,00048828 | 5,0048852 |
| 12 | 12 | 1,00024414 | 5,002442 |
| 13 | 13 | 1,00012207 | 5,00122085 |
| 14 | 14 | 1,00006104 | 5,00061039 |
| 15 | 15 | 1,00003052 | 5,00030519 |
| 16 | 16 | 1,00001526 | 5,00015259 |
| 17 | 17 | 1,00000763 | 5,00007629 |
| 18 | 18 | 1,00000381 | 5,00003815 |
| 19 | 19 | 1,00000191 | 5,00001907 |
| 20 | 20 | 1,00000095 | 5,00000954 |
| 21 | | | |

*Bild 212/2:* $n,\ b_n = 1 + \frac{1}{2^n}$ *und* $f(b_n)$

In Bild 212/3 ist noch einmal für zwei weitere Folgen veranschaulicht, wie die Konvergenz der Folgen $\langle a_n \rangle$ beziehungsweise $\langle b_n \rangle$ die Konvergenz der Folgen $\langle f(a_n) \rangle$ beziehungsweise $\langle f(b_n) \rangle$ nach sich zieht. Am Graphen der Funktion $f$ sieht man auch, dass die Zahl 5 eine passende Ergänzung für den Funktionswert an der Stelle 1 ist, da der Punkt $P(1|5)$ gerade die Lücke im Funktionsgraphen füllt.

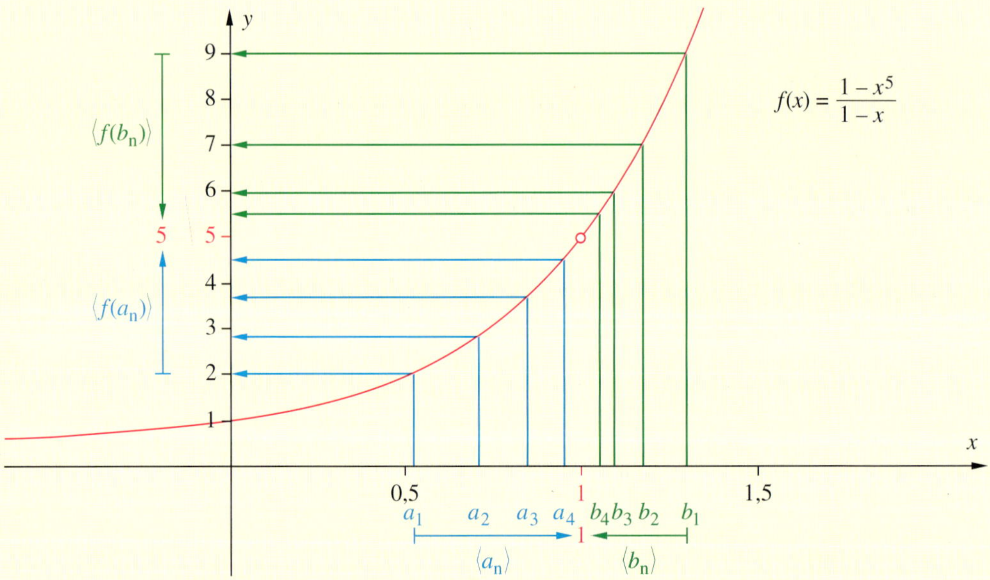


*Bild 212/3: Graph zu* $f(x) = \frac{1-x^5}{1-x}$

Dass die Folge $\langle f(x_n)\rangle$ tatsächlich den Grenzwert 5 hat, wenn die Folge $\langle x_n\rangle$ den Grenzwert 1 hat, kann man so begründen: Aus

$$f(x_n) = \frac{1-x_n^5}{1-x_n} = 1 + \underbrace{x_n}_{\to 1} + \underbrace{x_n^2}_{\to 1^2} + \underbrace{x_n^3}_{\to 1^3} + \underbrace{x_n^4}_{\to 1^4}$$

folgt wegen $x_n \to 1$

$$f(x_n) \to 1+1+1+1+1 = 5.$$

Da dieses Ergebnis von der konkreten Wahl der Folge $\langle x_n\rangle$ unabhängig ist, sagt man:

Die Funktion $f$ zu $f(x) = \frac{1-x^5}{1-x}$ hat an der Stelle 1 den **Grenzwert** 5 und schreibt:

$\lim\limits_{x\to 1} f(x) = 5$ (gelesen: Limes von $f(x)$ für $x$ gegen 1 ist gleich 5).

## Weitere Beispiele

Die Funktion $g$ zu $g(x) = \frac{x^2-4}{(x-2)(x+3)}$ hat an den Stellen $x = 2$ und $x = -3$ Definitionslücken. Schreibt man den Zähler des Funktionsterms mithilfe der dritten binomischen Formel als Produkt, so erhält man:

$$g(x) = \frac{x^2-4}{(x-2)(x+3)} = \frac{(x-2)(x+2)}{(x-2)(x+3)} = \frac{x+2}{x+3} \quad \text{für } x \neq 2.$$

Hat nun eine Folge $\langle x_n\rangle$ den Grenzwert 2, dann hat die Folge zu

$$g(x_n) = \frac{\overbrace{x_n}^{\to 2}+2}{\underbrace{x_n}_{\to 2}+3} \quad \text{den Grenzwert} \quad \frac{2+2}{2+3} = \frac{4}{5} = 0{,}8.$$

Es gilt also:

$$\lim_{x\to 2} g(x) = \frac{4}{5}.$$

Hat dagegen eine Folge $\langle x_n\rangle$ den Grenzwert $-3$, dann geht in

$$g(x_n) = \frac{\overbrace{x_n}^{\to -3}+2}{\underbrace{x_n}_{\to -3}+3}$$

die Folge zu dem Zählerterm $x_n + 2$ gegen $-1$, während die Folge zu dem Nennerterm $x_n + 3$ gegen null geht. Der Bruchterm nimmt also immer größere negative oder positive Werte an (Aufgabe 1.2.2, Seite 215). Die Folge $\langle g(x_n)\rangle$ konvergiert nicht.

Also hat die Funktion $g$ an der Stelle $-3$ keinen Grenzwert; $\lim\limits_{x\to -3} g(x)$ existiert nicht.

Dieses Ergebnis wird auch am Graphen der Funktion $g$ (Bild 214/1) deutlich: Während die Funktion $g$ an ihrer Definitionslücke $x = 2$ passend durch den Wert 0,8 ergänzt werden kann, gibt es an der Stelle $x = -3$ keine passende Ergänzung.

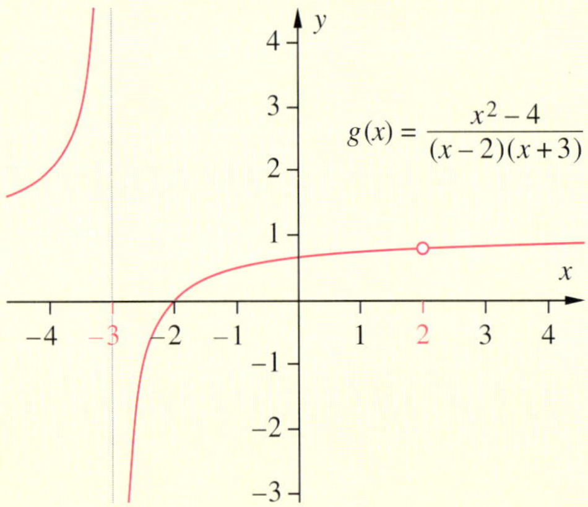


*Bild 214/1: Graph zu* $g(x) = \frac{x^2-4}{(x-2)(x+3)}$

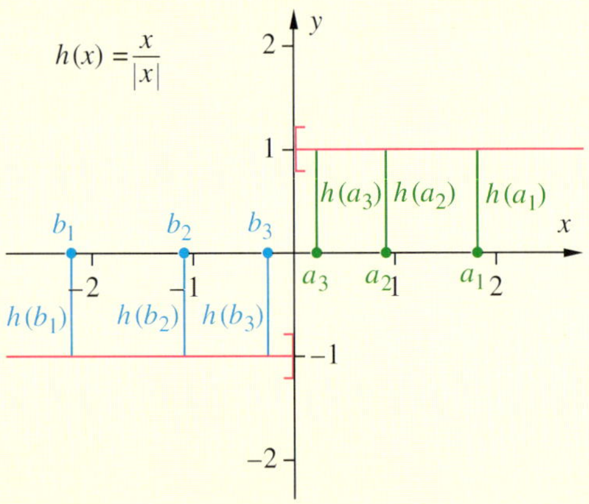


*Bild 214/2: Graph zu* $h(x) = \frac{x}{|x|}$

Auch bei der Funktion $h$ zu $h(x) = \frac{x}{|x|}$ lässt sich der Funktionsgraph an der Definitionslücke $x = 0$ nicht passend ergänzen (Bild 214/2). Das kann man durch folgende Überlegung bestätigen:

Betrachtet man eine Nullfolge $\langle a_n \rangle$ mit ausschließlich positiven Gliedern, dann gilt

$$h(a_n) = \frac{a_n}{|a_n|} = \frac{a_n}{a_n} = 1, \quad \text{also} \quad \lim_{n \to \infty} h(a_n) = 1;$$

für eine Nullfolge $\langle b_n \rangle$ mit ausschließlich negativen Gliedern gilt dagegen

$$h(b_n) = \frac{b_n}{|b_n|} = \frac{b_n}{-b_n} = -1, \quad \text{also} \quad \lim_{n \to \infty} h(b_n) = -1.$$

Damit hat die Folge $\langle h(x_n) \rangle$ nicht für alle Nullfolgen den gleichen Grenzwert. Deshalb existiert der Grenzwert $\lim\limits_{x \to 0} h(x)$ nicht.

ZUSAMMENFASSUNG

## Wir fassen zusammen

**Definition 5.5 Funktionsgrenzwert**

Konvergiert die Folge $\langle f(x_n) \rangle$ für jede konvergente Folge $\langle x_n \rangle$ mit $x_n \neq a$ und $\lim\limits_{n \to \infty} x_n = a$ gegen die gleiche Zahl $g$, so nennt man $g$ den Grenzwert der Funktion $f$ an der Stelle $a$ und schreibt

$$\lim_{x \to a} f(x) = g.$$

(Gelesen: Limes $f(x)$ für $x$ gegen $a$ ist gleich $g$.) ■

## Konvergenz von Folgen von Funktionswerten

**1** Untersuchen Sie das Verhalten der Folge zu $g(x_n) = \frac{x_n + 2}{x_n + 3}$, wenn $\langle x_n \rangle$ eine Folge mit dem Grenzwert $-3$ ist.

**2** Untersuchen Sie die Folgen $\langle x_n \rangle$ und $\langle f(x_n) \rangle$ auf Konvergenz.

**a)** $x_n = \frac{1}{n}$; $f(x) = x^2$

**b)** $x_n = \frac{1}{n}$; $f(x) = \frac{1}{x}$

**c)** $x_n = \frac{1}{n^2}$; $f(x) = \sqrt{x}$

**d)** $x_n = \frac{1}{n^2}$; $f(x) = \sqrt{x+1}$

**e)** $x_n = 10^{-n}$; $f(x) = \frac{1}{1+x}$

**f)** $x_n = 1 - \frac{1}{n}$; $f(x) = \frac{1}{1-x}$

**g)** $x_n = \frac{n}{n+1}$; $f(x) = (x+1)^3$

**h)** $x_n = \frac{n}{n+1}$; $f(x) = (x-1)^3$

**i)** $x_n = (-1)^n$; $f(x) = |x|$

**j)** $x_n = (-1)^n$; $f(x) = \frac{|x|}{x}$

**k)** $x_n = (-1)^n \cdot \frac{1}{n}$; $f(x) = \frac{x}{|x|}$

**l)** $x_n = (-1)^n \cdot \frac{1}{n}$; $f(x) = x - |x|$

**3** Untersuchen Sie, ob die Folge $\langle f(x_n) \rangle$ für jede Nullfolge $\langle x_n \rangle$ den gleichen Grenzwert hat.

**a)** $f(x) = |x|$

**b)** $f(x) = \frac{x}{|x|}$

**c)** $f(x) = \frac{1}{x-2}$

**d)** $f(x) = \sqrt{|x|}$

**e)** $f(x) = \frac{x}{1+x}$

**f)** $f(x) = \frac{1+x}{x}$

**g)** $f(x) = \sin x$

**h)** $f(x) = \sin \frac{1}{x}$

**i)** $f(x) = x \sin \frac{1}{x}$

## Funktionsgrenzwerte

**4** Untersuchen Sie, ob der Grenzwert der Funktion $f$ an den angegebenen Stellen existiert.

**a)** $f(x) = \frac{x^2 - 1}{x + 1}$; $a_1 = 1$; $a_2 = -1$; $a_3 = 3$

**b)** $f(x) = \frac{x+3}{x^2 - 9}$; $a_1 = 2$; $a_2 = 3$; $a_3 = -3$

**c)** $f(x) = \frac{x^2 + x - 6}{x + 3}$; $a_1 = 1$; $a_2 = 2$; $a_3 = -3$

**d)** $f(x) = \frac{x^2 + x - 6}{x - 2}$; $a_1 = 1$; $a_2 = 2$; $a_3 = -3$

**e)** $f(x) = \frac{x^2 - 3x - 4}{x - 4}$; $a_1 = 2$; $a_2 = -2$; $a_3 = 4$

**f)** $f(x) = \frac{x^3 - 1}{x - 1}$; $a_1 = 1$; $a_2 = -1$; $a_3 = -2$

**g)** $f(x) = \frac{8 + x^3}{2 + x}$; $a_1 = -1$; $a_2 = 2$; $a_3 = -2$

**h)** $f(x) = \frac{x+3}{x^3 + 3x - 10}$; $a_1 = 0$; $a_2 = 2$; $a_3 = -5$

AUFGABEN

**5** Kann die Funktion $f$ an ihren Definitionslücken passend ergänzt werden?

**a)** $f(x)=\frac{3x^2-5x-2}{5x^2-20}$ **d)** $f(x)=\frac{216+x^3}{72-2x^2}$ **g)** $f(x)=\frac{x-4}{\sqrt{x}-2}$

**b)** $f(x)=\frac{x^3+125}{x^2-4x-5}$ **e)** $f(x)=\frac{x^2-2x-3}{x^2-x-6}$ **h)** $f(x)=\frac{\sqrt{x}-2}{x-4}$

**c)** $f(x)=\frac{x^2-2x-8}{x^2+9x+20}$ **f)** $f(x)=\frac{x^2+3x+2}{x^2-x-2}$ **i)** $f(x)=\frac{4-x^2}{3-\sqrt{x^2+5}}$

**6** Berechnen Sie den Grenzwert.

**a)** $\lim\limits_{x\to 1}\frac{x^2-x}{x-1}$ **c)** $\lim\limits_{x\to 0}\frac{1}{\frac{1}{x}}$ **e)** $\lim\limits_{h\to 0}\frac{(1+h)^3-1}{h}$

**b)** $\lim\limits_{x\to 0}\frac{x^2-x}{x-1}$ **d)** $\lim\limits_{h\to 0}\frac{(2+h)^2-4}{h}$ **f)** $\lim\limits_{h\to 0}\frac{\sqrt{1+h}-1}{h}$

**7** Ermitteln Sie einen möglichst guten Näherungswert für den angegebenen Grenzwert.

**a)** $\lim\limits_{h\to 0}\frac{2^h-1}{h}$ **c)** $\lim\limits_{h\to 0}(1+h)^{\frac{1}{h}}$ **e)** $\lim\limits_{h\to 0}\frac{\sin h}{h}$

**b)** $\lim\limits_{h\to 0}\left(1+\frac{1}{h}\right)^h$ **d)** $\lim\limits_{h\to 0}\frac{3^{1+h}-3}{h}$ **f)** $\lim\limits_{h\to 0}\frac{\cos h-1}{h}$

**8** Der Mathematiker Hermann Hankel (Bild 216/1) formulierte für die 1871 von H. Brockhaus herausgegebene *Allgemeine Enzyklopädie der Wissenschaften und der Künste* folgende „scharfe Definition der Grenze“:

> **Wenn es für eine Funktion f(x) eine beſtimmte endliche Größe A gibt und ein Intervall von x = a bis x = a + ε für jedes beliebig kleine σ beſtimmt werden kann, ſodaß die Differenz A − f(a + δ) jene Größe σ numeriſch nicht überſteigt, wenn δ alle innerhalb jenes Intervalles liegenden, von Null verſchiedenen Werthe durchläuft, ſo heißt A die Grenze, der ſich f(a + ε) mit unendlich abnehmendem ε unendlich annähert.**

**a)** Erläutern Sie diese Definition der Grenze an einem einfachen Beispiel, etwa $f(x)=\frac{x^2-1}{x-1}$ und $a=1$.

**b)** Veranschaulichen Sie diese Definition an einem Funktionsgraphen.

**c)** Vergleichen Sie diese Definition der Grenze mit der des Grenzwertes für Funktionen auf Seite 214. Wo liegen Gemeinsamkeiten und Unterschiede?

*Bild 216/1: Hermann Hankel (1839 - 1873)*

# 6 Differenzierbarkeit

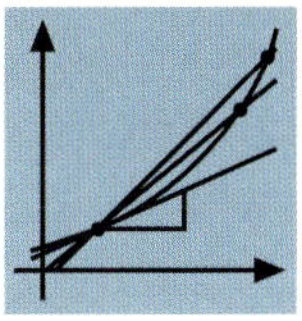

*In diesem Kapitel werden der Begriff der Ableitung und grundlegende Ableitungsregeln behandelt.*

## 6.1 Mittlere Änderungsrate

AUFTRÄGE

**A1 Festgeld oder Aktie?**

Einen Geldbetrag, den ein Kunde einer Bank für einen längeren Zeitraum, beispielsweise ein Jahr, zur Verfügung stellt, nennt man Festgeld. Da der Kunde über sein Geld in dieser Zeit nicht verfügen kann, räumt ihm die Bank einen höheren Zinssatz ein als bei kurzfristigen Anlagen, beispielsweise auf einem Sparkonto. Die Zinssätze für Festgelder werden von den Banken ständig der Marktlage angepasst.

Zinssatz für einjähriges Festgeld

| | | |
|---|---|---|
| zum 1. 1. | 1994: | 5,48%, |
| | 1995: | 7,53%, |
| | 1996: | 5,50%, |
| | 1997: | 5,33%, |
| | 1998: | 4,93%. |

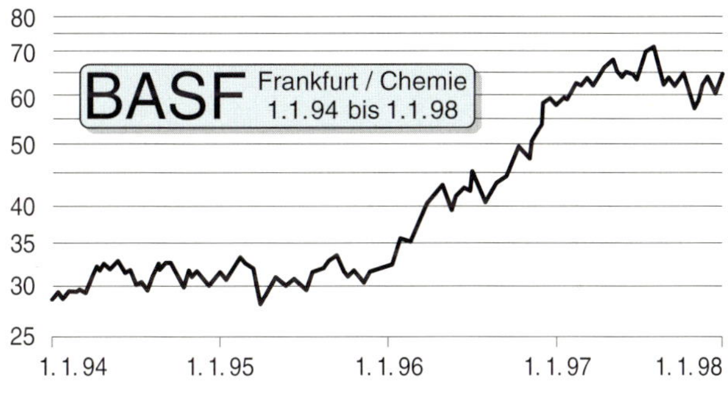


*Bild 217/1: Kurs der BASF-Aktie (1.1.1994–1.1.1998)*

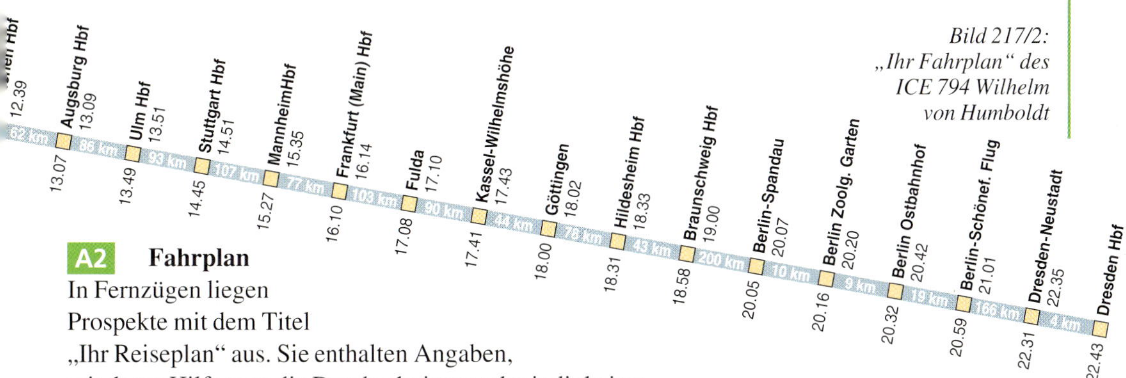


*Bild 217/2: „Ihr Fahrplan“ des ICE 794 Wilhelm von Humboldt*

**A2 Fahrplan**

In Fernzügen liegen Prospekte mit dem Titel „Ihr Reiseplan“ aus. Sie enthalten Angaben, mit deren Hilfe man die Durchschnittsgeschwindigkeiten für Teilstrecken sowie für die gesamte Fahrstrecke berechnen kann.

**A3** **Fahrradtour**

Für einen Wandertag wünschen sich die Schülerinnen und Schüler einer elften Klasse des Gymnasiums in Engelskirchen einen Fahrradausflug. Die Lehrerin befürchtet, dass ungeübte Radfahrer an den steileren Stellen absteigen und das Rad schieben müssen. Sie schlägt deshalb vor, anstelle einer Radtour eine Wanderung zu planen. Die Jugendlichen wollen nicht so schnell aufgeben. Deshalb suchen sie eine geeignete Strecke aus und versuchen, die Befürchtungen ihrer Lehrerin zu widerlegen.

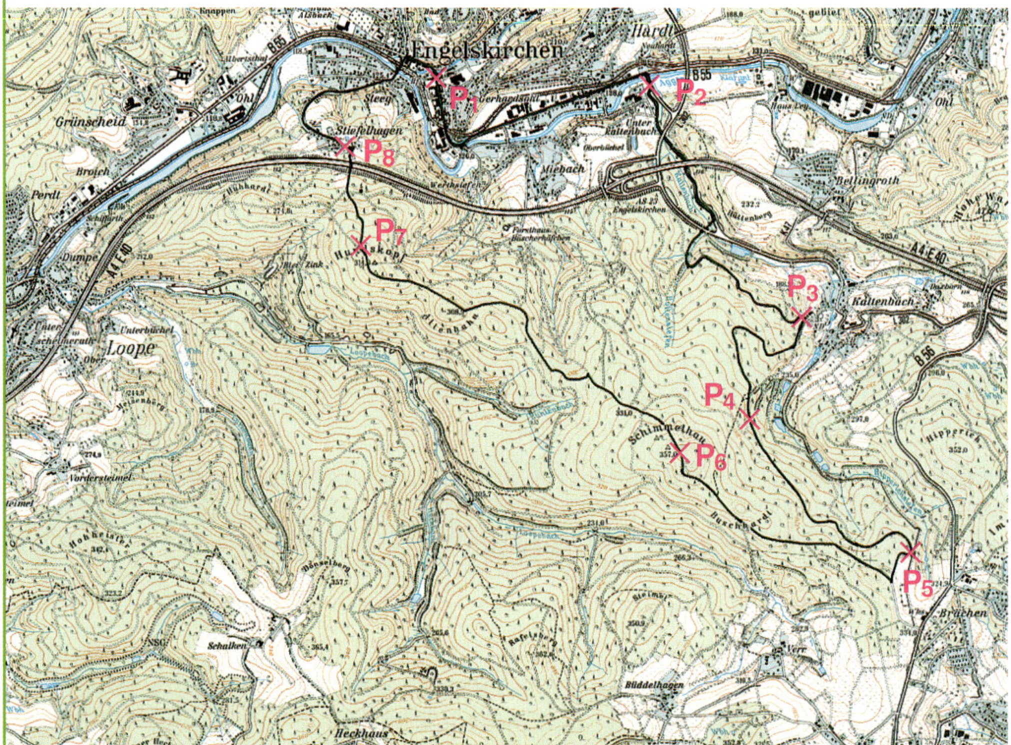


*Bild 218/1: Route der geplanten Fahrradtour (Ausschnitt einer topografischen Karte 1 : 25 000, verkleinert auf 50 %)*

# Mittlere Steigung und Differenzenquotient

Wir bearbeiten **A3**.

Um die Steigung und das Gefälle längs der Strecke zu veranschaulichen, wird ein Höhenprofil mit markanten Stellen der gewählten Route gezeichnet (Bild 219/1).

Die Radtour beginnt an der Schule in Engelskirchen ($x_1 = 0$), die laut Karte ungefähr in einer Höhe von $h(x_1) = 120$ (gemessen in Meter über Normal Null [NN]) liegt. Punkt $P_2$ des Höhenprofils erhält man, indem man den Abstand vom Start in Engelskirchen zur Abzweigung in Unterkaltenbach ($x_2 = 2000$) misst und auf der horizontalen Achse abträgt. Da die Abzweigung auf der Höhenlinie 130 liegt, befindet sie sich in der Höhe $h(x_2) = 130$. Entsprechend findet man die Punkte $P_3$ bis $P_9$ des Höhenprofils.

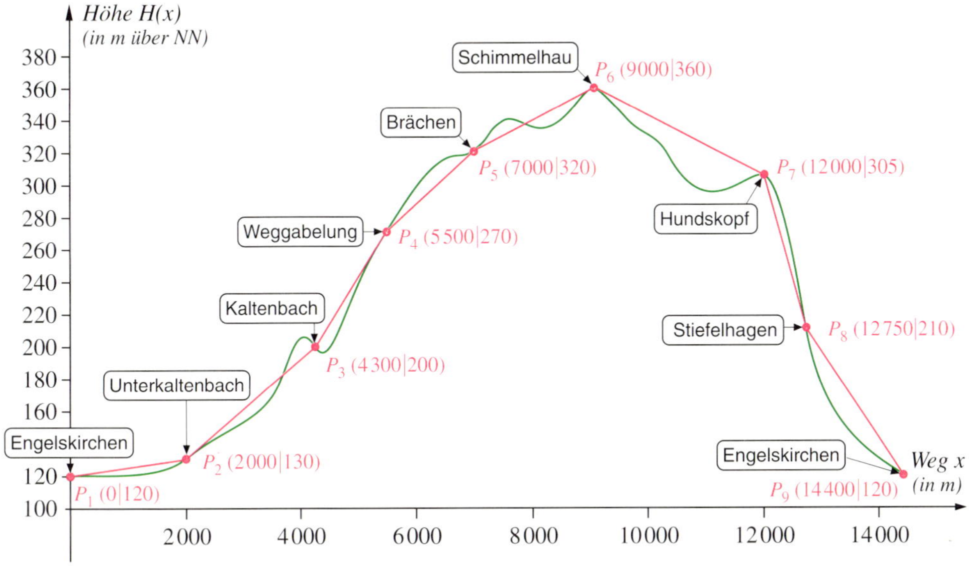


*Bild 219/1: Höhenprofil*

Das Höhenprofil gibt nur die Lage der Punkte $P_1$ bis $P_9$ genau wieder. Zwischen diesen Punkten steigt oder fällt die Strecke keineswegs so gleichmäßig wie es Bild 219/1 nahelegt. Soll der Geländeverlauf genauer erfasst werden, so müssen weitere Punkte anhand der Karte bestimmt werden. Haben die Stellen $x_i$ einen horizontalen Abstand von ungefähr 200 Metern, so erhält man die grüne Linie, die den tatsächlichen Streckenverlauf schon recht gut wiedergibt. Um die Steigung und das Gefälle der Strecke für die Radtour zu untersuchen, beschränken sich die Schüler auf das Höhenprofil zu den Punkten $P_1$ bis $P_9$.

Der steilste Anstieg der Rundstrecke befindet sich – nach Bild 219/1 – zwischen Kaltenbach und der Weggabelung, das größte Gefälle zwischen dem Hundskopf und Stiefelhagen. Zwischen Kaltenbach und der Weggabelung mit einem horizontalen Abstand von $x_4 - x_3 = 1200$ (Meter) steigt die Strecke um $h(x_4) - h(x_3) = 270 - 200 = 70$ (Meter) an.

Die **mittlere Steigung** zwischen $x_3$ und $x_4$ beträgt daher

$$\frac{h(x_4) - h(x_3)}{x_4 - x_3} = \frac{70}{1200} \approx 0{,}058.$$

Dies bedeutet eine mittlere Steigung von 5,8 %. Die Radfahrer gewinnen im Mittel je 100 m, die sie in horizontaler Richtung zurücklegen, 5,8 Meter an Höhe.

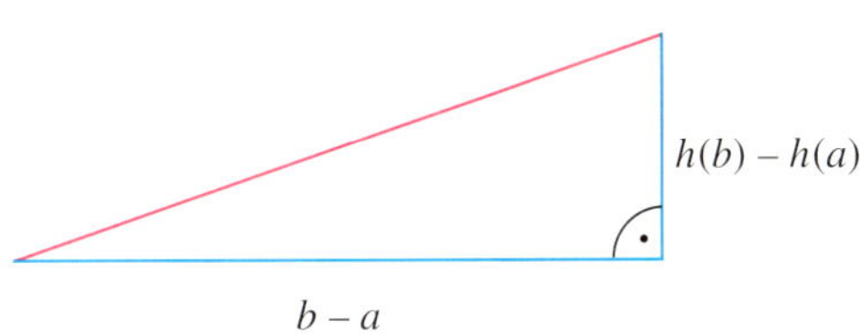


*Bild 219/2: Steigungsdreieck*

Die mittlere Steigung zwischen Hundskopf und Stiefelhagen beträgt

$$\frac{h(x_9) - h(x_8)}{x_9 - x_8} = \frac{-95}{750} \approx -0{,}13.$$

Sie ist negativ, weil es sich um ein Gefälle handelt. Auf dieser Abfahrt verliert man auf 100 Meter in horizontaler Richtung zurückgelegter Fahrstrecke 13 Meter an Höhe.

Die **mittlere Steigung** des Streckenabschnitts von $x_n$ nach $x_{n+1}$ ist der Quotient aus der Differenz der Höhen $h(x_{n+1}) - h(x_n)$ und der Differenz der Entfernungen $x_{n+1} - x_n$, also der **Differenzenquotient**

$$\frac{h(x_{n+1}) - h(x_n)}{x_{n+1} - x_n}.$$

Der Differenzenquotient gibt die durchschnittliche Steigung der Strecke im Intervall $[x_n; x_{n+1}]$ an. Um ihre Lehrerin für die Radtour zu gewinnen, müssen die Schülerinnen und Schüler sie nur noch davon überzeugen, dass eine Steigung von 5,8% auf einer Strecke der Länge 1,2 km mit den zur Verfügung stehenden Fahrrädern von allen ohne abzusteigen überwunden werden kann.

Beachte: Die mittlere Steigung der Funktion $h$ über einem Intervall gibt keine Auskunft über die Steigung an einer bestimmten Stelle. So lässt das Höhenprofil zu $P_1$ bis $P_9$ nicht erkennen, ob nicht doch irgendwo eine kurze heftige Steigung oder eine sehr steile Abfahrt auftritt. Um dies festzustellen, müsste man die Untersuchung durch weitere Punkte im Höhenprofil verfeinern.

Ganz unterschiedliche Höhenprofile können die gleiche mittlere Steigung haben.

Beispielsweise verlaufen die Graphen in Bild 220/1 sehr unterschiedlich, obwohl über dem Intervall $[x_1; x_2]$ der Differenzenquotient

$$\frac{f(x_2) - f(x_1)}{x_2 - x_1}$$

für alle Funktionen gleich ist.

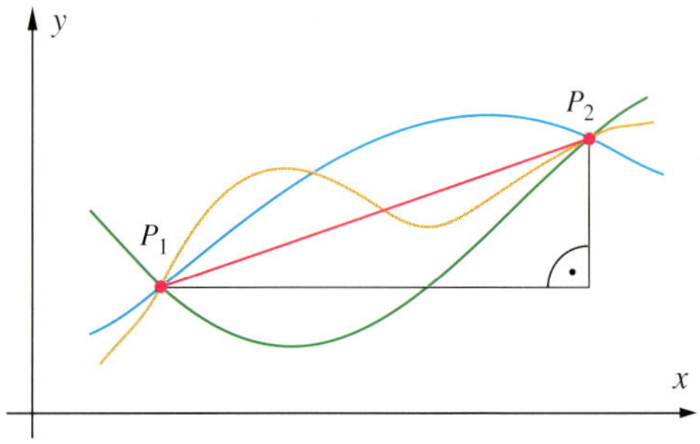

*Bild 220/1*

## Mittlere Änderungsrate

Ein Differenzenquotient, also die mittlere Steigung des Funktionsgraphen, kann auch eine andere Bedeutung haben als bei dem Höhenprofil. Welche Bedeutung er hat, hängt von dem Sachverhalt oder Vorgang ab, den die betrachtete Funktion beschreibt. Allgemein bezeichnet man den Differenzenquotienten in den Sachzusammenhängen als **mittlere Änderungsrate** der betrachteten Funktion über dem entsprechenden Intervall.

**Beispiele** **für mittlere Änderungsraten**

**1)** Ist $s$ eine Weg-Zeit-Funktion, die eine Autofahrt beschreibt, bei der der Fahrer 30 Minuten nach Fahrtbeginn 20 km zurückgelegt hat ($s(30) = 20$) und 55 Minuten nach Fahrtbeginn 35 km ($s(55) = 35$), so gibt der Differenzenquotient

$$\frac{s(55) - s(30)}{55 - 30} = \frac{35 - 20}{55 - 30} = \frac{15}{25} = 0{,}6$$

die Durchschnittsgeschwindigkeit des Fahrzeugs (in Kilometer pro Minute) zwischen $t_1 = 30$ und $t_2 = 55$ (in Minuten) an. In diesen 25 Minuten ist der Fahrer durchschnittlich 0,6 Kilometer pro Minute, also 36 Kilometer pro Stunde gefahren.

**2)** Ist $p$ eine Funktion, mit der man täglich den Pegelstand eines schiffbaren Flusses erfasst, der am 5. Januar 2,60 m und am 15. Januar 2,10 m betrug, so besagt der Differenzenquotient

$$\frac{p(15)-p(5)}{15-5} = \frac{2{,}10-2{,}60}{15-5} = \frac{-0{,}5}{10} = -0{,}05,$$

dass der Pegelstand täglich durchschnittlich um 5 cm gefallen ist. Der Differenzenquotient gibt hier also die durchschnittliche tägliche Pegeländerung an.

**3)** Stieg das Jahreseinkommen eines deutschen Steuerpflichtigen von 54 000 DM auf 56 000 DM, so erhöhte sich nach der Einkommenssteuerfunktion $s$ (vergleiche Seite 17; Einkommenssteuergesetz; (Stand 1.1.1997)) seine Jahressteuer von 12 392 DM auf 13 058 DM. Der Differenzenquotient

$$\frac{s(56000)-s(54000)}{56000-54000} = \frac{13058-12392}{56000-54000} = \frac{666}{2000} = 0{,}333$$

besagt hier, dass der Steuerpflichtige von jeder zusätzlich verdienten DM durchschnittlich 33,3 Pfennige Steuer zu zahlen hatte. Der Differenzenquotient gibt hier also die mittlere Steuerzuwachsrate für den betrachteten Einkommensbereich an.

## Wir fassen zusammen

ZUSAMMENFASSUNG

Allgemein bezeichnet man den **Differenzenquotienten**

$$\frac{f(b)-f(a)}{b-a}$$

einer Funktion $f$ über einem Intervall $[a; b]$ als **mittlere Änderungsrate der Funktion $f$ über dem Intervall $[a; b]$**.

Zeichnet man den Graphen von $f$ in einem Kartesischen Koordinatensystem, so ist der Differenzenquotient – also die mittlere Änderungsrate von $f$ über dem Intervall $[a; b]$ – gleich der **Steigung** der Verbindungsstrecke zwischen den Punkten $P_1(a|f(a))$ und $P_2(b|f(b))$.

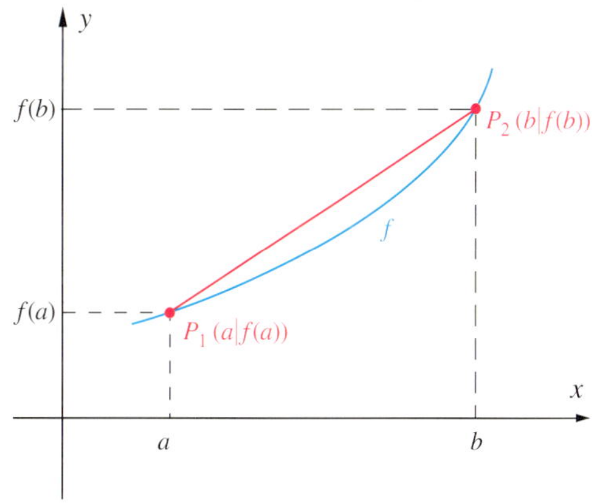


*Bild 221/1*

AUFGABEN

## Ermittlung von Änderungsraten

**1** **a)** Bestimmen Sie mithilfe von Bild 222/1 die durchschnittliche Steigung von der Wasserspiegelhöhe des Rheins bis zum Gipfel der Loreley. Wie groß ist der Winkel, unter dem der Felsen gegen die Horizontale ansteigt?

**b)** Führen Sie Teil a) für weitere drei selbstgewählte Stellen am Rheinufer durch.

**c)** Erstellen Sie ein Ost-West-Höhenprofil des Rheingrabens mit der Loreley.

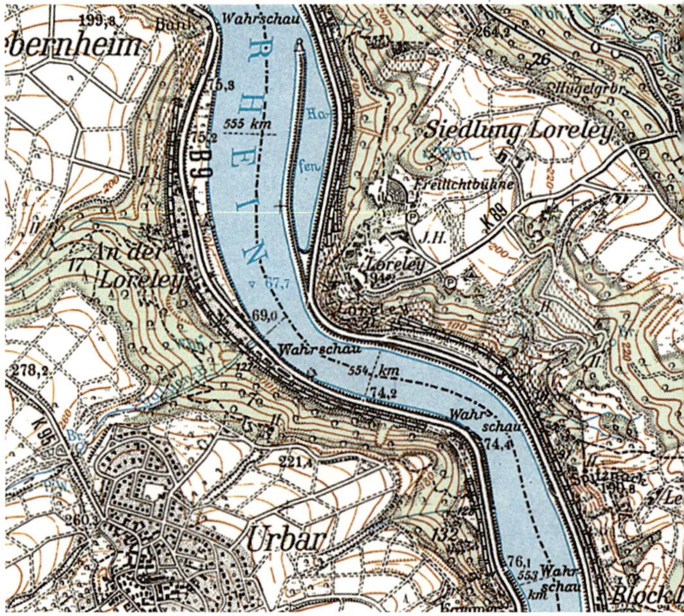


*Bild 222/1: Ausschnitt einer topografischen Karte 1: 25 000*

**2** In welchem Jahr war der Besitz der BASF-Aktie (siehe Bild 217/1) besonders ertragreich (besonders verlustreich)? Geben Sie Ihre Ergebnisse in Prozent vom Wert zu Beginn des jeweils untersuchten Jahres an.

**3** Zwischen Garmisch-Partenkirchen und dem Gipfel der Zugspitze verkehrt seit 1931 eine Zahnradbahn. Die letzten 4,4 km zwischen Riffelriß und dem Schneefernerhaus auf der Zugspitze verläuft die Strecke in einem Tunnel. Bild 222/2 zeigt einen grafischen Fahrplan der Zugspitzbahn für die Tunnelstrecke.

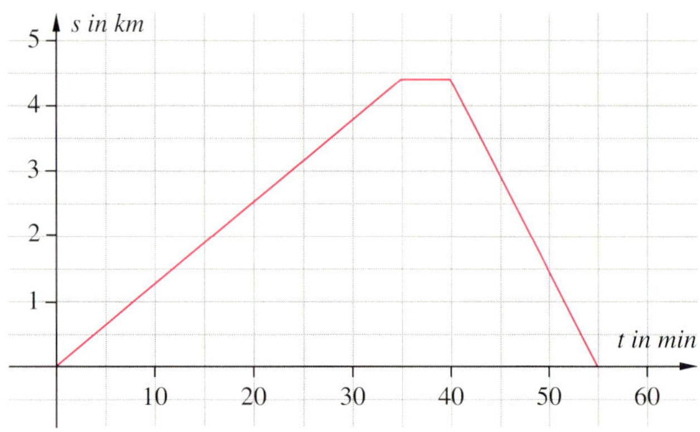


*Bild 222/2: Grafischer Fahrplan der Zugspitzbahn*

**a)** Wo befindet sich die Bahn laut Fahrplan 37 min nach dem Start? (Begründung!)

**b)** Welche Bedeutung hat der waagerechte Teil des Graphen?

**c)** Welche Bedeutung hat der Teil des Graphen mit negativer Steigung?

**d)** Mit welcher mittleren Geschwindigkeit fährt die Bahn auf den dargestellten Abschnitten? Wieviel schneller fährt sie abwärts als aufwärts?

**e)** Inwiefern beschreibt der grafische Fahrplan die Fahrt des Zuges nur ungenau?

**4** Erstellen Sie für den *ICE 794 Wilhelm von Humboldt* aus dem Reiseplan von Bild 217/2 einen grafischen Fahrplan.

**a)** Bestimmen Sie die Teilstrecke mit der größten (kleinsten) Durchschnittsgeschwindigkeit.

**b)** Bestimmen Sie für die einzelnen Teilstrecken und für die Gesamtstrecke die Durchschnittsgeschwindigkeit des Zuges.

**c)** Welche Bedeutung haben die waagerechten Strecken des Graphen für die Fahrt des Zuges?

**d)** Inwiefern beschreibt der grafische Fahrplan die Fahrt des Zuges nur ungenau?

**5** Bestimmen Sie die durchschnittliche Zunahme des Flächeninhalts und des Umfangs der Schneeflockenkurve (Seite 192) in je fünf Wachstumsschritten für die ersten 25 Folgenglieder.

**6** Bild 223/1 zeigt ein Datenblatt der Deutschen Stiftung Weltbevölkerung (DSW).

**a)** Stellen Sie die bisherige Weltbevölkerungsentwicklung und die Prognose grafisch dar.

**b)** Berechnen Sie die mittleren Änderungsraten für die angegebenen Zeiträume.

## Mit sechs Milliarden ins nächste Jahrhundert

### Daten und Fakten zur Weltbevölkerungsentwicklung auf einen Blick

Im Laufe des 20. Jahrhunderts hat sich die Weltbevölkerungszahl nahezu vervierfacht: auf sechs Milliarden Menschen im Jahre 1999. Und die Zahl der Menschen wird im Laufe des nächsten Jahrhunderts weiter steigen. Um 1900 lebten bereits 1,6 Milliarden Menschen auf der Erde. Bis zum Jahre 1927 waren es zwei Milliarden, 33 Jahre später drei Milliarden. 1974 wurden vier und schon 1987 fünf Milliarden Menschen gezählt. Momentan wächst die Weltbevölkerung etwa alle zwölf bis 15 Jahre um eine weitere Milliarde Menschen. Das Bevölkerungswachstum findet zu 98 Prozent in den Entwicklungsländern statt.

(vgl. DSW-Factsheet „Weltbevölkerung – Entwicklung und Projektionen")

### bisherige Weltbevölkerungsentwicklung

**1 Mrd. in 1804**
**2 Mrd. in 1927, (123 Jahre später)**
**3 Mrd. in 1960, (33 Jahre später)**
**4 Mrd. in 1974, (14 Jahre später)**
**5 Mrd. in 1987, (13 Jahre später)**

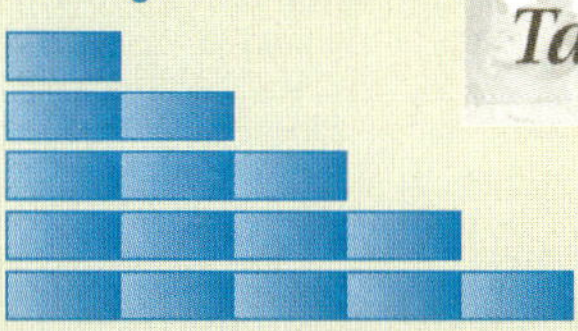

### Projektionen für die Zukunft

**6 Mrd. in 1999, (12 Jahre später)**
**7 Mrd. in 2013, (14 Jahre später)**
**8 Mrd. in 2028, (15 Jahre später)**
**9 Mrd. in 2054, (26 Jahre später)**

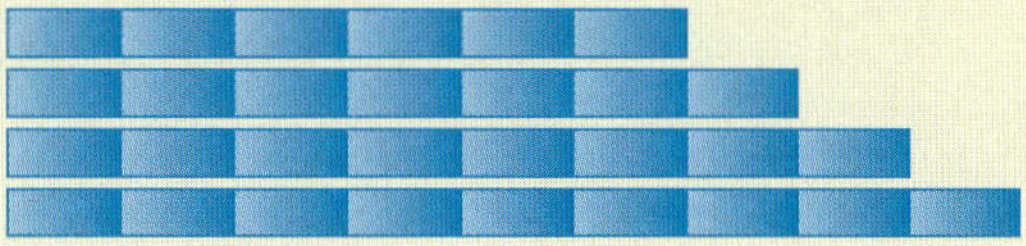

Die Wachstumsrate der Weltbevölkerung ist zwar heute auf 1,33 Prozent zurückgegangen. Aber bei fast sechs Milliarden Menschen bedeutet das eine Zunahme von rund 80 Millionen Menschen pro Jahr – das sind etwa 150 Erdenbürger jede Minute. Zum Vergleich: 1960 betrug das Wachstum noch zwei Prozent bei einem jährlichen Zuwachs von 58 Millionen Menschen.

*Bild 223/1: Weltbevölkerung – Entwicklung und Projektionen*

AUFGABEN

**7** In der folgenden Tabelle sind Daten zur Entwicklung der Weltbevölkerung seit 1960 zusammengestellt (nach: Statistisches Jahrbuch 1999 für das Ausland).

| Erdteil | Bevölkerung (in Millionen, Jahresmitte, geschätzt) | | | | | | |
|---|---|---|---|---|---|---|---|
| | 1960 | 1970 | 1980 | 1985 | 1990 | 1995 | 1998 |
| Europa | 566 | 614 | 648 | 661 | 673 | 682 | 685 |
| Afrika | 282 | 364 | 477 | 551 | 635 | 730 | 780 |
| Amerika | 415 | 509 | 610 | 663 | 717 | 774 | 803 |
| Asien | 1741 | 2189 | 2684 | 2944 | 3231 | 3498 | 3630 |
| Australien und Ozeanien | 17 | 21 | 25 | 27 | 29 | 32 | 32 |
| **Erde insgesamt** | **3021** | **3697** | **4444** | **4846** | **5285** | **5716** | **5930** |

**a)** Bestimmen Sie die mittlere Änderungsrate für die Bevölkerung der Erde (von Europa; von Asien) für die angegebenen Zeiträume.

**b)** Bestimmen Sie die mittleren Änderungsraten für die Bevölkerung der Erde und der einzelnen Erdteile für den Zeitraum von 1960 bis 1998.

**c)** Veranschaulichen Sie die Dynamik der Bevölkerungsentwicklung durch eine Graphik.

**8** Am Stammtisch schimpft ein Autofahrer über ein Bußgeld für zu schnelles Fahren: „Das Radargerät kann nicht funktioniert haben. Angeblich soll ich mit einer Geschwindigkeit von 180 km/h gefahren sein. Dabei habe ich für eine Strecke von 50 Kilometern mehr als 30 Minuten gebraucht."

**9** Um zu erforschen, welchen Gefahren die Insassen von Personenwagen bei Unfällen ausgesetzt sind, führt man sogenannte Crash-Tests durch. Bild 224/1 zeigt das Geschwindigkeits-Zeit-Diagramm eines Pkw beim Crash-Test ohne Knautschzone (blaue Linie) und mit Knautschzone (grüne Linie).

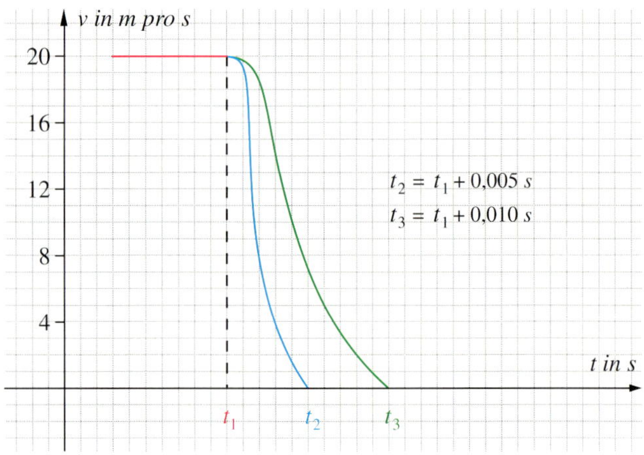


*Bild 224/1*

**a)** Bestimmen Sie für beide Kurven die mittlere Änderungsrate der Geschwindigkeit vom Zeitpunkt des Aufpralls bis zum Stillstand.

**b)** Multipliziert man die mittlere Änderungsrate der Geschwindigkeit $\left(\text{in } \frac{\text{m}}{\text{s}^2}\right)$ mit der Masse (in kg) des Insassen, so erhält man die Kraft (in N), der er in dem betrachteten Zeitintervall durchschnittlich ausgesetzt ist. Berechnen Sie diese Kraft für Ihre Masse.

**c)** Vergleichen Sie das Ergebnis von b) mit der Gewichtskraft, die ein Felsblock der Masse 1000 kg auf der Erdoberfläche erfährt.

## Mittlere Steigung von Funktionsgraphen

**10** **a)** Zeichnen Sie den Graphen der Funktion $f$ zu $f(x) = (x-2)^2 - 4$.

**b)** Bestimmen Sie die mittlere Steigung des Graphen zwischen je zwei benachbarten Stellen $x_1 = 0, x_2 = 1, x_3 = 2, x_4 = 4$ und $x_5 = 6$.

**c)** Bestimmen Sie die Gleichung der Geraden durch die Punkte $P_2(x_2|f(x_2))$ und $P_4(x_4|f(x_4))$.

**11** **a)** Zeichnen Sie den Graphen der Funktion $f$ zu $f(x) = -(x+4)^2 + 5$.

**b)** Bestimmen Sie die mittlere Steigung des Graphen zwischen je zwei benachbarten Stellen $x_1 = -6, x_2 = -5, x_3 = -4, x_4 = -2$ und $x_5 = 0$.

**c)** Bestimmen Sie die Gleichung der Geraden durch die Punkte $P_3(x_3|f(x_3))$ und $P_5(x_5|f(x_5))$.

**12** **a)** Zeichnen Sie den Graphen der Funktion $f$ zu $f(x) = \frac{1}{x+1}$ über dem Intervall $[0; 1]$.

**b)** Bestimmen Sie die mittlere Änderungsrate der Funktion $f$ auf den Intervallen $\left[0; \frac{1}{2}\right]$; $\left[0; \frac{1}{4}\right]$; $\left[0; \frac{1}{8}\right]$; $\left[0; \frac{1}{16}\right]$.

**13** Zeichnen Sie die Graphen der Funktionen $f$ und $g$ zu $f(x) = x^2 - 4x + 3$ beziehungsweise $g(x) = -x^2 + 2x + 1$ für $0 \leq x \leq 3$ in ein gemeinsames Koordinatensystem. Geben Sie zwei Intervalle an, in denen $f$ und $g$ gleiche (unterschiedliche) Änderungsraten haben.

## Bedeutung des Differenzenquotienten

**14** **a)** Die Bestandsfunktion $B$ beschreibt für jeden Zeitpunkt $t$ die Anzahl der Individuen in einer Population, beispielsweise die Bakterienzahl in einer Nährlösung. Was bedeutet der Differenzenquotient $\frac{B(t+h) - B(t)}{h}$? ($h$: Zeitspanne)

**b)** Finden Sie selbst eine Situation, bei der der Differenzenquotient einer Funktion eine Rolle spielt. Beschreiben Sie die Bedeutung des Differenzenquotienten für diesen Fall.

**15** Welche Bedeutung hat der Differenzenquotient einer Funktion, die folgenden Zusammenhang beschreibt?

**a)** Höhe des Wasserspiegels einer leerlaufenden Badewanne in Abhängigkeit von der Zeit
**b)** Temperatur in einer Kaffeetasse in Abhängigkeit von der Zeit
**c)** Temperatur einer der Gefriertruhe entnommenen Speise in Abhängigkeit von der Zeit
**d)** Luftdruck in Abhängigkeit von der Höhe über NN
**e)** Luftdruck in Abhängigkeit von der Zeit
**f)** Anzahl der Autos, die eine Messstelle passiert haben, in Abhängigkeit von der Zeit
**g)** Flughöhe einer Rakete in Abhängigkeit von der Zeit
**h)** Flugstrecke einer Rakete in Abhängigkeit von der Zeit

# 6.2 Die Ableitung

AUFTRÄGE

**A1** **Funktionsmikroskop**

Die Bilderfolge zeigt den Graphen der Funktion $f$ zu $f(x) = x^2$ an der Stelle $P(1|1)$ in zunehmender Vergrößerung. Der Graph sieht einer Geraden immer ähnlicher. Bestimmen Sie deren Gleichung. Verfahren Sie mithilfe eines Funktionsplotterprogramms ebenso an anderen Punkten auf dem Graphen. Notieren Sie Ihre Ergebnisse. Beschreiben Sie die Wirkungsweise dieses „Funktionsmikroskops“. Wie sind die Ergebnisse zu erklären? Untersuchen Sie auch andere Funktionsgraphen auf die gleiche Art. Können Sie die Ergebnisse auch ohne das „Mikroskop“ voraussagen?

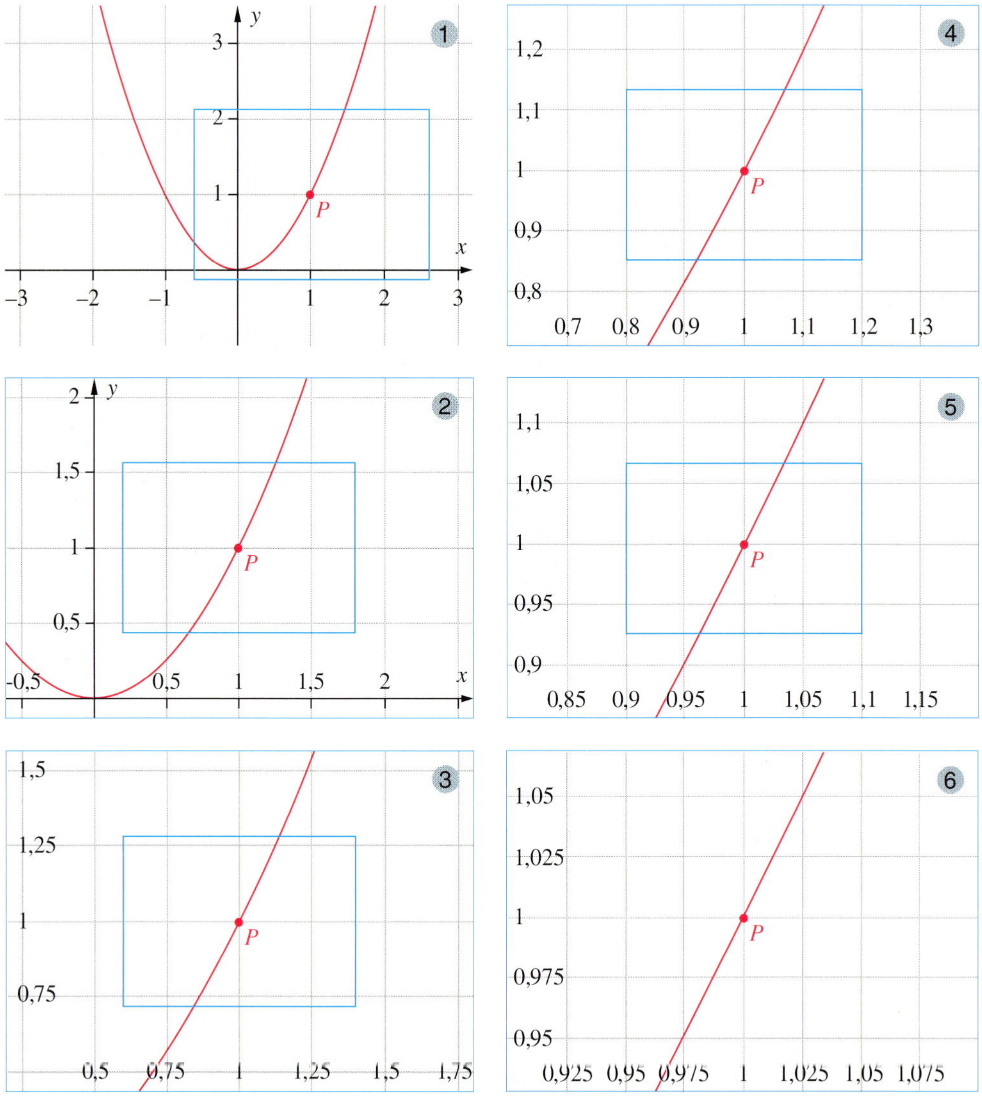

## A2 Brückenbogen

Ein parabelförmiger Brückenbogen soll ohne Knick in ein geradliniges Fundament übergehen.

Wie kann man Gleichungen für die (rot gezeichneten) *Fundamentgeraden* mit der Zeichnung und ohne die Zeichnung bestimmen?

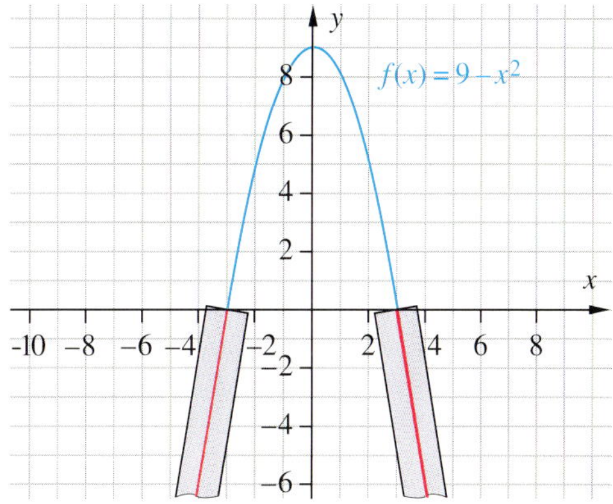


## A3 Filmstunt

Für einen Actionfilm soll folgende Szene gedreht werden:

Ein schwerer, führerloser Truck fährt mit blockiertem Gaspedal auf den Helden zu. Dieser flieht auf einem Motorrad. Damit die Szene möglichst spannend wird, soll der Truck das hintere Nummernschild des Motorrades berühren, bevor der Held entkommt. Der Beinahezusammenstoß soll dort stattfinden, wo die Kamera postiert ist.

Zur Planung des Stunts wird der von dem startenden Motorrad nach $t$ Sekunden zurückgelegte Weg $s$ in Metern gemessen.

| $t$ | 0 | 5 | 10 | 15 | 20 |
|---|---|---|---|---|---|
| $s$ | 0 | 37,5 | 150 | 337,5 | 600 |

Die günstigste Stelle für die Kamera befindet sich 150 Meter vom Startplatz des Motorrades entfernt. Wie schnell muss der Truck fahren und wann muss der Held starten, damit der Stunt gelingt?

## A4 Abfahrtslauf

Beim Abfahrtslauf versuchen die Rennläufer, durch eine gehockte Haltung den Luftwiderstand und durch Präparieren des Skis die Reibung möglichst gering zu halten.

Um die Geschwindigkeit nach oben abschätzen zu können, rechnet man aus, wie schnell der Läufer ohne Luftwiderstand und Reibung wäre. Hat der Skihang einen Neigungswinkel von 25°, dann hat der Läufer nach $t$ Sekunden etwa eine Strecke der Länge $s(t) = 2t^2$ zurückgelegt.

Wie schnell ist der Läufer eine halbe Sekunde nach dem Start?

# Abfahrtsgeschwindigkeit

Wir bearbeiten A4 zum Abfahrtslauf.

Die Bewegung des Läufers wird durch die Weg-Zeit-Funktion $s$ zu $s(t) = 2t^2$ beschrieben. Um die Geschwindigkeit des Läufers nach einer halben Sekunde zu bestimmen, liegt es zunächst nahe, die Durchschnittsgeschwindigkeit $v_1$ (in Metern pro Sekunde) zu berechnen, mit der der Läufer in dem Zeitintervall $[0; 0{,}5]$ fährt:

$$v_1 = \frac{s(0{,}5) - s(0)}{0{,}5 - 0} = \frac{2 \cdot 0{,}5^2 - 2 \cdot 0}{0{,}5 - 0} = \frac{2 \cdot 0{,}25}{0{,}5} = 1.$$

Im Intervall $[0{,}5; 1]$ fährt der Läufer mit einer Durchschnittsgeschwindigkeit $v_2$ (in Metern pro Sekunde) von

$$v_2 = \frac{s(1) - s(0{,}5)}{1 - 0{,}5} = \frac{2 \cdot 1^2 - 2 \cdot 0{,}5^2}{1 - 0{,}5} = \frac{2 - 0{,}5}{0{,}5} = 3.$$

Wie schnell ist der Läufer nun aber genau nach einer halben Sekunde?

# Eine rechnerische Lösung

Die Geschwindigkeit $v$ des Läufers nach einer halben Sekunde, also zum Zeitpunkt $t = 0{,}5$, ist größer als seine Durchschnittsgeschwindigkeit $v_1$ während der halben Sekunde vor diesem Zeitpunkt und kleiner als seine Durchschnittsgeschwindigkeit $v_2$ während der halben Sekunde nach diesem Zeitpunkt:

$$v_1 < v < v_2, \quad \text{also} \quad 1 < v < 3.$$

Um $v$ noch besser eingrenzen zu können, berechnen wir die Durchschnittsgeschwindigkeiten $v_3$ und $v_4$ während der Viertelsekunde vor und nach dem Zeitpunkt 0,5:

$$v_3 = \frac{s(0{,}5) - s(0{,}25)}{0{,}5 - 0{,}25} = \frac{2 \cdot 0{,}5^2 - 2 \cdot 0{,}25^2}{0{,}25} = 1{,}5 \quad \text{und}$$

$$v_4 = \frac{s(0{,}75) - s(0{,}5)}{0{,}75 - 0{,}5} = \frac{2 \cdot 0{,}75^2 - 2 \cdot 0{,}5^2}{0{,}25} = 2{,}5.$$

Entsprechend erhält man die Durchschnittsgeschwindigkeiten $v_5$ und $v_6$ während der Zehntelsekunde vor und nach dem Zeitpunkt 0,5:

$$v_5 = \frac{s(0{,}5) - s(0{,}4)}{0{,}5 - 0{,}4} = \frac{2 \cdot 0{,}5^2 - 2 \cdot 0{,}4^2}{0{,}1} = 1{,}8 \quad \text{und}$$

$$v_6 = \frac{s(0{,}6) - s(0{,}5)}{0{,}6 - 0{,}5} = \frac{2 \cdot 0{,}6^2 - 2 \cdot 0{,}5^2}{0{,}1} = 2{,}2.$$

Für die Durchschnittsgeschwindigkeiten $v_7$ und $v_8$ bzw. $v_9$ und $v_{10}$ während der Hundertstelsekunde bzw. Tausendstelsekunde vor und nach dem Zeitpunkt 0,5 ergibt sich:

$$v_7 = \frac{s(0{,}5) - s(0{,}5 - 0{,}01)}{0{,}01} = 1{,}98 \quad \text{und}$$

$$v_8 = \frac{s(0{,}5 + 0{,}01) - s(0{,}5)}{0{,}01} = 2{,}02$$

bzw.

$$v_9 = \frac{s(0{,}5) - s(0{,}5 - 0{,}001)}{0{,}001} = 1{,}998 \quad \text{und}$$

$$v_{10} = \frac{s(0{,}5 + 0{,}001) - s(0{,}5)}{0{,}001} = 2{,}002.$$

Zusammenfassend gilt für die Geschwindigkeit $v$ des Läufers nach einer halben Sekunde, also zum Zeitpunkt $t = 0{,}5$:

$$\begin{aligned}
v_1 < v < v_2, &\quad \text{also} \quad 1 < v < 3,\\
v_3 < v < v_4, &\quad \text{also} \quad 1{,}5 < v < 2{,}5,\\
v_5 < v < v_6, &\quad \text{also} \quad 1{,}8 < v < 2{,}2,\\
v_7 < v < v_8, &\quad \text{also} \quad 1{,}98 < v < 2{,}02 \quad \text{und}\\
v_9 < v < v_{10}, &\quad \text{also} \quad 1{,}998 < v < 2{,}002.
\end{aligned}$$

Allgemein haben wir für immer kleiner werdende positive Werte $h$ die Differenzenquotienten

$$\frac{s(0{,}5) - s(0{,}5 - h)}{h} \quad \text{und} \quad \frac{s(0{,}5 + h) - s(0{,}5)}{h}$$

berechnet und gefolgert, dass $v$ zwischen diesen beiden Differenzenquotienten liegt.

Wegen $s(t) = 2t^2$ gilt für den ersten Differenzenquotienten

$$\frac{s(0{,}5) - s(0{,}5 - h)}{h} = \frac{2 \cdot 0{,}5^2 - 2 \cdot (0{,}5 - h)^2}{h} = \frac{0{,}5 - 2 \cdot (0{,}25 - h + h^2)}{h} = \frac{2h - 2h^2}{h} = 2 - h$$

und für den zweiten Differenzenquotienten

$$\frac{s(0{,}5 + h) - s(0{,}5)}{h} = \frac{2 \cdot (0{,}5 + h)^2 - 2 \cdot 0{,}5^2}{h} = \frac{2 \cdot (0{,}25 + h + h^2) - 0{,}5}{h} = \frac{2h + 2h^2}{h} = 2 + h,$$

und damit

$$2 - h \leq v \leq 2 + h.$$

Setzt man für $h$ immer kleinere positive Zahlen ein, dann sieht man, dass $v = 2$ gelten muss. Der Läufer hat also nach einer halben Sekunde, also zum Zeitpunkt $t = 0{,}5$, die Geschwindigkeit 2 Meter pro Sekunde. Man bezeichnet die Geschwindigkeit zu einem festen Zeitpunkt – in Abgrenzung vom Begriff Durchschnittsgeschwindigkeit – als **Momentangeschwindigkeit**.

Lässt man für $h$ sowohl positive als auch negative Einsetzungen zu, so genügt es, einen der beiden Differenzenquotienten zu betrachten. Setzt man nämlich beispielsweise in den Term $\frac{s(0{,}5+h)-s(0{,}5)}{h}$ statt der positiven Zahl $h$ die negative Zahl $-h$ ein, so erhält man

$$\frac{s(0{,}5-h)-s(0{,}5)}{-h}=\frac{s(0{,}5)-s(0{,}5-h)}{h},$$

also den anderen Differenzenquotienten. Wir betrachten deshalb künftig nur noch einen Differenzenquotienten, nämlich

$$\frac{s(0{,}5+h)-s(0{,}5)}{h}$$

und lassen für $h$ sowohl positive als auch negative Einsetzungen zu. Jeder reellen Zahl $h \neq 0$ wird dann genau ein Differenzenqotient zugeordnet:

$$h \longmapsto \frac{s(0{,}5+h)-s(0{,}5)}{h}.$$

Die zugehörige Funktion heißt **Differenzenquotientenfunktion von $s$ an der Stelle 0,5**.

Setzt man für $h$ betragsmäßig immer kleinere positive oder negative Werte ein, so nähern sich die Werte der Differenzenquotienten immer mehr der Zahl 2. Man schreibt dafür

$$\lim_{h\to 0}\frac{s(0{,}5+h)-s(0{,}5)}{h}=2 \quad \text{(gelesen: limes } h \text{ gegen 0 von } \frac{s(0{,}5+h)-s(0{,}5)}{h} \text{ gleich 2)}$$

und sagt, die Zahl 2 sei **Grenzwert der Differenzenquotienten an der Stelle 0,5** oder kürzer **Ableitung der Funktion $s$ an der Stelle 0,5**. Diese Ableitung bezeichnet man mit $s'$**(0,5)** (gelesen: $s$ Strich von 0,5); es gilt dann $s'(0{,}5)=2$.

## Eine grafische Interpretation

Die rechnerische Lösung kann man auch grafisch interpretieren. Bild 230/1 zeigt die Weg-Zeit-Funktion $s$, die die Geschwindigkeit des Läufers beschreibt.

Der Durchschnittsgeschwindigkeit $v_1$ während der ersten halben Sekunde entspricht die Steigung einer Geraden durch $P_1(0|0)$ und $P(0{,}5|0{,}5)$; ebenso entspricht der Durchschnittsgeschwindigkeit $v_2$ während der folgenden halben Sekunde die Steigung einer Geraden durch $P(0{,}5|0{,}5)$ und $P_2(1|2)$.

Der Momentangeschwindigkeit des Läufers zum Zeitpunkt $t=0{,}5$ muss dann eine Gerade durch $P(0{,}5|0{,}5)$ entsprechen, deren Steigung zwischen den Steigungen der beiden anderen Geraden liegt.

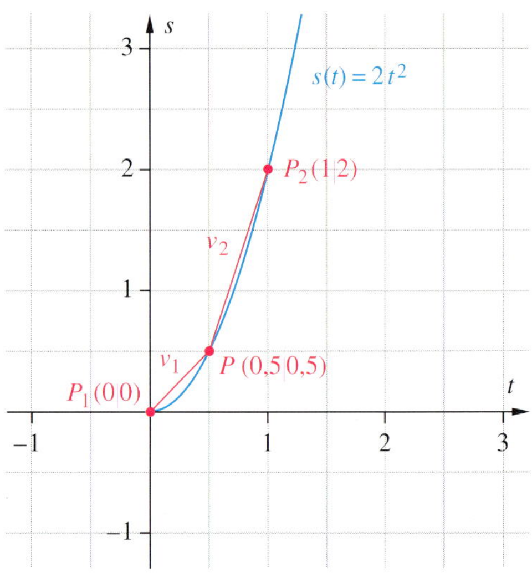

*Bild 230/1*

Entsprechend lassen sich auch die Durchschnittsgeschwindigkeiten $v_3, \ldots, v_{10}$ grafisch interpretieren (Bild 231/1):

- Der Durchschnittsgeschwindigkeit $v_3$ über dem Zeitintervall $[0{,}25;\, 0{,}5]$ entspricht die Steigung der Geraden durch $P_3(0{,}25|0{,}125)$ und $P(0{,}5|0{,}5)$; der Durchschnittsgeschwindigkeit $v_4$ über dem Zeitintervall $[0{,}5;\, 0{,}75]$ entspricht die Steigung der Geraden durch $P(0{,}5|0{,}5)$ und $P_4(0{,}75|1{,}125)$.
- Die Durchschnittsgeschwindigkeiten $v_5$ und $v_6$ entsprechen den Steigungen der Geraden durch $P_5$ und $P$ beziehungsweise $P$ und $P_6$.
- Die Durchschnittsgeschwindigkeiten $v_7$ und $v_8$ entsprechen den Steigungen der Geraden durch $P_7$ und $P$ beziehungsweise $P$ und $P_8$.
- Die Durchschnittsgeschwindigkeiten $v_9$ und $v_{10}$ entsprechen schließlich den Steigungen der Geraden durch $P_9$ und $P$ beziehungsweise $P$ und $P_{10}$.

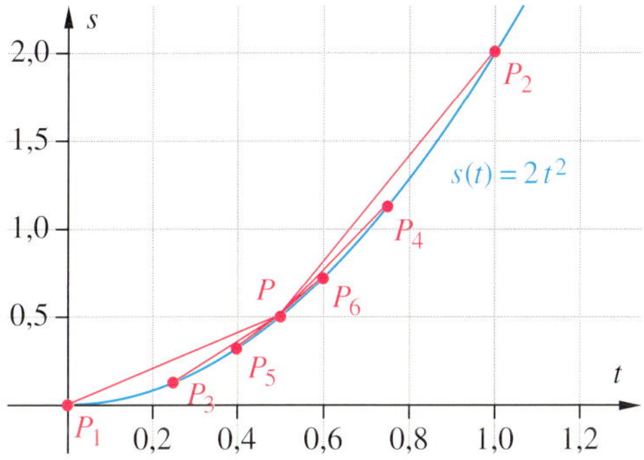

Bild 231/1

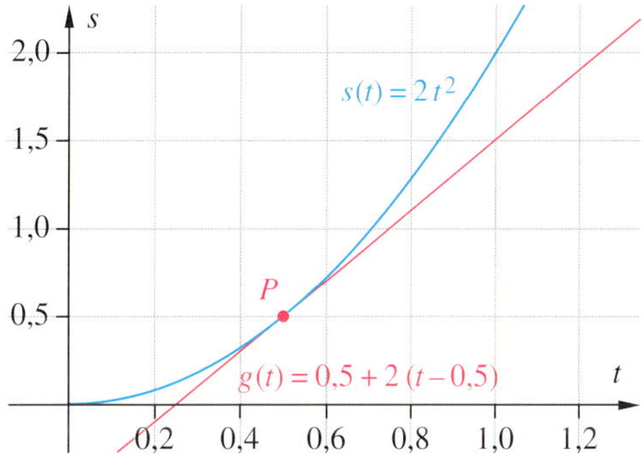

Bild 231/2

Die Steigungen der Geradenpaare gleichen sich immer weiter an, ihre Steigungen nähern sich immer mehr dem Grenzwert 2, während sich die zugehörigen Punkte $P_i$ immer mehr dem Punkt $P$ nähern.

Die Geradenpaare haben eine gemeinsame Grenzlage (Bild 231/2): Die Gerade $g$ durch $P(0{,}5|0{,}5)$ mit der Steigung 2. Die Steigung von $g$ ist gleich der Ableitung $s'(2)$, entspricht also der Momentangeschwindigkeit des Läufers zum Zeitpunkt $t = 0{,}5$.

Man bezeichnet die Gerade $g$ als **Tangente** an den Graphen der Funktion $f$ im Punkt $P$.

Es liegt nahe, nun auch dem Funktionsgraphen von $s$ im Punkt $P$ eine Steigung $m$ zuzuordnen, nämlich die Steigung der Tangente in $P(0{,}5|s(0{,}5))$, also $m = s'(0{,}5)$.

Hat allgemein eine Funktion $f$ an der Stelle $a$ die Ableitung $f'(a)$, so hat der der Graph von $f$ an der Stelle $a$ die Steigung $m = f'(a)$. Die Gerade durch den Punkt $P(a|f(a))$ mit der Steigung $m = f'(a)$ ist die Tangente an den Graphen von $f$ im Punkt $P(a|f(a))$.

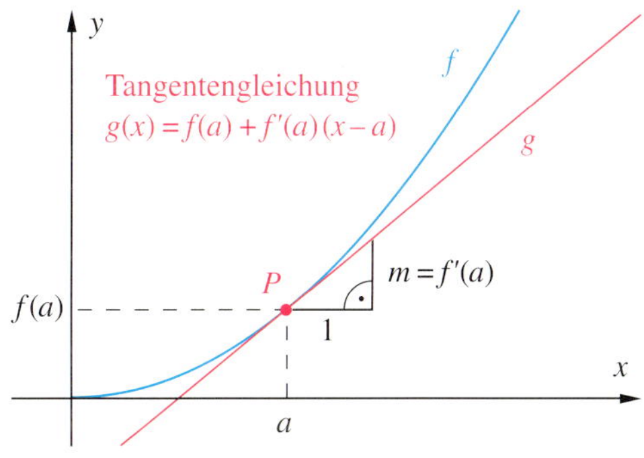

Bild 231/3

# Grafische Bestimmung der Steigung eines Funktionsgraphen

Wir haben oben die Steigung des Graphen der Funktion $s$ zu $s(t) = 2t^2$ im Punkt $P$ und eine Tangente in diesem Punkt rechnerisch bestimmt und dieses Vorgehen dann grafisch interpretiert.

Man kann auch **grafisch** vorgehen, indem man einen rechteckigen Taschenspiegel auf den Funktionsgraphen im Punkt $P$ so stellt, dass der Graph knickfrei durch sein Spiegelbild fortgesetzt wird. Markiert man dann den Spiegelrand auf dem Papier durch eine Strecke, so ist die Senkrechte zu dieser Strecke durch den Punkt $P$ die Tangente. Entnimmt man deren Steigung der Zeichnung, so hat man einen Näherungswert für die Ableitung der Funktion an der betrachteten Stelle.

*Bild 232/1*

ZUSAMMENFASSUNG

## Wir fassen zusammen

Um die Steigung einer Funktion $f$ in einem Punkt $P(a|f(a))$ zu bestimmen, setzt man in die **Differenzenquotientenfunktion** zu

$$\frac{f(a+h)-f(a)}{h}$$

für $h$ betragsmäßig immer kleinere Werte ein. Nähern sich dann die Werte der Differenzenquotientenfunktion einer Zahl $m$, so ordnet man diese Zahl dem Funktionsgraphen von $f$ im Punkt $P(a|f(a))$ als Steigung zu.

**Definition 6.1** **Ableitung und Differenzierbarkeit**

Unter der **Ableitung $f'(a)$ einer Funktion $f$ an der Stelle $a \in D(f)$** versteht man den Grenzwert der zugehörigen Differenzenquotientenfunktion:

$$f'(a) = \lim_{h \to 0} \frac{f(a+h)-f(a)}{h}.$$

Falls die Ableitung $f'(a)$ existiert, nennt man die Funktion $f$ **differenzierbar an der Stelle $a$**. ■

**Definition 6.2** **Tangente**

Unter der **Tangente** an den Funktionsgraphen einer Funktion $f$ im Punkt $P(a|f(a))$ versteht man diejenige Gerade, die durch den Punkt $P$ verläuft und die Steigung $m = f'(a)$ hat. ■

## Differenzenquotienten und Ableitung

**1** Bestimmen Sie die Momentangeschwindigkeit eines Schlittens, dessen Bewegung durch die Weg-Zeit-Funktion $s$ zu $s(t) = \frac{1}{2}t^2$ beschrieben wird, nach 2, 3 und nach 5 Sekunden.

**2** **a)** Bestimmen Sie die Momentangeschwindigkeit eines Körpers im sogenannten freien Fall, dessen Bewegung durch die Weg-Zeit-Funktion $s$ zu $s(t) = \frac{1}{2}gt^2$ beschrieben werden kann, nach 2 (5; 10; 20) Sekunden. Wählen Sie dabei für die Erdbeschleunigung $g$ den Näherungswert $10\,\frac{\text{m}}{\text{s}^2}$.

**b)** Mit welcher Geschwindigkeit schlägt demnach ein Körper auf, der aus einer Höhe von 5 m (20 m; 45 m; 80 m; 125 m) zur Erde fällt.

**c)** Überprüfen Sie die Angaben aus dem Bild 233/1.

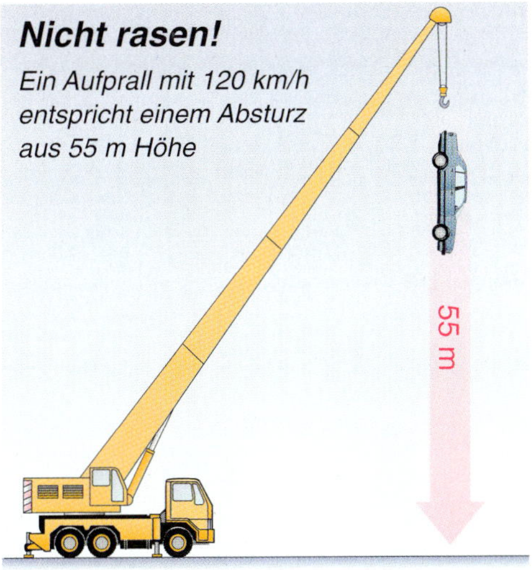


*Bild 233/1*

**3** Berechnen Sie zu $f(x) = \frac{1}{4}x^2$ und den angegebenen Folgen $\langle h_n \rangle$ die ersten $k$ Glieder der Folge $\left\langle \frac{f(1+h_n) - f(1)}{h_n} \right\rangle$ von Differenzenquotienten.

**a)** $h_n = \frac{1}{n};\ k = 15$

**b)** $h_n = -\frac{1}{n};\ k = 15$

**c)** $h_n = \left(\frac{1}{2}\right)^n;\ k = 10$

**d)** $h_n = -\left(\frac{1}{2}\right)^n;\ k = 10$

**e)** $h_n = 10^{-n};\ k = 4$

**f)** $h_n = (-10)^{-n};\ k = 4$

**4** Berechnen Sie $f'(-2)$ mithilfe einer der Folgen von Aufgabe 3.

**a)** $f(x) = x^2 - 2$

**b)** $f(x) = 1 - x^2$

**c)** $f(x) = 5x^2$

**d)** $f(x) = (x-1)^2$

**5** Ermitteln Sie die Ableitung $f'(a)$ der Funktion $f$ an der Stelle $a$.

**a)** $f(x) = x^2 + 1;\ a = \frac{1}{2}$

**b)** $f(x) = (x+1)^2;\ a = 0$

**c)** $f(x) = 3 - x^2;\ a = -1$

**d)** $f(x) = x(x-1);\ a = \frac{1}{2}$

**e)** $f(x) = \frac{1}{2}(x^2 - 3);\ a = -\frac{1}{2}$

**f)** $f(x) = 3x^2 - 2x;\ a = 3$

**6** Bestimmen Sie für die Funktion $f$ zu $f(x) = \frac{1}{4}x^2 - 3$ die Steigung des Graphen an der Stelle $a = -2{,}25$ (0; 1; 2,25; 5).

AUFGABEN

## Differenzierbarkeit

**7** Zeichnen Sie den Graphen der Funktion $f$ und untersuchen Sie $f$ auf Differenzierbarkeit an der angegebenen Stelle $a$.

**a)** $f(x)=\begin{cases} x+5 & \text{für } x<-3 \\ -x-1 & \text{für } -3\leq x<2 \end{cases};\ a=-3$

**b)** $f(x)=\begin{cases} -x-1 & \text{für } -3<x\leq 2 \\ (x-1)^2 & \text{für } 2<x<3{,}5 \end{cases};\ a=2$

**c)** $f(x)=\begin{cases} (x-2)^2 & \text{für } 2<x<3{,}5 \\ 3x-9{,}25 & \text{für } 3{,}5\leq x \end{cases};\ a=3{,}5$

**d)** $f(x)=\begin{cases} (x-2)^2 & \text{für } 2<x<3{,}5 \\ 3x-8{,}25 & \text{für } 3{,}5\leq x \end{cases};\ a=3{,}5$

**e)** $f(x)=\begin{cases} (x+1)^2 & \text{für } x<-2 \\ -2x-3 & \text{für } -2\leq x \end{cases};\ a=-2$

**f)** $f(x)=|x-5|;\ a=5$ **g)** $f(x)=-|x-4|;\ a=4$ **h)** $f(x)=\sqrt{9-x^2};\ a=3$

## Tangenten

**8** Ermitteln Sie die Gleichung der Tangente an den Funktionsgraphen im Punkt $P(a;f(a))$.

**a)** $f(x)=x^2;\ a=-1$ **d)** $f(x)=x^3;\ a=2$ **g)** $f(x)=\frac{1}{x};\ a=2$

**b)** $f(x)=x^2-2x;\ a=3$ **e)** $f(x)=-x^2;\ a=-1$ **h)** $f(x)=\frac{1}{x^2};\ a=1{,}5$

**c)** $f(x)=x^2+3x-1;\ a=-2$ **f)** $f(x)=x^2-2x+3;\ a=3$ **i)** $f(x)=\sqrt{x};\ a=2{,}5$

**9** Ermitteln Sie die Gleichung der Tangente $g$ an den Graphen von $f$ zur angegebenen Stelle $a$. Zeichnen Sie dann die Graphen von $f$ und $g$ über dem angegebenen Intervall.

**a)** $f(x)=x^3+1;\ a=0;\ [-2;2]$ **c)** $f(x)=(x-2)^2\cdot(x-4)^2-5;\ a=3;\ [0;5]$

**b)** $f(x)=x^3-2;\ a=1{,}5;\ [-2;2]$ **d)** $f(x)=-(x-2)^2\cdot(x-4)^2-5;\ a=2;\ [0;5]$

**10** Bestimmen Sie für die angegebenen Terme Näherungswerte mithilfe der Tangente an der Stelle $a$.

**a)** $\sqrt{26};\ a=25$ **b)** $\sqrt{80};\ a=81$ **c)** $\frac{1}{97};\ a=100$ **d)** $\frac{1}{5{,}1^2};\ a=5$

*Anleitung:* Zeichnen Sie jeweils den Graphen der entsprechenden Funktion und die Tangente an der Stelle $a$. Ermitteln Sie die Gleichung der Tangente. Berechnen Sie dann den gesuchten Näherungswert mit dieser Gleichung.

## Grafische Bestimmung der Ableitung

**11** Bestimmen Sie grafisch die Ableitung der Funktion $f$ an den angegebenen Stellen.

**a)** $f(x)=x^3;\ a_1=-\frac{1}{2};\ a_2=\frac{1}{2};\ a_3=1;\ a_4=1{,}5$

**b)** $f(x)=\frac{1}{4}x^4;\ a_1=-1;\ a_2=0;\ a_3=1;\ a_4=2$

**c)** $f(x)=\frac{1}{x};\ a_1=-2;\ a_2=-1;\ a_3=\frac{1}{2};\ a_4=1$

# 6.3 Ableitungsfunktionen

AUFTRÄGE

**A1 Staffelholzübergabe**

Paula trainiert für den 4 × 100 m Staffellauf. Sie ist Schlussläuferin und bekommt das Staffelholz von Anna. Sie hat in der sogenannten Wechselzone eine Strecke von 20 m zur Verfügung, um zu beschleunigen. Wenn Paula Anna herankommen sieht, möchte sie den optimalen Zeitpunkt finden, um loszulaufen. Für die Geschwindigkeit, mit der Anna ankommt, misst Paula 8,4 $\frac{\text{m}}{\text{s}}$. Anschließend stoppt Anna die Zeiten, die Paula in der Beschleunigungsphase für die ersten 2, 4, 6, …, 20 Meter benötigt, und erhält folgende Tabelle:

| Weg (in m) | 2 | 4 | 6 | 8 | 10 | 12 | 14 | 16 | 18 | 20 |
|---|---|---|---|---|---|---|---|---|---|---|
| Zeit (in s) | 1,41 | 2,00 | 2,45 | 2,83 | 3,16 | 3,46 | 3,74 | 4,00 | 4,24 | 4,47 |

**A2 Steigfähigkeit von Geländewagen**

In einem Prospekt über Geländewagen ist angegeben, dass die Autos bei günstigen Untergrundbedingungen Steigungen von bis zu 100 % überwinden können. Auf einer Probefahrt testet ein Interessent diese Angabe an einem Steilhang eines alten Tagebaus, der dort ungefähr nach der Gleichung $f(x) = 0{,}01\,x^3$ ansteigt.

**A3 Freier Fall**

Nach wie viel Sekunden hat ein Körper im freien Fall eine Geschwindigkeit von 10 $\frac{\text{km}}{\text{h}}$, 20 $\frac{\text{km}}{\text{h}}$, 30 $\frac{\text{km}}{\text{h}}$, …, 100 $\frac{\text{km}}{\text{h}}$ erreicht?

*Aus einem Physikbuch:*

Die Bewegung eines Körpers im freien Fall kann durch die Weg-Zeit-Funktion $s$ zu $s(t) = \frac{1}{2} g t^2$ mit $g \approx 9{,}81\ \frac{\text{m}}{\text{s}^2}$ beschrieben werden.

*Bild 235/1: Abbremskammer im Fallturm Bremen*

# Von der besonderen zur allgemeinen Lösung

Wir bearbeiten den Auftrag **A1** mit verschiedenen Methoden.

Um das Staffelholz nicht fallen zu lassen, sollen die Läuferinnen bei der Übergabe gleich schnell laufen. Paula soll daher so starten, dass sie Annas Geschwindigkeit in dem Moment erreicht, in dem sie von ihr eingeholt wird. Dazu muss berechnet werden, wie lange Paula braucht, um die Geschwindigkeit $8,4\,\frac{\mathrm{m}}{\mathrm{s}}$ zu erreichen und wie weit sie dabei läuft.

Beschreibt man Paulas Bewegung mit Hilfe einer Funktion $s$, so ist der Zeitpunkt $z$ gesucht, zu dem sie die Momentangeschwindigkeit $8{,}4\,\frac{\mathrm{m}}{\mathrm{s}}$ erreicht, an dem also $s'(z) = 8{,}4$ gilt.

Zunächst benötigt man daher eine Gleichung, die Paulas Bewegung beschreibt. Betrachtet man die Wertetabelle, so findet man, dass die Wertepaare die Gleichung $s(t) = t^2$ erfüllen.

## Grafische Methode

Man zeichnet zunächst den Graphen der Funktion $s$ zu $s(t) = t^2$. Da die Ableitung $s'(z)$ mit der Steigung des Graphen im Punkt $P(z|s(z))$ übereinstimmt, ist derjenige Punkt gesucht, in dem der Graph die Steigung 8,4 hat. Daher zeichnet man eine Gerade $h$ mit der Steigung $m_h = 8{,}4$ und verschiebt sie parallel, bis sie den Graphen der Funktion $s$ berührt.

Das Bild 236/1 zeigt die Schwäche dieser grafischen Lösung: Die gesuchte Stelle $z$ lässt sich nur schlecht ablesen; es gilt vermutlich $4 < z < 4{,}5$.

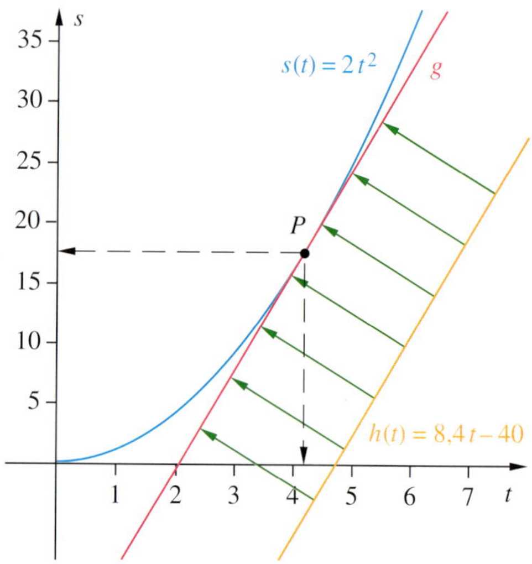


*Bild 236/1: Grafische Lösung*

## Numerische Methode

Zur Kontrolle berechnen wir $s'(4)$ und $s'(4{,}5)$. Aus dem Differenzenquotienten

$$\frac{s(4+h)-s(4)}{h} = \frac{4^2+8h+h^2-4^2}{h} = 8+h$$

erhält man

$$s'(4) = \lim_{h\to 0}\frac{s(4+h)-s(4)}{h} = \lim_{h\to 0}(8+h) = 8.$$

Entsprechend ermittelt man

$$s'(4{,}5) = \lim_{h\to 0}\frac{s(4{,}5+h)-s(4{,}5)}{h} = \lim_{h\to 0}(9+h) = 9.$$

Da die Steigung des Funktionsgraphen zunimmt, liegt die gesuchte Stelle $z$ mit $s'(z) = 8{,}4$ tatsächlich zwischen 4 und 4,5. Um einen besseren Näherungswert für $z$ zu erhalten, kann man nun dieses Intervall halbieren und $s'(4{,}25)$ bestimmen. Es gilt:

$$s'(4,25) = \lim_{h \to 0} \frac{s(4{,}25+h) - s(4{,}25)}{h} = \lim_{h \to 0} (8{,}5 + h) = 8{,}5.$$

Die gesuchte Stelle $z$ liegt also zwischen 4 und 4,25. Halbiert man dieses Intervall, dann erhält man entsprechend $s'(4{,}125) = 8{,}25$. $z$ liegt demnach zwischen 4,125 und 4,25 und kann durch Fortsetzung dieses Verfahrens immer besser eingegrenzt werden.

## Analytische Methode

Wir stellen noch einmal die bisher ermittelten Ableitungen von $s$ in einer Tabelle zusammen.

| $t$ | $s'(t)$ |
|---|---|
| 4 | 8 |
| 4,5 | 9 |
| 4,25 | 8,5 |
| 4,125 | 8,25 |

Dabei fällt ein einfacher Zusammenhang auf: Es gilt $s'(t) = 2t$. Dies lässt sich einfach bestätigen, indem man die Ableitung der Funktion $s$, also den Grenzwert des Differenzenquotienten, nicht an einer bestimmten Stelle, sondern für alle Stellen $t$ gleichzeitig ermittelt:

$$s'(t) = \lim_{h \to 0} \frac{s(t+h) - s(t)}{h} = \lim_{h \to 0} \frac{t^2 + 2th + h^2 - t^2}{h} = \lim_{h \to 0} (2t + h) = 2t.$$

Indem wir die Funktion $s$ zu $s(t) = t^2$ an allen Stellen $t$ differenziert haben, haben wir eine neue Funktion $s'$ mit $s'(t) = 2t$ erhalten. Man bezeichnet $s'$ als die abgeleitete Funktion von $s$ oder kurz als die **Ableitungsfunktion $s'$**.

Mit Hilfe dieser Ableitungsfunktion können wir die oben gesuchte Stelle $z$ mit $s'(z) = 8{,}4$ leicht bestimmen. Wegen $s'(t) = 2t$ gilt $s'(4{,}2) = 8{,}4$.

## Zurück zu Paula und Anna

Die Funktion $s$ beschreibt die Bewegung der startenden Paula. Paula läuft also nach 4,2 Sekunden ebenso schnell wie Anna, nämlich mit einer Geschwindigkeit von $8{,}4\,\frac{\mathrm{m}}{\mathrm{s}}$. Um dieses Tempo zu erreichen benötigt Paula $s(4{,}2) = 4{,}2^2 = 17{,}64$ Meter. Sie muss also 17,64 m vor der Übergabestelle stehen und zwar 4,2 Sekunden, bevor Anna dort eintrifft, also noch $8{,}4\,\frac{\mathrm{m}}{\mathrm{s}} \cdot 4{,}2\,\mathrm{s} = 35{,}28$ m von der Übergabestelle entfernt ist.

# Bestimmung von Ableitungsfunktionen

**Beispiele**

**1)** Die Funktion $f$ zu $f(x)=\frac{1}{6}x^3$ ist für alle reellen Zahlen definiert. Für ihren Differenzenquotienten gilt

$$\begin{aligned}\frac{f(x+h)-f(h)}{h} &= \frac{\frac{1}{6}(x+h)^3-\frac{1}{6}x^3}{h}=\frac{(x+h)^3-x^3}{6h}\\ &= \frac{x^3+3x^2h+3xh^2+h^3-x^3}{6h}=\frac{3x^2h+3xh^2+h^3}{6h}\\ &= \frac{1}{2}x^2+\frac{1}{2}xh+\frac{1}{6}h^2\end{aligned}$$

und damit

$$\lim_{h\to 0}\frac{f(x+h)-f(h)}{h}=\lim_{h\to 0}\left(\frac{1}{2}x^2+\frac{1}{2}xh+\frac{1}{6}h^2\right)=\frac{1}{2}x^2.$$

Die Funktion $f$ ist also für alle reellen Zahlen differenzierbar und für ihre Ableitungsfunktion $f'$ gilt

$$f'(x)=\frac{1}{2}x^2 \quad \text{oder kurz:} \quad f(x)=\frac{1}{6}x^3 \Rightarrow f'(x)=\frac{1}{2}x^2.$$

**2)** Die Funktion $f$ zu $f(x)=1-x^2$ ist für alle reellen Zahlen definiert. Für ihren Differenzenquotienten gilt

$$\begin{aligned}\frac{f(x+h)-f(h)}{h} &= \frac{1-(x+h)^2-(1-x^2)}{h}=\frac{1-x^2-2xh-h^2-1+x^2}{h}\\ &= \frac{-2xh-h^2}{h}=-2x-h\end{aligned}$$

und damit

$$\lim_{h\to 0}\frac{f(x+h)-f(h)}{h}=\lim_{h\to 0}(-2x-h)=-2x.$$

Die Funktion $f$ ist also für alle $x\in\mathbb{R}$ differenzierbar und hat die Ableitungsfunktion $f'$ mit $f'(x)=-2x$.

ZUSAMMENFASSUNG

## Wir fassen zusammen

**Definition 6.3** **Ableitungsfunktion**

Ist eine Funktion $f$ auf einer Menge $M$ differenzierbar, dann heißt die Funktion $f'$ zu

$$f'(x)=\lim_{h\to 0}\frac{f(x+h)-f(x)}{h}$$

mit $D(f')=M$ die **Ableitungsfunktion** von $f$. ■

Sind keine Verwechslungen zu befürchten, benutzt man das Wort „Ableitung" sowohl für die Ableitung an einer Stelle als auch für die Ableitungsfunktion sowie für deren Term.

## Ermitteln von Ableitungen und Ableitungsfunktionen

**1** Ermitteln Sie $D(f)$, $f'$ sowie $D(f')$.

**a)** $f(x)=3x$
**b)** $f(x)=3x-7$
**c)** $f(x)=3x+15$
**d)** $f(x)=15-3x$
**e)** $f(x)=\frac{1}{2}(2x-1)$
**f)** $f(x)=\frac{1}{2}(1-2x)$
**g)** $f(x)=x^2-1$
**h)** $f(x)=x^2-x$
**i)** $f(x)=-x^2+2x-4$
**j)** $f(x)=7-x^3$
**k)** $f(x)=x^3-x$
**l)** $f(x)=x(x-1)(x+1)$
**m)** $f(x)=\frac{1}{x}$
**n)** $f(x)=\frac{1}{2x+1}$
**o)** $f(x)=\frac{1}{x^2}$
**p)** $f(x)=\sqrt{x}$
**q)** $f(x)=\sqrt{2x}$
**r)** $f(x)=|x+4|$

**2** An welcher Stelle hat der Graph der Funktion $f$ die Steigung $m$? Bestimmen sie die Gleichung der Tangenten durch den zugehörigen Punkt des Graphen. Veranschaulichen Sie das Ergebnis anhand einer Zeichnung.

**a)** $f(x)=x^2;\ \ m=2$
**b)** $f(x)=x^3+1;\ \ m=3$
**c)** $f(x)=x-x^3;\ \ m=0$
**d)** $f(x)=\sqrt{x};\ \ m=0{,}5$
**e)** $f(x)=x^4;\ \ m=-1$
**f)** $f(x)=\frac{1}{x};\ \ m=-4$

**3** Bestimmen Sie die Ableitungsfunktionen zu $f(x)=\sin x$ und $g(x)=\cos x$ graphisch.

**4** Ein Turmspringer, der waagerecht abspringt, fällt – falls man den Luftwiderstand vernachlässigt – nach dem Weg-Zeit-Gesetz $h(t)=10-4{,}805\,t^2$. Dabei gibt $h$ die Höhe über dem Wasserspiegel in Metern und $t$ die seit dem Absprung vergangene Zeit in Sekunden an.
**a)** Welche Geschwindigkeit hat er nach 0,5 Sekunden (1 Sekunde)?
**b)** Wie groß ist seine Geschwindigkeit beim Eintauchen ins Wasser?

**5** Die Ableitung einer Kostenfunktion $K$ an einer Stelle $x_0$ bezeichnet man als **Grenzkosten** an dieser Stelle. Die Ableitungsfunktion $K'$ der Kostenfunktion $K$ heißt deshalb **Grenzkostenfunktion**. Ermitteln Sie die zu der angegebenen Produktionskostenfunktion $K$ (in 1000 €, $x$ in 10 000 Stück) die Grenzkostenfunktion $K'$. Zeichnen Sie den Graphen von $K'$ und lesen sie die minimalen Grenzkosten sowie die zugehörige Produktionsmenge ab.

**a)** $K(x)=x^3-12x^2+55x$
**b)** $K(x)=\frac{1}{3}x^3-5x^2+25x+19$
**c)** $K(x)=0{,}25x^3-4{,}5x^2+27{,}25x+15$
**d)** $K(x)=\frac{1}{3}x^3-4{,}5x^2+20{,}35x+18$

**6** Zeichnen Sie die Graphen zu $f$ und $f'$ in das gleiche Koordinatensystem.

**a)** $f(x)=2x-3$
**b)** $f(x)=3-2x$
**c)** $f(x)=(x-1)^2$
**d)** $f(x)=\frac{1}{2}(x-1)^2$
**e)** $f(x)=(1-x)^3$
**f)** $f(x)=\frac{1}{3}(1-x)^3$

**7** Bild 240/1 enthält die Graphen einiger Funktionen. Bild 240/2 enthält die Graphen der zugehörigen Ableitungsfunktionen sowie weitere Graphen. Ordnen Sie jeder in Bild 240/1 dargestellten Funktion die Ableitungsfunktion zu und begründen Sie Ihre Entscheidung.

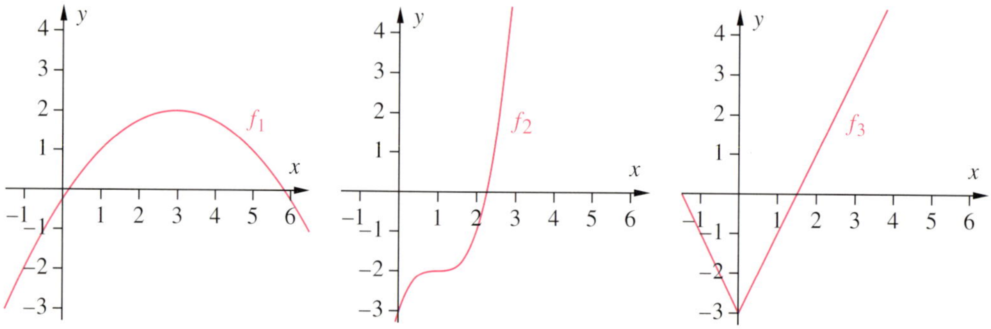


*Bild 240/1: Funktionen*

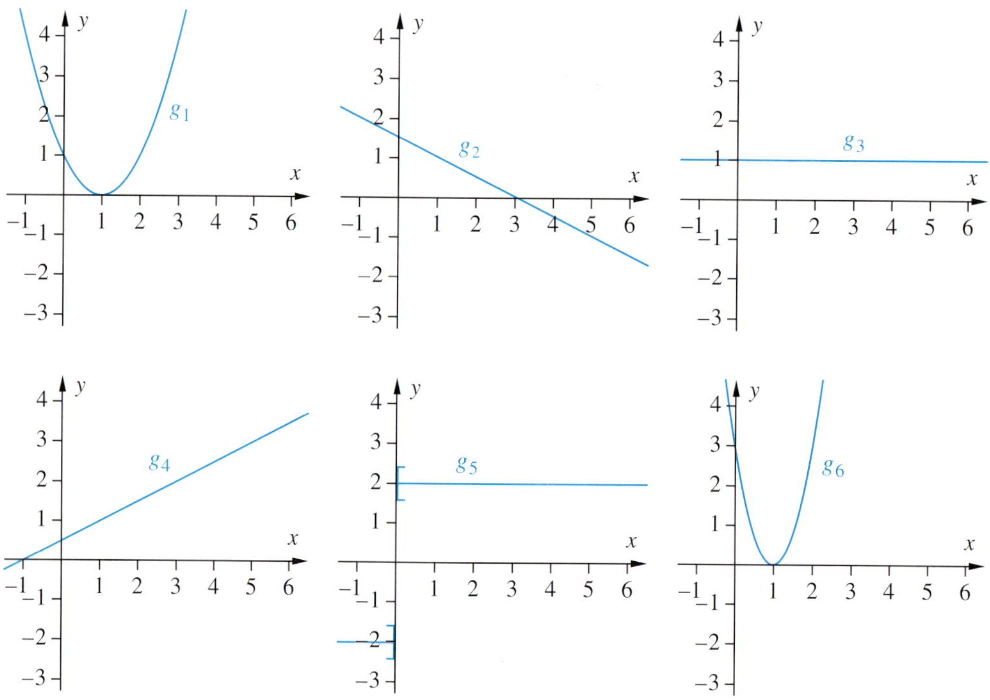


*Bild 240/2: Ableitungsfunktionen*

# 6.4 Ableitungsregeln

AUFTRÄGE

**A1** **Zusammenhänge (1)**

Zeichnen Sie die Funktionen zu $f(x) = x^2$ und $g(x) = 0{,}5x^2$ und jeweils die Tangenten zu den Stellen $-2$, $-1$, $0$, $1$ und $2$ in ein Koordinatensystem.

Welche Zusammenhänge sehen Sie zwischen den Funktionsgraphen, welche zwischen den Tangenten?

**A2** **Zusammenhänge (2)**

Vergleichen Sie die Ableitungen der Funktion zu $f(x) = 2x^2 - 0{,}5x^3$ mit den Ableitungen der Funktionen zu $u(x) = 2x^2$ und $v(x) = -0{,}5x^3$.

Welcher Zusammenhang besteht? Formulieren Sie einen Satz und begründen Sie ihn.

**A3** **Potenzfunktionen**

Es gilt $f_1(x) = x \Rightarrow f_1'(x) = 1$ und $f_2(x) = x^2 \Rightarrow f_2'(x) = 2x$. Leiten Sie die Funktionen zu $f_3(x) = x^3$, $f_4(x) = x^4$ und $f_5(x) = x^5$ ab und formulieren Sie eine Regel.

**A4** **Ableitung einer ganzrationalen Funktion**

Bestimmen Sie die Ableitung $f'$ der Funktion zu $f(x) = ax^2 + bx$.

## Ableitung einer ganzrationalen Funktion

Wir bearbeiten den Auftrag **A4**. Für den Differenzenquotienten zu $f(x) = ax^2 + bx$ gilt:

$$\begin{aligned}\frac{f(x+h)-f(x)}{h} &= \frac{a(x+h)^2 + b(x+h) - ax^2 - bx}{h}\\ &= \frac{a(x+h)^2 - ax^2 + b(x+h) - bx}{h}\\ &= \frac{a(x+h)^2 - ax^2}{h} + \frac{b(x+h) - bx}{h}\end{aligned}$$

Der Differenzenquotient zu $f(x)$ lässt sich also als Summe von Differenzenquotienten schreiben, nämlich dem Differenzenquotienten zu $u(x) = ax^2$ und dem Differenzenquotienten zu $v(x) = bx$. Deshalb gilt für die zugehörigen Ableitungen:

$$f'(x) = \lim_{h\to 0} \frac{f(x+h)-f(x)}{h} = \lim_{h\to 0} \frac{u(x+h)-u(x)}{h} + \lim_{h\to 0} \frac{v(x+h)-v(x)}{h} = u'(x) + v'(x).$$

Nun bestimmen wir diese Ableitungen.

Für den Differenzenquotienten zu $u(x) = ax^2$ gilt:

$$\begin{aligned}\frac{u(x+h)-u(x)}{h} &= \frac{a(x+h)^2 - ax^2}{h} = a\,\frac{(x+h)^2 - x^2}{h} \\ &= a\,\frac{x^2 + 2hx + h^2 - x^2}{h} = a\,\frac{2hx + h^2}{h} = a(2x+h).\end{aligned}$$

Daraus ergibt sich für die Ableitung $u'(x)$:

$$u'(x) = \lim_{h\to 0} \frac{u(x+h)-u(x)}{h} = \lim_{h\to 0} a(2x+h) = 2ax.$$

Für die Ableitung $v'(x)$ gilt entsprechend:

$$v'(x) = \lim_{h\to 0} \frac{v(x+h)-v(x)}{h} = \lim_{h\to 0} \frac{b(x+h)-bx}{h} = \lim_{h\to 0} b\,\frac{x+h-x}{h} = b.$$

Insgesamt erhält man also für die Ableitung $f'(x)$ der Funktion zu $f(x) = ax^2 + bx$:

$$f'(x) = 2ax + b = u'(x) + v'(x).$$

## Die Summenregel

Wir haben die Ableitung der Funktion zu

$$f(x) = ax^2 + bx = u(x) + v(x)$$

bestimmt, indem wir die Ableitungen $u'(x)$ und $v'(x)$ ermittelt und diese addiert haben. Diesen Sachverhalt formulieren wir allgemein als **Summenregel** und beweisen ihn.

**Satz 6.1** **Summenregel**
Sind die Funktionen $u$ und $v$ differenzierbar, dann ist auch die Funktion $f$ zu $f(x) = u(x) + v(x)$ differenzierbar und es gilt:

$$f'(x) = u'(x) + v'(x).$$ ■

**Beweis:**

$$\begin{aligned} f'(x) &= \lim_{h\to 0} \frac{f(x+h)-f(x)}{h} \\ &= \lim_{h\to 0} \frac{u(x+h)+v(x+h)-u(x)-v(x)}{h} \\ &= \lim_{h\to 0} \left( \frac{u(x+h)-u(x)}{h} + \frac{v(x+h)-v(x)}{h} \right) \\ &= \lim_{h\to 0} \frac{u(x+h)-u(x)}{h} + \lim_{h\to 0} \frac{v(x+h)-v(x)}{h} \\ &= \quad u'(x) \quad + \quad v'(x). \end{aligned}$$ ■

### Die Faktorregel

Setzt man in der Summenregel $u(x) = v(x)$, erhält man:

$$f(x) = 2 \cdot u(x) \quad \Rightarrow \quad f'(x) = 2 \cdot u'(x).$$

Es ist zu vermuten, dass diese Folgerung nicht nur für die Zahl 2, sondern auch für andere Zahlen gilt:

$$f(x) = a \cdot u(x) \quad \Rightarrow \quad f'(x) = a \cdot u'(x).$$

**Satz 6.2** **Faktorregel**
Ist die Funktion $u$ differenzierbar, dann ist für jede reelle Zahl $a$ auch die Funktion $f$ zu $f(x) = a \cdot u(x)$ differenzierbar und es gilt:

$$f'(x) = a \cdot u'(x).$$

**Beweis:**

$$\begin{aligned} f'(x) &= \lim_{h \to 0} \frac{f(x+h) - f(x)}{h} \\ &= \lim_{h \to 0} \frac{a \cdot u(x+h) - a \cdot u(x)}{h} \\ &= \lim_{h \to 0} a \cdot \frac{u(x+h) - u(x)}{h} \\ &= a \lim_{h \to 0} \frac{u(x+h) - u(x)}{h} \\ &= a \cdot u'(x). \end{aligned}$$

### Ableitungen der Potenzfunktionen

Mithilfe der Summen- und der Produktregel kann man nun eine ganzrationale Funktion ableiten, indem man sie geeignet zerlegt. Es gilt zum Beispiel:

$$\begin{aligned} f(x) &= 3x^4 + 2x^3 - 7x^2 + 8x + 5 \\ &= 3f_4(x) + 2f_3(x) - 7f_2(x) + 8f_1(x) + 5f_0(x) \\ \Rightarrow f'(x) &= 3f_4'(x) + 2f_3'(x) - 7f_2'(x) + 8f_1'(x) + 5f_0'(x) \end{aligned}$$

mit $f_n(x) = x^n$ für $n \in N$.

Es bleibt noch die Frage, welche Ableitungen die Potenzfunktionen $f_n$ haben.

Für $n = 0$ gilt: $f_0(x) = x^0 = 1$ und

$$f_0'(x) = \lim_{h \to 0} \frac{f_0(x+h) - f_0(x)}{h} = \lim_{h \to 0} \frac{1-1}{h} = \lim_{h \to 0} \frac{0}{h} = 0.$$

Für $n=1$ gilt: $f_1(x)=x^1=x$ und

$$f_1'(x)=\lim_{h\to 0}\frac{f_1(x+h)-f_1(x)}{h}=\lim_{h\to 0}\frac{x+h-x}{h}=\lim_{h\to 0}1=1.$$

Für $n=2$ gilt: $f_2(x)=x^2$ und

$$\begin{aligned} f_2'(x) &= \lim_{h\to 0}\frac{f_2(x+h)-f_2(x)}{h}=\lim_{h\to 0}\frac{(x+h)^2-x^2}{h} \\ &= \lim_{h\to 0}\frac{x^2+2xh+h^2-x^2}{h}=\lim_{h\to 0}(2x+h)=2x. \end{aligned}$$

Es ist $f_3(x)=x\cdot f_2(x)$; da wir die Ableitung $f_2'(x)=2x$ bereits kennen, können wir den Differenzenquotienten entsprechend zerlegen:

$$\begin{aligned} f_3'(x) &= \lim_{h\to 0}\frac{f_3(x+h)-f_3(x)}{h}=\lim_{h\to 0}\frac{(x+h)^3-x^3}{h} \\ &= \lim_{h\to 0}\frac{(x+h)\cdot(x+h)^2-x\cdot x^2}{h}=\lim_{h\to 0}\frac{x\cdot(x+h)^2-x\cdot x^2+h\cdot(x+h)^2}{h} \\ &= \lim_{h\to 0}\left(\frac{x\cdot(x+h)^2-x\cdot x^2}{h}+\frac{h\cdot(x+h)^2}{h}\right) \\ &= \lim_{h\to 0}\left(x\cdot\frac{(x+h)^2-x^2}{h}+(x+h)^2\right) \\ &= x\cdot\underbrace{\lim_{h\to 0}\frac{(x+h)^2-x^2}{h}}_{=f_2'(x)}+\lim_{h\to 0}(x+h)^2=x\cdot 2x+x^2=3x^2. \end{aligned}$$

Entsprechend können wir $f_3'(x)$ benutzen, um die Ableitung $f_4'(x)$ zu ermitteln:

$$\begin{aligned} f_4'(x) &= \lim_{h\to 0}\frac{f_4(x+h)-f_4(x)}{h}=\lim_{h\to 0}\frac{(x+h)^4-x^4}{h} \\ &= \lim_{h\to 0}\frac{(x+h)\cdot(x+h)^3-x\cdot x^3}{h}=\lim_{h\to 0}\frac{x\cdot(x+h)^3-x\cdot x^3+h\cdot(x+h)^3}{h} \\ &= x\cdot\underbrace{\lim_{h\to 0}\frac{(x+h)^3-x^3}{h}}_{=f_3'(x)}+\lim_{h\to 0}(x+h)^3=x\cdot 3x^2+x^3=4x^3. \end{aligned}$$

Auf die gleiche Weise erhält man:

$$f_5'(x)=x\cdot f_4'(x)+x^4=x\cdot 4x^3+x^4=5x^4;$$
$$f_6'(x)=x\cdot f_5'(x)+x^5=x\cdot 5x^4+x^5=6x^5;$$
$$f_7'(x)=x\cdot f_6'(x)+x^6=x\cdot 6x^5+x^6=7x^6.$$

Allgemein gilt also:

$$f_n'(x)=x\cdot f_{n-1}'(x)+x^{n-1}=x\cdot(n-1)\,x^{n-2}+x^{n-1}=nx^{n-1}.$$

**Satz 6.3** **Ableitung von Potenzfunktionen**
Für jede natürliche Zahl $n$ ist die Potenzfunktion $f_n$ zu $f_n(x) = x^n$ differenzierbar und es gilt:

$$f_n'(x) = n x^{n-1} \quad (\text{für } n \geq 1) \quad \text{und} \quad f_0'(x) = 0. \;■$$

## Ableitungen ganzrationaler Funktionen

Nun können wir jede ganzrationale Funktion differenzieren. Für die Funktion $f$ von Seite 243 gilt beispielsweise:

$$\begin{array}{rcccccccccc} f(x) & = & 3x^4 & + & 2x^3 & - & 7x^2 & + & 8x & + & 5 \\ & = & 3f_4(x) & + & 2f_3(x) & - & 7f_2(x) & + & 8f_1(x) & + & 5f_0(x) \\ \Rightarrow f'(x) & = & 3 \cdot 4x^3 & + & 2 \cdot 3x^2 & - & 7 \cdot 2x^1 & + & 8 \cdot x^0 & + & 5 \cdot 0 \\ & = & 12x^3 & + & 6x^2 & - & 14x & + & 8. & & \end{array}$$

Jede ganzrationale Funktion $f$ ist differenzierbar und es gilt:

$$\begin{array}{rcccccccccc} f(x) & = & a_n x^n & + & a_{n-1}x^{n-1} & + & a_{n-2}x^{n-2} & + \cdots + & a_2 x^2 & + & a_1 x + a_0 \\ \Rightarrow f'(x) & = & n a_n x^{n-1} & + & (n-1)\, a_{n-1} x^{n-2} & + & (n-2)\, a_{n-2} x^{n-3} & + \cdots + & 2a_2 x & + & a_1. \end{array}$$

## Wir fassen zusammen

ZUSAMMENFASSUNG

Für differenzierbare Funktionen $u$ und $v$ gilt die Summenregel (Satz 6.1, Seite 242):

$$f(x) = u(x) + v(x) \quad \Rightarrow \quad f'(x) = u'(x) + v'(x).$$

Für differenzierbare Funktionen $u$ und reelle Zahlen $a$ gilt die Faktorregel (Satz 6.2, Seite 243):

$$f(x) = a \cdot u(x) \quad \Rightarrow \quad f'(x) = a \cdot u'(x).$$

Die Potenzfunktionen $f_n$ sind für alle $n \in N$ differenzierbar und es gilt (Satz 6.3):

$$\begin{array}{rclcl} f_n(x) & = & x^n & \Rightarrow & f_n'(x) = n x^{n-1} \quad \text{für } n \geq 1 \\ \text{und } f_0(x) & = & x^0 = 1 & \Rightarrow & f_0'(x) = 0. \end{array}$$

Insgesamt ergibt sich daraus

**Satz 6.4** **Ableitung ganzrationaler Funktionen**
Jede ganzrationale Funktion $f$ ist differenzierbar und es gilt:

$$\begin{array}{rcccccccccc} f(x) & = & a_n x^n & + & a_{n-1}x^{n-1} & + & a_{n-2}x^{n-2} & + \cdots + & a_2 x^2 & + & a_1 x + a_0 \\ \Rightarrow f'(x) & = & n a_n x^{n-1} & + & (n-1) a_{n-1} x^{n-2} & + & (n-2) a_{n-2} x^{n-3} & + \cdots + & 2a_2 x & + & a_1. \;■ \end{array}$$

AUFGABEN

## Summen- und Faktorregel

**1** Bestimmen Sie $f'(x)$.

**a)** $f(x)=3x^2$ **b)** $f(x)=-\frac{x^2}{2}$ **c)** $f(x)=0{,}1x^2$ **d)** $f(x)=-x^3$ **e)** $f(x)=4{,}1x^3$ **f)** $f(x)=\left(\frac{x}{2}\right)^2$

**2** Bestimmen Sie $f'(x)$.

**a)** $f(x)=5x-9$ **b)** $f(x)=9-5x$ **c)** $f(x)=0{,}5(9-5x)$ **d)** $f(x)=3x^2-2x$ **e)** $f(x)=2x-3x^2$ **f)** $f(x)=4x^2-3x+2$ **g)** $f(x)=x(x+1)$ **h)** $f(x)=(1-x)^2$ **i)** $f(x)=(x-1)^2$ **j)** $f(x)=(x+3)(x-5)$ **k)** $f(x)=(x-1)(x+1)(x-3)$ **l)** $f(x)=x(x-1)(x+1)$

**3** Formulieren und beweisen Sie entsprechend der Summenregel eine Differenzenregel.

**4** Formulieren und beweisen Sie eine Summenregel für drei Summanden $u(x)+v(x)+w(x)$.

**5** Untersuchen Sie, ob die Ableitung einer Produktfunktion zu $f(x)=u(x)\cdot v(x)$ das Produkt der Ableitungsfunktionen $u'(x)$ und $v'(x)$ ist.

## Ableitungen von Potenzfunktionen

**6** Bestimmen Sie $f'(a)$.

**a)** $f(x)=x^2;\ a=-1$ **b)** $f(x)=x^3;\ a=\sqrt{2}$ **c)** $f(x)=x^4;\ a=\frac{1}{2}$ **d)** $f(x)=x^5;\ a=-\sqrt{3}$ **e)** $f(x)=x^6;\ a=-2$ **f)** $f(x)=x^7;\ a=-\frac{1}{2}$ **g)** $f(x)=x^{10};\ a=0$ **h)** $f(x)=x^{15};\ a=-1$ **i)** $f(x)=x^{200};\ a=1$

**7** Multiplizieren Sie den Funktionsterm von $f$ aus, bestimmen Sie $f'(x)$ und versuchen Sie $f'(x)$ wieder in Linearfaktoren zu zerlegen. Welche Regel kann man vermuten?

**a)** $f(x)=(x+1)^3$ **b)** $f(x)=(x+1)^4$ **c)** $f(x)=(x+2)^3$ **d)** $f(x)=(x-1)^3$ **e)** $f(x)=(x-1)^4$ **f)** $f(x)=(1-x)^3$

**8** Formulieren Sie den in Bild 246/1 dargestellten Sachverhalt und bestätigen Sie ihn rechnerisch. Führen Sie entsprechende Untersuchungen mit den Funktionen zu $f_3(x)=x^3$ und $f_4(x)=x^4$ durch.

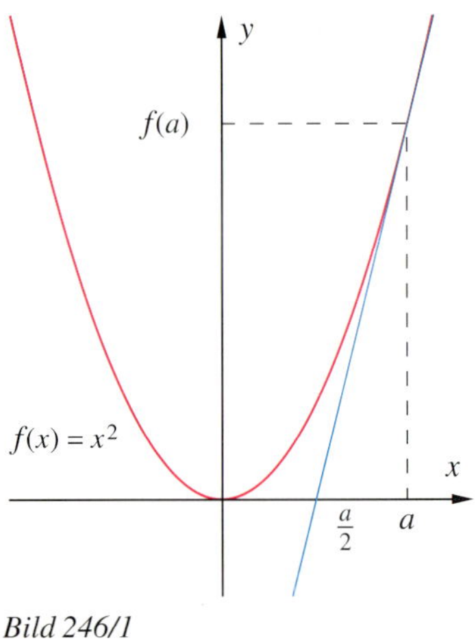


*Bild 246/1*

## Ableitungen ganzrationaler Funktionen

**9** Bestimmen Sie $f'(x)$ und $f'(a)$.

**a)** $f(x) = x^3 + x^2 + x + 1;\ a = -1$

**b)** $f(x) = x^5 - 6x^4 + x^3;\ a = \sqrt{2}$

**c)** $f(x) = \frac{1}{2}(x^4 - x^2 - 1);\ a = 2$

**d)** $f(x) = x^6 - 3x^3 + x;\ a = 0$

**e)** $f(x) = x^5 - 5x^4 + 10x^3 + 5x - 1;\ a = 2$

**f)** $f(x) = 1 - 6x + 15x^2 - 20x^3 + 15x^4 - 6x^5;\ a = 1$

**10** Wo hat der Graph der Funktion $f$ die Steigung $m$?

**a)** $f(x) = x^2 + x - 2;\ m = -1$

**b)** $f(x) = 3x^2 - 2x + 1;\ m = 10$

**c)** $f(x) = x^3 - 9x;\ m = 3$

**d)** $f(x) = 2x^3 + 3x^2 - 36x;\ m = 0$

**11** Die Zufahrt zu Neuhausen ist kurvenreich und von Bäumen eingerahmt. Im Winter bei Glatteis kommen immer wieder Autos von der Fahrbahn ab und fahren gegen die Bäume. Der Gemeinderat beschließt in der gefährlichsten Kurve eine Leitplanke anbringen zu lassen, die verhindern soll, dass Autos gegen die Bäume fahren. Da die Gemeinde sparen muss, soll die Leitplanke möglichst kurz sein. Der Planungsausschuss überträgt den Verlauf der Straße von der Landkarte in ein geeignetes Koordinatensystem und findet heraus, dass er durch die Funktion zu $f(x) = -\frac{1}{16}x^3 + 0{,}75x^2 - 3x + 9$ beschrieben wird. Bei einer Fahrt in Richtung wachsender $x$-Werte befindet sich der letzte Baum in $B(3|4{,}75)$.

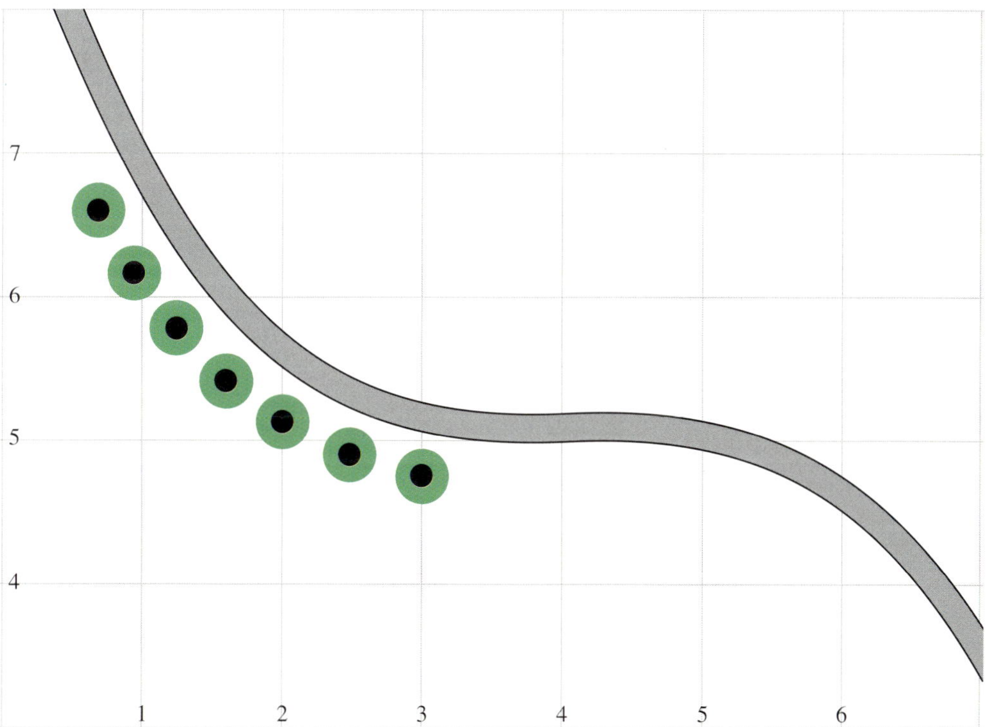


*Bild 247/1: Sicherung gefährlicher Kurven*

**12** Diskutieren Sie die Bedeutung von Regeln, z. B. anhand von Verkehrsregeln. Welche Bedeutung haben dagegen die Ableitungsregeln? Wo sehen Sie Unterschiede, wo Gemeinsamkeiten?

# 7 Untersuchung ganzrationaler Funktionen

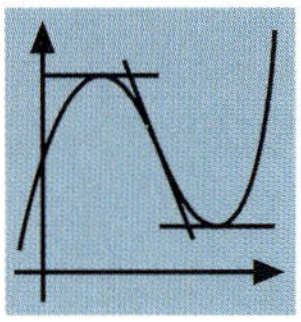

*In diesem Kapitel wird die Bedeutung und die Kraft des Begriffs der Ableitung bei der Untersuchung ganzrationaler Funktionen deutlich:*
*Die Ableitung $f'$ gibt Auskunft über die Funktion $f$.*

## 7.1 Lokale Extrema und Monotonie

AUFTRÄGE

**A1 Ertragsoptimierung**
Die Kosten $K(x)$ – in 1000 € – einer Ziegelei bei einer täglichen Produktion von $x$ Einheiten à 10 000 Ziegel können durch die Funktion $K$ zu

$$K(x) = 0{,}25x^3 - 3x^2 + 12x + 17$$

erfasst werden. Untersuchen Sie die Ertragslage der Firma, wenn die Ziegel für 0,80 € pro Stück verkauft werden können. Bei welcher Produktionsmenge ist der Gewinn am größten?

**A2 Wasserfontäne**
Aus der senkrecht nach oben gerichteten Düse einer Fontäne tritt Wasser mit einer Geschwindigkeit von 55 $\frac{\text{m}}{\text{s}}$ aus und erreicht nach $t$ Sekunden eine Höhe von $h(t)$ Metern.

Welche Höhe erreicht die Fontäne, wenn $h(t) \approx 55t - 5t^2$ gilt?

*Fontäne des Genfer Sees*

**A3 Autobatterie**
Der gebräuchlichste Typ von Autobatterien enthält mehrere Bleiplatten, deren Zwischenräume mit Schwefelsäure gefüllt sind. Die elektrische Leitfähigkeit $f$ der Säure ist von ihrer Konzentration $x$ abhängig. Bei einer Temperatur von 18° C gilt für Konzentationen zwischen 0 und 0,6 mol/$l$:

$$f(x) = -4{,}6\,x^4 + 13{,}75x^3 - 15{,}2x^2 + 5{,}9x.$$

Untersuchen Sie diese Funktion.

Bei welcher Säurekonzentration ist die Leitfähigkeit am größten?

AUFTRÄGE

**A4** **Die Ableitung gibt Auskunft**

Die Bilder 249/1 und 249/2 zeigen jeweils die Graphen einer Funktion $f$ und ihrer Ableitungsfunktion $f'$.

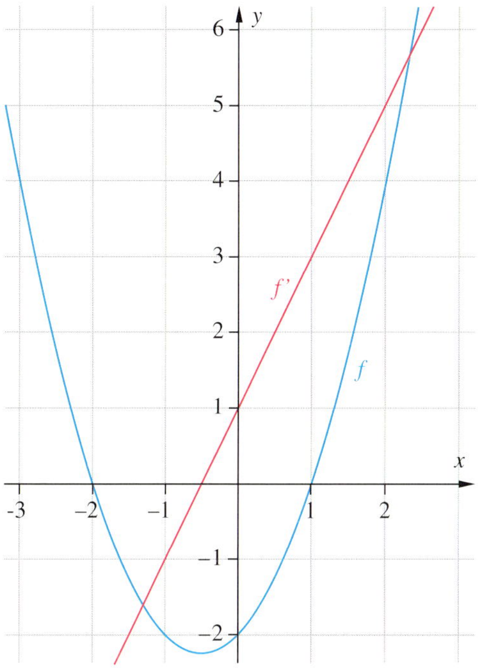


*Bild 249/1:* $f(x) = x^2 + x - 2$

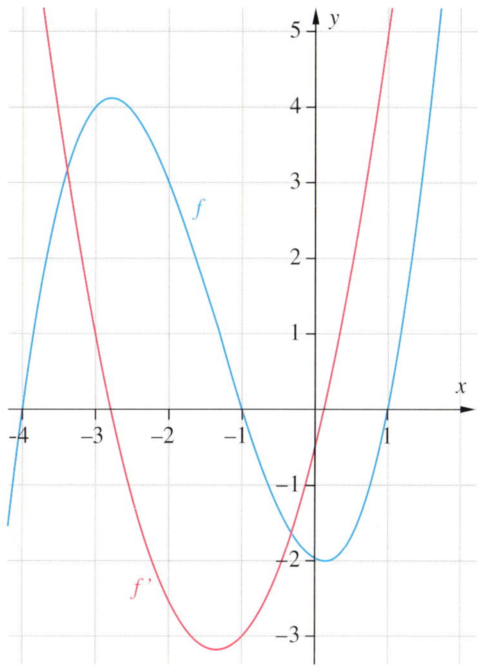


*Bild 249/2:* $f(x) = 0{,}5x^3 + 2x^2 - 0{,}5x - 2$

Untersuchen Sie das Verhalten von $f'$ an den Extremstellen von $f$.

Untersuchen Sie das Verhalten von $f'$ auf den Monotonieintervallen von $f$.

Versuchen Sie Ihre Ergebnisse zu begründen.

# Wo liegt das Maximum?

Wir bearbeiten **A1**. Wird täglich eine Einheit à 10000 Ziegel hergestellt, beträgt der Erlös $0{,}80\,€ \cdot 10000 = 8000\,€$. Bei einer täglichen Produktion von $x$ Einheiten kann der Erlös – in 1000 € – durch die Funktion zu $E(x) = 8x$ erfasst werden. Für den Gewinn $G(x)$ in 1000 € gilt dann bei einer Tagesproduktion von $x$ Einheiten:

$$\begin{aligned} G(x) &= E(x) - K(x) \\ &= 8x - (0{,}25x^3 - 3x^2 + 12x + 17) \\ &= 8x - 0{,}25x^3 + 3x^2 - 12x - 17 \\ &= -0{,}25x^3 + 3x^2 - 4x - 17. \end{aligned}$$

Die Ertragslage der Ziegelei bei einer Tagesproduktion von 0, 1, 2, 3, …, 10 Einheiten kann mit einem Tabellenkalkulationsprogramm berechnet und als Grafik ausgegeben werden.

| | A | B | C | D |
|---|---|---|---|---|
| 1 | x Einh. | Kosten K(x) | Erlös E(x) | Gewinn G(x) |
| 2 | 0 | 17,00 | 0,00 | -17,00 |
| 3 | 1 | 26,25 | 8,00 | -18,25 |
| 4 | 2 | 31,00 | 16,00 | -15,00 |
| 5 | 3 | 32,75 | 24,00 | -8,75 |
| 6 | 4 | 33,00 | 32,00 | -1,00 |
| 7 | 5 | 33,25 | 40,00 | 6,75 |
| 8 | 6 | 35,00 | 48,00 | 13,00 |
| 9 | 7 | 39,75 | 56,00 | 16,25 |
| 10 | 8 | 49,00 | 64,00 | 15,00 |
| 11 | 9 | 64,25 | 72,00 | 7,75 |
| 12 | 10 | 87,00 | 80,00 | -7,00 |
| 13 | | | | |

*Bild 250/1*

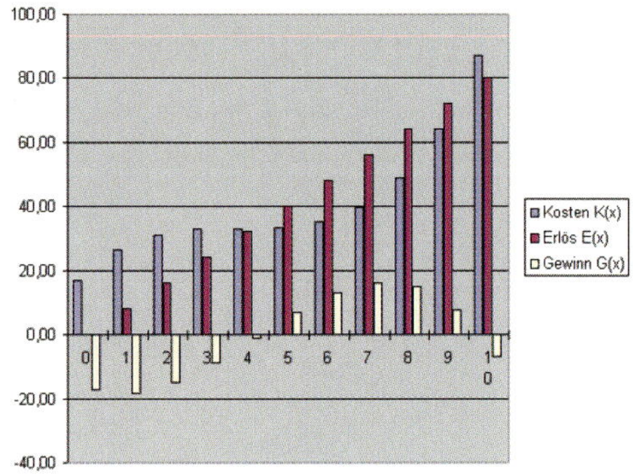


*Bild 250/2*

Danach macht die Ziegelei bei einer täglichen Produktion von 5 bis 9 Einheiten einen Gewinn. Sie erzielt den größten Gewinn bei einer Tagesproduktion von 7 Einheiten, also von 70 000 Ziegeln; der Gewinn beträgt dann $16{,}25 \cdot 1000\ € = 16\,250\ €$.

Vielleicht ist diese Information für die Betriebsleitung ausreichend. Man kann aber auch untersuchen, ob der Gewinn bei etwas weniger oder mehr als 7 Einheiten täglich nicht noch größer ausfällt und dazu den Graphen der Funktion $G$ mit einem Plotterprogramm zeichnen.

Nach Bild 250/3 empfiehlt es sich, etwas mehr als 70 000 Ziegel pro Tag herzustellen.

Wie könnte man die Stelle $a$, an der die Funktion $G$ ein lokales Maximum hat, genau bestimmen?

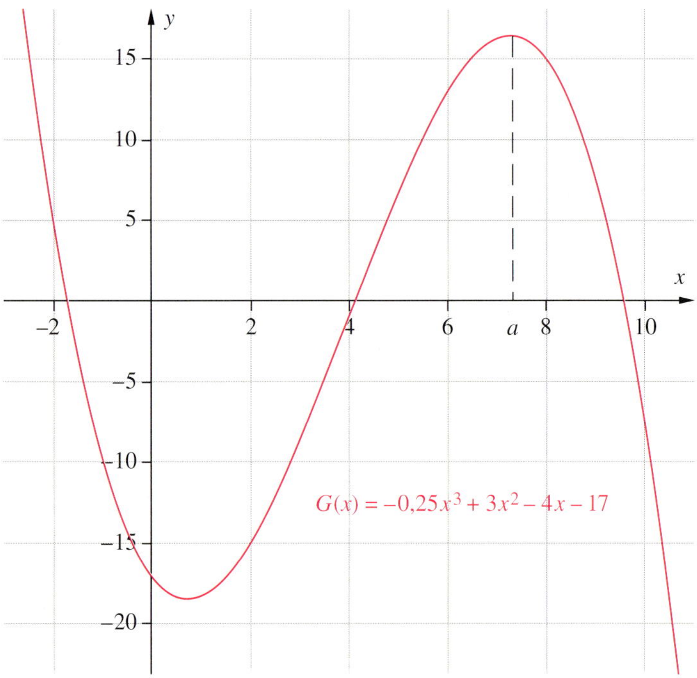


*Bild 250/3*

## Eine Bedingung für lokale Extrema

Bild 251/1 zeigt noch einmal den Graphen der Funktion $G$ in einer Umgebung der Stelle $a$.

Da $G$ an der Stelle $a$ ein lokales Maximum hat, gilt in einer Umgebung von $a$:

$$x < a \quad \Rightarrow \quad G(x) \leq G(a),$$
$$x > a \quad \Rightarrow \quad G(x) \leq G(a).$$

Für dem Betrag nach ausreichend kleine Zahlen $h$ folgt daraus

$$h < 0 \quad \Rightarrow \quad G(a+h) \leq G(a),$$
$$h > 0 \quad \Rightarrow \quad G(a+h) \leq G(a).$$

und damit

$$h < 0 \quad \Rightarrow \quad \frac{G(a+h)-G(a)}{h} \geq 0,$$
$$h > 0 \quad \Rightarrow \quad \frac{G(a+h)-G(a)}{h} \leq 0.$$

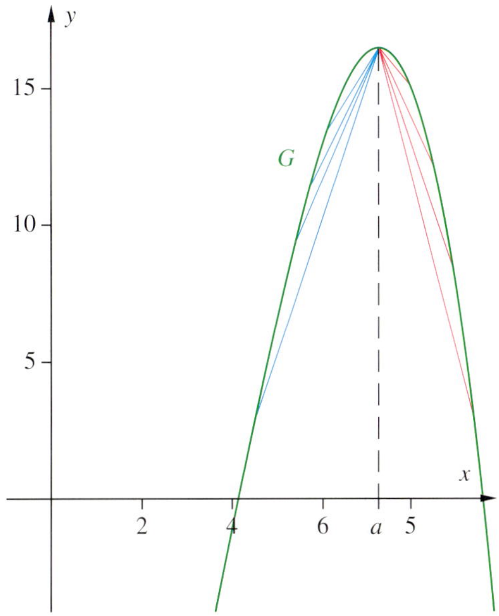


*Bild 251/1*

Der Differenzenquotient $\frac{G(a+h)-G(a)}{h}$ ist also für $h < 0$ nicht negativ und für $h > 0$ nicht positiv (Bild 251/1). Für die Ableitung $G'(a)$ muss daher gelten:

$$G'(a) = \lim_{h \to 0} \frac{G(a+h)-G(a)}{h} = 0.$$

Das entspricht auch der Anschauung:

Hat eine Funktion $f$ an einer Stelle $a$ ein lokales Maximum, dann hat der Graph von $f$ in $P(a|f(a))$ eine Tangente mit der Steigung 0, also eine waagerechte Tangente (Bild 251/2).

Auf die gleiche Weise lässt sich zeigen, dass der Graph einer Funktion $f$ auch bei einem lokalen Minimum eine waagerechte Tangente hat.

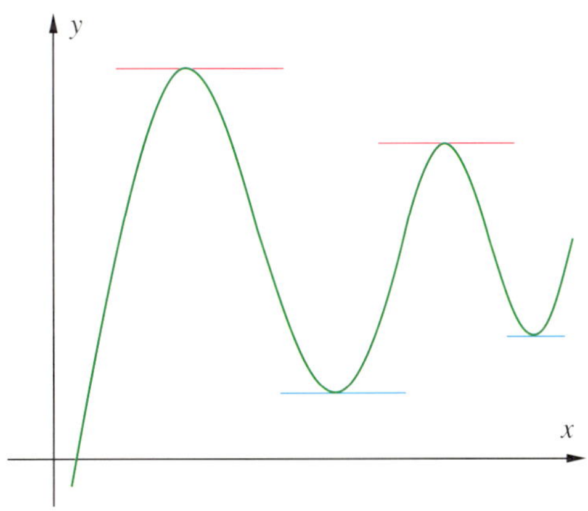


*Bild 251/2*

Es gilt:

**Satz 7.1** **Bedingung für lokale Extrema**
Hat eine differenzierbare Funktion $f$ an einer Stelle $a$ ein lokales Maximum oder Minimum, dann gilt: $f'(a) = 0$. ■

**Beispiel:** Wir wenden dieses Ergebnis auf die Gewinnfunktion $G$ der Ziegelei an:

$$G(x) = -0{,}25x^3 + 3x^2 - 4x - 17 \quad \Rightarrow \quad G'(x) = -0{,}75x^2 + 6x - 4$$
$$G'(x) = 0 \quad \Leftrightarrow \quad -0{,}75x^2 + 6x - 4 = 0 \quad \Leftrightarrow \quad -0{,}75\left(x^2 - 8x - \tfrac{4}{0{,}75}\right) = 0$$
$$\Leftrightarrow \quad x \approx 0{,}734 \vee x \approx 7{,}266$$

Der Graph von $G$ hat also nur an den Stellen $x \approx 0{,}734$ und $x \approx 7{,}266$ eine waagerechte Tangente. Nur dort können lokale Extrema der Funktion $G$ liegen (Bild 252/1).

Wir haben damit die Stelle $a$ berechnet, an der der Gewinn der Ziegelei maximal wird: $a \approx 7{,}266$. Außerdem können wir dem Betrieb mitteilen, dass beim Anlaufen der Produktion, also bei $b \approx 0{,}734$, die Gewinnfunktion ihren kleinsten Wert annimmt; daher ist der Verlust dann am größten.

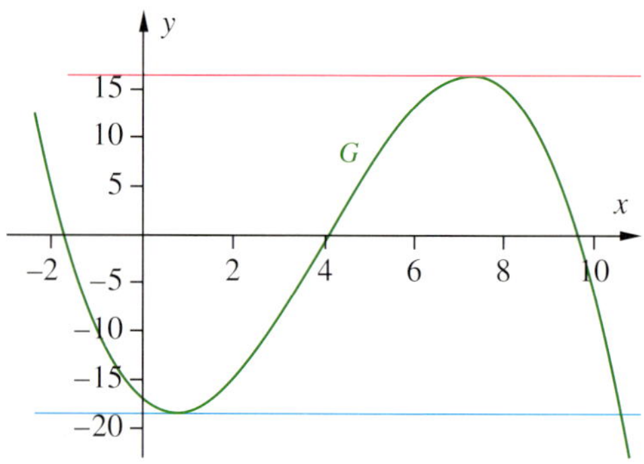

*Bild 252/1*

## Ein naheliegender Irrtum

In Satz 7.1 haben wir gezeigt, dass die lokalen Extrema einer Funktion $f$ an den Nullstellen ihrer Ableitung $f'$ liegen: Hat eine differenzierbare Funktion $f$ an der Stelle $a$ ein lokales Extremum, dann gilt $f'(a) = 0$.

Folgt umgekehrt aus $f'(a) = 0$, dass die Funktion $f$ dort ein lokales Extremum haben muss?

Bild 252/2 zeigt den Graphen der Funktion zu $f(x) = x^3 - 6x^2 + 12x - 5$. Offensichtlich hat der Graph im Punkt $P(2|3)$ eine waagerechte Tangente. Es gilt dort $f'(x) = 0$:

$$f'(x) = 3x^2 - 12x + 12 \quad \Rightarrow \quad f'(2) = 12 - 24 + 12 = 0.$$

Aber die Funktion $f$ hat an dieser Stelle weder ein lokales Maximum noch ein lokales Minimum, sie ist vielmehr durchgehend monoton steigend.

Ein lokales Extremum liegt an einer Stelle $a$ aber dann vor, wenn $f$ dort sein Monotonieverhalten ändert, also vom Steigen zum Fallen oder vom Fallen zum Steigen übergeht.

Es fragt sich deshalb, wie man entscheiden kann, wo eine Funktion $f$ monoton steigt und wo sie monoton fällt, wenn man den Graphen von $f$ nicht kennt.

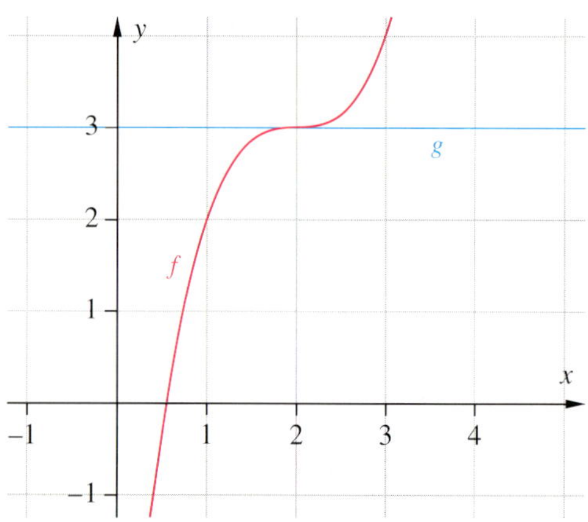

*Bild 252/2*

# Monotonie und Vorzeichen des Differenzenquotienten

Wir betrachten noch einmal den Graphen der Gewinnfunktion $G$.

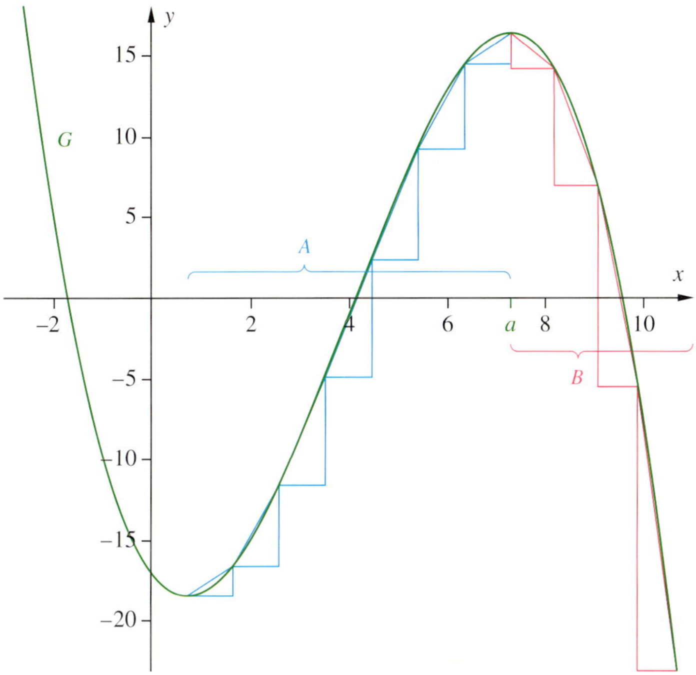


*Bild 253/1*

In einem Intervall $A$, in dem eine Funktion $f$ streng monoton steigt, gilt:

$$x_1 < x_2 \quad \Rightarrow \quad f(x_1) < f(x_2)$$

und damit

$$0 < x_2 - x_1 \quad \Rightarrow \quad 0 < f(x_2) - f(x_1),$$

also

$$\frac{f(x_2) - f(x_1)}{x_2 - x_1} > 0.$$

In einem Intervall $B$, in dem eine Funktion $f$ streng monoton fällt, gilt:

$$x_1 < x_2 \quad \Rightarrow \quad f(x_1) > f(x_2)$$

und damit

$$0 < x_2 - x_1 \quad \Rightarrow \quad 0 > f(x_2) - f(x_1),$$

also

$$\frac{f(x_2) - f(x_1)}{x_2 - x_1} < 0.$$

Ist eine Funktion also auf einem Intervall streng monoton steigend, dann sind dort alle Differenzenquotienten positiv; ist eine Funktion auf einem Intervall streng monoton fallend, dann sind dort alle Differenzenquotienten negativ.

Dieser Sachverhalt gilt auch „umgekehrt“. Sind nämlich auf einem Intervall $A$ alle Differenzenquotienten positiv

$$\frac{f(x_2)-f(x_1)}{x_2-x_1}>0,$$

dann gilt

$$\begin{array}{lll} x_2-x_1>0 & \Rightarrow & f(x_2)-f(x_1)>0, \text{ also} \\ x_1<x_2 & \Rightarrow & f(x_1)<f(x_2); \end{array}$$

$f$ ist also auf dem Intervall $A$ streng monoton steigend.

Sind alle Differenzenquotienten auf einem Intervall $B$ negativ, dann folgt ebenso, dass die Funktion dort streng monoton fällt.

Eine Funktion $f$ ist auf einem Intervall $A$ also genau dann monoton, wenn alle Differenzenquotienten auf $A$ das gleiche Vorzeichen haben.

# Monotonie und Vorzeichen der Ableitung

Da es sehr aufwendig wäre, alle Differenzenquotienten einer Funktion $f$ über einem Intervall $A$ auf ihre Vorzeichen zu überprüfen, liegt es nahe zu untersuchen, ob nicht auch das Vorzeichen der Ableitung $f'$ Auskunft über das Monotonieverhalten von $f$ im Intervall $A$ gibt. Die Ableitung $f'(x)$ ist definiert als der Grenzwert der Differenzenquotienten(funktion):

$$f'(x)=\lim_{h\to 0}\frac{f(x+h)-f(x)}{h}.$$

Nimmt der Term $\frac{f(x+h)-f(x)}{h}$ nur positive Werte an, dann kann auch der Grenzwert nicht negativ sein, d. h., es gilt:

$$\frac{f(x+h)-f(x)}{h}>0 \;\Rightarrow\; f'(x)\geq 0.$$

Gilt umgekehrt $f'(x)>0$, dann muss auch der Term $\frac{f(x+h)-f(x)}{h}$ zumindest für kleine Werte von $h$ positiv sein:

$$f'(x)>0 \;\Rightarrow\; \frac{f(x+h)-f(x)}{h}>0.$$

Anschaulich ist klar, dass dann auch alle Differenzenquotienten mit „großen“ $h$ positiv sind. Das ist auch richtig, aber eine sorgfältige Begründung dieser Aussage erfordert eine detaillierte Analyse der Verhältnisse von „kleinen“ und „großen“ Zahlen beziehungsweise Intervallen, die hier zu weit führte. Insgesamt gilt der folgende Monotoniesatz.

**Satz 7.2** **Monotoniesatz**

**1.** Ist eine differenzierbare Funktion $f$ auf einem Intervall $A$

| | |
|---|---|
| streng monoton steigend, | streng monoton fallend, |

dann gilt für alle $x \in A$

| | |
|---|---|
| $f'(x) \geq 0.$ | $f'(x) \leq 0.$ |

**2.** Ist eine Funktion $f$ auf einem Intervall $A$ differenzierbar und gilt für alle $x \in A$

| | |
|---|---|
| $f'(x) > 0,$ | $f'(x) < 0,$ |

dann ist die Funktion $f$ auf $A$

| | |
|---|---|
| streng monoton steigend. | streng monoton fallend. ■ |

Wir veranschaulichen die zweite Aussage des Monotoniesatzes noch einmal an dem Graphen der Gewinnfunktion $G$ (Bild 255/1).

Dort, wo der Graph und damit seine – blauen – Tangenten eine positive Steigung haben, wo also $G'(x) > 0$ gilt, ist $G$ streng monoton steigend. Dort, wo der Graph und damit seine – roten – Tangenten eine negative Steigung haben, wo also $G'(x) < 0$ gilt, ist $G$ streng monoton fallend.

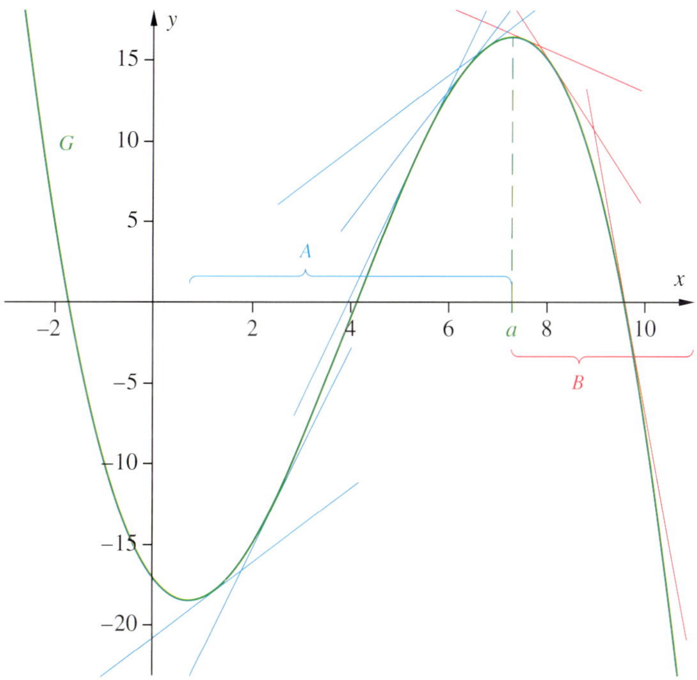


*Bild 255/1*

## Zur Bestimmung lokaler Extrema

Steigt eine Funktion $f$ streng monoton bis zu einer Stelle $a$ und fällt sie nach dieser Stelle streng monoton (Bild 255/2), dann hat sie an dieser Stelle $a$ ein lokales Maximum.

Fällt eine Funktion $f$ streng monoton bis zu einer Stelle $b$ und steigt sie nach dieser Stelle streng monoton, dann hat sie an dieser Stelle $b$ ein lokales Minimum.

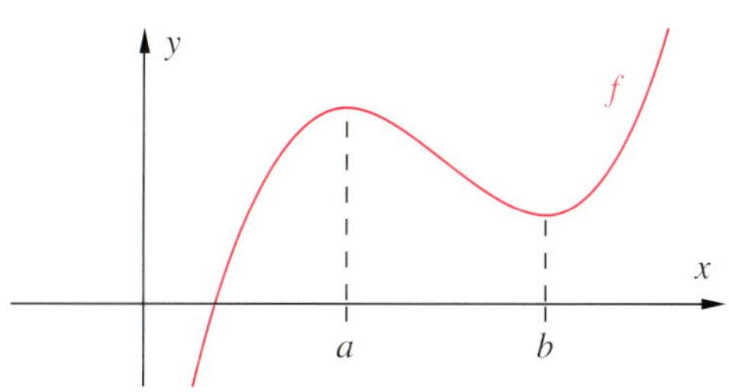


*Bild 255/2*

Aus Satz 7.1 folgt, dass dann (falls $f$ differenzierbar ist) $f'(a)=0$ und $f'(b)=0$ gilt. Aus Satz 7.2 folgt, dass $f'$ vor $a$ positiv und nach $a$ negativ ist und dass $f'$ vor $b$ negativ und nach $b$ positiv ist.

An den Stellen $a$ und $b$ wechselt die Ableitung $f'$ also ihr Vorzeichen. Es gilt:

**Satz 7.3**

**Lokale Extrema und Vorzeichenwechsel der Ableitung**

Ist eine Funktion $f$ differenzierbar und hat ihre Ableitung $f'$ an der Stelle $a$

| | |
|---|---|
| einen $(+,-)$-Vorzeichenwechsel, | einen $(-,+)$-Vorzeichenwechsel, |

dann hat die Funktion $f$ an der Stelle $a$

| | |
|---|---|
| ein lokales Maximum. | ein lokales Minimum. ■ |

Wir wenden diesen Satz abschließend auf die Gewinnfunktion $G$ an:

$$G(x) = -0{,}25x^3 + 3x^2 - 4x - 17 \quad \Rightarrow \quad G'(x) = -0{,}75x^2 + 6x - 4$$
$$G'(x) = 0 \quad \Leftrightarrow \quad -0{,}75\left(x^2 - 8x + \tfrac{4}{0{,}75}\right) = 0 \quad \Leftrightarrow \quad x_1 \approx 0{,}734 \vee x_2 \approx 7{,}266.$$

Es gilt also: $G'(x) = \underbrace{-0{,}75}\ \underbrace{(x - x_1)}\ \underbrace{(x - x_2)}$

| | $-0{,}75$ | $(x-x_1)$ | $(x-x_2)$ |
|---|---|---|---|
| vor $x_1$: | $<0$ | $<0$ | $<0$ |
| zwischen $x_1$ und $x_2$: | $<0$ | $>0$ | $<0$ |
| nach $x_2$: | $<0$ | $>0$ | $>0$ |

$G'(x)$ ist vor $x_1$ negativ, zwischen $x_1$ und $x_2$ positiv und nach $x_2$ negativ. $G'(x)$ hat damit in $x_1$ einen $(-,+)$-Vorzeichenwechsel, in $x_2$ einen $(+,-)$-Vorzeichenwechsel. Nach Satz 7.3 hat $G$ also an der Stelle $x_1$ ein lokales Minimum und an der Stelle $x_2$ ein lokales Maximum.

**ZUSAMMENFASSUNG**

Wir fassen die wichtigen Ergebnisse dieses Kapitels zusammen unter der Überschrift

## Die Ableitung $f'$ gibt Auskunft über die Funktion $f$

(Vergleiche Bild 257/1.)

1. Hat eine differenzierbare Funktion $f$ an einer Stelle $a$ ein lokales Extremum, dann gilt $f'(a)=0$. (Satz 7.1, Seite 251)

   Nur an den Nullstellen der Ableitung $f'$ können also lokale Extrema von $f$ liegen.

2. Ist die Ableitung $f'$ auf einem Intervall $A$ überall positiv (negativ), dann ist die Funktion $f$ dort streng monoton steigend (fallend). (Satz 7.2, Seite 255)

3. Hat die Ableitung $f'$ an der Stelle $a$ einen $(+,-)$-Vorzeichenwechsel (einen $(-,+)$-Vorzeichenwechsel) dann hat die Funktion $f$ dort ein lokales Maximum (Minimum). (Satz 7.3, Seite 256)

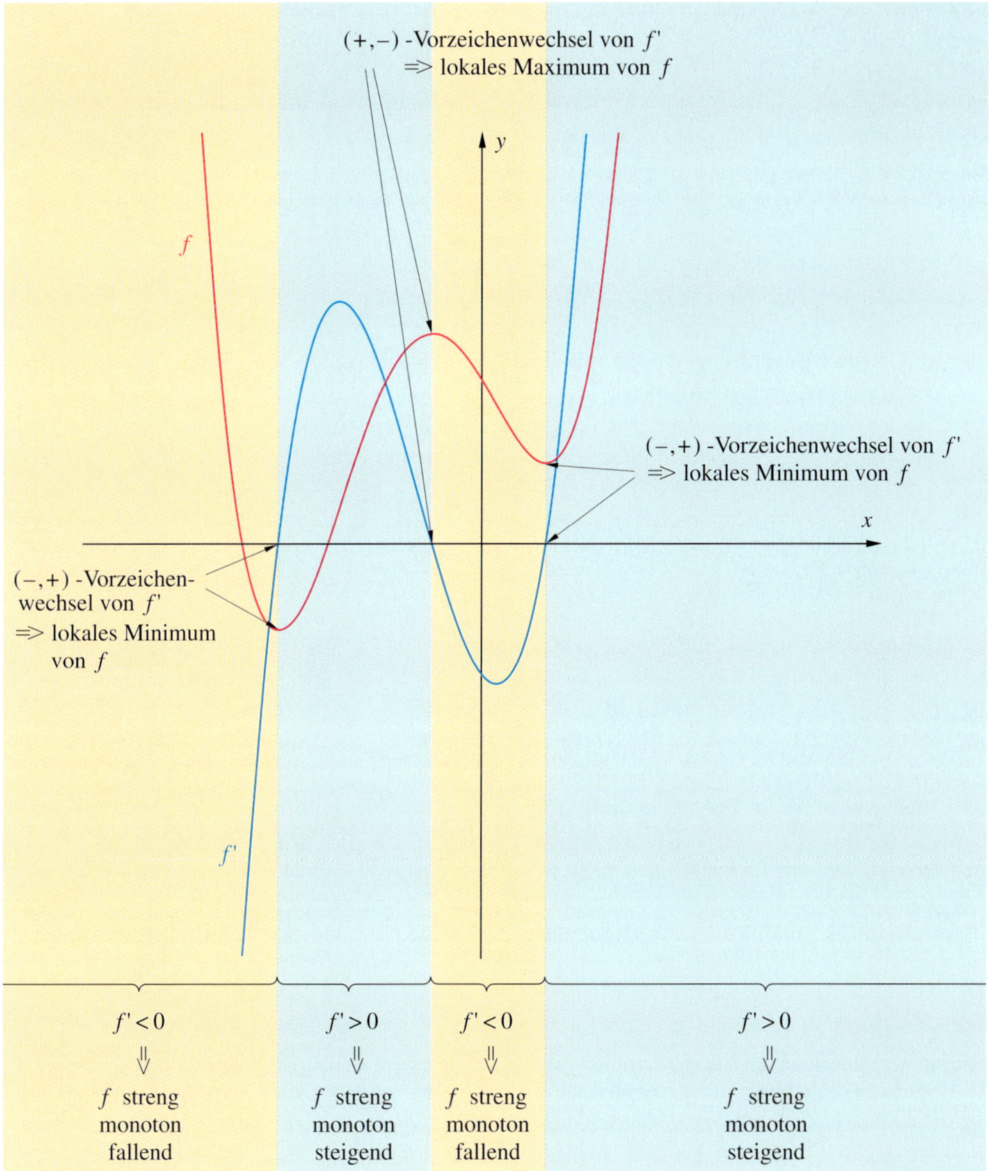


*Bild 257/1*

Auch nicht differenzierbare Funktionen können lokale Extremwertstellen besitzen; beispielsweise hat die Betragsfunktion zu $f(x) = |x|$ an der Stelle $x = 0$ ein lokales Minimum.

AUFGABEN

**1** An welchen Stellen hat der Graph der Funktion $f$ eine waagerechte Tangente?

**a)** $f(x) = 1 - x^2$
**b)** $f(x) = (x-2)^2$
**c)** $f(x) = x^3 + 1$
**d)** $f(x) = x^3 + x$
**e)** $f(x) = x^2 + 3x + 1$
**f)** $f(x) = 2x^3 - 3x^2 + 2$
**g)** $f(x) = x^5 - 5x - 1$
**h)** $f(x) = 5x^5 - x$
**i)** $f(x) = 2x^3 + 3x^2 - 12x + 1$
**j)** $f(x) = 3x^4 - 4x^3 - 6x^2 + 12x + 12$
**k)** $f(x) = x^4 - 8x^3 + 22x^2 - 24x + 3$
**l)** $f(x) = x^5 + x^3 + x + 1$

**2** Begründen Sie – ohne Satz 7.1 (Seite 251) zu verwenden –, dass eine differenzierbare Funktion $f$ an einer Stelle $a$ mit $f'(a) \neq 0$ kein lokales Extremum haben kann.

**3** **a)** Geben Sie drei Beispiele für eine Funktion $f$ und jeweils eine Stelle $a$ mit $f'(a) = 0$, an der $f$ kein lokales Extremum hat.
**b)** Geben Sie drei Beispiele für eine Funktion $f$ und jeweils eine Stelle $a$ an, für die die Funktion $f$ nicht differenzierbar ist, aber ein lokales Extremum besitzt.

## Monotonie

**4** Ermitteln Sie die Monotoniebereiche der Funktion $f$.

**a)** $f(x) = x^2 - 4$
**b)** $f(x) = x^2 - 3x$
**c)** $f(x) = (x-4)^2$
**d)** $f(x) = (x+2)^2 + 1$
**e)** $f(x) = x^2 + 2x + 2$
**f)** $f(x) = \frac{1}{2}x^4 - x^2 + 1$
**g)** $f(x) = (x-1)^3$
**h)** $f(x) = x^5 - 5x^2 + 5$
**i)** $f(x) = x^3 + 3x^2 - 45x + 1$

**5** Untersuchen Sie die Potenzfunktionen zu $f_n(x) = x^n$ auf Monotonie.

**6** Untersuchen Sie die Funktionen zu $f_n(x) = (x-3)^n$ auf Monotonie.

**7** Beweisen Sie mithilfe des Monotoniesatzes (Seite 255) die Gültigkeit der Ungleichung.

**a)** $x^3 - 12x + 16 \geq 0$ für $x \geq 2$
**b)** $x^3 - 3x^2 - 9x + 27 \geq 0$ für $x \geq 3$
**c)** $x^3 - x^2 + 3x \geq 3$ für $x \geq 1$
**d)** $x^3 + 6x + 7 \geq 0$ für $x \geq -1$
**e)** $x^5 - 5x^4 + 256 \geq 0$ für $x \geq 4$
**f)** $2x^5 - 5x^4 - 10x^3 \geq 0$ für $x \geq 3$

*Anleitung:* Untersuchen Sie die Funktion zu dem angegebenen Term auf Monotonie.

**8** Erläutern Sie den folgenden Satz an einer Zeichnung und beweisen Sie ihn:
Gilt für zwei über einem Intervall $[a;b]$ differenzierbare Funktionen $f(a) = g(a)$ und $f'(x) < g'(x)$ für alle $x \in ]a;b[$, dann gilt für alle $x \in ]a;b[$ auch $f(x) < g(x)$.
*Anleitung:* Betrachten Sie die Funktion zu $h(x) = f(x) - g(x)$.

## Lokale Extrema

**9** Bestimmen Sie die lokalen Maxima und Minima der Funktion $f$.

**a)** $f(x) = 1 - x^2$
**b)** $f(x) = x^2 - 4x$
**c)** $f(x) = x^3 + 12x$
**d)** $f(x) = x^5 - 5x$
**e)** $f(x) = x^3 - 27x$
**f)** $f(x) = x^{101} + x$

**10** Die Bilder 259/1 und 259/2 zeigen jeweils die Graphen einer Funktion $f$ und ihrer Ableitung $f'$. Welcher Graph gehört jeweils zu $f$? Erläutern Sie die Sätze dieses Abschnitts an diesen Bildern.

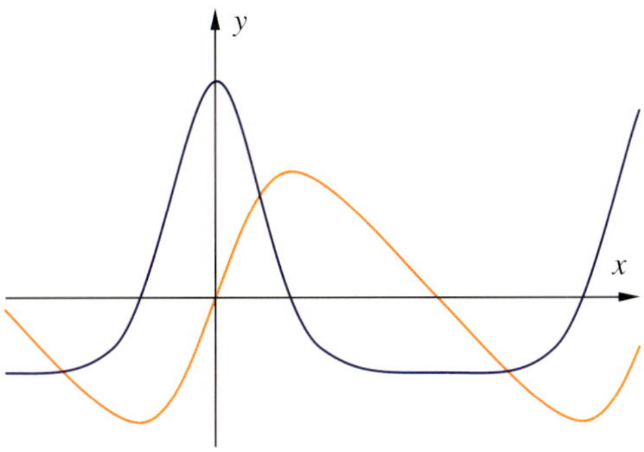


*Bild 259/1*

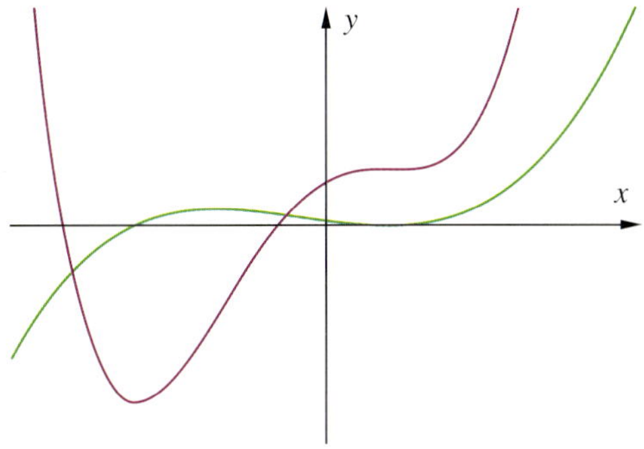


*Bild 259/2*

**11** Zeichnen Sie mit einem Funktionsplotter mehrere Bilder wie zu Aufgabe 10.

**12** Bild 259/3 zeigt einen Funktionsgraphen. Pausen Sie ihn ab und skizzieren Sie den Graphen der zugehörigen Ableitung.

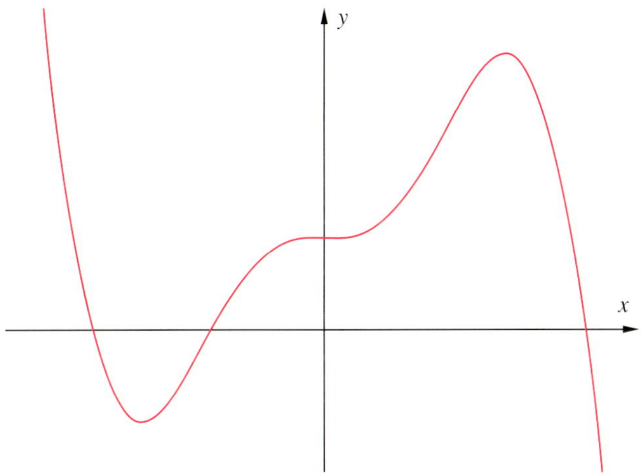


*Bild 259/3*

**13** Bild 259/4 zeigt den Graphen einer Ableitung $f'$. Pausen Sie ihn ab und skizzieren Sie den Graphen einer zugehörigen Funktion $f$.

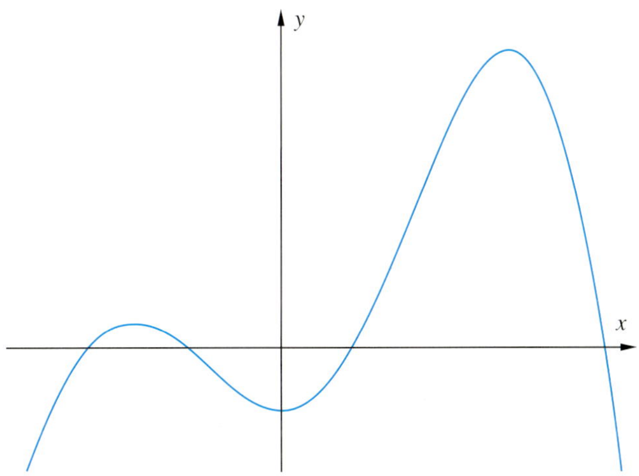


*Bild 259/4*

**14** Bestimmen Sie den maximalen Gewinn im Arbeitsauftrag **A1** (Seite 248) bei einem Verkaufspreis von 0,90 € (1,00 €) je Ziegel.

**15** Bestimmen Sie die Produktionsmenge, bei der bei einem Stückpreis von $p$ € der Ertrag am größten ist. $K(x)$ sind die Kosten in 1000 € bei einer Produktion von $x$ Einheiten à 10 000 Stück.

**a)** $K(x) = x^3 - 12x^2 + 55x,\ p = 2{,}5$

**b)** $K(x) = \frac{1}{3}x^3 - 5x^2 + 25x + 19,\ p = 0{,}9$

**c)** $K(x) = 0{,}25x^3 - 4{,}5x^2 + 27{,}25x + 15,\ p = 0{,}7$

**d)** $K(x) = \frac{1}{3}x^3 - 4{,}5x^2 + 20{,}35x + 18,\ p = 1{,}1$

**16** Im Folgenden sind Auszüge aus einer – im Original lateinischen – Abhandlung über Maxima und Minima von Pierre de Fermat (vergleiche Seite 84) aus dem Jahr 1629 dargestellt.

Wir lassen ein Beipiel folgen: Die Strecke $AC$ (Fig. 1) ist im Punkte $E$ so zu teilen, daß das Rechteck $AEC$ ein Maximum wird.

Fig. 1

Die Strecke $AC$ sei mit $b$ bezeichnet, für den einen Teil von $b$ setzen wir etwa $a$, also ist der noch übrige Teil von $b$ gleich $b - a$ und das aus den beiden Abschnitten gebildete Rechteck gleich $b \cdot a - a^2$, hierfür soll der größte Wert gefunden werden.

Setzen wir für den einen Teil von $b$ neuerdings $a + e$, so ist der noch übrige Teil gleich $b - a - e$ und das aus den beiden Abschnitten gebildete Rechteck gleich

$$b \cdot a - a^2 + b \cdot e - 2a \cdot e - e^2,$$

dies ist näherungsweise gleichzusetzen obigem Rechteck $b \cdot a - a^2$.
Nach Wegfall der gemeinsamen Glieder erhält man $b \cdot e \approx 2a \cdot e + e^2$.
Wird alles durch $e$ dividiert, so bleibt $b \approx 2a + e$.
Wird $e$ gestrichen, so ergibt sich $b = 2a$.

Also ist zur Lösung der Aufgabe $b$ zu halbieren. Eine allgemeinere Methode kann man wohl nicht angeben.

**a)** Geben Sie Fermats Gedankengang in Ihren Worten wieder.

**b)** Versuchen Sie seine Methode zu begründen. Was meint er mit dem letzten Satz?

**c)** in der Abhandlung heißt es an späterer Stelle:

Ich will mit Hilfe meiner Methode eine gegebene Strecke $AC$ im Punkt $B$ so teilen, daß das Produkt aus dem Quadrate über $AB$ und der Strecke $BC$ das größte von allen Produkten wird, die in derselben Weise entstehen, indem man also die Strecke $AC$ in irgendeinem Punkte [in zwei Teile] teilt.

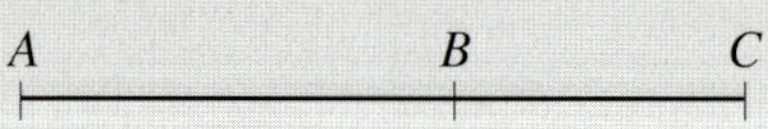


Wenden Sie Fermats Methode auf dieses Problem an.

**d)** Lösen Sie das Problem aus c) mit den Methoden dieses Abschnitts.

**e)** Vergleichen Sie das Vorgehen in c) und in d).

# 7.2 Krümmung und Wendestellen

**A1 Computer-Tomogramme**

Bei der „Computer-Tomographie" werden von Patienten viele Schnittbilder senkrecht zu einer Körperachse aufgenommen. Aus diesen Schnittbildern soll dann mithilfe eines Computers ein dreidimensionales Bild des erkrankten Organs oder Knochens konstruiert werden. Dazu benötigt man ein Programm, das zunächst Schnittbild für Schnittbild die Umrisse der Organe und Knochen markiert.

Die Schnittbilder, die der Computer-Tomograph liefert, bestehen aus einem Raster von $1000 \times 1000$ Punkten und Zahlen, die die Helligkeit des Bildes in den Rasterpunkten angeben. Zur Bestimmung der Koordinaten der Umrisspunkte trägt man zeilenweise die Helligkeitswerte über dem Abstand der Rasterpunkte vom linken Rand des Bildes auf und erhält die Graphen der Helligkeitsfunktionen über Schnittbildzeilen.

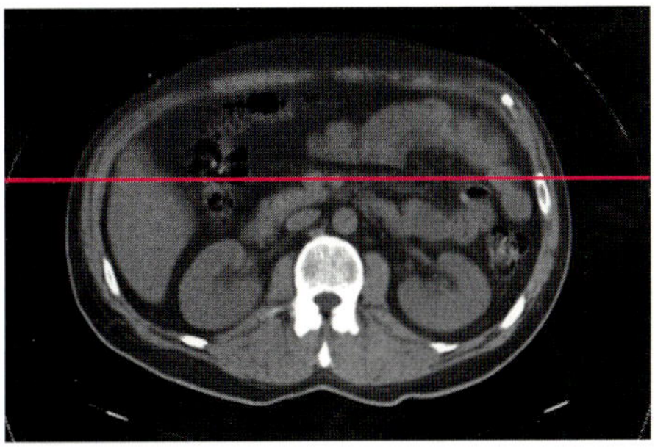

*Bild 261/1: Computer-Tomogramm*

Die Schnittpunkte von Organumrissen und der Schnittbildzeile befinden sich an Stellen, in denen die Helligkeit besonders stark ansteigt oder abfällt. Das Programm ermittelt daher zunächst Bereiche, über denen die Steigung der Helligkeitsfunktion dem Betrag nach besonders groß ist.

Um die Lage der gesuchten Umrisspunkte zu bestimmen, nähert man die Helligkeitsfunktionen über diesen Bereichen mithilfe ganzrationaler Funktionen an. Die gesuchten Punkte müssen sich nun dort befinden, wo die Steigung der Helligkeitsfunktion maximal wird.

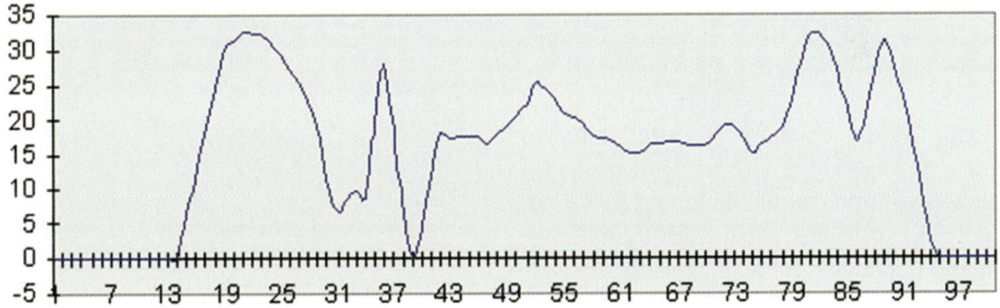


*Bild 261/2: Helligkeitsfunktion zu einer Zeile eines Computer-Tomogramms*

Die in Bild 261/2 dargestellte Helligkeitsfunktion wird über dem Intervall [74; 80] durch die Funktion $h$ zu

$$h(x) = 1{,}65 \cdot 10^{-7} \cdot x^4 - 5{,}19 \cdot 10^{-5} \cdot x^3 + 6{,}11 \cdot 10^{-3} \cdot x^2 - 4{,}84 \cdot 10^{-3} \cdot x - 2{,}09$$

mit hinreichender Genauigkeit beschrieben.

AUFTRÄGE

AUFTRÄGE

**A2** **100-m-Lauf**

Um festzustellen, zu welchem Zeitpunkt ein 100-m-Sprinter seine Höchstgeschwindigkeit erreicht, erstellt sein Trainer anhand einer Videoaufzeichnung ein Weg-Zeit-Diagramm. Der Lauf kann hinreichend gut durch die Weg-Zeit-Funktion $s$ zu $s(t) = 0{,}0056t^4 - 0{,}2t^3 + 2{,}t$ beschrieben werden, wobei $s$ in Metern und $t$ in Sekunden gemessen wird.

**A3** **Kurvenlage**

Die Geschicklichkeit von Motorradfahrern zeigt sich besonders in den Kurven der Rennstrecke. Häufig werden Schikanen in die Strecke eingebaut, so dass mehrere Kurven in kurzen Abständen aufeinander folgen. Für die Rennfahrer kommt es zwischen zwei Kurven entscheidend darauf an, die richtige Stelle zum Wechsel der Kurvenlage von rechts nach links oder umgekehrt zu finden. Die beste Linie, längs der ein Rennfahrer sein Motorrad durch einen Rennkurs steuern kann, heißt Ideallinie.

An welchen Stellen muss ein Rennfahrer seine Kurvenlage wechseln, wenn sich die Ideallinie durch die Funktion $f$ zu $f(x) = -0{,}05x^4 + 1{,}2x^2 + 2$ für $x \in [-5;\ 5]$ beschreiben lässt? Die Einheit für $x$ und $f(x)$ ist jeweils 10 Meter.

## Krümmung

Wir bearbeiten **A3**. Bild 262/1 zeigt die Ideallinie. Offensichtlich hat der Fahrer bei dieser Schikane – wenn er in Richtung steigender $x$-Werte fährt – zunächst eine Rechtskurve, dann eine Linkskurve und schließlich wieder eine Rechtskurve zu durchfahren. Der Graph von $f$ ist zunächst rechtsgekrümmt, dann linksgekrümmt und schließlich wieder rechtsgekrümmt. Es fragt sich, wie man die Rechtskrümmung eines Graphen oder seine Linkskrümmung analytisch erfassen kann.

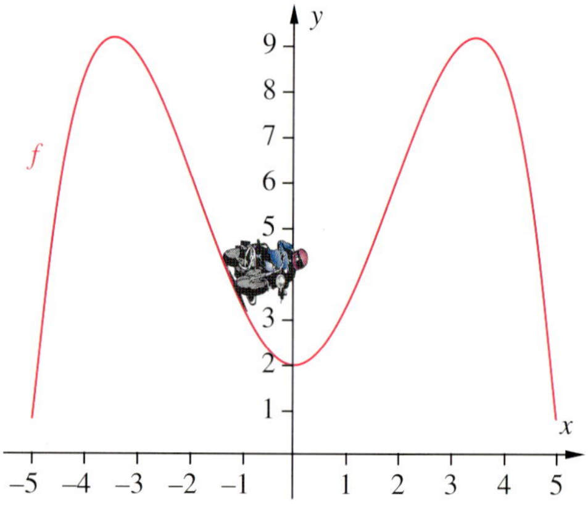


*Bild 262/1*

In Bild 263/1 sieht man, dass bei einem rechtsgekrümmten Graphen alle Tangenten oberhalb des Graphen liegen, während bei einem linksgekrümmten Graphen (Bild 263/2) alle Tangenten unterhalb des Graphen liegen. Weiter nimmt bei einem rechtsgekrümmten Graphen die Steigung der Tangenten im Punkt $P(a|f(a))$ mit wachsendem $a$ ab, während bei einem linksgekrümmten Graphen die Steigung der Tangenten mit wachsendem $a$ zunimmt. Die Steigung der Tangente im Punkt $P(a|f(a))$ ist definitionsgemäß $f'(a)$. Wir definieren deshalb:

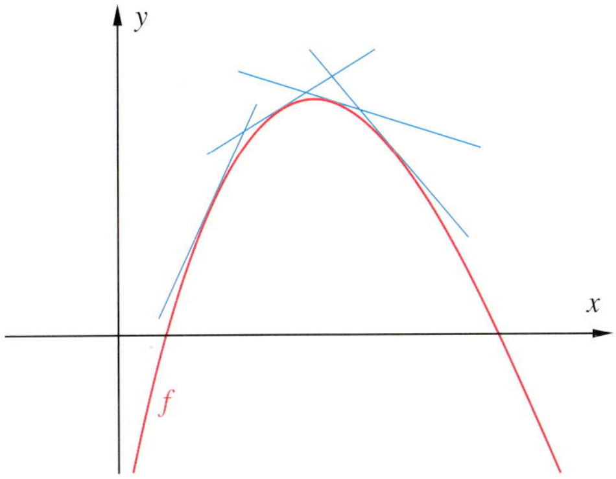


*Bild 263/1: rechtsgekrümmter Graph*

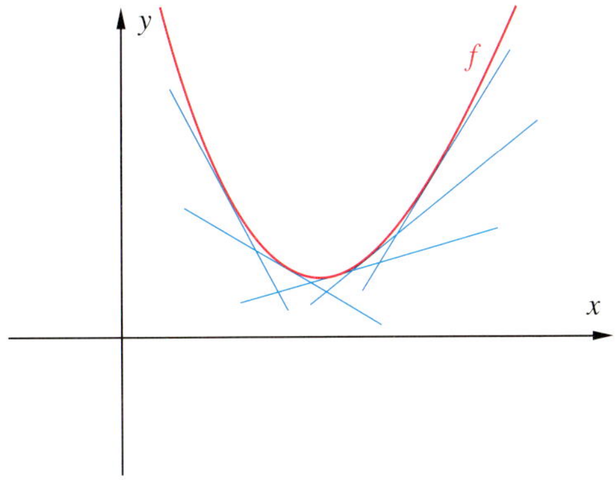


*Bild 263/2: linksgekrümmter Graph*

**Definition 7.1** **linksgekrümmt, rechtsgekrümmt**

Der Graph einer über einem Intervall $A$ differenzierbaren Funktion $f$ heißt

| | |
|---|---|
| linksgekrümmt, | rechtsgekrümmt, |
| wenn $f'$ über $A$ streng monoton | |
| steigt. | fällt. ■ |

Nach Satz 7.2 (Seite 255) gibt die Ableitung einer Funktion Auskunft über ihr Monotonieverhalten. Ist die Funktion $f'$ ihrerseits differenzierbar, so gibt ihre Ableitung, also $(f')'$, Auskunft über das Monotonieverhalten von $f'$ und damit über das Krümmungsverahlten von $f$.

Die Ableitung einer Ableitungsfunktion $f'$ nennt man **zweite Ableitung** von $f$ und bezeichnet sie mit $f''$ (gelesen „f zwei Strich"); es ist also $f'' = (f')'$.

Entsprechend kann man weitere Ableitungen ($f'''$, $f^{(4)}$, ...) definieren (Aufgaben 1 bis 4, Seite 268).

Ist $f''$ auf einem Intervall $A$ positiv bzw. negativ, dann ist $f'$ dort streng monoton steigend bzw. fallend, der Graph von $f$ also linksgekrümmt bzw. rechtsgekrümmt.

**Satz 7.4**

Ist eine Funktion $f$ über einem Intervall $A$ zweimal differenzierbar, existieren also $f'$ und $f''$, und gilt für alle $x \in A$

| | |
|---|---|
| $f''(x) > 0$, | $f''(x) < 0$ |
| so ist der Graph von $f$ über $A$ | |
| linksgekrümmt. | rechtsgekrümmt. ■ |

Mithilfe dieses Satzes können wir ermitteln, wo die Ideallinie rechts- bzw. linksgekrümmt ist:

$$f(x) = -0{,}05x^4 + 1{,}2x^2 + 2$$
$$\Rightarrow f'(x) = -0{,}2x^3 + 2{,}4x$$
$$\Rightarrow f''(x) = -0{,}6x^2 + 2{,}4 = -0{,}6\,(x^2 - 4) = -0{,}6\,(x-2)(x+2).$$

Der Graph von $f$ ist also für $x < -2$ und für $x > 2$ rechtsgekrümmt und für $-2 < x < 2$ linksgekrümmt. An den Stellen $-2$ und $2$ wechselt der Graph von $f$ sein Krümmungsverhalten, man bezeichnet sie daher als **Wendestellen**.

**Defintion 7.2 Wendestellen**
Eine Stelle $a$ heißt Wendestelle der Funktion $f$, wenn der Graph von $f$ an dieser Stelle sein Krümmungsverhalten wechselt. ■

Das Krümmungsverhalten des Graphen von $f$ ändert sich genau dort, wo sich das Monotonieverhalten von $f'$ ändert; das ist der Fall, wenn $f''$ einen Vorzeichenwechsel hat.

**Satz 7.5** Für eine zweimal differenzierbare Funktion $f$ gilt: Hat $f''$ an der Stelle $a$ einen Vorzeichenwechsel, dann ist $a$ eine Wendestelle von $f$. ■

Ist umgekehrt $a$ eine Wendestelle von $f$, dann hat $f'$ an dieser Stelle ein Extremum und deshalb ist nach Satz 7.3 (Seite 256) $f''(a) = 0$.

**Satz 7.6** Ist $a$ Wendestelle einer zweimal differenzierbaren Funktion $f$, so gilt $f''(a) = 0$. ■

# Zur Bestimmung lokaler Extrema

In Bild 264/1 sieht man, dass der Graph einer Funktion $f$ jeweils in der Umgebung eines lokalen Maximums rechtsgekrümmt beziehungsweise in der Umgebung eines lokalen Minimums linksgekrümmt ist; dies ist nach Satz 7.4 der Fall, wenn in der Umgebung eines lokalen Maximums $f''(x) > 0$ und in der Umgebung eines lokalen Minimums $f''(x) < 0$ ist.

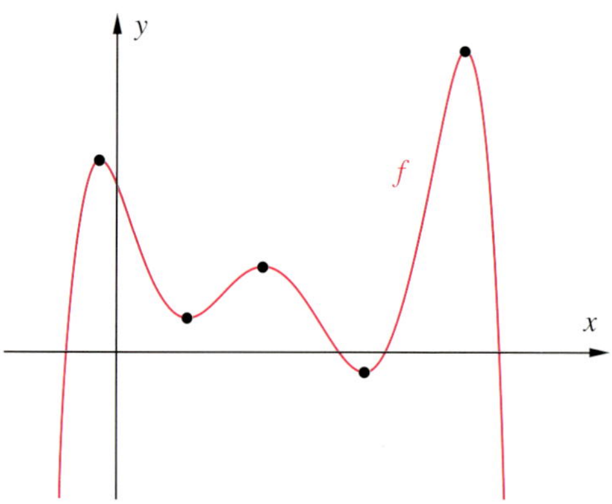

Bild 264/1

Hat also die Ableitung einer Funktion $f$ an der Stelle $a$ eine Nullstelle, gilt also $f'(a) = 0$, dann hat $f$ dort ein lokales Maximum (Minimum), falls $f''(x)$ in einer Umgebung von $a$ negativ (positiv) ist.

Es genügt sogar, das Vorzeichen von $f''$ nur an der Stelle $a$ selbst zu betrachten. Gilt nämlich $f''(a) < 0$, also

$$f''(a) = \lim_{h \to 0} \frac{f'(a+h) - f'(a)}{h} < 0,$$

dann kann der Differenzenquotient für hinreichend kleine $h$ nur negative Werte annehmen:

$$\frac{f'(a+h) - f'(a)}{h} < 0.$$

Der Zähler und der Nenner dieses Terms haben dann verschiedene Vorzeichen:

$$h < 0 \quad \Rightarrow \quad f'(a+h) - f'(a) > 0,$$
$$h > 0 \quad \Rightarrow \quad f'(a+h) - f'(a) < 0.$$

Die erste Ungleichung besagt: Für negative $h$ ist $f'(a+h) > f'(a)$, d.h. vor $a$ gilt wegen $f'(a) = 0$

$$f'(a+h) > 0.$$

Die zweite Ungleichung besagt: Für positive $h$ ist $f'(a+h) < f'(a)$, d.h. nach $a$ gilt wegen $f'(a) = 0$

$$f'(a+h) < 0.$$

Also hat im Fall $f'(a) = 0$ und $f''(a) < 0$ die Funktion $f'$ an der Stelle $a$ einen $(+,-)$-Vorzeichenwechsel. Nach Satz 7.3 (Seite 256) hat dann die Funktion $f$ dort ein lokales Maximum. Ebenso zeigt man, dass im Fall $f'(a) = 0$ und $f''(a) > 0$ die Funktion $f'$ an der Stelle $a$ einen $(-,+)$-Vorzeichenwechsel und damit die Funktion $f$ dort ein lokales Minimum hat.

**Satz 7.7** **Bestimmung lokaler Extrema**

Ist eine Funktion $f$ an einer Stelle $a$ zweimal differenzierbar und gilt

| $f'(a) = 0$ und $f''(a) < 0$, | $f'(a) = 0$ und $f''(a) > 0$, |
|---|---|

so hat die Funktion $f$ an der Stelle $a$ ein

| lokales Maximum. | lokales Minimum. ■ |
|---|---|

## Zur Bestimmung von Wendestellen

Die Überlegungen, die zu diesem Satz geführt haben, lassen sich statt auf die Funktion $f'$ ebenso auf die Funktion $f''$ anwenden:

Gilt $f''(a) = 0$ und $f'''(a) \neq 0$, so hat $f''$ an der Stelle $a$ einen Vorzeichenwechsel, also hat $f$ nach Satz 7.5 (Seite 264) eine Wendestelle. Es gilt also:

**Satz 7.8** **Bestimmung von Wendestellen**

Ist eine Funktion $f$ an einer Stelle $a$ zweimal differenzierbar und gilt $f''(a) = 0$ und $f'''(a) \neq 0$, so ist $a$ eine Wendestelle von $f$. ■

Wir wenden die letzten beiden Sätze abschließend auf die oben (Seite 262 und 263) betrachtete Funktion $f$ zur Ideallinie an.

### 1. Bestimmung der lokalen Extrema von $f$

$$f(x) = -0{,}05x^4 + 1{,}2x^2 + 2 \quad \Rightarrow \quad f'(x) = -0{,}2x^3 + 2{,}4x$$

$$\begin{aligned} f'(x) = 0 \quad &\Leftrightarrow \quad -0{,}2x^3 + 2{,}4x = 0 \\ &\Leftrightarrow \quad -0{,}2x(x^2 - 6) = 0 \\ &\Leftrightarrow \quad x = 0 \ \vee \ x = \sqrt{6} \ \vee \ x = -\sqrt{6} \end{aligned}$$

Die Funktion $f$ kann daher nur an den Stellen 0, $\sqrt{6}$ und $-\sqrt{6}$ lokale Extrema haben.

Nun bestimmt man $f''$ an diesen Stellen.

$$f''(x) = -0{,}6x^2 + 2{,}4 \quad \Rightarrow \quad f''(0) = 2{,}4; \quad f''(\sqrt{6}) = -0{,}6 \cdot 6 + 2{,}4 = -1{,}2$$
$$\text{und} \quad f''(\sqrt{-6}) = -0{,}6 \cdot 6 + 2{,}4 = -1{,}2.$$

Wegen $f'(0) = 0$ und $f''(0) = 2{,}4 > 0$ hat $f$ nach Satz 7.7 an der Stelle 0 ein lokales Minimum. Es ist $f(0) = 2$; $T(0|2)$ ist ein lokaler Tiefpunkt des Graphen von $f$.

Wegen $f'(\sqrt{6}) = 0$ und $f''(\sqrt{6}) < 0$ hat $f$ an der Stelle $\sqrt{6}$ ein lokales Maximum. Ebenso hat $f$ an der Stelle $-\sqrt{6}$ wegen $f'(-\sqrt{6}) = 0$ und $f''(-\sqrt{6}) < 0$ ein lokales Maximum. Es ist $f(-\sqrt{6}) = f(\sqrt{6}) = 7{,}4$; $H_1(-\sqrt{6}\,|\,7{,}4)$ und $H_2(\sqrt{6}\,|\,7{,}4)$ sind lokale Hochpunkte des Graphen von $f$.

Von der Gültigkeit dieser Ergebnisse kann man sich auch am Graph der Funktion $f$ (Bild 266/1) überzeugen.

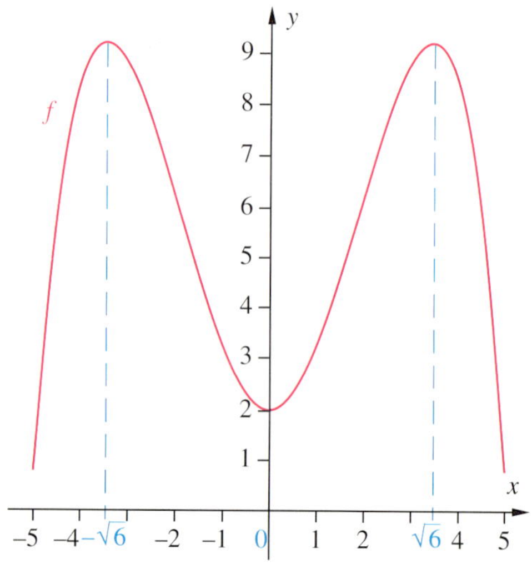


*Bild 266/1*

## 2. Bestimmung der Wendestellen von $f$

$$f(x) = -0{,}05x^4 + 1{,}2x^2 + 2 \quad \Rightarrow \quad f''(x) = -0{,}6x^2 + 2{,}4$$

$$\begin{aligned} f''(x) = 0 \quad &\Leftrightarrow \quad -0{,}6x^2 + 2{,}4 = 0 \\ &\Leftrightarrow \quad -0{,}6\,(x^2 - 4) = 0 \\ &\Leftrightarrow \quad x = 2 \ \lor \ x = -2 \end{aligned}$$

Die Funktion $f$ kann also nur an den Stellen 2 und $-2$ Wendestellen haben. Nun bestimmt man $f'''$ an diesen Stellen.

$$f'''(x) = -12x \quad \Rightarrow \quad f'''(2) = -1{,}2 \cdot 2 = -2{,}4; \quad f'''(-2) = -1{,}2 \cdot (-2) = 2{,}4.$$

Wegen $f''(2) = 0$ und $f'''(2) \neq 0$ hat $f$ also nach Satz 7.8 an der Stelle 2 eine Wendestelle; das gleiche gilt wegen $f''(-2) = 0$ und $f'''(-2) \neq 0$ für die Stelle $-2$. Es ist $f(-2) = f(2) = 6$; $W_1(-2\,|\,6)$ und $W_2(2\,|\,6)$ sind Wendepunkte des Graphen von $f$. Auch dieses Ergebnis kann man an Bild 266/1 überprüfen.

## Wir fassen zusammen

Im letzten Abschnitt haben wir gesehen, dass die Ableitung $f'$ Auskunft über die Funktion $f$ gibt. In diesem Abschnitt haben wir diesen Gedanken noch wesentlich ausgebaut, indem wir ihn auch auf $f'$ angewandt haben: Die Ableitung $f''$ gibt Auskunft über $f'$ und damit auch über $f$. Sogar die dritte Ableitung $f'''$ kann man heranziehen, um Aussagen über $f$ zu gewinnen. Im Einzelnen haben wir gezeigt:

- Aus $f''(x) > 0$ bzw. $f''(x) < 0$ auf einem Intervall $A$ folgt, dass der Graph von $f$ über $A$ linksgekrümmt bzw. rechtsgekrümmt ist (Satz 7.4, Seite 263; vergleiche Bild 267/1).
- Hat $f''$ einen Vorzeichenwechsel an der Stelle $a$, dann hat $f$ dort eine Wendestelle (Satz 7.5, Seite 264; vergleiche Bild 267/1).
- Gilt $f'(a) = 0$ und $f''(a) < 0$ bzw. $f''(a) > 0$, dann hat $f$ an der Stelle $a$ ein lokales Maximum bzw. Minimum (Satz 7.7, Seite 264; vergleiche Bild 267/2).
- Gilt $f''(a) = 0$ und $f'''(a) \neq 0$, so ist $a$ eine Wendestelle von $f$ (Satz 7.8, Seite 265; vergleiche Bild 267/3).

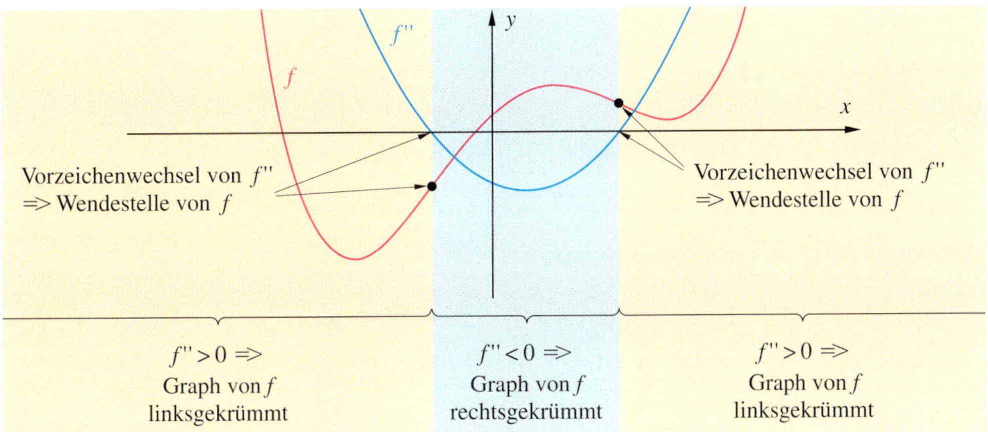


Bild 267/1

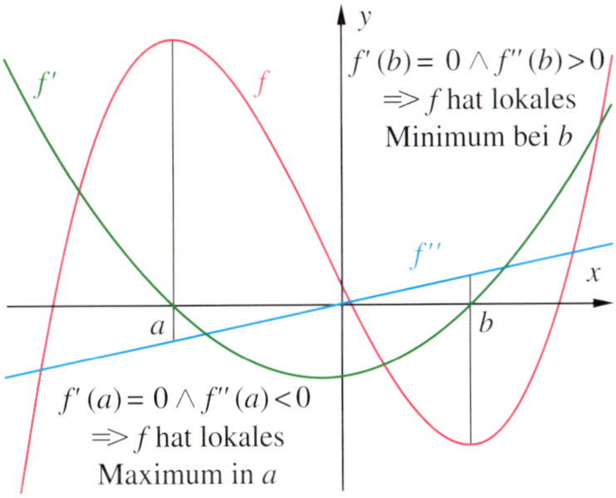


Bild 267/2

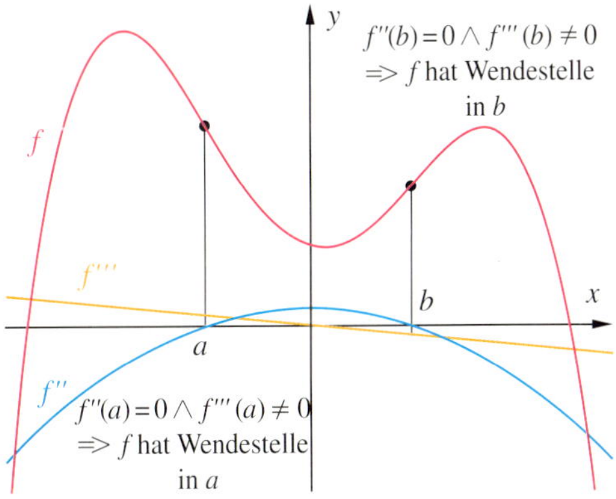


Bild 267/3

## Höhere Ableitungen

**1** Definieren Sie $f'''(x)$ und $f^{(4)}(x)$. Bestimmen Sie die ersten vier Ableitungen von $f$.

**a)** $f(x) = 2x^3$ **c)** $f(x) = x^2 - 6$ **e)** $f(x) = -17x^5 + 8x^3 + x$

**b)** $f(x) = x^3 - 2x^2 + x - 4$ **d)** $f(x) = 6x^4 + 3x^2 - 1$ **f)** $f(x) = 1 + x + x^2 + x^3 + x^4$

**2** Bestimmen Sie $f'(x)$, $f''(x)$, $f'''(x)$, $f^{(4)}(x)$ und so fort. Was ergibt sich schließlich? Formulieren Sie eine Regel und begründen Sie diese.

**a)** $f(x) = 2x^2 + 3x + 1$ **c)** $f(x) = x^4 - 1$ **e)** $f(x) = 3x^5 + x - 9$

**b)** $f(x) = x^3 - 17x + 5$ **d)** $f(x) = x^4 + 12x^2 - 5$ **f)** $f(x) = 0{,}2x^5$

**3** Bestimmen Sie $f^{(n)}(x)$.

**a)** $f(x) = x^n$ **b)** $f(x) = x^{n-1}$ **c)** $f(x) = x^{n+1}$ **d)** $f(x) = x^{n+2}$

**4** Bestimmen Sie $f(0)$, $f'(0)$, $f''(0)$, …, $f^{(n)}(0)$, $f^{(n+1)}(0)$ für eine ganzrationale Funktion $n$-ten Grades zu $f(x) = a_n x^n + a_{n-1} x^{n-1} + \cdots + a_1 x + a_0$.

## Krümmungsbereiche

**5** Zeichnen Sie den Funktionsgraphen und stellen Sie an Hand der Zeichnung fest, über welchen Mengen er links- bzw. rechtsgekrümmt ist.

**a)** $f(x) = -x^2$ **b)** $f(x) = x^3$ **c)** $f(x) = (x+2)^2$ **d)** $f(x) = (1-x)^3$

**6** Bild 268/1 zeigt den Graphen der Ableitungsfunktion $f'$.

**a)** Für welche Werte von $x$ steigt (fällt) der Graph von $f$?

**b)** Begründen Sie, dass der Graph von $f$ über dem gezeigten Intervall zunächst rechts gekrümmt ist.

**c)** An welchen Stellen ändert der Graph von $f$ die Krümmung?

**d)** An welchen Stellen liegen besondere Punkte des Graphen von $f$ vor?

**e)** Zeichnen Sie, von $P(0|0)$ ausgehend, einen Graphen, der alle in a) bis d) gefundenen Eigenschaften besitzt.

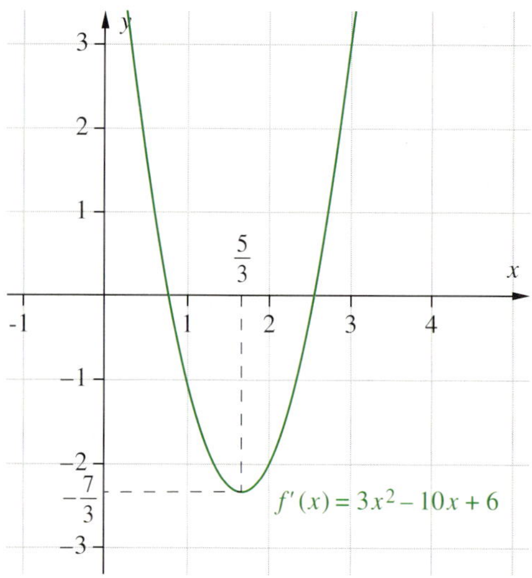


*Bild 268/1*

**7** Ermitteln Sie die Bereiche, über denen der Funktionsgraph links- bzw. rechtsgekrümmt ist.

**a)** $f(x) = x^2 - 1$ **d)** $f(x) = x^3 + 3x^2 - 2$ **g)** $f(x) = x^8 - 8x$

**b)** $f(x) = 2x^2 - x^4$ **e)** $f(x) = |x^2 - 9|$ **h)** $f(x) = \sqrt{4 - x^2}$

**c)** $f(x) = x^3 - x - 1$ **f)** $f(x) = x^{-2}$ **i)** $f(x) = -\sqrt{2 - x}$

## Wendestellen

**8** Bestimmen Sie die Wendestellen von $f$.

**a)** $f(x)=x^3-2$
**b)** $f(x)=x^3-6x^2+12x-8$
**c)** $f(x)=x^3-x$
**d)** $f(x)=\frac{1}{3}x^3-\frac{2}{3}x^2+x$
**e)** $f(x)=x^3-6x^2+4$
**f)** $f(x)=x^3-18x^2+27x+10$
**g)** $f(x)=x^4-2x^3$
**h)** $f(x)=x^4-24x^2+12x$
**i)** $f(x)=\frac{1}{12}x^4-2x^2$
**j)** $f(x)=\frac{1}{20}x^5-\frac{8}{3}x^3$
**k)** $f(x)=\frac{1}{20}x^5-4x^2+12x$
**l)** $f(x)=x^{16}-x^{10}+x^2$

**9** Untersuchen Sie jeweils, ob der Funktionsgraph einen Wendepunkt mit waagerechter Tangente, einen sogenannten **Sattelpunkt**, besitzt.

**a)** $f(x)=x^3+2$
**b)** $f(x)=x^3-9x^2+5$
**c)** $f(x)=x^3-x^2-5x$
**d)** $f(x)=x^4-2x^3$
**e)** $f(x)=0{,}1x^5-4x^2+12x$
**f)** $f(x)=x^4-6x^2+8x-1$

**10** **a)** Beweisen Sie, dass der Graph jeder Funktion zu $f(x)=ax^3+bx^2+cx+d$ mit $a\neq 0$ genau eine Wendestelle hat.
**b)** Welche Bedingung müssen $a$, $b$, $c$ und $d$ erfüllen, damit es sich um einen Wendepunkt mit waagerechter Tangente (Sattelpunkt) handelt?
**c)** Welche Bedingung müssen $a$, $b$, $c$ und $d$ erfüllen, damit der Wendepunkt auf der $y$-Achse liegt?

**11** Untersuchen Sie, wie viele Wendestellen eine ganzrationale Funktion vierten Grades haben kann. Geben Sie für jede Möglichkeit ein Beispiel an.

**12** Suchen Sie ein Beispiel für eine Funktion $f$, die in $x=0$ eine Wendestelle hat, für die aber $f'''(0)=0$ ist. Was zeigt ein solches Beispiel?

**13** Suchen Sie ein Beispiel für eine Funktion $f$, die in $x=2$ eine Extremstelle hat, für die aber $f''(0)=0$ ist. Was zeigt ein solches Beispiel?

**14** Untersuchen Sie, welche Eigenschaften die Funktion $f$ an der Stelle 0 hat.

**a)** $f(x)=x^6$
**b)** $f(x)=-x^7$
**c)** $f(x)=x^3(x^2-10)$

**15** Begründen Sie, dass die Tangente durch einen Wendepunkt den Graphen durchschneidet.

## Lokale Extremstellen

**16** Zeigen Sie, dass an der Stelle $a$ ein lokales Extremum vorliegt.

**a)** $f(x)=x^6$; $a=0$
**b)** $f(x)=(x-2)^4$; $a=2$
**c)** $f(x)=x^3-4{,}5x^2$; $a=3$
**d)** $f(x)=\frac{1}{3}x^3-9x$; $a=-3$
**e)** $f(x)=(x^2-b^2)^2$; $a=b$
**f)** $f(x)=x^{2n}$ $(n\in\mathbb{N})$; $a=0$
**g)** $f(x)=2x^3-3x^2-36x+4$; $a=3$
**h)** $f(x)=2x^3+12x-18$; $a=-3$

**17** Ermitteln Sie jeweils die lokalen Extrema.

**a)** $f(x) = x^3 - 6x^2 + 3x$ **c)** $f(x) = x^2(1 - x^2)$ **e)** $f(x) = x^2(4 - x)^2$

**b)** $f(x) = x^3 - 2x^2 + x$ **d)** $f(x) = x^2(x - 4)$ **f)** $f(x) = 2x^3 + 38x^2 - 12a^2 - x$

**18** Begründen Sie, dass aus $f'(a) = 0$ und $f''(a) > 0$ für $f'$ ein Vorzeichenwechsel von Minus nach Plus folgt.

**19** Welche Bedingung müssen die Koeffizienten $a$, $b$ und $c$ in $f(x) = ax^3 + bx^2 + cx + d$ erfüllen, damit die Funktion $f$ zwei lokale Extrema besitzt? Warum spielt der Wert des Koeffizienten $d$ dabei keine Rolle?

## Zusammenhänge

**20** Erläutern Sie anhand von Bild 270/1 die Sätze über Zusammenhänge zwischen Funktion und Ableitung.

**21** Bild 270/2 (Bild 270/3) zeigt eine Funktion und ihre ersten drei Ableitungen.
Who is who?

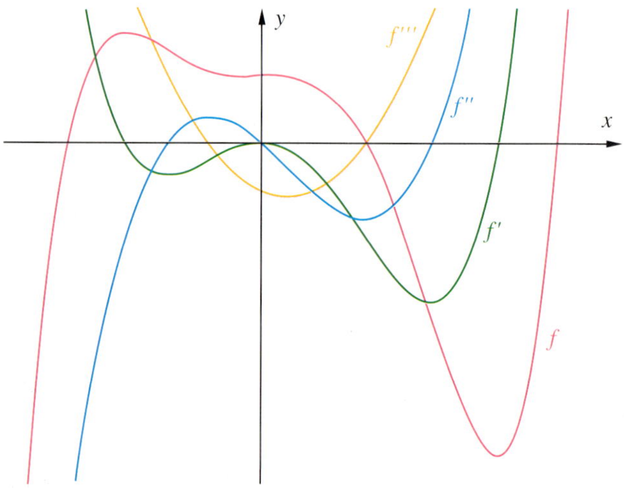


*Bild 270/1*

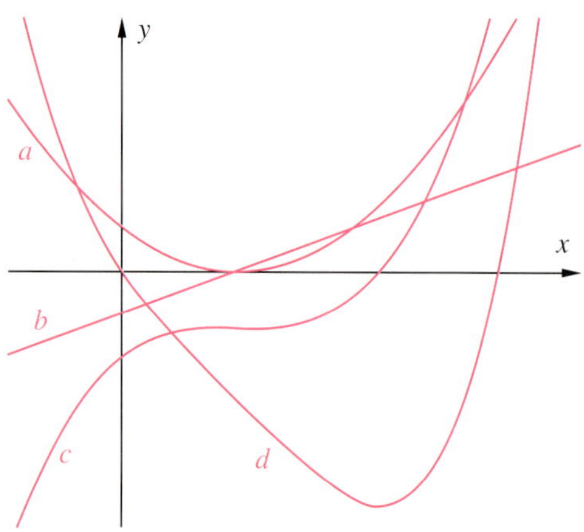


*Bild 270/2: Who is who?*

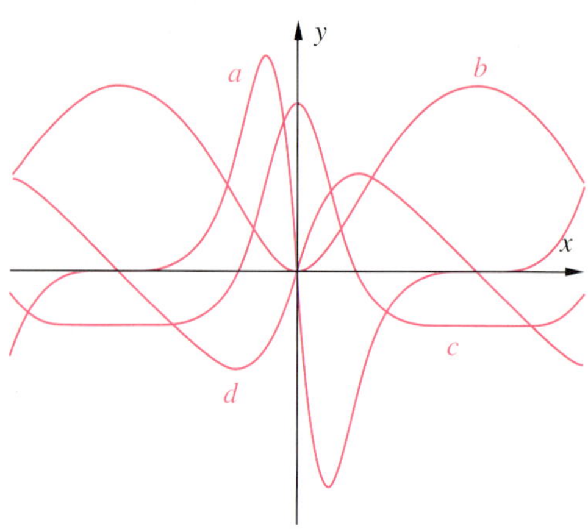


*Bild 270/3: Who is who?*

# 7.3 Diskussion ganzrationaler Funktionen

AUFTRÄGE

**A1** **Diskussion der Funktion zu** $f(x) = x^3 - 3x^2 - x + 3$
Wenden Sie die erarbeiteten Verfahren der Differentialrechnung an, um den Verlauf des Graphen der Funktion zu $f(x) = x^3 - 3x^2 - x + 3$ möglichst genau zu beschreiben.

**A2** **Diskussion der Funktion zu** $f(x) = \frac{1}{2}x^4 - 3x^2 + 4$
Wenden Sie die erarbeiteten Verfahren der Differentialrechnung an, um den Verlauf des Graphen der Funktion zu $f(x) = \frac{1}{2}x^4 - 3x^2 + 4$ möglichst genau zu beschreiben.

**A3** **Diskussion der Funktion zu** $f(x) = x^3 + x^2 - 10x + 8$
Wenden Sie die erarbeiteten Verfahren der Differentialrechnung an, um den Verlauf des Graphen der Funktion zu $f(x) = x^3 + x^2 - 10x + 8$ möglichst genau zu beschreiben.

## Diskussion der Funktion zu $f(x) = x^3 - 3x^2 - x + 3$

Wir bearbeiten den Auftrag **A1** als ein erstes Beispiel für eine vollständige Funktionsuntersuchung mit den Mitteln der Differentialrechnung.

### Definitionsmenge

$f$ ist eine ganzrationale Funktion dritten Grades und deshalb für alle $x \in \mathbb{R}$ definiert. $D(f) = \mathbb{R}$ ist daher die **größtmögliche** Definitionsmenge.

$D(f)$ sinnvoll wählen

In Anwendungssituationen kann es für eine entsprechende Funktion allerdings sinnvoll sein, die Definitionsmenge einzuschränken. Beschreibt die Funktion beispielsweise die Herstellungskosten in Abhängigkeit von der Produktionsmenge, so beschränkt man die Definitionsmenge auf $D(f) = \mathbb{R}_{\geq 0}$, da Produktionsanzahlen nicht negativ sein können.

### Symmetrieeigenschaften

Ist der Funktionsgraph symmetrisch zur $y$-Achse oder zum Nullpunkt, so kann man die Funktionsdiskussion etwas vereinfachen, indem man die weiteren Untersuchungen nur für $x > 0$ durchführt. Die Eigenschaften der linken Hälfte des Graphen ergeben sich nämlich dann unmittelbar aus den Ergebnissen für die rechte Hälfte.

Wenn die Funktion solche **Symmetrieeigenschaften** hat, dann muss für alle $x \in \mathbb{R}$ gelten:

$$f(-x) = f(x) \quad \text{oder} \quad f(-x) = -f(x).$$

Im ersten Fall ist der Funktionsgraph **achsensymmetrisch**; man nennt die Funktion dann **gerade**. Im zweiten Fall ist der Funktionsgraph **punktsymmetrisch** zum Ursprung; man nennt die Funktion dann **ungerade**.

Ein Funktionsgraph kann auch zu einer Parallelen $g$ der $y$-Achse achsensymmetrisch sein; man sagt dann genauer „achsensymmetrisch **zur Geraden $g$**“. Entsprechend verfährt man, wenn ein Funktionsgraph punktsymmetrisch ist, das Symmetriezentrum aber nicht der Ursprung ist.

gerade
ungerade
anders

Man erkennt unmittelbar, dass die Funktion im vorliegenden Beispiel weder gerade noch ungerade ist, indem man in den Funktionsterm Zahlen mit entgegengesetztem Vorzeichen einsetzt:
$f(-2) = -15$ und $f(2) = -3$;
also gilt weder $f(-2) = f(2)$ noch $f(-2) = -f(2)$.

### Schnittpunkte mit den Koordinatenachsen

In Anwendungssituationen ist es häufig wichtig zu wissen, über welchen Bereichen die Funktionswerte positiv beziehungsweise negativ sind. Beispielsweise ist es für die Bewegung eines Fahrzeugs wesentlich, ob die Beschleunigung positiv ist oder negativ.

Deshalb bestimmt man als nächstes die **Nullstellen** der Funktion $f$ und damit auch die **Schnittpunkte** des Graphen mit der **$x$-Achse**.

$f(x) = 0$
$f(0)$

Zur Bestimmung der Nullstellen macht man den Ansatz $f(x) = 0$. Beim vorliegenden Beispiel findet man durch „Probieren“ zunächst die Nullstelle $x_{N1} = 1$ und kann deshalb den Linearfaktor $x - 1$ „abspalten“:

$$
\begin{array}{l}
(x^3 - 3x^2 - x + 3) : (x - 1) = x^2 - 2x - 3 \\
\underline{-(x^3 - \phantom{3}x^2)} \\
\qquad - 2x^2 - x \\
\quad \underline{-(-2x^2 + 2x)} \\
\qquad\qquad - 3x + 3 \\
\qquad\quad \underline{-(-3x + 3)} \\
\qquad\qquad\qquad 0
\end{array}
$$

Das Ergebnis der Polynomdivision führt auf eine quadratische Gleichung, deren Lösungen weitere Nullstellen sind:

$$x^2 - 2x - 3 = 0 \quad \Leftrightarrow \quad (x+1)(x-3) = 0 \quad \Leftrightarrow \quad x = -1 \quad \vee \quad x = 3.$$

Die Funktion $f$ hat daher die Nullstellen $x_{N1} = -1$, $x_{N2} = 1$ und $x_{N3} = 3$. Die Schnittpunkte mit der $x$-Achse sind $N_1(-1|0)$, $N_2(1|0)$ und $N_3(3|0)$.

Der Punkt $S(0|f(0))$ ist der **Schnittpunkt** des Graphen mit der **$y$-Achse.** Für das Beispiel gilt $f(0) = 3$. Daher ist $S(0|3)$ der $y$-Achsenschnittpunkt.

### Lokale Extremwertstellen

Bisher haben wir die Beispielfunktion nur mit algebraischen Mitteln untersucht. Will man jedoch wissen, wie der Graph zwischen den Schnittstellen mit den Koordinatenachsen genau verläuft, so stößt eine Untersuchung mit algebraischen Mitteln schnell an Grenzen. Selbst aufwendige Wertetabellen garantieren nicht, dass man alle Stellen des Graphen mit besonders wichtigen oder interessanten Eigenschaften tatsächlich erfasst.

Wir nutzen deshalb bei den weiteren Untersuchungen die Möglichkeiten der Differentialrechnung und bestimmen zunächst die **lokalen Extremwertstellen**.

$f'(x) = 0$
$f''(x) = ?$

Nach Satz 7.7 (Seite 265) können lokale Extrema nur an den Nullstellen von $f'$ vorliegen:

$$f'(x) = 3x^2 - 6x - 1 = 3\left(x^2 - 2x - \tfrac{1}{3}\right),$$

$$f'(x) = 0 \;\Leftrightarrow\; x^2 - 2x - \tfrac{1}{3}$$

$$\Leftrightarrow\; x = x_{E1} = 1 - \tfrac{2}{3}\sqrt{3} \approx -0{,}15 \;\vee\; x = x_{E2} = 1 + \tfrac{2}{3}\sqrt{3} \approx 2{,}15.$$

Die zugehörigen Funktionswerte sind: $f(x_{E1}) = \frac{16}{9}\sqrt{3} \approx 3{,}08$, $f(x_{E2}) = -\frac{16}{9}\sqrt{3} \approx -3{,}08$.

Nach dem Satz 7.7 (Seite 265) liegen tatsächlich Extremstellen vor, wenn $f''$ dort von null verschieden ist:

$$f''(x) = 6x - 6;\;\; f''(x_{E1}) = -4\sqrt{3} < 0 \;\text{ und }\; f''(x_{E2}) = 4\sqrt{3} > 0.$$

Die Funktion hat also ein **lokales Maximum** bei $x_{E1}$ und ein **lokales Minimum** bei $x_{E2}$.

$H\left(-1 - \frac{2}{3}\sqrt{3} \,\middle|\, \frac{16}{9}\sqrt{3}\right)$ ist ein **lokaler Hochpunkt** und $T\left(-1 + \frac{2}{3}\sqrt{3} \,\middle|\, -\frac{16}{9}\sqrt{3}\right)$ ist ein **lokaler Tiefpunkt** des Graphen von $f$. Näherungsweise gilt: $H(-2{,}15|3{,}08)$ und $T(0{,}15|-3{,}08)$.

## Steigungsverhalten

Aus $f'(x) = 3\left(x - 2x - \frac{1}{3}\right) = 3(x - x_{E1})(x - x_{E2})$ erhält man für das Vorzeichen der Ableitung $f'$ und damit für das Steigungsverhalten des Graphen von $f$:

$f'(x) > 0$
$f'(x) < 0$

$x < 1 - \frac{2}{3}\sqrt{3} \;\Rightarrow\; f'(x) > 0$; Graph streng monoton steigend;
$1 - \frac{2}{3}\sqrt{3} < x < 1 + \frac{2}{3}\sqrt{3} \;\Rightarrow\; f'(x) < 0$; Graph streng monoton fallend;
$1 + \frac{2}{3}\sqrt{3} < x \;\Rightarrow\; f'(x) > 0$; Graph streng monoton steigend.

## Wendestellen

Auch die Lage der Wendepunkte gibt Auskunft über den Verlauf des Graphen, da sie Bereiche entgegengesetzter **Krümmung** voneinander trennen.

$f''(x) = 0$
$f'''(x) = ?$

Für die zweite Ableitung gilt $f''(x) = 6x - 6$ und damit

$$f''(x) = 0 \;\Leftrightarrow\; 6x - 6 = 0 \;\Leftrightarrow\; x = 1.$$

Also kann nach Satz 7.6 (Seite 264) nur für $x_W = 1$ eine Wendestelle vorliegen.

Wegen $f'''(x) = 6$, also $f'''(x_W) \neq 0$ ist $x_W = 1$ nach Satz 7.8 (Seite 265) tatsächlich eine **Wendestelle** des Graphen von $f$. Der Punkt $W(1|0)$ ist der zugehörige **Wendepunkt**.

## Krümmungsverhalten

$f''(x) > 0$
$f''(x) < 0$

Aus $f''(x) = 6(x-1)$ erhält man für das Krümmungsverhalten des Graphen von $f$ nach Satz 7.4 (Seite 263):

$x < 1 \quad \Rightarrow \quad f''(x) < 0$; Graph rechtsgekrümmt;

$1 < x \quad \Rightarrow \quad f''(x) > 0$; Graph linksgekrümmt.

## Randverhalten

Schließlich ist noch zu untersuchen, wie der Graph rechts und links der zuvor bestimmten Stellen, also für absolut genommen **„große"** $x$-Werte, verläuft. Damit verbunden ist die Suche nach absoluten Extremwertstellen.

Es ist zu vermuten, dass sich sowohl für $x \to \infty$ als auch für $x \to -\infty$ die Werte der höchsten vorkommenden Potenz von $x$, hier also die Werte von $x^3$, gegenüber den anderen Summanden des Funktionsterms „durchsetzen" werden und dass man daher diese anderen Summanden gegenüber der höchsten Potenz von $x$ in beiden Fällen „vernachlässigen" kann.

$x \to \infty$
$-\infty \leftarrow x$

Dies lässt sich in der Tat auch rechnerisch bestätigen, indem man beim Funktionsterm $f(x)$ die höchste Potenz ausklammert:

$$f(x) = x^3\left(1 - \tfrac{3}{x} - \tfrac{1}{x^2} + \tfrac{3}{x^3}\right)$$

Setzt man für $x$ dem Betrag nach „große" Zahlen ein, beispielsweise 10000 oder $-10000$, so liegen die Werte der Brüche sehr nahe bei 0, der Wert des Klammerterms also sehr nahe bei 1. Da $x^3$ beim Einsetzen „großer" Zahlen $x$ erst recht große Werte annimmt, gilt dies auch für $f(x)$.

Man sagt: „$f(x)$ wächst für $x \to \infty$ über alle Schranken" und schreibt:

$$f(x) \to \infty \quad \text{für} \quad x \to \infty \quad \text{oder auch} \quad \lim_{x \to \infty} f(x) = \infty.$$

Man spricht von einem „uneigentlichen Grenzwert", weil das Zeichen „$\infty$" keine Zahl bezeichnet. Die Gleichung ist lediglich eine Kurzschreibweise dafür, dass $f(x)$ beim Einsetzen immer größerer $x$-Werte über alle Schranken wächst.

Entsprechend ergibt sich in diesem Beispiel $f(x) \to -\infty$ für $x \to -\infty$, also

$$\lim_{x \to -\infty} f(x) = -\infty.$$

An diesem Verhalten der Funktion für absolut große $x$-Werte erkennt man außerdem, dass jede reelle Zahl als Funktionswert auftritt und daher $W(f) = \mathbb{R}$ ist. Die Funktion besitzt folglich **keine** absoluten Extremwertstellen.

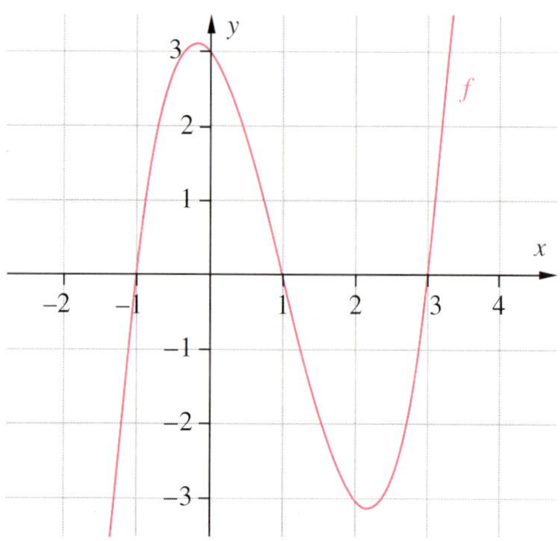


*Bild 274/1:* $f(x) = x^3 - 3x^2 - x + 3$

Würde man – beispielsweise bei einer praktischen Anwendung – den Definitionsbereich auf ein abgeschlossenes Intervall $[a;b]$ einschränken, so würden absolute Extremwertstellen existieren. Um sie zu bestimmen, müsste man die Funktionswerte $f(a)$ und $f(b)$ mit den Funktionswerten an den lokalen Extremwertstellen vergleichen (Aufgabe 8, Seite 280).

## Diskussion der Funktion zu $f(x)=\frac{1}{2}x^4-3x^2+4$

Als weiteres Beispiel für eine Kurvendiskussion bearbeiten wir den Auftrag **A2**.

### Symmetrieeigenschaften

Für alle $x \in \mathbb{R}$ gilt:

$$f(-x)=\tfrac{1}{2}(-x)^4-3(-x)^2+4=\tfrac{1}{2}x^4-3x^2+4=f(x).$$

Es handelt sich also um eine gerade Funktion, deren Graph symmetrisch zur $y$-Achse verläuft. Dies liegt daran, dass der Funktionsterm nur gerade Exponenten enthält. Bei der weiteren Untersuchung können wir auf Begründungen für negative $x$-Werte verzichten.

### Schnittpunkte mit den Koordinatenachsen

Zur Ermittlung der Nullstellen muss die Gleichung

$$\tfrac{1}{2}x^4-3x^2+4=0$$

gelöst werden. Da nur Potenzen von $x$ mit geraden Exponenten auftreten, substituiert man $x^2=z$ und erhält:

$$\tfrac{1}{2}z^2-3z+4=0 \quad\Leftrightarrow\quad z^2-6z+8=0 \quad\Leftrightarrow\quad (z-2)(z-4)=0$$
$$\Leftrightarrow\quad z=2 \;\lor\; z=4 \quad\Leftrightarrow\quad x^2=2 \;\lor\; x^2=4.$$

Die Funktion hat also vier Nullstellen $x_{N1}=-2$, $x_{N2}=-\sqrt{2}$, $x_{N3}=\sqrt{2}$ und $x_{N4}=2$. Die Schnittpunkte mit der $x$-Achse sind $N_1(-2|0)$, $N_2(-\sqrt{2}|0)$, $N_3(\sqrt{2}|0)$ und $N_4(2|0)$.

Der Graph schneidet die $y$-Achse in $S(0|4)$, da $f(0)=4$ ist.

### Extremwertstellen

Es ist $f'(x)=2x^3-6x$; die Bedingung $f'(x)=0$ führt auf

$$2x^3-6x=0 \quad\Leftrightarrow\quad 2x(x^2-3)=0 \quad\Leftrightarrow\quad x=0 \;\lor\; x=-\sqrt{3} \;\lor\; x=\sqrt{3}.$$

Die Funktion $f$ besitzt daher höchstens drei lokale Extremwertstellen, nämlich $x_{E1}=-\sqrt{3}$, $x_{E2}=0$ und $x_{E3}=\sqrt{3}$.

Um zu überprüfen, ob dies tatsächlich Extremwertstellen sind, wenden wir Satz 7.7 (Seite 265) an.

Es ist $f''(x) = 6x^2 - 6$; also $f''(0) = -6 < 0$ und $f''(\sqrt{3}) = 12 > 0$; daher liegt an der Stelle $x_{E2}$ ein lokales Maximum und an der Stelle $x_{E3}$ ein lokales Minimum. Aus Symmetriegründen liegt auch an der Stelle $x_{E1}$ ein lokales Minimum.

$H(0|0)$ ist ein lokaler Hochpunkt, $T_1\left(-\sqrt{3}\,\middle|\,-\frac{1}{2}\right)$ und $T_2\left(\sqrt{3}\,\middle|\,-\frac{1}{2}\right)$ sind lokale Tiefpunkte des Graphen von $f$.

### Steigungsverhalten

An den Extremwertstellen $x_{E1} = -\sqrt{3}$, $x_{E2} = 0$ und $x_{E3} = \sqrt{3}$ wechselt das Vorzeichen von $f'(x)$. Man erhält:

$$\begin{array}{lll} x < -\sqrt{3} & \Rightarrow & f'(x) < 0;\ \text{der Graph von } f \text{ ist streng monoton fallend;} \\ -\sqrt{3} < x < 0 & \Rightarrow & f'(x) > 0;\ \text{der Graph von } f \text{ ist streng monoton steigend;} \\ 0 < x < \sqrt{3} & \Rightarrow & f'(x) < 0;\ \text{der Graph von } f \text{ ist streng monoton fallend;} \\ \sqrt{3} < x & \Rightarrow & f'(x) > 0;\ \text{der Graph von } f \text{ ist streng monoton steigend.} \end{array}$$

### Wendestellen

Es ist $f''(x) = 6x^2 - 6$; die Bedingung für Wendestellen $f''(x) = 0$ führt auf

$$6x^2 - 6 = 0 \quad \Leftrightarrow \quad x^2 - 1 = 0 \quad \Leftrightarrow \quad x = 1 \quad \vee \quad x = -1.$$

Die Funktion $f$ kann daher höchstens zwei Wendestellen besitzen, nämlich $x_{W1} = -1$ und $x_{W2} = 1$. Um zu überprüfen, ob dies tatsächlich Wendestellen sind, wenden wir das hinreichende Kriterium des Satzes 7.8 (Seite 265) an.

Mit $f'''(x) = 12x$ erhalten wir $f'''(1) = 12 \neq 0$; also sind $x_{W2}$ und aus Symmetriegründen auch $x_{W1}$ tatsächlich Wendestellen. Die Punkte $W_1\left(-1\,\middle|\,\frac{3}{2}\right)$ und $W_2\left(1\,\middle|\,\frac{3}{2}\right)$ sind Wendepunkte des Graphen von $f$.

### Krümmungsverhalten

Mithilfe der gerade ermittelten Wendestellen $x_{W1} = -1$ und $x_{W2} = 1$ erhält man:

$$\begin{array}{lll} x < -1 & \Rightarrow & f''(x) < 0;\ \text{der Graph von } f \text{ ist linksgekümmt;} \\ -1 < x < 1 & \Rightarrow & f''(x) > 0;\ \text{der Graph von } f \text{ ist rechtsgekrümmt;} \\ 1 < x & \Rightarrow & f''(x) < 0;\ \text{der Graph von } f \text{ ist linksgekrümmt.} \end{array}$$

### Randverhalten

Klammert man $x^4$, also die höchste Potenz von $x$, aus dem Funktionsterm aus, so erhält man:

$$f(x) = x^4\left(\frac{1}{2} - \frac{3}{x^2} + \frac{4}{x^4}\right).$$

Sowohl für $x \to \infty$ als auch für $x \to -\infty$ geht der Wert der Klammer gegen $\frac{1}{2}$, während der Faktor $x^4$ jeweils über alle Grenzen wächst. Es gilt also

$$\lim_{x\to\infty} f(x) = \lim_{x\to-\infty} f(x) = \infty.$$

Die Funktion besitzt daher keine absolute Maximalwertstelle; die lokalen Minimalwertstellen $x_{E1} = -\sqrt{3}$ und $x_{E2} = \sqrt{3}$ sind zugleich **absolute Minimalwertstellen** mit $f(x_{E1}) = f(x_{E2}) = -\frac{1}{2}$.

Die Wertemenge ist folglich

$$W(f) = \left\{ y \middle| y \geq -\tfrac{1}{2} \right\}.$$

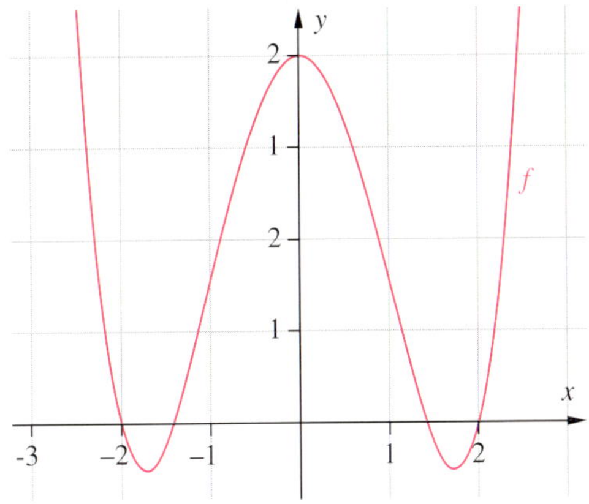


*Bild 277/1:* $f(x) = \frac{1}{2}x^4 - 3x^2 + 4$

## Randverhalten ganzrationaler Funktionen

Was die behandelten Beispielen über das Randverhalten ganzrationaler Funktionen gezeigt haben, kann man verallgemeinern. Wie in den Beispielen klammern wir aus dem Funktionsterm die höchste Potenz von $x$ aus:

$$f(x) = a_n x^n + a_{n-1} x^{n-1} + \cdots + a_1 x + a_0 = x^n \left( a_n + \tfrac{a_{n-1}}{x} + \cdots + \tfrac{a_1}{x^{n-1}} + \tfrac{a_0}{x^n} \right)$$

Sowohl für $x \to \infty$ als auch für $x \to -\infty$ geht der Wert der Klammer gegen $a_n$. Das Randverhalten des Funktionsterms hängt also von $a_n$ und von $x^n$ ab.

Die beiden Beispiele zeigen, dass man zwischen Funktionen mit **geradem** und **ungeradem Grad** unterscheiden muß.

Ist der Grad ungerade, so gilt $x^n \to \infty$ für $x \to \infty$ und $x^n \to -\infty$ für $x \to -\infty$.

Ist $a_n > 0$, so verhält sich $f(x)$ wie $x^n$; es gilt dann

$$\lim_{x\to\infty} f(x) = \infty \quad \text{und} \quad \lim_{x\to-\infty} f(x) = -\infty.$$

Ist $a_n < 0$, so verhält sich $f(x)$ genau umgekehrt wie $x^n$; es gilt dann

$$\lim_{x\to\infty} f(x) = -\infty \quad \text{und} \quad \lim_{x\to-\infty} f(x) = \infty.$$

Da ganzrationale Funktionen über $\mathbb{R}$ stetig sind, ist also für ganzrationale Funktionen mit ungeradem Grad $W(f) = \mathbb{R}$. Der Graph muss die $x$-Achse an mindestens einer Stelle schneiden.
Jede ganzrationale Funktion ungeraden Grades besitzt daher mindestens eine Nullstelle.

Ist der Grad gerade, so erhält man entsprechend (Aufgabe 9, Seite 280)

$$\lim_{x\to\infty} f(x) = \lim_{x\to-\infty} f(x) = \infty \quad \text{für} \quad a_n > 0 \quad \text{und}$$

$$\lim_{x\to\infty} f(x) = \lim_{x\to-\infty} f(x) = -\infty \quad \text{für} \quad a_n < 0.$$

Im ersten Fall ist die Funktion nach unten beschränkt; sie besitzt eine absolute Minimalwertstelle $x_{\min}$. Die Wertemenge ist $W = \{y | y \geq f(x_{\min})\}$.

Im zweiten Fall ist die Funktion nach oben beschränkt; sie besitzt eine absolute Maximalwertstelle $x_{\max}$. Die Wertemenge ist $W = \{y | y \leq f(x_{\max})\}$.

Die Graphen von Funktionen geraden Grades brauchen die $x$-Achse nicht zu schneiden; sie müssen deshalb keine Nullstellen haben (Aufgabe 10, Seite 280).

ZUSAMMENFASSUNG

## Wir fassen zusammen

Einen genauen Überblick über den Graphen einer Funktion erhält man durch eine Kurvendiskussion. Bei der Durchführung einer solchen Untersuchung sollten folgende Gesichtspunkte berücksichtigt werden:

- Ist die Definitionsmenge vorgegeben oder wie kann sie sinnvoll definiert werden?
- Gibt es Symmetrieeigenschaften, die die Untersuchung vereinfachen können?
- Wo schneidet der Graph die Koordinatenachsen?
- Gibt es lokale Extremwertstellen und wo liegen sie gegebenenfalls?
- Wo steigt, wo fällt der Graph?
- Gibt es Wendestellen und wo liegen sie gegebenenfalls?
- Wo ist der Graph linksgekrümmt, wo rechtsgekrümmt?
- Wie verläuft der Graph am Rande des Definitionsbereichs? Gibt es absolute Extremwertstellen? Welches ist die Wertemenge?
- Unter Berücksichtigung aller Ergebnisse kann man abschließend den Graphen zeichnen.

Für ganzrationale Funktionen gilt:

**Satz 8.1**

**1)** Ist der Grad einer ganzrationalen Funktion ungerade, so ist sie weder nach oben noch nach unten beschränkt.

**2)** Ist der Grad einer ganzrationalen Funktion gerade, so ist sie entweder nach oben oder nach unten beschränkt. ■

## Gerade und ungerade Funktionen

**1** Untersuchen Sie, ob die Funktion gerade oder ungerade ist.

**a)** $f(x) = x^4 - 2x^2 + 1$
**b)** $f(x) = (x^3 - 1)^2$
**c)** $f(x) = x^3 - 3x$
**d)** $f(x) = x^5 + 1$
**e)** $f(x) = \frac{1}{x^2}$
**f)** $f(x) = \frac{x}{1+x^2}$
**g)** $f(x) = \frac{1+x^3}{x}$
**h)** $f(x) = \frac{1}{x}$
**i)** $f(x) = |x|$
**j)** $f(x) = \operatorname{sgn} x$
**k)** $f(x) = |x-2|$
**l)** $f(x) = \sqrt{x^2}$
**m)** $f(x) = 2\sin x$
**n)** $f(x) = \cos x$
**o)** $f(x) = x + \sin x$
**p)** $f(x) = \frac{1}{2}x^2 - \cos x$

**2** **a)** Begründen Sie, dass ganzrationale Funktionen genau dann gerade sind, wenn im Funktionsterm nur gerade Exponenten auftreten.
**b)** Formulieren und begründen Sie eine entsprechende Aussage für ungerade ganzrationale Funktionen.

**3** Welche der folgenden Aussagen über ganzrationale Funktionen sind wahr? Begründen Sie Ihre Entscheidung.
**a)** Gerade Funktionen haben keine Nullstellen.
**b)** Ungerade Funktionen haben mindestens eine Nullstelle.
**c)** Funktionen mit ungeradem Grad haben mindestens eine Nullstelle.
**d)** Funktionen, die genau eine Nullstelle haben, sind ungerade.
**e)** Es gibt Funktionen dritten Grades, deren Graphen genau zwei Punkte mit der $x$-Achse gemeinsam haben.
**f)** Es gibt Funktionen dritten Grades, deren Graphen die $x$-Achse nicht schneiden.
**g)** Der Graph einer Funktion 4. Grades hat einen tiefsten Punkt.

**4** **a)** Begründen Sie, dass die Summe gerader (ungerader) ganzrationaler Funktionen wieder eine gerade (ungerade) Funktion ist.
**b)** Untersuchen Sie entsprechend die Produkte gerader (ungerader) ganzrationaler Funktionen.
**c)** Sind die Ergebnisse aus a) und b) auch für beliebige gerade (ungerade) Funktionen richtig?

**5** **a)** Zeigen Sie: Ist $f$ eine ungerade Funktion und gilt $0 \in D(f)$, so gilt $f(0) = 0$.
**b)** Zeigen Sie: Ist $f$ eine ungerade, ganzrationale Funktion, so gilt $W(f) = \mathbb{R}$.
**c)** Geben Sie eine ungerade Funktion an, deren Wertemenge eine echte Teilmenge von $\mathbb{R}$ ist.

**6** Welche der folgenden Aussagen über ganzrationale Funktionen sind wahr? Begründen Sie Ihre Entscheidung.
**a)** Hat die Ableitung einer Funktion $f$ keine Nullstelle, so hat $f$ keine lokale Extremwertstelle.
**b)** Ist $f'(x_0) = 0$, so ist $x_0$ Extremwertstelle von $f$.
**c)** Eine Funktion kann nur dann in $x_0$ eine Wendestelle haben, wenn $f''(x_0) = 0$ gilt.
**d)** Gilt $f'(x_0) \neq 0$, so kann $f$ in $x_0$ keine lokale Extremwertstelle besitzen.

**7** Zeigen Sie mithilfe geeigneter Beispiele, dass folgende Aussagen nicht umkehrbar sind.
**a)** Wenn die Funktion $f$ in $x_0$ eine lokale Extremwertstelle hat, dann gilt $f'(x_0) = 0$.
**b)** Wenn $f'(x_0) = 0$ und $f''(x_0) > 0$ gilt, dann hat $f$ an der Stelle $x_0$ ein lokales Minimum.
**c)** Wenn $f$ in $x_0$ eine Wendestelle hat, dann gilt $f''(x_0) = 0$.
**d)** Wenn $f''(x_0) = 0$ und $f'''(x_0) \neq 0$ gilt, dann ist $x_0$ eine Wendestelle von $f$.

## Randverhalten ganzrationaler Funktionen

**8** Schränken Sie bei der Funktion zu $f(x) = x^3 - 3x^2 - x + 3$ den Definitionsbereich auf das angegebene Intervall ein und bestimmen Sie die absoluten Extremwertstellen.

**a)** $[-3;3]$ **b)** $[0;4]$ **c)** $[-2;0]$ **d)** $[-1;2]$

**9** Zeigen Sie, dass für die Funktion zu $f(x) = a_n x^n + a_{n-1} x^{n-1} + \cdots + a_1 x + a_0$ folgende Aussagen zutreffen, sofern $n$ gerade ist.

**a)** Ist $a_n > 0$, so ist $\lim\limits_{x \to \infty} f(x) = \lim\limits_{x \to -\infty} f(x) = \infty.$

**b)** Ist $a_n < 0$, so ist $\lim\limits_{x \to \infty} f(x) = \lim\limits_{x \to -\infty} f(x) = -\infty.$

**10** Nullstellen von ganzrationalen Funktionen mit geradem Grad

**a)** Geben Sie eine ganzrationale Funktion mit geradem Grad an, die mindestens eine Nullstelle besitzt.

**b)** Geben Sie eine ganzrationale Funktion mit geradem Grad an, bei der die Anzahl der Nullstellen genau so gross ist wie der Grad.

**c)** Geben Sie eine ganzrationale Funktion mit geradem Grad an, die ganz oberhalb der $y$-Achse liegt. Bestimmen Sie den absoluten Tiefpunkt.

**d)** Geben Sie eine ganzrationale Funktion mit geradem Grad an, die ganz unterhalb der $y$-Achse liegt. Bestimmen Sie den absoluten Hochpunkt.

## Diskussion ganzrationaler Funktionen

**11** Die Bilder 280/1 bis 281/2 zeigen Graphen von Ableitungsfunktionen $f'$. Untersuchen Sie jeweils, an welchen Stellen die zugehörige Funktion $f$ lokale Extremwertstellen oder Wendestellen besitzt.

**a)**

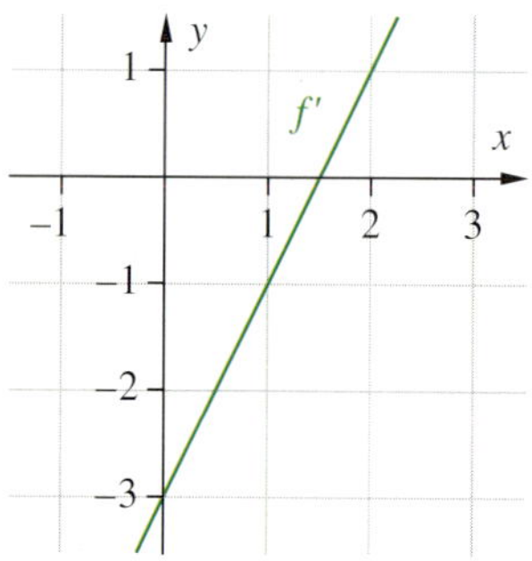


*Bild 280/1: Graph zu* $f'(x) = 2x - 3$

**b)**

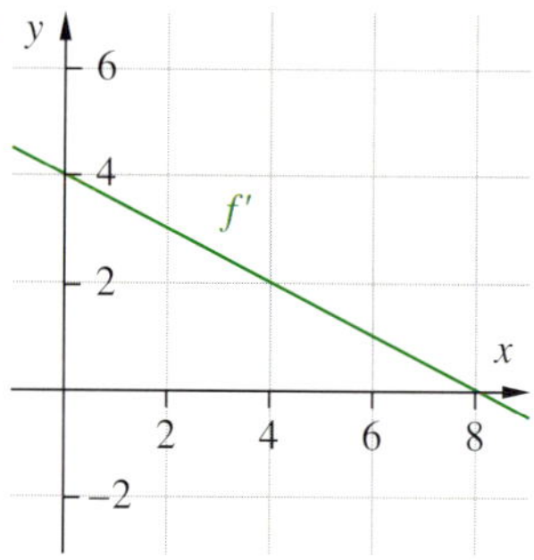


*Bild 280/2: Graph zu* $f'(x) = -\frac{1}{2}x + 4$

**c)**

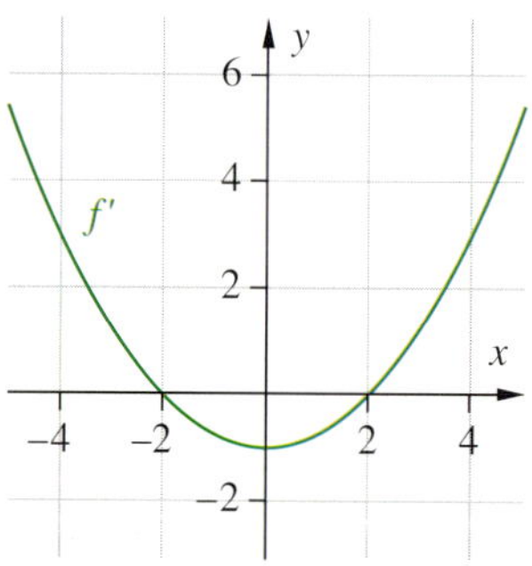


*Bild 280/3: Graph zu* $f'(x) = \frac{1}{4}x^2 - 1$

**d)**

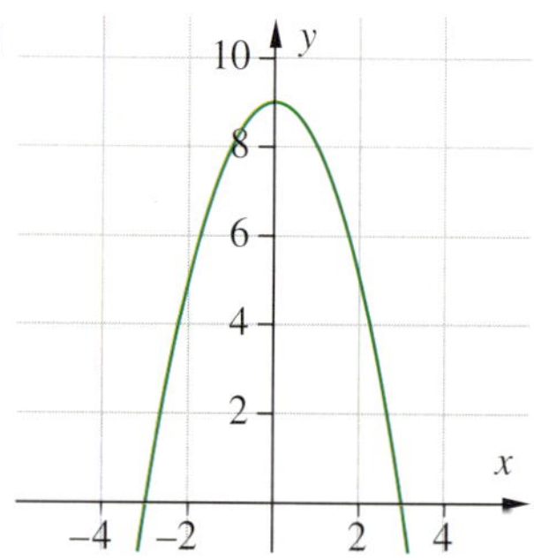


*Bild 280/4: Graph zu* $f'(x) = -x^2 + 9$

**e)**

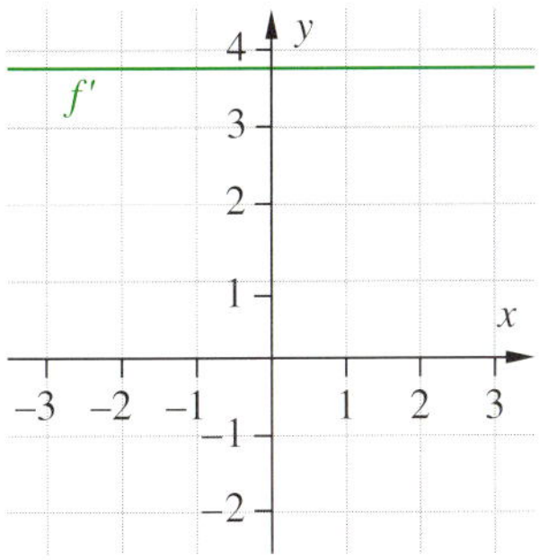


*Bild 281/1: Graph zu* $f'(x) = \frac{15}{4}$

**f)**

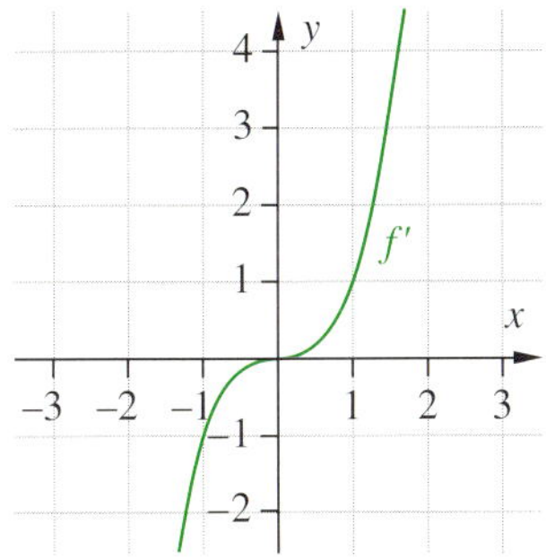


*Bild 281/2: Graph zu* $f'(x) = x^3$

**12** Diskutieren Sie die Funktion $f$.

**a)** $f(x) = (x+2)(x^2-9)$

**b)** $f(x) = x^4 - 5x^2 + 4$

**c)** $f(x) = x^3 + 5x^2 - 16x - 80$

**d)** $f(x) = x^4 + x^3 - 7x^2 - x + 6$

**e)** $f(x) = x^4 - 7x^3 + 8x^2 + 28x - 48$

**f)** $f(x) = x^5 - 2x^3 + x$

**13** Diskutieren Sie die Funktion $f$.

**a)** $f(x) = x^3 - 4x$

**b)** $f(x) = x^3 + 8$

**c)** $f(x) = x^4 - 6x^3 - 7x^2$

**d)** $f(x) = x^4 - 5x^2 + 4$

**e)** $f(x) = x^5 + x^3 - 12x$

**f)** $f(x) = x^7 - x^6$

**g)** $f(x) = x^3 - x$

**h)** $f(x) = x^3 - x^2 - x + 1$

**i)** $f(x) = x^4 - 3x^2 - 4$

**j)** $f(x) = x^3 - 2x^2$

**k)** $f(x) = x^4 - 9x^2$

**l)** $f(x) = x^5 + 20x^2$

**m)** $f(x) = 2x^3 - x^4$

**n)** $f(x) = -x^3 + 3x^2 + x - 3$

**o)** $f(x) = 6x^4 - 16x^3 + 12x^2$

**p)** $f(x) = \frac{1}{10}(x^5 - 15x^3)$

**q)** $f(x) = x^3 - 7x^2 + 36$

**r)** $f(x) = x^4 - 4x^3 + 27$

**s)** $f(x) = x^5 + 1$

**t)** $f(x) = x^6 - 6x$

**u)** $f(x) = (x^2+2)(x^2-3)$

## Weitere Untersuchungen zu ganzrationalen Funktionen

**14** Es gilt der Satz: Eine ganzrationale Funktion $n$-ten Grades hat höchstens $n$ Nullstellen.

**a)** Wie viele Extremwertstellen kann eine solche Funktion höchstens haben?

**b)** Wie viele Wendestellen kann eine solche Funktion höchstens haben?

**15** Geben sie Beispiele für Funktionen mit unendlich vielen

**a)** Nullstellen; **b)** Extremwertstellen; **c)** Wendestellen.

**16** Der Graph einer ganzrationalen Funktion 4. Grades hat in $H_1(-3|4)$ und $H_2(3|4)$ lokale Hochpunkte und in $T(0|-1)$ einen lokalen Tiefpunkt.

**a)** Zeichnen Sie einen möglichen Verlauf des Graphen.

**b)** Wie viele Nullstellen hat die Funktion? Begründen Sie Ihre Antwort und kennzeichnen Sie die Nullstellen in der Zeichnung.

**c)** Wie viele Wendestellen hat die Funktion? Begründen Sie Ihre Antwort und kennzeichnen Sie die Wendepunkte in der Zeichnung.

# 8 Vermischte Aufgaben

*Die folgenden vermischten Aufgaben sind nach Anwendungsinhalten sortiert. Die mathematischen Voraussetzungen umfassen alle in diesem Buch behandelten Gebiete. Einige Aufgaben verknüpfen verschiedene Gebiete miteinander.*



## Wirtschaft und Verwaltung

**1** Gegeben ist die Kostenfunktion $K$ zu $K(x) = 0{,}5x^3 - 8{,}25x^2 + 50{,}375x + 20$. Sie gibt die Kosten in 1000 € an, die bei der Herstellung von $x$ Wareneinheiten zu je 10 000 Stück anfallen.

**a)** Bestimmen Sie die Produktionsmenge, bei der die Stückkosten am niedrigsten sind.

**b)** Bestimmen Sie die Produktionsmenge, bei der die Grenzkosten am niedrigsten sind.

**c)** Bestimmen Sie den Bereich der Produktionsmenge, in dem bei einem Stückpreis von 2,20 € der Ertrag positiv ist.

**d)** Bestimmen Sie die Produktionsmenge, für die der Ertrag bei einem Stückpreis von 2,20 € am größten ist.

**e)** Bestimmen Sie eine Funktion, die für einen beliebigen Stückpreis $p$ (in €) den maximalen Ertrag angibt.

**2** Eine Ware wird zum Preis von 60 € pro Wareneinheit verkauft. Die Kosten pro Wareneinheit für Herstellung und Vertrieb beschreibt die Kostenfunktion zu
$K(x) = \frac{1}{30}x^3 - 2x^2 + 10x + 250$.
Der Gewinn (bzw. Verlust) beim Verkauf von $x$ Wareneinheiten ist dann $G(x) = 60x - K(x)$. Verlust entsteht, wenn sehr wenige oder sehr viele Wareneinheiten produziert werden.

**a)** In welchem Bereich muss die Anzahl der produzierten Wareneinheiten liegen, damit ein Gewinn erzielt wird?

**b)** Für welche Produktionsmenge ist der Gewinn maximal?

**c)** Für welche Produktionsmenge sind die Stückkosten minimal?

**3** Ein Fabrikant verkauft von einem Artikel monatlich 10 000 Stück zu je 10 €. Die Produktionskosten setzten sich zusammen aus 50 000 an Fixkosten und 2 € je Stück an sogenannten proportionalen Kosten. Aufgrund einer Marktanalyse weiß der Fabrikant, dass bei Herabsetzung des Verkaufspreises um jeweils 0,20 € je Stück monatlich 500 Stück mehr verkauft werden können; also 10 500 Stück zu 9,80 €, 11 000 Stück zu 9,60 € und so weiter.

**a)** Bei welchem Stückpreis erzielt der Fabrikant einen maximalen Gewinn?

**b)** Bei welchem Stückpreis ist der Umsatz – das Produkt aus Anzahl der verkauften Stücke und Stückpreis – am größten?

**c)** Vergleichen Sie Umsatz und Kosten an Hand eines Graphen. In welchem Bereich müssen die Stückzahlen liegen, damit ein Gewinn erzielt wird?

**4** Führen Sie Aufgabe 3 für Verkaufszahlen von 15 000 Stück pro Woche bei einem Preis von 2,50 € je Stück durch. Die Fixkosten betragen 24 000 €, die proportionalen Kosten 0,80 € je Stück. Eine Preissenkung um jeweils 0,10 € je Stück würde den Verkauf um wöchentlich 1000 Stück steigern.

**5** Von einer Kaffeesorte werden bei einem Preis von 10 € für 1 kg monatlich 10 000 kg verkauft. Eine Marktanalyse hat ergeben, dass eine Preissenkung um 0,25 € je Kilogramm jeweils zu einer Absatzsteigerung um 1 000 kg im Monat führen würde. Bei welchem Verkaufspreis nimmt der Gewinn ein Maximum an, wenn die Selbstkosten für 1 kg Kaffee 7 € betragen?

**6** Nach einem Modell der Volkswirtschaftslehre werden in der sogenannten freien Marktwirtschaft Angebot und Nachfrage durch den Marktpreis eines Produktes bestimmt:

- Die Produzenten erzeugen von einer Ware um so mehr, je höher der zu erzielende Preis der Ware ist. Dieses Verhalten wird durch die monoton steigende Angebotsfunktion $A$ beschrieben. $A(x)$ gibt an, welchen Stückpreis eine Ware haben muss, damit $x$ Wareneinheiten produziert werden.
- Die Konsumenten kaufen dagegen von einer bestimmten Ware weniger, wenn der Preis der Ware steigt. Der Zusammenhang zwischen dem Preis und der nachgefragten Menge einer Ware wird durch die monoton fallende Nachfragefunktion $N$ beschrieben. $N(x)$ gibt an, bei welchem Preis $x$ Wareneinheiten nachgefragt werden.

Befindet sich der Markt bezüglich einer Ware im Gleichgewicht, so hat sie einen Marktpreis, bei dem angebotene und nachgefragte Warenmenge übereinstimmen (Bild 283/1).

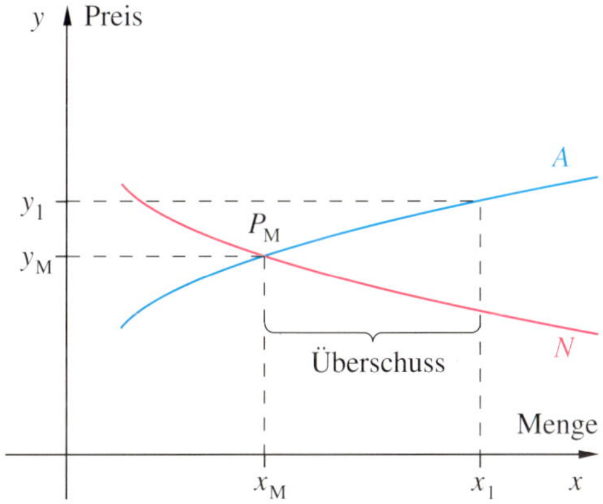


*Bild 283/1: Angebots- und Nachfragekurve*

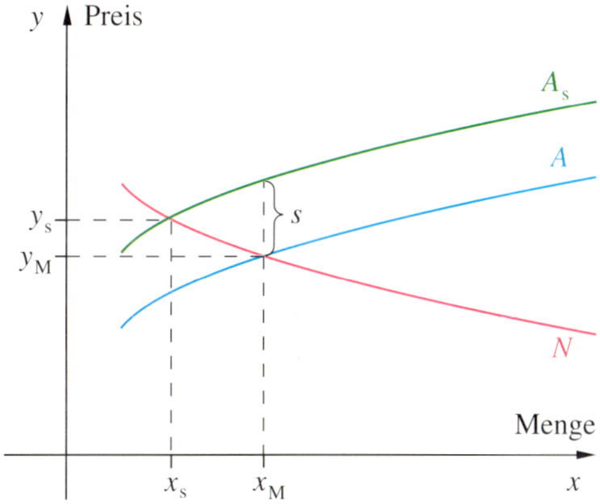


*Bild 283/2: Angebotskurve bei Steuererhebung*

Auf manche Waren erhebt der Staat Steuern, die sich auf die produzierte Warenmenge beziehen (z. B. die Mineralölsteuer). Da diese Steuer vom Produzenten zu entrichten ist, macht sie sich in der Angebotskurve bemerkbar (Bild 283/2). Eine Steuer von $s$ Geldeinheiten je Mengeneinheit bewirkt eine Verschiebung der Angebotskurve um $s$ Einheiten parallel zur $y$-Achse nach oben. Daher stimmen angebotene und nachgefragte Warenmenge erst bei einem höheren Preis überein, so dass der Marktpreis steigt. Die erzielte Gesamtsteuer ist das Produkt aus $s$ und dem neuen Marktpreis. (Da die Angebotsfunktion A monoton steigt, ist die Verteuerung des Marktpreises geringer als die Steuer. Die Steuer kann von den Produzenten also nicht voll auf die Konsumenten abgewälzt werden.)
Bestimmen Sie für $A(x)=\frac{1}{2}x+3$ und $N(x)=-\frac{1}{2}x^2+20$ die für den Staat optimale Steuer.

**7** Für eine bestimmte Ware ist die Angebotsfunktion $A$ durch $A(x)=\frac{1}{30}x+3$ und die Nachfragefunktion $N$ durch $N(x)=-\frac{1}{4}x^2+25$ gegeben. Bei welcher Steuer je Wareneinheit wird die erzielte Gesamtsteuer maximal?

**8** Eine 1996 in Zeitungen veröffentlichte Anzeige versprach:

**Zinsen, die wachsen und wachsen. Bundesschatzbriefe.**

Auf der Zinstreppe wird dein Sparschwein schneller wachsen, mein Sohn

| 1. Jahr | 2. Jahr | 3. Jahr | 4. Jahr | 5. Jahr | 6. Jahr | 7. Jahr |
|---|---|---|---|---|---|---|
| 3,25 % | 4,50 % | 5,50 % | 6,25 % | 6,75 % | 7,50 % | 7,50 % |

Dynamisch wachsende Zinsen sind nur ein Vorteil von Bundesschatzbriefen. ...

**a)** Auf welchen Betrag ist ein Anfangskapital von 1000 € nach 7 Jahren angewachsen?
**b)** Bei welchem konstanten Zinssatz kommt man nach 7 Jahren auf den gleichen Betrag?
**c)** Ist dieser konstante Zinssatz gleich dem Mittelwert der jährlichen Zinssätze?
**d)** Beurteilen Sie den Begriff Zinstreppe.
**e)** Beurteilen Sie die Überschrift: „Auf der Zinstreppe wird dein Sparschwein schneller wachsen, mein Sohn." Was fällt Ihnen auf?

**9** Für eine Statistik benötigt ein Schulleiter die Durchschnittsnoten der Vergleichsarbeiten in den Kernfächern der Jahrgangsstufe 11. Von den Fachlehrern bekommt er folgende Angaben:

| Klasse | Schülerzahl | Deutsch | Mathematik | Englisch |
|---|---|---|---|---|
| 11a | 22 | 2,6 | 3,1 | 2,8 |
| 11b | 23 | 2,7 | 2,8 | 2,8 |
| 11c | 25 | 2,4 | 3,3 | 2,6 |

Da der Schulleiter die Durchschnittsnoten der Jahrgangsstufe melden muß, bittet er die Fachlehrer nochmals um genaue Aufschlüsselung der Noten und der Häufigkeiten.

## Physik

**10** Die Wurfhöhe beim **senkrechten Wurf nach oben** hängt auch von der geografischen Lage ab. In Mitteleuropa wird sie durch die Gleichung $h(t) = v_0 t - 4{,}905\,t^2$ beschrieben. Dabei ist $t$ die Anzahl der seit dem Abwurf vergangenen Sekunden, $h$ die Anzahl der Meter über der Abwurfstelle und $v_0$ ein Parameter.

**a)** Zeigen Sie, dass $v_0$ die Maßzahl der Anfangsgeschwindigkeit ist.
**b)** Ein Delphin springt bei einer Vorführung durch einen 6 m über der Wasseroberfläche hängenden Ring. Bestimmen Sie $v_0$.
**c)** Im August 1998 lag der Hochsprung-Weltrekord der Herren bei 2,45 m, der der Damen bei 2,09 m. Wie groß war jeweils $v_0$?
**d)** Warum ist der Stabhochsprung nicht als „senkrechter Wurf" zu interpretieren?

**11** Wird ein Gegenstand beim sogenannten **schrägen Wurf** unter dem Winkel $\alpha$ gegen die Horizontale abgeworfen, so beschreibt die Gleichung $h(t) = v_0 \sin\alpha\, t - \frac{1}{2} g t^2$ seine Höhe über der Abwurfstelle zum Zeitpunkt $t$ nach dem Abwurf. Dabei ist $v_0$ die Abwurfgeschwindigkeit und $g$ die Fallbeschleunigung am Ort des Wurfs. In Mitteleuropa ist $g = 9{,}81$ (gemessen in $\frac{\text{m}}{\text{s}^2}$). Zeigen Sie, dass ein Ball bei festen Werten für $v_0$ und $g$ am weitesten fliegt, wenn $\alpha = 45°$ ist.

**12** Bei einem Brunnen tritt ein Wasserstrahl unter einem Winkel von 45° aus einer im Boden eingelassenen Düse aus und spritzt in einem parabelförmigen Bogen 10 Meter weit. Kann ein 1,80 Meter großer Mann 2 Meter von der Austrittsstelle des Wasserstrahls entfernt aufrecht darunter hindurchgehen ohne nass zu werden?

**13** Auf einer Teststrecke wurde bei trockener Fahrbahn ein Pkw aus verschiedenen Geschwindigkeiten abgebremst und die Länge des Bremswegs gemessen.

| Geschwindigkeit (in km/h) | 20 | 40 | 60 | 80 | 100 |
|---|---|---|---|---|---|
| Länge des Bremswegs (in m) | 4 | 14 | 33 | 55 | 88 |

**a)** Welche Funktion beschreibt den Zusammenhang der Maßzahlen?

**b)** Berechnen Sie den Bremsweg zu den Anfangsgeschwindigkeiten 30, 50, 70 und 90 km/h.

**14** Die von einem Radfahrer zurückgelegte Strecke lässt sich durch die Weg-Zeit-Funktion $s$ zu $s(t) = 0{,}5\,t^3 - 3\,t^2 + 12\,t$ beschreiben.

**a)** Zeichnen Sie den zugehörigen Graphen und beschreiben Sie den Verlauf der Fahrt.

**b)** Bestimmen Sie die Geschwindigkeit-Zeit-Funktion und die Beschleunigung-Zeit-Funktion.

**15** In Mitteleuropa wird die Wurfhöhe beim **schrägen Wurf** für einen Abwurfwinkel von 45° gegen die Horizontale durch die Gleichung $h(t) = 0{,}707\,v_0\,t - 4{,}905\,t^2$ beschrieben. Dabei ist $t$ die seit dem Abwurf vergangene Zeit in Sekunden und $h$ die Höhe über der Abwurfstelle in Metern. Bestimmen Sie jeweils die Anfangsgeschwindigkeit $v_0$.

**a)** Heuschrecken springen mühelos einen Meter weit.

**b)** Im August 1998 stand der Weitsprung-Weltrekord der Herren bei 8,95 m; der Weltrekord der Damen stand bei 7,52 m.

**c)** Im August 1998 stand der Kugelstoß-Weltrekord der Herren bei 23,12 m; der Weltrekord der Damen stand bei 22,63 m.

**16** Jede Messung weist grundsätzlich eine gewisse Messungenauigkeit auf. Insbesondere in der Physik werden deshalb zu jedem Versuch mehrere Messungen durchgeführt, so dass man für die gesuchte Größe mehrere voneinander verschiedene Messwerte $x_1, x_2, \ldots, x_n$ erhält.
Als Ergebnis ist dann eine Zahl $c$ gesucht, die die Messwerte möglichst gut „mittelt"'. Dazu bestimmt man $c$ so, dass die Summe der Fehlerquadrate, also die Summe

$$(x_1 - c)^2 + (x_2 - c) + \cdots + (x - c)^2,$$

minimal wird. Zeigen Sie mit den Mitteln der Differentialrechnung[1], dass die Minimalstelle der Funktion zu

$$f(c) = (x_1 - c)^2 + (x_2 - c)^2 + \cdots + (x_n - c)^2$$

gleich dem arithmetischen Mittel $\bar{x} = \frac{1}{n}(x_1 + x_2 + \cdots + x_n)$ der Messwerte ist.

[1] Lösung ohne Verwendung der Differentialrechnung findet man in Abschnitt 4.2, Seite 137 ff.

AUFGABEN

## Gesundheit

**17** Das Robert-Koch-Institut in Berlin sammelt im Auftrag des Bundes-Gesundheitsministeriums Daten über Infektionskrankheiten in Deutschland. Im wöchentlich erscheinenden „Epidemiologischen Bulletin" werden die neuesten Informationen veröffentlicht. Im April 1998 wurde eine Graphik (Bild 286/1) über die Entwicklung der Malariainfektionen veröffentlicht. Malaria ist eine der häufigsten durch Reisende nach Europa importierten Krankheiten.

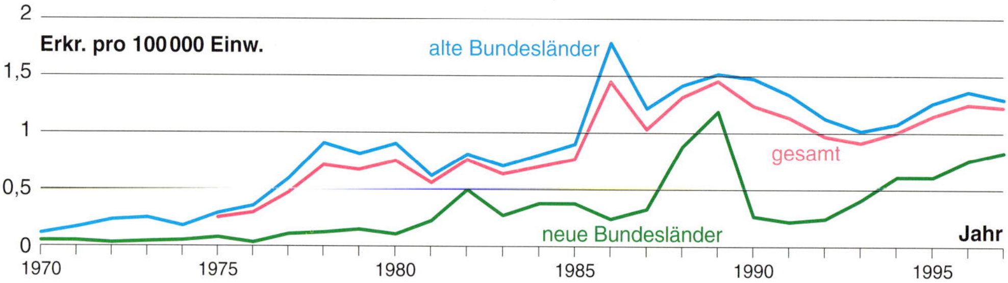


*Bild 286/1: Malaria in Deutschland: Erkrankungen pro 100 000 Einwohner 1970–1997*

**a)** Bestimmen Sie die jährlichen Änderungsraten der in Deutschland an Malaria Erkrankten.
**b)** Wann hat die Anzahl der Erkrankungen besonders stark zugenommen?
**c)** Vergleichen Sie die drei dargestellten Entwicklungen miteinander.

**18** Nach einer Grippewelle wurde für einige Landkreise die Anzahl der Grippeimpfungen und die Anzahl der Grippeerkrankungen erfaßt (Anzahlen in Tausend).

| Landkreis | 1 | 2 | 3 | 4 | 5 | 6 | 7 | 8 | 9 | 10 |
|---|---|---|---|---|---|---|---|---|---|---|
| Einwohner | 70 | 84 | 65 | 77 | 83 | 96 | 72 | 70 | 85 | 102 |
| Impfungen | 20,3 | 21,84 | 17,55 | 22,33 | 20,75 | 28,8 | 23,04 | 21,7 | 24,65 | 21,42 |
| Erkrankungen | 7 | 9,24 | 5,2 | 6,93 | 9,96 | 9,6 | 5,76 | 4,9 | 7,65 | 13,26 |

**a)** Gibt es bei den Erkrankungen wesentliche Unterscheide zwischen den Landkreisen?
**b)** Wirkt sich die Grippeimpfung auf den Krankenstand aus?

**19** In einer Zeitung wurde folgende Meldung veröffentlicht:

**53.519.175 Erwachsene und Jugendliche sind in Deutschland dem Alkohol verfallen!**

Auf die Anfrage von Lesern, woher diese Zahl stamme, veröffentlichte die Zeitung die Ergebnisse einer Umfrage unter 400 Jugendlichen und Erwachsenen. Dort gaben 33,4 % an, regelmäßig Alkohol (meist Bier) zu trinken, 44,1 % gaben gelegentlichen Alkoholgenuß zu. Weiter wurde argumentiert:
Nach Angaben des Statistischen Bundesamtes gab es 1998 in Deutschland 69 057 000 Bürger, die über 15 Jahre alt waren. 33,4 % + 44,1 % = 77,5 % von 69 057 000 sei nun einmal 53 519 175!

**a)** Kann man der Argumentation der Zeitung zustimmen?
**b)** Was kann man überhaupt aus den Ergebnissen der Befragung folgern?

## Bauwesen

**20** Unter einem Kanal soll ein Straßentunnel gebaut werden. Die Fahrbahn soll in der Mitte des Kanals eine Tiefe von 20 m unter der Wasseroberfläche und an den 200 m hiervon entfernten Zufahrten eine Höhe von 12 m über der Wasseroberfläche erreichen.
Die Fahrbahn soll so verlaufen, wie es in Bild 287/1 angedeutet ist: Drei gleich weit geöffnete Parabeln sind so aneinandergesetzt, dass die Zufahrten auf Hochpunkten liegen und die Parabelstücke ohne Knick ineinander übergehen.

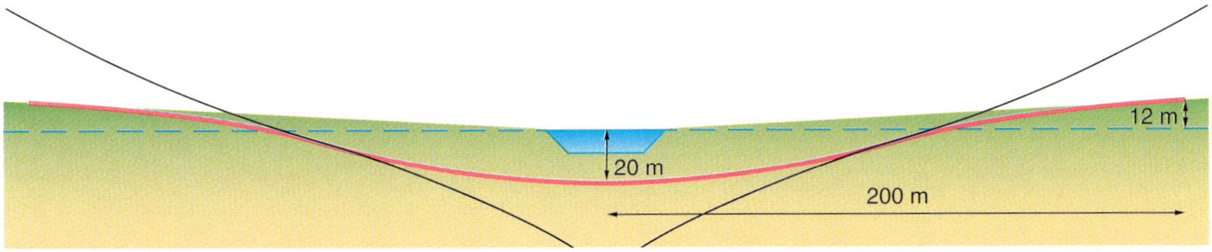


*Bild 287/1: Planskizze des Tunnels*

**a)** Bestimmen Sie die Gleichungen der drei Parabeln sowie ihre Schnittpunkte.
**b)** Welches ist die größte Steigung der Straße und an welchen Stellen tritt sie auf?
**c)** In welcher Entfernung von der Kanalmitte erreicht die Straße die Höhe des Wasserspiegels?
**d)** Damit die Zufahrt flacher wird, soll die Öffnungsweite der mittleren Parabel dem Betrag nach doppelt so groß sein wie bei den äußeren Parabeln. Lösen Sie a) bis c) für diesen Fall.

**21** Treppen werden nach der sogenannten Treppenformel konstruiert:

(1) $2h + d \approx 630$ (2) $190 < h < 240$

Dabei ist $h$ die Stufenhöhe und $d$ die Stufenbreite (gemessen in mm).
**a)** Geben Sie ein Beispiel für sinnvolle Maße einer Treppenstufe an.
**b)** Die Breite $d$ hängt offensichtlich von der Höhe $h$ ab. Geben Sie eine Zuordnungsvorschrift für die Zuordnung $h \longrightarrow d$ an und zeichnen Sie den Graphen.
**c)** Eine Treppe soll an einem Hang mit der Steigung 10 % gebaut werden. Welche Höhe und welche Breite sollten die Stufen haben?
**d)** In welchem Winkel steigt eine Treppe, mit einer Stufenhöhe von 20 cm?
**e)** Welches ist die größte bzw. die kleinste Steigung, bei der man die Bedingungen (1) und (2) noch erfüllen kann?

**22** Bild 287/2 zeigt die vorgesehenen Maße einer Metallrutsche, die ein Spielgerätefabrikant für Spielplätze konstruieren will. Das seitliche Profil der Rutsche soll durch den Graphen einer ganzrationalen Funktion dritten Grades festgelegt und durch dessen Extremalpunkte begrenzt sein.
Der TÜV fordert von den Herstellern, dass solche Rutschen an keiner Stelle steiler sein dürfen als 50° gegen die Horizontale.

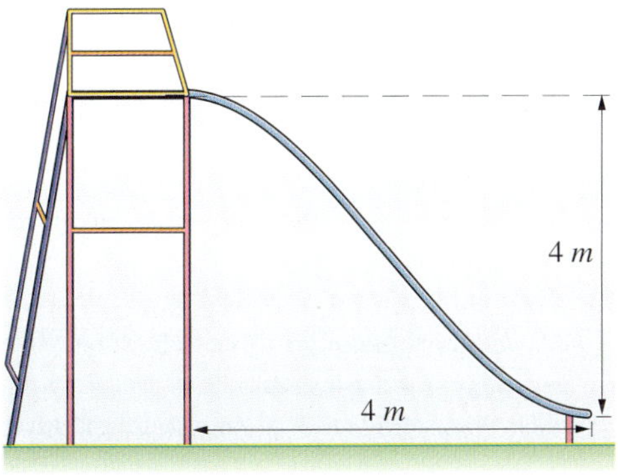


*Bild 287/2: Skizze einer Rutsche*

**23** Zum Bau von Abwasserkanälen verwendet man auch Rohre mit einem sogenannten Eiprofil. Der Querschnitt solcher Rohre ist unten enger als oben. Dies hat den Vorteil, dass auch geringe Abwassermengen abfließen können und nicht so leicht – wie bei einem breiteren Profil – im Rohr stehen bleiben.

Der Querschnitt (Bild 288/1) eines solchen Rohres setzt sich aus Kreisbögen zusammen. Man kann ein ähnliches Profil erhalten, wenn man oben einen Kreisbogen und unten einen Parabelbogen wählt.

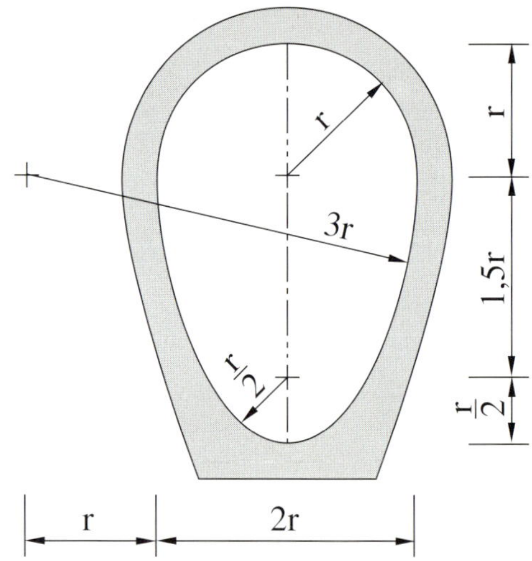


*Bild 288/1: Kanalrohr mit Eiprofil*

Ein Kanalrohr soll innen 40 cm breit und 60 cm hoch sein.
Beschreiben Sie das innere Profil

**a)** nur durch Kreisbögen;

**b)** durch Kreis- und Parabelbögen.

## Baukunst

**24** Steinbögen (Bild 288/2) sind oft kreisförmig. Um sie zu bauen, muss man zunächst ein „Lehrgerüst" errichten, das die innere Öffnung ausfüllt. Nach dem Einsetzen des Schlußsteins hält der Bogen selbständig und das Lehrgerüst kann entfernt werden.

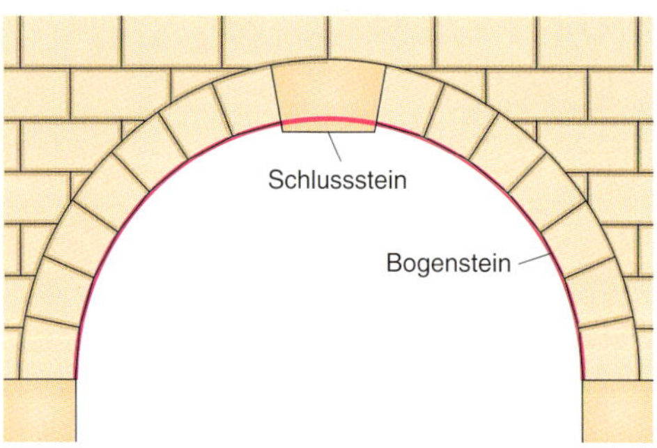


*Bild 288/2: Kreisförmiger Bogen*

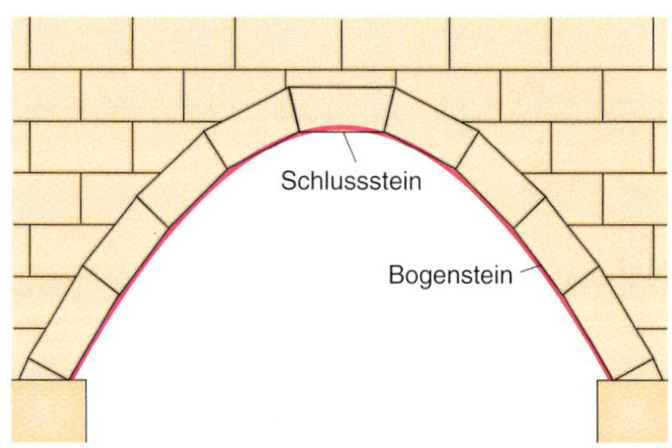


*Bild 288/3: Parabelförmiger Bogen*

**a)** Bestimmen Sie genau die Form der Bogensteine in Bild 288/2.

**b)** Man kann auch Bögen mit parabelförmigem Querschnitt bauen (Bild 288/3). Dann haben die Bogensteine allerdings unterschiedliche Formen. Beschreiben Sie die Form des Schlusssteins und der drei links bzw. rechts angrenzenden Bogensteine. Setzen Sie dabei voraus, dass alle Steine an der Unterkante gleich breit sind. Wählen Sie selbst eine passende Parabel.

**25** Bild 289/1 zeigt ein „Labyrinth“, das sich auf dem Boden der Kathedrale von Chartres befindet. Bei günstigem Sonnenstand wird die Fensterrose genau auf das Labyrinth abgebildet. Besonders farbig erscheint dann dessen Zentrum. Es soll vorkommen, dass Besucher den Weg von außen in das Zentrum des Labyrinths auf den vorgezeichneten Spuren betend zurücklegen.

Die Labyrinthfigur stellt – auch ohne Rücksicht auf davon ausgehende religiöse Anregungen – ein reizvolles geometrisches Motiv dar.

**a)** Beschreiben Sie die Labyrinthfigur durch Gleichungen.

**b)** Beschreiben Sie entsprechend den Weg, der von außen in das Zentrum führt.

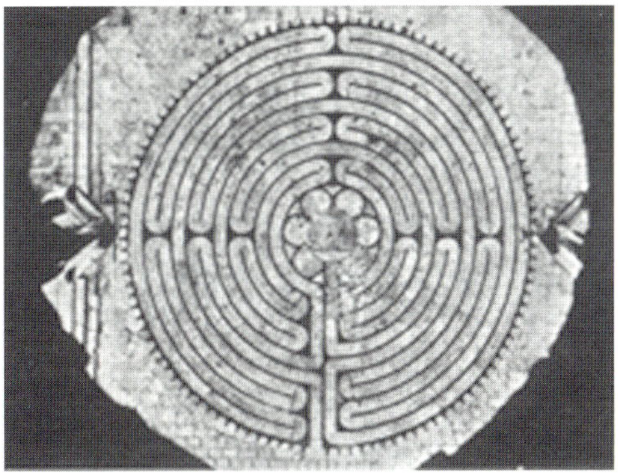

*Bild 289/1: Labyrinth von Chartres*

**26** Bild 289/2 zeigt einen Sektor einer Fensterrose der Kathedrale von Chartres. Dieser Sektor gibt die tatsächliche Ausführung des Entwurfs von Harnoncourt (vergleiche Bild 61/1 auf Seite 61) wieder.

**a)** Vergleichen Sie die Kreise mit den Mittelpunkten $C$ und $D$ sowie den inneren Kreis mit dem Entwurf.

**b)** Verbindet man die Mittelpunkte $D$ geeignet miteinander, so entsteht ein Stern, dessen Seiten den inneren Kreis berühren. Überprüfen Sie das mit den Mitteln der Koordinatengeometrie.

**c)** Führen Sie selbst Untersuchungen zur Geometrie der Fensterrose durch.

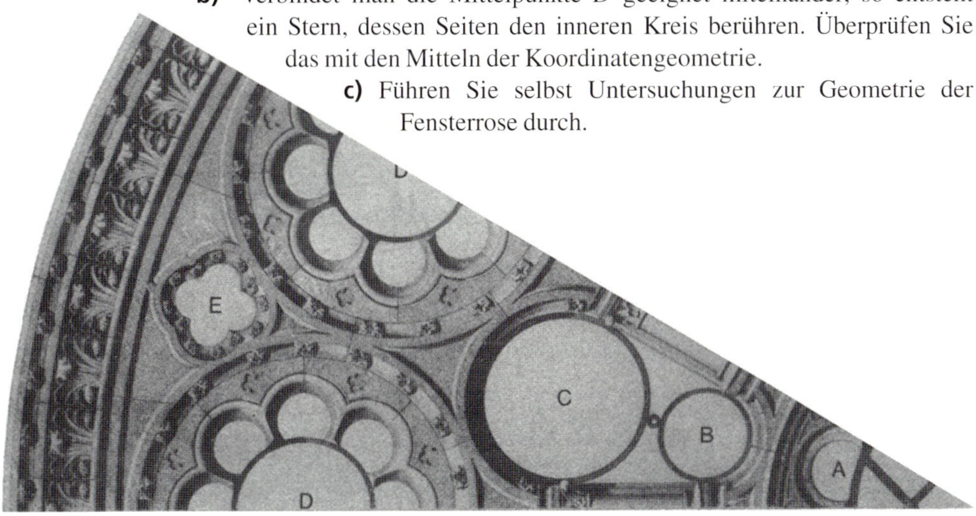


*Bild 289/2: Ein Sektor aus einer Fensterrose der Kathedrale von Chartres*

AUFGABEN

**27** Die Euronoten zeigen als Motive Fenster, Tore und Brücken, die den Zusammenhalt Europas charakterisieren sollen. Jede Note nimmt auf eine andere Epoche Bezug; so zeigt beispielsweise die 20 €-Note Motive aus der Gotik (Bild 290/1). Die 200 €-Note zeigt Eisenkonstruktionen aus dem 19. Jahrhundert (Bild 290/2).
Alle Motive auf den Euro-Noten symbolisieren nur den Baustil, der in der jeweiligen Epoche üblich war. Sie existieren nicht wirklich und haben nur geringe Ähnlichkeiten mit bestehenden Bauwerken.
Beschreiben Sie die gekrümmten Linien der abgebildeten Motive durch Gleichungen.

*Bild 290/1: Motiv der 20 €-Note*

*Bild 290/2: Motiv der 200 €-Note*

**28** Die Pariser Seine-Brücke „Pont du Carroussel" (Bild 290/3) ist interessant konstruiert: Zwischen der Fahrbahn und dem tragenden Parabelbogen befinden sich Bauteile mit kreisförmigem Querschnitt.
Bild 290/4 zeigt das Konstruktionsprinzip: Die Kreise sind so eingefügt, dass sie sowohl die Parabel als auch deren horizontale Tangente berühren.
Untersuchen Sie diese Konstruktion für die Parabel zu $x_2 = -\frac{1}{24}x_1^2$.
Legen Sie zunächst auf der Parabel Berührpunkte $B_0(b_0|?)$, $B_1(b_1|?)$, $B_2(b_2|?)$ fest. Wählen Sie dazu $b_0 = 1$, $b_1 = c \cdot b_0$, $b_2 = c \cdot b_1$ mit $c = \frac{6}{5}$ oder mit anderen Werten für $b_0$ und $c$.
Bestimmen Sie dann die Gleichungen der Kreise $K_0, K_1, K_2 \ldots$ .
Wie groß sind die Abstände der Kreise?

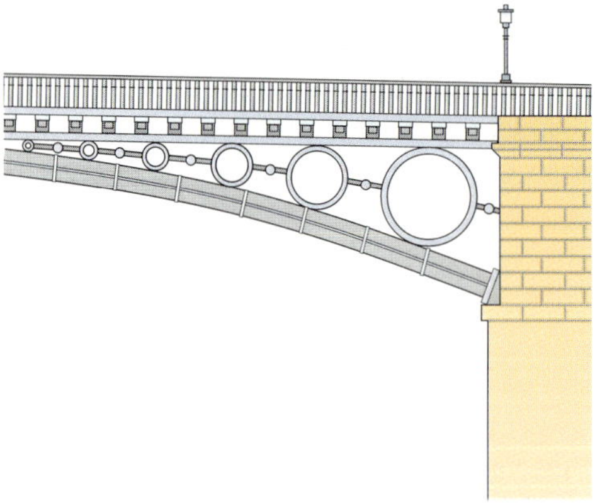

*Bild 290/3: Pont du Carroussel in Paris*

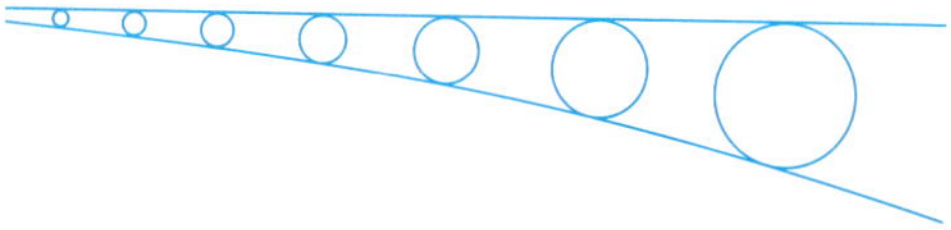

*Bild 290/4: Konstruktionsprinzip*

## Analysis

**29** **a)** Begründen Sie, dass die Funktion $f$ zu $f(x) = x^3 - x$ über dem Intervall $]-2;2[$ kein absolutes Extremum besitzt.

**b)** Ändert sich das Ergebnis von a), wenn man $]-2;2[$ durch $[-2;2]$ ersetzt?

**30** Zeigen Sie, dass der Graph jeder ganzrationalen Funktion dritten Grades zu ihrem Wendepunkt $W(x_W;\ y_W)$ symmetrisch ist, dass also für alle $x \in \mathbb{R}$ gilt: $f(x_W - a) = y_W - f(x_W + a)$.

**31** Untersuchen Sie, ob die Funktion $f$ an der Stelle $x_0$ differenzierbar ist.

**a)** $f(x) = -x^3 + 2;\quad x_0 = -1$

**b)** $f(x) = x^2 + 4;\quad x_0 = 0$

**c)** $f(x) = -\sqrt{x+5};\quad x_0 = -5$

**d)** $f(x) = |x^2 - 9|;\quad x_0 = 3$

**e)** $f(x) = \begin{cases} 3 & \text{für } x \leq 0 \\ x^2 + 3x & \text{für } x > 0 \end{cases};\quad x_0 = 0$

**f)** $f(x) = \begin{cases} -x^2 + 3x & \text{für } x \leq 0 \\ 3 & \text{für } x > 0 \end{cases};\quad x_0 = 0$

**32** Diskutieren Sie die Funktion $f$.

**a)** $f(x) = 0{,}6x^5 - 3x^4 + 4x^3$ **b)** $f(x) = \frac{3}{8}x^4 - 2x^3 + 3x^2$ **c)** $f(x) = 1{,}25x^3 - 7{,}5x^2 + 12x$

**33** **a)** Diskutieren Sie die Funktion $f$ zu $f(x) = x^4 - 6x^2 + 8$.

**b)** Bestätigen Sie, dass die Summe der Steigungen in den Nullstellen gleich Null ist.

**c)** Mit welcher Eigenschaft von $f$ lässt sich dieses Ergebnis begründen?

**d)** Gibt es weitere Funktionen, die diese Eigenschaft haben?

**34** Zeigen Sie: Alle Funktionen $f$ mit Gleichungen der Form $f(x) = ax^3 + bx^2 + cx + d\ (a \neq 0)$ besitzen genau zwei lokale Extremstellen, falls $b^2 > 3ac$ ist.

**35** Zerlegen Sie die Zahl **a)** 60, **b)** $a$ so in zwei Summanden, dass ihr Produkt maximal wird.

**36** Zerlegen Sie die Zahl **a)** 24, **b)** $a$ so in zwei Summanden, dass die Summe ihrer Quadrate minimal wird.

**37** Zeigen Sie, dass bei gegebenem Umfang das Rechteck mit dem maximalen Flächeninhalt ein Quadrat ist.

**38** Welche Bedingung muss der Parameter $b$ erfüllen, damit die Funktion $f$ zu $f(x) = 0{,}5x^3 - bx$ genau zwei lokale Extremstellen besitzt? Bestimmen Sie die Art der lokalen Extrema und die Koordinaten der Extrempunkte in Abhängigkeit von $b$.

**39** Zeigen Sie, dass die Wendestelle der Funktion $f$ zu $f(x) = 0{,}5x^3 - bx$ von $b$ unabhängig ist. Bestimmen Sie auch die $y$-Koordinate des Wendepunktes sowie die Gleichung der Wendetangenten.

**40** Bestimmen Sie die Gleichung einer ganzrationalen Funktion vierten Grades, deren Graph symmetrisch zur $y$-Achse verläuft, im Punkt $A(3|5)$ die Steigung 3 hat und in $x_W = -2$ eine Wendestelle besitzt.

**41** Bestimmen Sie die Gleichung einer ganzrationalen Funktion dritten Grades, die im Ursprung die Steigung 2 und im Punkt $P(4|0)$ eine waagerechte Tangente besitzt.

**42** Bestimmen sie die Gleichung einer ganzrationalen Funktion dritten Grades, deren Graph in $P(3|6)$ die Gerade mit der Gleichung $y = 11x - 27$ als Tangente hat und in $W(1|0)$ einen Wendepunkt besitzt.

**43** Bestimmen Sie die Gleichung einer ganzrationalen Funktion dritten Grades, die den $y$-Achsenabschnitt 8 hat und in $x_W = 2$ eine Wendestelle. Der Punkt $P(1|5)$ soll auf dem Graphen der Funktion liegen. Die Wendetangente soll parallel zu der Geraden mit der Gleichung $y = -\frac{16}{3}x$ verlaufen. Bestimmen Sie anschließend die Nullstellen der gefundenen Funktion.

**44** Bestimmen Sie die Gleichung einer ganzrationalen Funktion möglichst kleinen Grades, deren Graph durch den Ursprung verläuft und in $W(2|4)$ einen Wendepunkt besitzt. Die Wendetangente soll die Steigung $-3$ haben.

## Diverses

**45** In einer Straße mit einer zulässigen Höchstgeschwindigkeit von 30 km/h wird eine Radarkontrolle durchgeführt. Wegen der Messungenauigkeit des Radargerätes werden nur Autofahrer bestraft, bei denen das Gerät mindestens 33 km/h anzeigt. Geben Sie eine

**a)** hinreichende, aber nicht notwendige,
**b)** notwendige, aber nicht hinreichende,
**c)** notwendige und hinreichende

Bedingung dafür an, dass ein Autofahrer bestraft wird.

**46** Ein Bauer will an einer Mauer einen rechteckigen Hühnerhof mithilfe von Maschendraht abgrenzen (Bild 292/1). Es stehen 20 Meter Maschendraht zur Verfügung. Wie lang muss er die Rechteckseiten wählen, damit seine Hühner möglichst viel Platz haben?

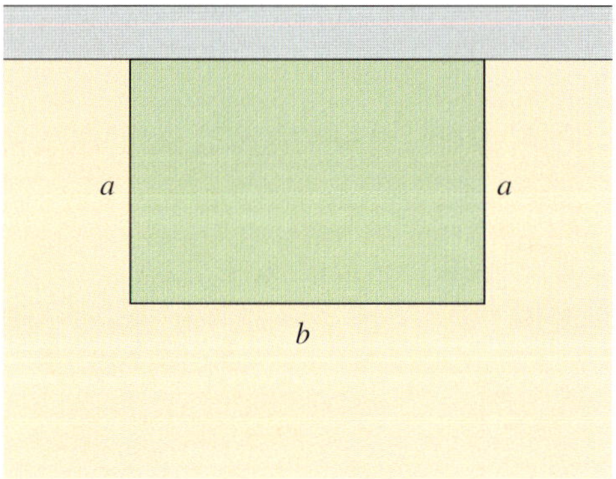


*Bild 292/1*

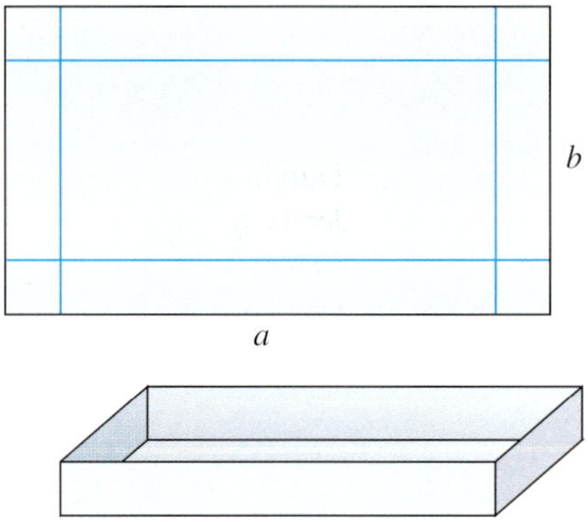


*Bild 292/2*

**47** Eine Fabrik stellt aus rechteckigen Pappestücken mit den Seitenlängen $a$ und $b$ oben offene quaderförmige Pappkästchen her (Bild (292/2). Dabei wird an jeder Ecke ein Quadrat als Klebefalz benutzt. Welchen Rauminhalt können die Kästchen höchstens haben? Welche Maße haben dann die Kanten des Kästchens?

**48** Maria Gaetana Agnesi war die erste Frau auf einem Lehrstuhl für Mathematik. 1750 wurde sie Professorin an der Universität von Bologna. Nach ihr ist eine Kurve benannt, die man durch folgende Konstruktion erhält:

Gegeben ist ein Kreis mit dem Durchmesser $a$, der die horizontale Achse von oben im Ursprung berührt sowie die Parallele zu dieser Achse durch den höchsten Punkt des Kreises. Eine Ursprungsgerade schneidet den Kreis in einem Punkt $A(a_1|a_2)$ und die Gerade in einem Punkt $B(b_1|b_2)$. Durch $A$ und $B$ ist ein Punkt $P(b_1|a_2)$ festgelegt. Der Punkt $P$ bestimmt eine Kurve, die „Hexe der Agnesi" heißt.

*Bild 293/1: Maria Gaetana Agnesi (1718–1799)*

Der Name beruht auf einem Übersetzungsfehler aus dem Lateinischen: Das Wort „versiera" wurde mit „Hexe" statt mit „Wendekurve" übersetzt.

**a)** Bestimmen Sie die Koordinaten von $P$.

**b)** Welche Funktionsgleichung beschreibt die „Hexe der Agnesi"?

**c)** Zeichnen Sie möglichst genau eine Agnesi-Kurve und bestimmen Sie dann graphisch mehrere Tangenten.

**d)** An welcher Stelle „wendet" sich die Kurve?

**49** Untersuchen Sie die abzutastende Spur einer CD. Denken Sie sich dazu die spiralförmige Spur in eine Folge von Kreisen mit unterschiedlichen Radien unterteilt.

**a)** Wie lang ist die Spur einer 74 Minuten-CD?

**b)** Mit welcher Geschwindigkeit bewegt sich die CD gegenüber dem abtastenden Laserstrahl?

**c)** Welchen Abstand haben zwei benachbarte Spuren voneinander?

**d)** Schätzen Sie mithilfe von Bild 293/2 die Breite der Spur ab.

**e)** Untersuchen Sie entsprechend 63 Minuten-CDs.

Informationen zur Lösung der Aufgabe:

Eine CD hat einen Durchmesser von 12 cm; der Signalbereich (der bespielte Bereich) ist durch die Radien 50 mm und 116 mm begrenzt. Die Spieldauer von CDs kann 74 Minuten oder 63 Minuten betragen.
Die Umdrehungsgeschwindigkeit steigt kontinuierlich von außen nach innen, damit in gleichen Zeiten stets gleich lange Strecken ausgelesen werden.
Bei 74 Minuten-CDs beträgt die Anzahl der Umdrehungen pro Minute außen 200 und innen 500, bei 63 Minuten-CDs sind diese Werte 228 und 568.

*Bild 293/2: Oberfläche einer CD*

AUFGABEN

**50** Bild 294/1 zeigt ein Foto der totalen Sonnenfinsternis, die am 11. August 1999 auch in Deutschland zu beobachten war. Die Skizze macht deutlich, wie es zu einer Sonnenfinsternis kommt: Der Mond schiebt sich zwischen Erde und Sonne und verdeckt so ganz oder teilweise die Sonne.
Dabei entsteht ein großer Bereich, in dem die Sonne nur teilweise bedeckt ist, der sogenannte Halbschatten. In einem erheblich kleineren Bereich, dem sogenannten Kernschatten, wird die Sonne für einen kurzen Zeitraum – wie auf dem Foto – vollständig verdeckt.
Untersuchen Sie für eine Sonnenfinsternis, deren Daten Sie sich beschaffen können, die Größe des Halbschattens und des Kernschattens auf der Erde.

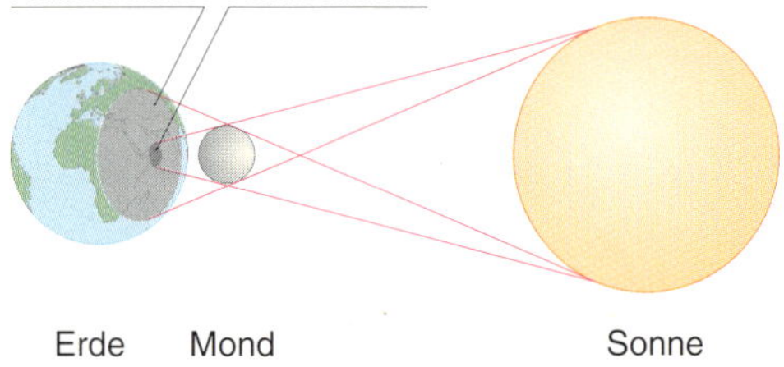


*Bild 294/1: Sonnenfinsternis*

**51** Der Lehrer einer Klasse 11 gibt eine Klassenarbeit zum Thema „Beschreibende Statistik" zurück und bemerkt, der Mittelwert sei mit 3,0 ordentlich. Er gibt folgenden Ausfall bekannt:
Note 1: viermal, Note 2: fünfmal, Note 3: sechsmal, Note 4: dreimal, Note 5: zweimal.

**a)** Auf die Frage der Schüler, warum er die Anzahl für die Note 6 nicht nennen will, erklärt der Lehrer, dies widerspreche den Prinzipien des Datenschutzes. Der Klassensprecher erwidert, diese Bemerkung sei falsch. Wer hat recht?

**b)** Der Lehrer ergänzt, zwei Noten wolle er mit Rücksicht auf die Betroffenen nicht nennen. Eine Schülerin meint, diese Schüler hätten die Note 6 erzielt. Wie kommt sie darauf?

## Parabeln

**52** Durch die Gleichungen sind eine Parabel und eine Gerade gegeben. Schneidet die Gerade die Parabel? Wie lang ist gegebenenfalls die Sehne?

**a)** $x_2 = -\frac{1}{6}(x_1+4)^2 - 3 \quad x_2 = 3x_1 - 2$

**b)** $x_2 = -(x_1-6)^2 + 1 \quad x_2 = 3x_1 - 2$

**c)** $x_2 = -\frac{1}{6}(x_1+4)^2 - 3 \quad x_2 = 3x_1 - 2$

**d)** $x_2 = \frac{1}{4}(x_1+3{,}5)^2 - 1{,}5 \quad x_2 = 3x_1 - 2$

**e)** $x_2 = \frac{5}{2}\left(x_1+\frac{3}{2}\right)^2 + \frac{1}{4} \quad x_2 = 3x_1 - 2$

**f)** $x_2 = 3(x_2-5)^2 - 10 \quad x_2 = 3x_1 - 2$

**53** Untersuchung einer Parabel mit schräger Symmetrieachse

**a)** Der Punkt $P(x_1|x_2)$ soll um 45° in positiver Drehrichtung (gegen den Uhrzeiger) um den Ursprung gedreht und dadurch auf den Punkt $\overline{P}(\overline{x_1}|\overline{x_2})$ abgebildet werden.
Zeigen Sie, dass folgende Gleichungen erfüllt sind:
$\overline{x_1} = \frac{1}{2}\sqrt{2}(x_1 - x_2)$ und $\overline{x_2} = \frac{1}{2}\sqrt{2}(x_1 + x_2)$.

**b)** Zeichnen Sie eine um 45° in positiver Drehrichtung (gegen den Uhrzeiger) um den Ursprung gedrehte Normalparabel.
*Anleitung:* Zeichnen Sie zunächst ein entsprechend gedrehtes Koordinatensystem.

**c)** Bestimmen Sie mithilfe der in a) hergeleiteten Gleichungen die Gleichung der gedrehten Parabel.
*Anleitung:* Bezeichnen Sie den Bildpunkt zu $P(x_1|x_2)$ mit $P(\overline{x_1}|\overline{x_2})$.

## Kartenvorlagen

Ausschnitt aus der Topografischen Karte 1:25000, Blatt 5010, vervielfältigt mit Genehmigung des Landesvermessungsamtes Nordrhein-Westfalen vom 12.01.2000, Nr. 2000 016: S. 218
Ausschnitt aus der Topografischen Karte 1:25000, Blatt 5812, vervielfältigt mit Genehmigung des Landesvermessungsamtes Rheinland-Pfalz, Nr. 3/2000: S. 222

## Bildnachweis

Archiv für Kunst und Geschichte: S. 63 (Bilder 63/1 u. 63/4), 106, 210
ARD, München: S. 133
Dr. Gerhard Betsch, Weil am Schönbuch: S. 216
Bildarchiv Preußischer Kulturbesitz, Berlin: S. 209
Günther Binding, Bergisch-Gladbach: S. 60
© Christo and Jeanne-Claude, Wrapped Reichstag, Berlin 1971,--,95/W. Volz/Bilderberg: S. 128
© Painton Cowen/aus: Die Rosenfenster der gotischen Kathedralen/Herder, Freiburg: S. 289
Deutsche Post AG, Bonn: S. 26, 81 (Bild 81/1)
Deutsche Presse-Agentur GmbH, Frankfurt/Main: S. 248
DLR/Presse und Öffentlichkeitsarbeit/R. Schmidt, T. Kutter, Köln: S. 294
Norbert Enker, Essen: S. 136
FBS Fachvereinigung Betonrohre und Stahlbetonrohre e.V., Bonn: S. 288
Foster and Partners/Nigel Young, London: S. 83 (Bild 83/1)
Info-Center-Emmerich, Emmerich: S. 83 (Bild 83/2)
Interfoto, München: S. 84, 293 (Bild 293/1)
Janicke, München: S. 82 (Bild 82/2)
M. Matzel/Das Fotoarchiv: S. 187
Henrik Pohl, Berlin: S. 15, 18, 43, 87, 88, 191, 232
RTL, Köln: S. 133
SAT 1, Berlin: S. 133
Herbert Schlemmer, Berlin: S. 82 (Bild 82/1)
Staatliche Kunstsammlungen Dresden/Mathematisch-Physikalischer Salon/Zwinger, Dresden: S. 99
TU München/Pressestelle FRM II: S. 82 (Bild 82/3)
Trans Dia, Kiel: S. 24
O. M. Ungers, Köln: S. 61 (Bild 61/2), 71 (Bilder 71/4 bis 71/6)
Universal Manufacturing and Logistik GmbH, Langenhagen: S. 293 (Bild 293/2)
© Günther Ventur/Köln Tourismus Office, Köln: S. 74
Verlagsarchiv: S. 50, 199, 235, 262, 284
Virchow-Klinikum/Radiologie, Berlin: S. 261
Volkswagen AG, Wolfsburg: S. 73
Wissenschaftliche Buchgesellschaft, Darmstadt: S. 61 (Bild 61/1)
ZARM/Universität Bremen, Bremen: S. 235
ZDF, Mainz: S. 70, 133

In einigen Fällen war es uns nicht möglich, die Rechtsinhaber zu ermitteln.
Selbstverständlich werden wir berechtigte Ansprüche im üblichen Rahmen vergüten.